Carl-Auer

Die Reihe Management/Organisationsberatung

Die heutige Gesellschaft ist eine organisierte Gesellschaft. Man muss schon lange suchen, um überhaupt noch Bereiche zu finden, die nicht von Organisationen geprägt sind. Unternehmen jedweder Größe und Eigentumsform, Verwaltungen, Schulen, Gerichte, Krankenhäuser, Universitäten, Kirchen, Verbände, Parteien, Vereine etc. – allesamt übernehmen sie gesellschaftliche Funktionen und bestimmen unser Leben. Die Fülle an Aufgaben, die unter den Bedingungen zunehmender Globalisierung und Digitalisierung gleichzeitig zu erfüllen sind, wie auch die Bandbreite an Organisationskonzepten und Führungsansätzen, mit denen der komplexe Alltag bewältigt werden soll, stecken das Feld ab, in dem Management und Beratung mehr oder weniger wirksam werden.

Die Zeiten, in denen es einfache Antworten auf die vielfältigen Fragen zur Überlebenssicherung einer Organisation und auch zur Steuerung tagtäglicher Entscheidungsprozesse gab, sind seit Langem vorüber. Der Komplexität, mit der heute alle konfrontiert sind, die in verantwortlichen Funktionen in und mit Organisationen arbeiten – Führungskräfte, Manager und Organisationsberater etc. –, wird man mit Rezeptwissen nicht mehr gerecht. Hier setzen die neuere Systemtheorie und mit ihr die Reihe Management/Organisationsberatung im Carl-Auer Verlag an. Beide liefern Konzepte und »Landkarten«, die auch im unübersichtlichen Terrain von Wirtschaft und Organisation Orientierung ermöglichen und Handlungsfähigkeit sicherstellen.

Das Ziel der Reihe ist es, empirisch gehaltvolle Forschungen über die Prozesse des Organisierens wie auch theoretisch angemessene Führungs- und Beratungsansätze zu präsentieren. Zugleich sollen bewährte Methoden einer system- und lösungsorientierten Praxis im Kontext von Organisationen überprüft und neue Ansätze entwickelt werden.

Torsten Groth
Herausgeber der Reihe
Management/Organisationsberatung

Torsten Groth/Gerhard P. Krejci/Stefan Günther
(Hrsg.)

New Organizing

Wie Großorganisationen Agilität, Holacracy & Co. einführen – und was man daraus lernen kann

Mit Beiträgen von: Anette Bickmeyer • Alessandro Camisani Peter Feneberg • Annette Gebauer • Torsten Groth Stefan Günther • Susanne Hanke • Rene Hinterberger • Robin Höher • Menno Huber • Andreas Ingerfeld • Josef Jager • Elena Kalogeropoulos • Jens Korte • Gerhard P. Krejci • Susanna Maria Krisor • Nina Kublun • Michael Menchau • Kirsten Meynerts-Stiller • Kristina Müller • Cornelia Odenthal • Kurt Rachlitz Timm Richter • Claudia Salowski • Aaron Scheer Gerlinde Schein • Eva Maria Schielein • Balz Schnieper Antje Schnoor • Daniel Sely • Martin Sonnert • Manuela Stark Andre Stuer • Kerstin Till • Barbara Vogel • Sophie von Vogel Nadja Walser • Simon Weber • Antje Weidling • Jan Weinhold Roland Wolfig • Julia Wüster • Wolfgang Zimmermann

2021

Themenreihe »Management und Organisationsberatung«
hrsg. von Torsten Groth
Reihengestaltung: Uwe Göbel
Umschlaggestaltung: Heinrich Eiermann
Umschlagfoto: Takashi Images – stock.adobe.com
Redaktion: Markus Pohlmann
Satz: Verlagsservice Hegele, Heiligkreuzsteinach
Printed in Germany
Druck und Bindung: TZ-Verlag & Print GmbH, Roßdorf

Druck:
TZ - VERLAG & PRINT GMBH
TZ-PRINT.DE | TZ-VERLAG.DE
Klimaneutrales Unternehmen
natureOffice.com | JMYBSC-423071
FSC
MIX
Papier
FSC® C106855

Erste Auflage, 2021
ISBN 978-3-8497-0402-5 (Printausgabe)
ISBN 978-3-8497-8334-1 (ePUB)

Bibliografische Information der Deutschen Nationalbibliothek:
Die Deutsche Nationalbibliothek verzeichnet diese Publikation
in der Deutschen Nationalbibliografie; detaillierte bibliografische
Daten sind im Internet über http://dnb.d-nb.de abrufbar.

Informationen zu unserem gesamten Programm, unseren Autoren
und zum Verlag finden Sie unter: **https://www.carl-auer.de/**
Wenn Sie Interesse an unseren monatlichen Nachrichten haben,
können Sie dort auch den Newsletter abonnieren.

Carl-Auer Verlag GmbH
Vangerowstraße 14 • 69115 Heidelberg
Tel. +49 6221 6438-0 • Fax +49 6221 6438-22
info@carl-auer.de

Inhalt

Vorwort

Willst du ein System kennenlernen,
dann interveniere!

Systemische Weisheit

Was passiert, wenn größere Unternehmen Konzepte der Organisationsgestaltung einführen, die gerade im Trend liegen? Wir laden ein zu einer Expedition in die Welt des New Organizing, kurz NO. Auf dieser Reise werden einzigartige Einblicke in die Innenwelt von Konzernen und größeren Organisationseinheiten gegeben, die sich mit der Einführung neuer agiler Methoden und Organisationsformen befassen. In Form von Fallstudien werden erfolgreiche und weniger erfolgreiche Initiativen nachgezeichnet, die in den letzten Jahren von Einzelnen, von Teams, von Netzwerken bis hin zu Unternehmenseinheiten sowie von Vorstandsebenen gestartet wurden. Ein besonderes Augenmerk wird auf die Auswirkungen der Initiativen gelegt: Zeigen diese das gewünschte Ergebnis, führt z. B. das Streben nach Agilität tatsächlich zu den jeweils gewünschten Veränderungen (einer wie auch immer verstandenen höheren Agilität), und wie neu ist New Work?

In 13 qualitativen Fallstudien, die im Kontext eines gemeinsamen Forschungsprojekts entstanden sind, wird ein von systemischer Organisationstheorie inspirierter und mit Empirie gesättigter Blick auf die Implementierungspraxis all jener Ansätze geworfen, die aktuell in der Diskussion sind. Konkret sind hier Ansätze wie »Agilität«, »Scrum«, »Holacracy«, »Purpose« etc. gemeint, die wir mit dem Begriff »New Organizing« erfassen. Initiiert wurde das Projekt von uns Herausgebern aufgrund sich häufender Berichte sowie eigener Beratungserfahrungen, dass sich eine interessante Kluft auftut zwischen den Verheißungen und Versprechungen dieser Ansätze und deren Umsetzung in der Praxis – gerade im Kontext größerer Organisationen. In den vielen, nicht selten sicher auch geschönten Fallbeispielen, über die in den letzten Jahren ausführlich berichtet und mit denen das Neue als Trend zuweilen gefeiert wurde, war eher wenig über diese »Mühen der Ebene« (B. Brecht) zu erfahren.

Die Forscher:innen- und Autor:innenteams[1] haben größtenteils anonymisierte Fallstudien erstellt und lassen in ebenfalls anonymisierten Interviewausschnitten Akteur:innen zu Wort kommen, die in den Unternehmen nah dran waren an New-Organizing-Aktivitäten. Aufgezeigt und empirisch nachgezeichnet wird, in welcher Form diese Ansätze und Konzepte angewendet werden, zu welchen beobachtbaren Reaktionen es bei den erwartbaren »Kulturberührungen« (Bateson) zwischen vorhandener und neuer Organisationspraxis gekommen ist, wie die Unternehmen jeweils gelernt haben und mit welchen Anschlussfragen sie sich auseinanderzusetzen haben.

Weniger wird im Übrigen darauf eingegangen, wie die New-Organizing-Ansätze »eigentlich« und, gemäß den normativen Vorgaben ihrer Vordenker, »richtig« anzuwenden gewesen wären. Dass so verfahren wird, hat mit vorab gesetzten Prämissen zu tun: Die tägliche Praxis ist zunächst als eine »bewundernswerte« Praxis zu betrachten. In ihr werden Risiken eingegangen, fortwährend Probleme gelöst und sicher auch viele Businessprobleme bearbeitet, denen in vielen neuen Ansätzen des Organisierens eher wenig Beachtung geschenkt wird.

Herausgekommen ist eine in dieser Form einzigartige Sammlung von Fallstudien, hinter denen namhafte Unternehmen stehen; herausgekommen ist, offen gesagt, auch etwas leicht anderes als ursprünglich gedacht. Bei der Frage, wie sich die Implementierung von New-Organizing-Praktiken vollzieht, kam es in der Gesamtauswertung zu einer Aufmerksamkeitsverschiebung, ein wenig weg von New-Work-Thematiken, hin zu klassischen und grundlegenden Führungs- und Organisationsfragen. Es zeigten sich vermehrt Grundfragen, wie Unternehmen versuchen, ihren Wandel zu managen, wie sie versuchen zu lernen, wie sie Impulse aufzunehmen versuchen – und all dies ohne zu verlieren, was sie immer benötigen: Stabilität und Verlässlichkeit. Insofern weist das Buch über »Agilitätsfragen« hinaus. Es geht um die Gestaltung der Überlebenssicherung und des nachhaltigen Wandels, mithin um Kernfragen der Führung und des Organisierens.

---

1 Wir unterstützen einen geschlechtergerechten Sprachgebrauch und verwenden die für uns schlüssigste Schreibweise mit Doppelpunkt. Zusammengesetzte Wörter wie »kundenseitig« und (oft ebenfalls zusammengesetzte) nichtpersonale Akteure (Lieferant, Hersteller, Dienstleister etc.) gendern wir meist nicht, um die Lesbarkeit zu erhalten. Bei einzelnen Abweichungen von diesen Regeln bitten wir um Nachsicht. Zitierte Auszüge aus transkribierten Interviews wurden sprachlich nicht verändert.

Mit dem Fokus auf »Prozesse des Organisierens« (Weick 1995) erfahren die Leser:innen viel über die Vielschichtigkeit von Organisation und Führung. Alle Initiativen arbeiten sich an Phänomenen ab, die gerne mit dem Begriff Komplexität bezeichnet werden. Aber was das konkret bedeutet, ist oft nicht fassbar. Anders in diesem Buch. Man lernt den »ganz formalen Wahnsinn der Organisation«[2] kennen. Zusätzlich sorgen prägnante Steckbriefe und kurze Beiträge mit dem Titel »Wie interessant!« von uns Herausgebern für Zusammenfassungen und Überleitungen von einem Fall zum nächsten. Für Führungskräfte aller Ebenen und Berater:innen (externe wie interne Unternehmens- wie Organisationsberater:innen, Agile Coachs etc.) bietet dieser Aufbau vielfältige Erkenntnischancen. Es sind tiefe Einsichten in einzelne Fälle möglich, Quervergleiche zwischen den präsentierten Fällen in ähnlichen Branchen oder auch eine Gesamtschau, die trotz der geringen Zahl an Fällen einen Eindruck vermitteln, welche typischen Muster sich bei der Implementierung neuerer (Trend-)Ansätze zeigen.

Ein weiteres interessantes Ergebnis vorweg: Bei den allerwenigsten der 13 Fälle finden sich Beispiele dafür, dass New Organizing nach einem Lehrbuch eingeführt wurde. Stattdessen kann man erfahren, wie sich in einem evolutionären Prozess Neues Platz und Gehör verschafft, wie es inhaltlich, methodisch und auch sprachlich angepasst wird und wie permanent nachgesteuert wird. Oft findet ein Ringen statt: Einzelne, Teams, Abteilungen haben von Agilität erfahren, haben von den IT-Kolleg:innen, für die seit Jahren Scrum-Verfahren zum Alltag gehören, viel Gutes gehört, sind inspiriert, wollen erst im Team, dann organisationsweit etwas ändern … – und dann beginnen alltägliche Auseinandersetzungen mit der Hierarchie, mit dem bisher Bewährten, mit der Kultur, mit überraschenden Folgeproblemen und auch mit der Zeit. Gerade der Faktor Zeit ist nicht zu unterschätzen: Vom Start einzelner Initiativen bis zur wirksamen organisationalen Umsetzung vergehen nicht nur Monate, sondern Jahre, und in diesen langen Zeiten verändern sich Wettbewerb, Strategien, Vorgesetztenkonstellationen – und es kommen neue Moden auf …

Ist dies als ein organisationaler Mangel zu verstehen, oder zeigen sich hier gar zu beklagende Defizite? – Keineswegs, denn wer Organi-

2 Eine Formulierung, die auf den gleichnamigen Podcast von Stefan Kühl verweist: https://formaler-wahnsinn.de/podcasts/ [Zugriff: 23.04.2021].

sationen in ihrer Komplexität kennenlernen möchte, sollte nicht nur auf die positiven Beispiele achten (die es natürlich in diesem Buch auch gibt). Gerade in den Prozessen der Teilimplementierung, selbst im Vergessen von Führungsfragen, in der Nichtinanspruchnahme von Beratungsressourcen oder auch im scheinheiligen Umgang mit Neuerungen zeigt sich ein weites Feld der Erkenntnis über die (Un-) Tiefen der Organisation, das für erfolgreiche, zukünftige Wandlungsprozesse genutzt werden kann.

Das Buch im Überblick

Im einführenden *Teil I* geben wir Herausgeber Einblick in das allen Ausführungen zugrunde liegende Konzept des Forschungsprojekts. Hier verknüpfen wir die Projektfragestellung mit Kernideen der systemischen Organisationstheorie, liefern methodische Hinweise zur Erstellung der Fallstudie wie auch insgesamt zum Vorgehen im Projekt.

Dieser Einführung schließt sich der große *Teil II* an, in dem die Leser:innen in Form von Fallstudien in und durch die Welt der Agilität und der Konzerne geführt werden. Froh und stolz sind wir, dass es den Forschungsteams gelungen ist, 13 tiefe Einblicke erlangt zu haben in die Implementierungspraxis namhafter Unternehmen aus der Automobilindustrie, der Telekommunikation, den Medien, dem Bankengewerbe, der IT u. v. m.

Die Reise beginnt – wie alle gut vorbereiten Reisen – mit einer Übersichtskarte, auf der die Fälle eingezeichnet sind je nach »Kopplung an Überlebensfragen« und auch, ob die Initiativen eher »bottom-up« oder »top-down« gestartet wurden. Am Ende jeder Fallstudie nehmen wir Reiseleiter unter dem Titel »Wie interessant!« jeweils kurze Zwischenstopps vor, bei denen wir einige Besonderheiten pro Fall, Gemeinsamkeiten mehrerer Fallstudien und sich abzeichnende Muster im Umgang mit neuen Organisationsformen kurz zusammenfassen.

Diesem empirischen Hauptteil schließen sich die zwei kurzen, reflektierenden Kapitel 14 und 15 an. Zunächst folgt ein Essay über mögliche Gründe, weshalb bestimmte, sicherlich interessante Fallstudien nicht zustande gekommen sind. Dem schließt sich ein Beitrag an, der auf Parallelen (Stichwort »Spiegelphänomene«) hinweist zwischen Dynamiken, die sich einerseits in den beforschten Unternehmen und andererseits im Forschungsprojekt mit den mehr als 40 Forscher:innen in ähnlicher Form gezeigt haben.

In *Teil III* schließlich werden nicht nur Kernergebnisse zusammenfasst, sondern auch Ausblicke gegeben auf eine »postmodische« Welt – eine Welt, in der sich Unternehmen vornehmlich auf das überlebensrelevante Balancieren von Paradoxien konzentrieren und ihnen hierbei die Kunst gelingt, sich mit den wertvollen Impulsen von Trendansätzen zu versorgen, ohne den damit einhergehenden großen Versprechungen zu erliegen.

13 Unternehmen, 45 Alumni von *Simon Weber Friends* (SWF) als Forscher:innen, mehr als 60 Interviews, 2 Jahre Forschung mit vielen Treffen, erst noch real, dann coronabedingt in diversen Onlinekonferenzen ... – das Projekt New Organizing wäre ohne ein co-kreatives Zusammenwirken vieler Personen und Institutionen, ohne Lust am gemeinsamen Nachdenken sowie ohne gemeinsame Anstrengungen nicht zustande gekommen.

Danksagung

Im Namen aller Forscher:innen und Autor:innen danken wir den beteiligten Unternehmen für ihre Bereitschaft und Offenheit, an diesem Projekt teilzunehmen. Speziell zu danken ist den Auskunftgeber:innen in den Unternehmen, die mit ihren Einblicken und Erzählungen erst den empirischen »Rohstoff« geliefert haben, den die Forschungsteams dann interpretativ weiterverarbeitet haben.

Zu guter Letzt ist auch dem Team vom Carl-Auer Verlag zu danken, das, unterstützt durch das Lektorat von Markus Pohlmann, dieses Projekt in gewohnt professioneller Geduld und Umsicht begleitet hat.

Torsten Groth, Gerhard P. Krejci, Stefan Günther
Münster, Wien, Darmstadt im Sommer 2021

I Das Forschungsprojekt

New Organizing – Empirie trifft Theorie

Torsten Groth, Gerhard P. Krejci, Stefan Günther

Alle in diesem Band vereinten Beiträge sind im Rahmen eines seit 2018 laufenden Forschungsprojekts bei Simon Weber Friends (SWF) entstanden. Wie es dazu kam? – Im Jargon eines Managementbestsellers müsste jetzt eine Story folgen über einzigartige biografische Erweckungserlebnisse oder von Erkenntnissen berichtet werden, die im Beisammensein mit bekannten Persönlichkeiten aus Wirtschaft und Politik zustande gekommen sind ... – All dies war nicht der Fall. Es war alles profaner, nämlich die pure Neugierde, hinter die Kulissen von New Work, Agilität und der vielfältigen Varianten innovativer Arbeitsmodelle zu schauen. Ziel war es, tiefer gehende Einblicke zu erhalten in Veränderungsprozesse, die, ausgelöst durch ein »agiles Manifest« vor 20 Jahren, einen großen Raum in der Management- und Beratungswelt einnehmen.

Mit dieser Zielsetzung ist die Kernidee unseres Forschungsprojekts »New Organizing – Empirie trifft Theorie« benannt: Wie vollzieht sich die Einführung neuer Organisationsformen in der Praxis? – Der Begriff Organizing im Titel ist bewusst gewählt. Er verweist auf zwei paradigmatische Ansätze in der Organisationsforschung, die für ein hier gewähltes systemisches Verständnis von Organisationen und für die Form und den Fokus der Auswertung von hoher Relevanz sind. Einmal auf den Ansatz von Karl E. Weick und zum anderen auf den Ansatz von Henry Mintzberg.

Beide Vordenker der Organisationsforschung eint die Idee, das in Management und Beratung oft dominierende Strukturdenken mit einem Prozessdenken zu erweitern. Mit diesem Denken ist die Prämisse verknüpft, vermehrt auf die tägliche Praxis des Handelns und Entscheidens zu fokussieren, die sich in den Strukturen (Vorgaben, Abläufen, Organigrammen) vollzieht. Deshalb spricht Weick (1995) vom »Organizing« und Mintzberg (2009) vom »Managing«. Wie sich in den Fallstudien zeigen wird, geht es in der Frage nach Struktur oder Prozess also nicht um ein Entweder-oder. Es geht, vereinfacht gesprochen, um einen Alltag, in dem mit sehr unterschiedlichen Motiven mal in Anlehnung, mal in Anpassung, mal in Änderung oder auch mal in Ablehnung der formellen Strukturen gehandelt wird. Organisationen sind, so Weick (1995, S. 15),

> »trotz ihrer scheinbaren Inanspruchnahme durch Fakten, Zahlen, Objektivität, Konkretheit und Verantwortlichkeit in Wahrheit voll von Subjektivität, Abstraktion, Rätseln, Schau, Erfindung und Willkür ... ganz wie wir alle. Vieles von dem, was Organisationen Schwierigkeiten bereitet, ist ihr eigenes Produkt.«

Von Mintzberg übernehmen wir die Erkenntnis, dass es sich lohnt, die meist vordergründigen Narrative und Mythen des Managements durch Beobachtung des praktischen Handelns neu zu interpretieren. Eine solche Theorieanlage schien uns passend. Denn schon vor Beginn des Projekts hat uns der Umstand fasziniert, wie sehr es neuere Organisationsansätze geschafft haben, den Alltag in so gut wie allen Unternehmen mit »agilen« Ideen zu infizieren. Man kommt nicht umhin, hier, wie auch bei vielen weiteren neuen Methoden, Anführungsstriche zu setzen, denn in der Praxis wird oft nur lose an die ursprünglichen Konzepte und Begriffe angekoppelt. Dies allein gäbe Anlass, über den Einfluss von Moden auf das Management kritisch nachzudenken (Kieser 1996; Kühl 2015) – wir werden zum Abschluss nochmals darauf zu sprechen kommen. In unserem Projekt interessierte jedoch zunächst, was die Ansätze letztlich in der täglichen Praxis bewirkt haben. – Und mit diesem Fokus auf die Auswirkungen sprach und spricht vieles für den neugierigen Blick auf »New« und »Organizing«: Man mag es Mode nennen oder nicht, es finden sich viele neue Impulse und Anregungen für eine agilere Unternehmenspraxis. Und zugleich sind diese Impulse wirksam in zuvor schon praktizierte Prozesse des Organisierens einzuführen.

Beginn einer aufregenden Reise

Zurück zur Gestaltung des Forschungsprojekts. In der Frage der Durchführung kam die Idee auf, dieses Vorhaben nicht allein umzusetzen. Die Leitgedanken zum New Organizing flossen ein in eine erste Skizze und einen Aufruf, der versendet wurde an einen Kreis von ca. 500 Absolvent:innen unserer Beratungs- und Führungskurse zur systemischen Organisationsberatung wie auch an einen bereits bestehenden Kreis kooperierender Netzwerkpartner:innen.

Zu unserer großen Überraschung fand sich recht schnell eine Gruppe von ca. 45 Personen zusammen, die Interesse an Forschung und an diesem Thema zeigten. Einige Interessent:innen waren vertraut mit dem wissenschaftlichen Arbeiten und hatten schon publiziert, für andere war dies eher Neuland. Doch was heißt Neuland? – Alle Projektbeteiligten sind langjährig in der Beratung oder als Führungskraft tätig. Sie verfügen über einen professionellen Organisationsblick, der zudem individuell und kollektiv geschärft ist durch ähnliche systemische Verständnisse und Weiterbildungen zur Organisationsberatung.

Im ersten Schritt galt es, das Projekt sachlich, sozial, zeitlich zu organisieren. Es folgten, ohne hier zu tief ins Detail zu gehen, mehrere Vorbereitungstreffen zur Fixierung des Forschungsfokus, zur Abstimmung der organisationstheoretischen Fundierung sowie zur Diskussion methodischer Fragen der Interviewführung und -auswertung. Zudem formierten sich letztlich 14 Teams, die jeweils ein Unternehmen beforschen wollten. Da es für uns eher um eine explorative und nicht um eine repräsentative Studie ging, wurde für die Auswahl der Unternehmen ein pragmatischer Zugang gewählt: Unsere Forscher:innen sprachen größere Unternehmen – vorwiegend Konzerne oder Teilbereiche von Konzernen – an, zu denen ggf. bereits Kontakte bestanden. Dieser Größenfokus wurde bewusst gewählt, da viele veröffentlichte Erfolgsberichte aus kleinen oder neu gegründeten Unternehmen stammen und uns die Übertragung der Erfahrungen mit New Organizing auf größere Systeme in der Literatur unterrepräsentiert erschien.

Folgende Fragen wurden den Forschungsteams für ihre Interviews in den Unternehmen mit auf den Weg gegeben:

- *Fokus »Idee«:* Was ist die Leitidee, die Erwartung, mit der neue Organisationsformen eingeführt werden?
- *Fokus »Bezeichnung«:* Wie wird der neue Ansatz »verstanden« und auf welcher Ebene wird er implementiert: als Organisationsänderung, als Führungsänderung, als Team- und Projektveränderung?
- *Fokus »Auswirkungen«:* Welche Wirkungen sind hierbei zu beobachten bzw. welche Resonanzen erzeugt der Eingriff in die Praxis?
- *Fokus »Unterstützung«:* Welche Funktion übernehmen Führung, HR-Abteilungen und/oder Beratungen im Prozess der Implementierung?

- *Fokus »Implementierung«:* Kommt es überhaupt zu einer Transformation »weg von der alten, hin zur neuen Organisationsform«? – Wenn ja, wenn nein (oder auch: wenn halb, wenn anders als gedacht, wenn oberflächlich-scheinheilig) ... Wie verläuft der Implementierungsprozess?
- *Fokus »Reflexion«:* Zeigt sich eine Praxis, in der sich die positiven Erwartungen an New Organizing erfüllen, müssen die Ansprüche revidiert werden, bzw. was folgt stattdessen?
- *Fokus »Lernen«:* Welche erfolgskritischen Aspekte in der Implementierung werden bislang übersehen bzw. müssten mehr Beachtung finden?

Zur Strukturierung der Ergebnisse wurde festgelegt, dass im Zuge der Feldforschung insbesondere die Bereiche »Organisation«, »Führung«, »Teams/Projekte« und »Beratung« in den Blick zu nehmen sind.

Und so gerüstet ging es ins Feld. Interviewpartner:innen wurden ausgewählt, Termine vereinbart und Gespräche geführt etc.[3]

Von der Datenerhebung zur Auswertung

Alle nach dem groben Leitfaden (den die Teams noch weiter verfeinert haben) geführten Interviews wurden transkribiert und anschließend qualitativ ausgewertet. Hierzu bedienten sich die Teams grob einer dreigeteilten Methodik, die von Froschauer und Lueger (2003) entworfen wurde. Die transkribierten Interviews wurden nach dem Konzept der »Themenanalyse«, der »Systemanalyse« und einzelne Passagen auch mit Mitteln der »Feinstrukturanalysen« ausgewertet.

Bei 13 Fallstudien und im Schnitt über vier Interviews pro Unternehmen ist schnell zu errechnen, dass weit mehr als 1000 Seiten an Transkriptionen erstellt wurden, auf denen berichtet wird, was New Organizing im Einzelfall zum Erhebungszeitraum bedeutet und bewirkt hat. Es ist den Forschungsteams nicht hoch genug anzurechnen, welche empirische Arbeit sie jeweils geleistet haben. Deutlich wird auch, dass in die Fallstudien dieses Buches nur ein Bruchteil dessen einfließen konnte, was erfasst wurde.

3 Am Ende einer jeden Fallstudie wird im Steckbrief angegeben, mit wie vielen Vertreter:innen welcher Funktionen pro Unternehmen Gespräche geführt wurden.

Damit sind wir beim Prozess der Auswertung. Eines war klar: Mit dem Interesse an der Frage, wie sich die Implementierung neuerer Organisationsansätze in der Praxis vollzieht, sollte dafür gesorgt werden, dass die Forschungsteams ergebnisoffen bzw. nicht normativ an die Auswertung gehen. Will man dieses Ziel präziser fassen, so bietet es sich an, auf methodische Überlegungen zurückzugreifen, die Luhmann recht früh mit der Methode einer »funktionalen Analyse« präzisiert hat (Luhmann 1999). Eine solche Methode lädt dazu ein, alle wiederholt auftretenden Phänomene in den Kontext der Lösung von Problemen zu setzen: »Welche Probleme versuchen Organisationen zu lösen, die neue Organisationsformen einsetzen, und welche Probleme versuchen sie zu lösen, wenn sie diese nur zögerlich oder auch nur scheinheilig einsetzen?«

Mit diesem auf ethnologischen Methoden aufbauenden Vorgehen erhält man einen möglichst bewertungsfreien, lernenden Zugang zu allen denkbaren Formen der Implementierungspraxis. Zusammenfassen lässt sich dieses Denken mit dem Motto »Wie interessant!« – Das Besondere eines solchen Denkens wird deutlich, sobald man dieses mit der alltäglich beobachtbaren Bewertungspraxis in Veränderungsprojekten vergleicht. Zumeist kommt es bei Letzterer sachlich zu einer Positivbewertung des Neuen und einer Abwertung des Bestehenden, was sich sozial in einer Spaltung in Erneuerer und Beharrende zeigt. Eine solche Vorabbewertung würde den für unser Projekt erwarteten Erkenntnisprozessen im Wege stehen (wie es insgesamt produktive Veränderung verhindert, aber das soll hier nicht im Fokus stehen).

Neue Organisationsformen stellen Irritationen einer wie auch immer gearteten funktionierenden Praxis dar. Es sind Eingriffe in eine Praxis der Überlebenssicherung, in und mit der Unternehmen versuchen, am Markt zu bestehen und dabei widersprüchliche Erwartungen aus der äußeren oder inneren Umwelt zu erfüllen. In diesem Streben kann New Organizing für das eine Unternehmen ein wertvoller Impuls sein, für das andere eine mit Skepsis beobachtbare Modewelle und für ein weiteres eine Ansammlung interessant klingender Tools, die im geschützten Rahmen auszuprobieren sind. Wie auch immer: Vorab kann und sollte bewusst nicht festgelegt werden, was als richtig oder falsch zu bewerten ist.

Hinzu kommt ein zeitlicher Aspekt: Die Implementierung neuer Ansätze ist mehr als nur eine punktuelle Intervention. Oftmals sind es mehrjährige Prozesse, in denen die Organisation ja nicht stehen bleibt. Parallel zum New-Organizing-Prozess gewinnen immer wieder andere unternehmensstrategische und -politische Aspekte an Relevanz und wirken auf die neuen Ansätze unterstützend oder auch bremsend zurück.

Die Fallstudien sollten deshalb idealerweise längere Zeiträume erfassen und dort fortgesetzt werden, wo viele andere Veröffentlichungen sich damit begnügen, aufzuzeigen, wie z. B. agile Verfahren initiativ eingeführt wurden, ohne zu zeigen, wie es im Anschluss weiterging. Die Beantwortung der (einfachen, aber wirksamen) systemischen Frage nach dem »Und dann ...?« sollte sich in den Beiträgen niederschlagen. Erst in der Form der Fortsetzung von New Organizing – so eine weitere Prämisse unserer Forschung – zeigt sich die Selektionswirkung der Organisation. Erst hierdurch werden Möglichkeiten und Herausforderungen einer langfristig wirksamen Implementierung im Sinne einer organisationalen Veränderungsfähigkeit sichtbar.

Organisationstheoretische Fundierung

Wenn eine »Wie-interessant!«-Erzählung erfolgt ist und anschließend Praktiker die Praxis der Implementierung neuerer agiler Ansätze erforschen, braucht es mehr als nur einen scharfen Blick – es braucht (ein wenig) Organisationstheorie. Wie sonst wüsste man, worauf man achten soll, um vermutete Wirkungszusammenhänge zwischen »New« und »Old Organizing« zu erklären und zu bewerten?

Der Fokus auf Organisation ist auch insofern von Bedeutung, als dass viele neue Ansätze aus dem Projektmanagement stammen und mit diesem Ursprung stark auf Team- und Interaktionsgestaltung fokussieren. In den Fallstudien interessiert New Organizing im Kontext der Organisation (und nicht nur die Gestaltung von Interaktionen im Kontext einer Organisation ...). Dieser Schwerpunktsetzung liegt die Prämisse zugrunde, dass erfolgsrelevante Kriterien erst dann in den Blick kommen, wenn man über die Face-to-Face-Koordinierung hinausgeht. Wie sich später zeigen lässt, hat sich dieser geweitete Blick als erkenntnisreich erwiesen, denn viele Initiativen erfahren ihre Grenzen oder ihr Scheitern weniger an sich, sondern am Kontext Organisation.

Theoretische Prämissen

Damit wären wir bei dem von allen Autorenteams angewendeten systemischen Blick auf das Phänomen Organisation. Es finden sich ergiebige Quellen, um sich ausführlich über die soziologische Systemtheorie (Luhmann 1984), das Grundprinzip der Autopoiesis (Maturana u. Varela 1984) und auch über Organisationen als soziale Systeme mit dem Basiselement der Kommunikation von Entscheidungen zu informieren (Luhmann 2000; Baecker 1999; Simon 2007; Wimmer 2012; siehe auch Groth 2019, S. 59 ff.). Wir belassen es bei einer stichwortartigen Auflistung mit kurzen Ergänzungen, inwieweit der systemische Blick einen Unterschied in der Erklärung von Phänomenen macht, die im Kontext von New Organizing auftreten (können).

Organisationen …

- … folgen selbst gesetzten Zwecken und Zielen, die ihnen Orientierung geben: Alle New-Organizing-Aktivitäten müssen mit diesen verknüpft werden.
- … sind um das Problem der Entscheidungsfindung »gebaut« und bilden hierzu »Spielregeln« (Prämissen und Routinen) aus: Alle New-Organizing-Aktivitäten »irritieren« vorhandene Spielregeln positiv wie negativ.
- … sind gefordert, in komplexen Umwelten und unsicheren Zukünften ihr Überleben zu sichern, was sie u. a. in die Situation bringt, die beiden gegensätzlichen Pole Exploration und Exploitation (March 1991) zugleich zu bedienen: Alle New-Organizing-Aktivitäten werden in diese notwendigen und zugleich paradoxalen (s. u.) Balancierungsprozesse einbezogen (zumeist verortet auf der Seite der Exploration …).
- … streben zwar nach Rationalität und erzeugen dabei vielfältige Irrationalitäten (Brunsson 1985), die durchaus auch funktionale Seiten haben: Forschungen zu den New-Organizing-Aktivitäten – wie auch andere Forschungen – werden erwartungsgemäß Phänomene ans Licht bringen, die für die Beteiligten und vielleicht auch aus Forschungssicht nicht sehr vernünftig klingen; eine systemische Forschung versucht in solchen Fällen gute Gründe für vermeintliche irrationale Verhaltensweisen zu finden.
- … sind selbst als komplexe Gebilde zu verstehen, die sich vereinfachende Selbstbeschreibungen geben; sie zeigen eine »for-

melle«, eine »informelle« und eine »Schauseite« (Kühl 2011): Diese Unterscheidungen werfen die Frage auf, welche der drei Seiten mit New-Organizing-Aktivitäten auf welche Art und Weise bedient werden.

- ... müssen widersprüchliche gesellschaftliche und wirtschaftliche Erwartungen bedienen und differenzieren sich hierzu in Untereinheiten, die jeweils eigene lokale Rationalitäten erzeugen: Veränderungsinitiativen allgemein und speziell New-Organizing-Aktivitäten bedienen oft nur einzelne lokale Sichten und werden von diesen erwartungsgemäß positiv beobachtet wie auch von vielen anderen Einheiten, die andere Teilrationalitäten bedienen, erwartungsgemäß skeptisch.
- ... sind »um Paradoxien herum gebaut« (Simon 2007): Sowohl die diversen Umwelterwartungen als auch die erwähnten internen Teilrationalitäten spitzen sich erwartbar zu in Fragestellungen und Situationen, in denen Widersprüche auftreten, die nicht lösbar erscheinen. In dem Zusammentreffen von »agil« und »klassisch« oder auch »neu« und »alt« sind solche paradoxen Dynamiken vermehrt erwartbar. Vereinfacht gesagt, nutzen wir die Theoriefigur der pragmatischen Paradoxien, um diese unvermeidbaren Spannungen in der Art ihrer Bearbeitung beobachten und interpretieren zu können.
- ... binden ihre Mitglieder vertraglich und binden sie damit ein in ein Netz generalisierter Verhaltenserwartungen, sodass Einzelne »nur« als »Personen« in ihren »Rollen« agieren: Dies richtet den Blick auf die Frage eines implizit oder explizit entstehenden neuen »sozialen Kontrakts« durch New-Organizing-Aktivitäten und verweist grundlegend darauf, dass die Antworten in den Interviewausschnitten immer als Zusammenspiel von Erwartungen, Rollenausübungen und Personenanteilen zu »lesen« ist.

Die aufgelisteten Stichworte geben verdichtet wieder, was alles mitgemeint ist, wenn von »Organisation« die Rede ist und eine systemische Perspektive eingenommen wird. Zugleich geben sie Hinweise, wie die in den Interviews getätigten Äußerungen bezüglich New-Organizing-Aktivitäten von den Verfassern der Fallstudien eingeordnet werden sollten und wurden. Der Blick auf Paradoxien nimmt – so viel vorab – eine Sonderstellung ein und wird sich wie ein roter Faden durch die Fallstudien ziehen.

Noch ein kurzer methodologischer Hinweis: Empirisch in Unternehmen zu forschen bedeutet, Beobachter beim Beobachten ihrer eigenen Organisation in der Beziehung zu ihren Umwelten zu beobachten. Dass hiermit kein Anspruch auf objektive Wiedergabe von Realitäten abgeleitet werden kann, lässt sich leicht erschließen. Es ist eine Setzung von uns, eine funktionale Methode vorzugeben, es ist eine Setzung, Interviews qualitativ auszuwerten, es ist eine Setzung, systemtheoretische Erklärungen anzulegen. Das Problem der Selbstbezüglichkeit von Erkenntnis bleibt.

Alle Methoden »sind dafür gut, sich selbst zu überraschen« (Luhmann 1997, S. 37). Niklas Luhmann fasst so pointiert zusammen, was es heißt, empirisch zu forschen. Natürlich kreieren die Forschungsteams ihre Bilder, natürlich lassen sie sich in ihrer Exploration mehr oder weniger durch die Fokussierung ihrer Interviewpartner:innen leiten, natürlich hätte man alles auch anders formulieren können, natürlich sind es nur zeitpunktbezogene Einblicke. Keineswegs jedoch sind die Ergebnisse zufällig. Als das hier am besten passende Konzept erscheint uns das von Nassehi und Saake (2002) formulierte »methodisch kontrollierte Vorgehen«. Es geht darum, so reflektiert wie möglich den eigenen Gebrauch von Theorie und Methoden offenzulegen und auch die jeweiligen Beschränkungen in den Blick zu nehmen. In diesem Sinne sind die im Zuge des fortschreitenden Forschungsprozesses entstandenen Leitideen und Leitlinien zur Formulierung der Fallstudien zu verstehen.

»Neues« trifft auf »Bekanntes« – Leitideen zur Auswertung

Aufbauend auf den theoretischen Grundlagen diente das folgende Ablaufschema (Abb. 1) als Grundlage der Darstellung und Zusammenfassung der Fallstudien.

In sechs Schritten (die Theorieprämissen sind im vorangehenden Abschnitt eingeführt worden) sind hierin Kontexte und Fragestellungen angedeutet, wie New Organizing zu erforschen ist. Zugleich sind Wirkungsvermutungen mitgedacht, wie »Neues« (das muss nicht unbedingt New Organizing sein) bestehende Formen des Organisierens irritiert. Insofern könnte man das Schaubild mitsamt den nachfolgend aufgelisteten Erläuterungen auch als ein generelles Schema lesen, wie sich tiefer gehende Veränderungsprozesse vollziehen.

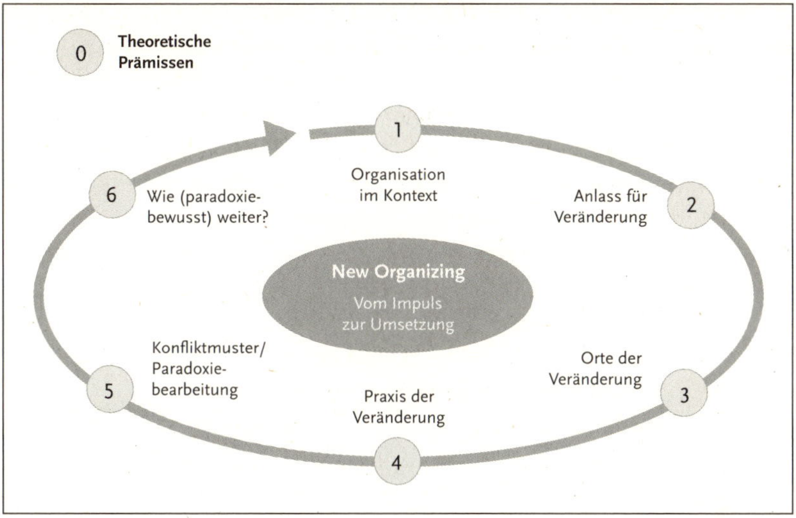

Abb. 1: Kreislauf tiefgreifender Veränderungen am Beispiel von New Organizing

Schritt 1: Organisation im Kontext

Bei jedem Fall bzw. bei jeder Fallstudie ist zu klären, in welchem Umfeld die erforschte Organisation aktiv ist. Hier geht es erstens um eine Darstellung der sich wandelnden Markt- und Technologieanforderungen, die als Kontext für das Einführen neuer Formen des Organisierens als relevant erachtet werden. Der eingangs erwähnten theoretischen Prämisse folgend, sind Organisationen als Orte der Bearbeitung und Entfaltung paradoxaler Anforderungen (Simon 2007) zu beobachten. Ein besonderes Augenmerk ist deshalb darauf zu legen, mit welchen internen Strukturen die Unternehmen versuchen, die widersprüchlichen Anforderungen an Stabilität - Wandel, Exploration – Exploitation, etc. zu erfüllen. Wir nennen diese Paradoxien im Folgenden Kernparadoxien.

Schritt 2: Anlass für Veränderung

Des Weiteren gilt es, den Anlass für New-Organizing-Aktivitäten darzustellen. Mit Bezug zur oben erwähnten funktionalen Methode ist darzulegen, für welches wie wahrgenommene Problem New Organizing als Lösung gesehen wird. Hierbei interessiert vor allem, ob New Organizing als Versuch beschrieben wird, um ggf. auf als existenzbedrohend wahrgenommene Veränderungen der Organisationsumwelt zu reagieren, oder aber ob andere Zwecke damit verfolgt werden.

Schritt 3: »Orte« der Veränderung
Aufbauend darauf rücken die konkreten »Interventions*orte*« in den Blickpunkt. Wo wird New Organizing wie in der Praxis umgesetzt? Auf welchen Ebenen wird bei der Umsetzung angesetzt? Es stellt sich die Frage, ob und wie ein Zusammenspiel von Organisation, Interaktion, Führung und Beratung bei der Einführung von Neuem gedacht wird und wie dies konkret erfolgt.

Schritt 4: Praxis der Veränderung
Vertiefend zur Interventionsebene ist darzulegen, wie Veränderung gehandhabt wird. Hier sind mehrere Aspekte relevant:

- Vollzieht sich Wandel »bottom-up« oder »top-down«?
- Wird New Organizing für punktuelle Optimierungen verwendet, oder wird ein größerer struktureller organisatorischer Umbau vorgenommen?
- Erfolgt die Umsetzung von New Organizing im Sinne einer »episodischen Veränderung«, bei der ein klar definierter Start und ein erwünschter Endzustand angepeilt wird, oder wird eher evolutionär im Rahmen eines »kontinuierlichen Veränderungsprozesses« vorgegangen (Weick a. Quinn 1999)?

Schritt 5: Konfliktmuster/Paradoxiebearbeitung
Unter der Prämisse, dass es erwartbar zu Konflikten kommt, wenn neue Organisationsformen auf bestehende Strukturen treffen, interessiert vor allem die Art und Weise, wie mit den Anforderungen, zwei Gegensätze in der Praxis zu vereinen, umgegangen wird. Zur Beschreibung und Bündelung der vielfältigen erwartbaren Dynamiken bietet es sich an, sechs Bearbeitungsmuster zu unterscheiden (Simon 2007):

- *Aktive Negierung:* Es wird so getan, als ob Neues und Bestehendes problemlos zusammenpassen. Widersprüche werden negiert …
- *Produktion von Ein-Eindeutigkeit:* Es findet eine klare Positionierung für eine (als einzig richtig und positiv bewertete) Seite statt …
- *Differenzierung/Aufspaltungen einführen:* In den Unternehmen gibt es Einheiten/Bereiche, die weiter wie bisher arbeiten, und

es gibt andere, ggf. auch nur kleinere »Inseln«, in denen Neues erprobt wird …

- *Oszillieren im Zeitverlauf:* In den Unternehmen wird im Wechsel mal das Neue, mal das Bestehende als handlungsleitend benannt …
- *Scheinheiliges Agieren:* Es wird nach außen so getan, als ob man sich den neuen Organisationformen verschreibt, nach innen jedoch wird weiter agiert wie bisher …
- *Produktion von Uneindeutigkeit:* Es kommt zu Situationen, in denen es für die Beteiligten nicht deutlich wird, nach welchen Kriterien gehandelt werden soll …

Diese Bearbeitungsmuster können Erklärungen liefern für Dynamiken, die für Beteiligte – ohne Paradoxiebewusstheit – oft in Konflikten, Frustrationen oder Orientierungslosigkeiten enden. Umgekehrt gilt jedoch auch: In der Anerkennung von Paradoxien, im bewussten Management von Paradoxien liegen große Potenziale der wirksamen Implementierung – wir kommen im Abschlusskapitel zum Paradoxiemanagement auf diesen Aspekt zurück.

Schritt 6: … wie weiter?

Das Schaubild ist bewusst kreisförmig angelegt (Abb. 1). Wer sich auf das »New«, auf das »Organizing« und auf Paradoxiekonzepte einlässt, muss akzeptieren, dass Wandlungsprozesse und Problemlösungen nie beendet sind. Darum soll – in den Fallstudien wie in jedem Wandelprozess – aufgezeigt werden, wie es weitergeht, welche neuen Paradoxien erkennbar werden, welche »Lösungen« sich als problematisch erweisen etc. Ein »paradoxiefreundlicher« Ausblick soll Anregungen für zukünftige Gestaltungsfragen im Sinne einer organisationalen Veränderungsfähigkeit geben.

Theorie trifft Empirie

Wenn Theorie wie beschrieben mitläuft, erhält jede Fallerzählung eine innere Spannung. Und zusätzlich werden in der Gesamtsicht funktionale Vergleiche zwischen den Problemstellungen und Lösungswege der beforschten Unternehmen möglich.[4] In den Fällen und über alle Fälle hinweg zeigen sich vielfältige Dynamiken, die

4 Für eine solche Idee der Kombination einer einheitlich ausgerichteten Theoriesicht und Methodik bei gleichzeitiger Vielfalt an Fällen vgl. Seibel, Klamann u. Treis (2017).

unseres Erachtens bisher nicht angemessen beobachtet, erforscht und ausgewertet wurden. Gerade in der vielleicht wichtigsten Fragestellung der pragmatisch-paradoxalen Verknüpfung von Konzernwelt und agiler Welt eröffnet sich ein weites Feld spannender Fragen, von deren Beantwortung Führungskräfte wie Beratungsprofessionen profitieren können.

Organisationen als soziale Systeme im Kontext einer Paradoxietheorie zu verstehen mag abstrakt klingen, es setzt jedoch einen Rahmen, in dem Unternehmen nicht mehr als Gebilde erscheinen, die nach rein ökonomischen Kriterien zielgerichtet geführt werden. Hierdurch verändert sich auch die Sicht auf eine normalerweise zu unterstellende Funktionsweise von Organisationen. Im Alltag sowie im Anspruch vieler Führungskräfte finden sich oft noch Vorstellungen, Unternehmen müssten – maschinengleich – berechenbar und planmäßig funktionieren. Jede Form der Abweichung ist mit dieser Sichtweise als Fehler und Enttäuschung der Verantwortlichen zu bewerten. Unsere Theorieanlage nimmt bewusst die Bewertung heraus und postuliert, wenn man es zuspitzen möchte, dass Organisationen nicht wie geplant funktionieren. Die Abweichungen werden zum Normalfall, und damit werden auch Konflikte erwartbar.

Dieses Reframing ist insofern von Bedeutung, weil in vielen der erforschten Organisationen (ob benannt oder anonym dargestellt) die Sorge herrscht, in der Darstellung würden Schwächen überbetont. Nein, damit Organisationen lernen können und brauchbare Informationen erlangen, muss ihr Motto lauten: Der König ist nackt – und das ist nicht schlimm! Schlimmer wäre es, und dieser Verdacht beschleicht uns angesichts der vielen großartigen Storys zum New Work, wenn man gewöhnlich die Schauseite einer Organisation präsentiert bekommt.[5] Besser als Stefan Kühl kann man dies nicht zusammenfassen (Kühl 2021, S. 11):

> »Bei auf Managementkonferenzen, Personalmessen und Praktikerzeitschriften dargestellten Fallstudien, in denen auf Anonymisierung verzichtet wird, kann man davon ausgehen, dass man einiges über die herausgeputzten Vorderbühnen, aber faktisch nichts über die Hinterbühne der präsentierten Organisation erfährt. Man kann daraus schon fast eine

5 Gerade in den drei Fallstudien unseres Bandes, in denen die beforschten Unternehmen benannt sind (Kap. 2, Kap. 9, Kap. 13), haben die Autorenteams darauf geachtet, dass die von Kühl kritisierten Aspekte nicht zum Tragen kommen.

> Daumenregel zur Zeitersparnis für die Lektüre von Artikeln und Büchern machen. Mit Ausnahme von historischen Organisationsanalysen, in denen die Betroffenen in der Regel schon lange tot sind, und von investigativen journalistischen Arbeiten, in denen der Anspruch ja gerade die Aufdeckung der Hinterbühne einer spezifischen Organisation ist, kann man Texte, die auf Anonymisierung der dargestellten Organisationen verzichten, getrost ungelesen zur Seite legen. Bestenfalls würde man etwas über die neueste Managementmode erfahren, die über Erfolgsgeschichten aufgepeppt wird, schlimmstenfalls liest man eine als Praktikerbericht getarnte PR-Geschichte eines Coaches, Beraters oder Managers.«

Mit den in diesem Band vereinten Fallstudien verknüpfen wir bewusst keinen Anspruch auf wissenschaftliche Genauigkeit. Dafür war die Auswahl an Unternehmen und Interviewten zu klein, und viele Interviews sind eher zufällig bzw. über bestehende Kontakte zustande gekommen. Wir haben es jedoch bewusst vermieden, alle Fallstudien so zuzuschneiden, dass damit ein neuer Ansatz begründet wird. In der Formulierung von Managementratgebern ist es gängige Gepflogenheit, dem eigenen (Mode-)Ansatz mit Fallgeschichten den Anstrich von Realitätsnähe zu verleihen (Kieser 1996).

Wir positionieren die Beiträge dagegen bewusst zwischen dem Pol der »wissenschaftlichen Forschung« auf der einen Seite und dem Pol »Strategie-Industrie« (Nicolai 2000) auf der anderen Seite. In dieser »interessanten Mitte« werden unwahrscheinliche Verknüpfungen möglich und sichtbar. Die Forschungsteams bestehend aus erfahrenen Berater:innen und Führungskräften verknüpfen eine ähnlich systemische Theoriesicht auf Organisationen mit Interviewergebnissen, die in einem abgestimmten qualitativen Erhebungsverfahren kollektiv ausgewertet wurden, und bringen ganz bewusst auch ihre jahrelange Berufspraxis mit ein: Theorie trifft Empirie.

II Die Forschungsergebnisse

New Organizing – Reiseplanungen und Orientierungshilfen

Torsten Groth, Gerhard P. Krejci, Stefan Günther

Jede gut vorbereitete Reise beginnt mit der Lektüre eines Reiseführers, der Recherche im Internet oder zumindest mit dem Blick auf eine Übersichtstafel – und so handhaben wir es hier auch. Der vorige *Teil I* über Theorie und Methode entspricht dem, was man über die Hintergründe im Land »New Organizing« wissen sollte, jetzt kann die Reise (fast) beginnen.

Zur visuellen Darstellung der Berichte

In der Innenwelt von New-Organizing-Ansätzen liest und hört man zuweilen über ein »Ausmaß an Agilisierung«, über »Stufen« oder die »Tiefe«, bis zu der eine neue Denk- oder Organisationsform vorgedrungen ist. Unterlegt sind diese Ideen oft auch mit Ideen von »Reifegraden« (z. B. Laloux 2015). Naheliegend wäre es infolge eines solchen Denkens gewesen, die 13 Fälle nach »Tiefe« oder »Reife« zu bewerten. Diese Denk- und Darstellungsform führt jedoch in die Falle der Normativität. Es wird ein Schema verwendet, das die Idee mitführt, eine tiefer gehende Einführung neuer Methoden sei grundsätzlich die bessere.

In der Umsetzung unseres Anliegens, bewertungsfrei zu erforschen, wie sich New Organizing in der Praxis vollzieht, wurde alternativ ein Schaubild entworfen, das die Fälle nach zwei Gesichtspunkten gliedert: Zum einen geht es unter der Bezeichnung »Anbindung an die Existenzfrage« um das Wozu, zum anderen entlang der Unterscheidung top-down oder bottom-up um eine Abbildung, wer die »Initiative« gestartet hat. Der Fokus wird also einerseits auf das (innen erzeugte) Außen gerichtet und anderseits auf die für Implementierungsfragen so wichtige Frage, ob es »von unten« oder »von oben« kommt. Mit diesem Doppelfokus lässt sich erfassen, ob und wie die Unternehmen den Einsatz von New-Organizing-Ansätzen oder -Methoden strategisch und operativ »ins Spiel bringen«.

Grob lassen sich auf diese Weise vier New-Organizing-Typen unterscheiden (Abb. 2).

Einige Beispiele zur Erläuterung:

- Im *Feld A* finden sich Fälle, bei denen sich top-down geführte, episodische Transformationen vollziehen. Ein Unternehmen nutzt New Organizing strategisch zur Überlebenssicherung und das Topmanagement macht entsprechend konkrete Vorgaben zur Umsetzung neuer Organisationsformen. Der Fall »Radikale Transformation einer Bank« (Kap. 13) steht beispielhaft für diese Vorgehensweise.
- Im *Feld B* sind Fälle zu verorten, bei denen eher inkrementell, bottom-up im Sinne einer Graswurzelbewegung vorgegangen wurde und sich die dadurch entstandene Neuerung als überlebensrelevant herausgestellt hat. Das extremste Beispiel dafür bietet der Fall »Mit dem Rücken zur Wand« (Kap. 2). Hier macht sich die Belegschaft auf, ein in den Routinen der Organisation bereits verlorenes Projekt komplett neu zu konzipieren und dadurch einen Bereich in seiner Existenz zu sichern.
- Im *Feld C* sehen wir geführte, begrenzte Experimente, (noch) ohne unmittelbare (Not-)Wendigkeit. Im Wissen, dass es gut ist, sich regelmäßig mit Neuerungen zu beschäftigen, öffnet eine Unternehmensleitung nicht nur Freiräume zum Ausprobieren, sondern gibt auch vor, was zu testen ist. Am besten repräsentiert ist dieses Feld über den Bericht eines Mobilitätsdienstleisters mit dem Titel »Macht doch, wenn ihr wollt« (Kap. 5).
- Im *Feld D* finden sich Fälle, in denen Bottom-up-Initiativen eigenständig experimentieren und im Sinne von U-Boot-Projekten (noch) keine organisationale Resonanz haben. Auf Unternehmen in diesem Feld wird im Essay »Dark side of the moon« (Kap. 14) angespielt.

Die grobe Rasterung in vier Felder spannt den Raum auf, in den die Fälle einzuordnen sind. In leichter Vorwegnahme der Ergebnisse und zugleich auch zur orientierenden Rahmung der »dichten Beschreibungen« (Geertz 1987) haben wir die 13 Fallstudien (und ein Essay) in das Schaubild eingetragen (Abb. 3).

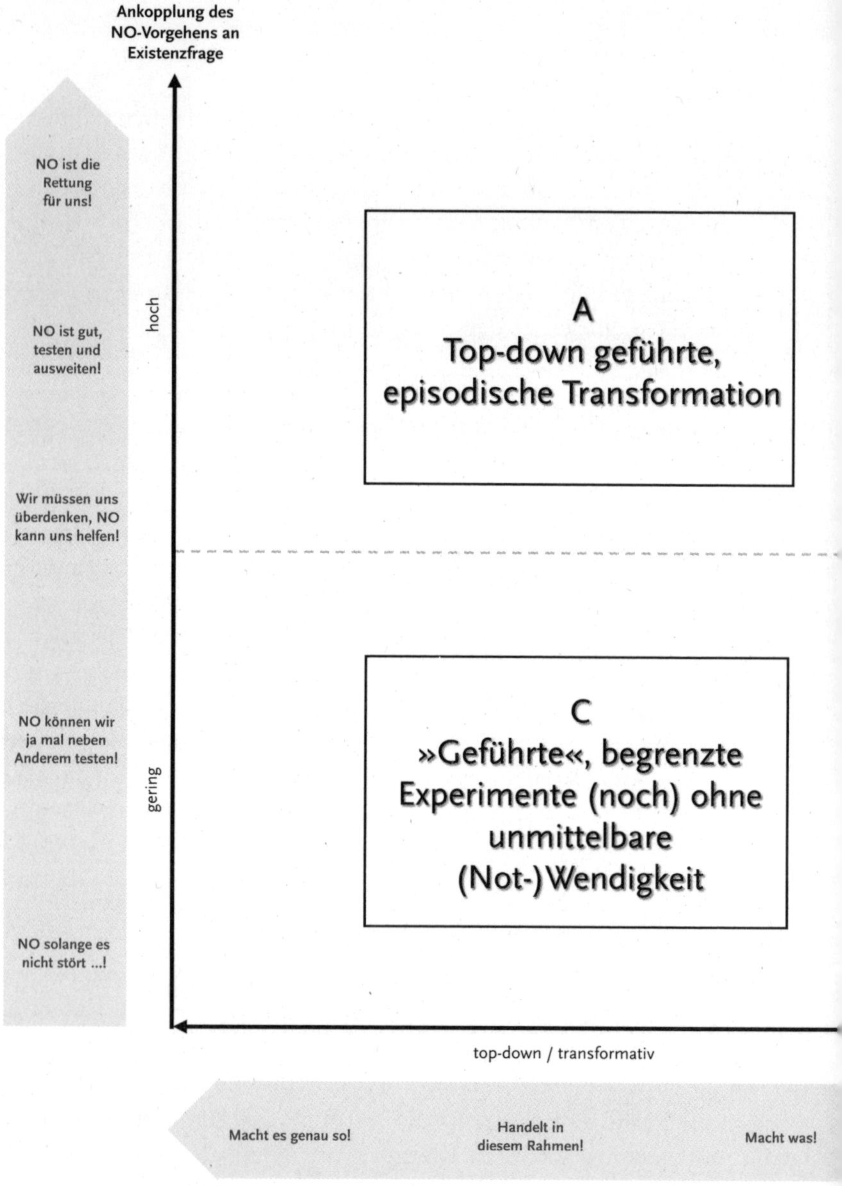

Abb. 2: Vier Formen A bis D der Einführung von New Organizing (NO)

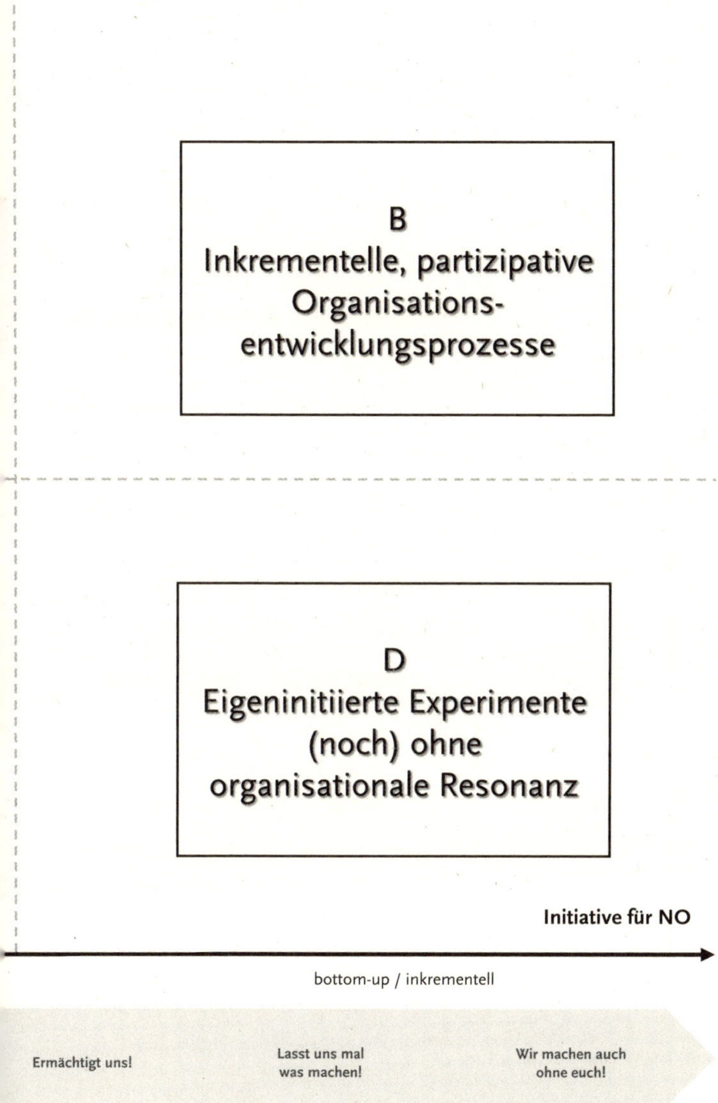
B
Inkrementelle, partizipative Organisations-entwicklungsprozesse
D
Eigeninitiierte Experimente (noch) ohne organisationale Resonanz
Initiative für NO
bottom-up / inkrementell
Ermächtigt uns!
Lasst uns mal was machen!
Wir machen auch ohne euch!

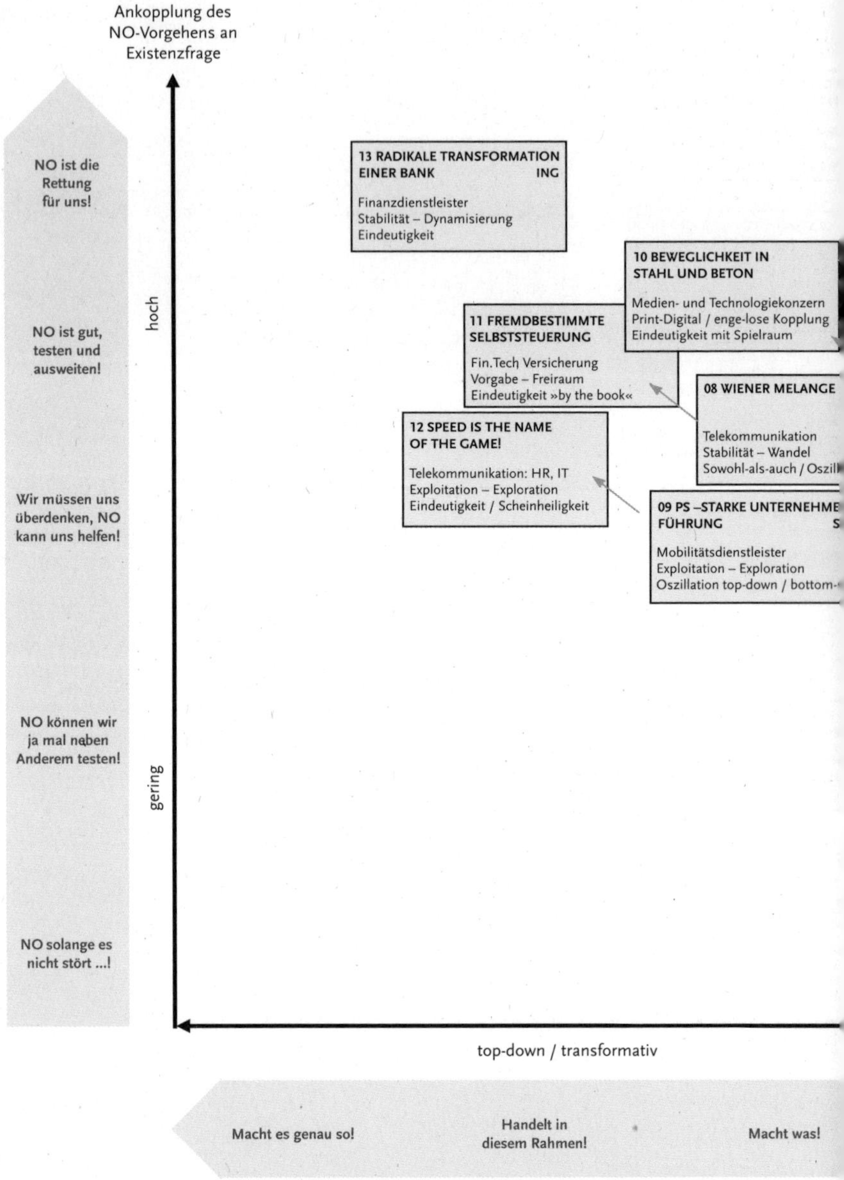

Abb. 3: Positionierung der in den Fallbeispielen untersuchten Organisationen

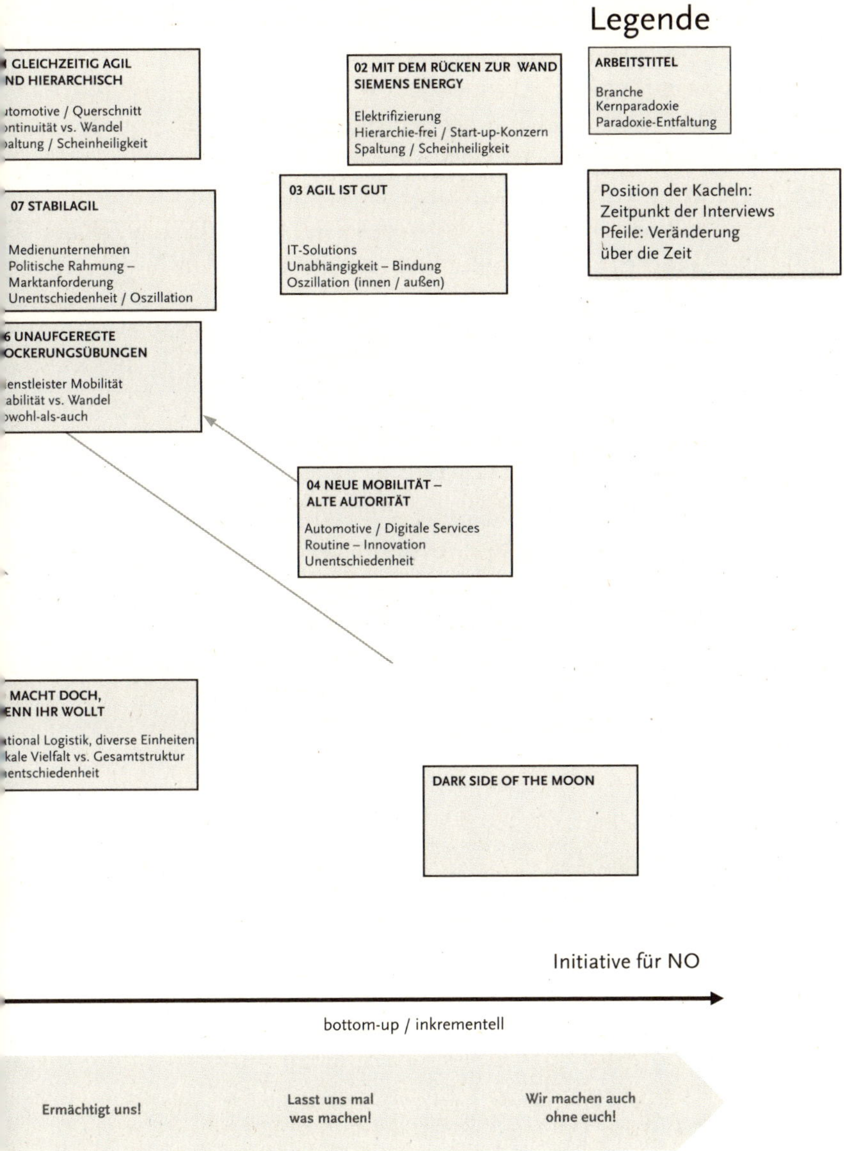
Legende
ARBEITSTITEL
Branche
Kernparadoxie
Paradoxie-Entfaltung
Position der Kacheln:
Zeitpunkt der Interviews
Pfeile: Veränderung
über die Zeit
GLEICHZEITIG AGIL
ND HIERARCHISCH
ntinuität vs. Wandel
altung / Scheinheiligkeit
02 MIT DEM RÜCKEN ZUR WAND
SIEMENS ENERGY
Elektrifizierung
Hierarchie-frei / Start-up-Konzern
Spaltung / Scheinheiligkeit
07 STABILAGIL
Medienunternehmen
Politische Rahmung –
Marktanforderung
Unentschiedenheit / Oszillation
03 AGIL IST GUT
IT-Solutions
Unabhängigkeit – Bindung
Oszillation (innen / außen)
6 UNAUFGEREGTE
OCKERUNGSÜBUNGEN
enstleister Mobilität
abilität vs. Wandel
wohl-als-auch
04 NEUE MOBILITÄT –
ALTE AUTORITÄT
Automotive / Digitale Services
Routine – Innovation
Unentschiedenheit
MACHT DOCH,
ENN IHR WOLLT
tional Logistik, diverse Einheiten
kale Vielfalt vs. Gesamtstruktur
entschiedenheit
DARK SIDE OF THE MOON
Initiative für NO
bottom-up / inkrementell
Ermächtigt uns!
Lasst uns mal
was machen!
Wir machen auch
ohne euch!

Zurück zur Orientierung: Wie Abb. 3 zu entnehmen ist, hat es sich angeboten, die Achsen noch weiter zu differenzieren, um so auch die feineren Unterschiede zwischen den Unternehmen herauszuarbeiten. In der Dimension *Ankopplung des NO-Vorgehens an Existenzfrage* wird ein Merkmalsraum aufgespannt zwischen der expliziten Positionierung der New-Organizing-Initiativen als »Rettung« und Problemlösung für akute oder absehbare Bedrohungssituationen und lediglich einer Duldung von Experimenten, »solange sie nicht stören«.

Für die Ausdifferenzierung der Achse »Initiative für New Organizing« wurden Begriffe gewählt, die uns wörtlich in den Berichten begegnet sind: Kommen die ursprünglichen Impulse bottom-up aus der Belegschaft, benennen wir die Seite der Achse »Wir machen auch ohne euch! (U-Boot)«. Die andere Seite beschreibt eine explizite Vorgabe eines exakt beschriebenen Zielbildes oder die Umsetzung einer Blaupause – wir benennen diesen Pol der Achse »Macht es genau so!«

Abschließend noch zwei Hinweise zur Grafik:

- Die Positionierung der jeweiligen Fallstudie in der Landkarte bezieht sich auf den Zeitpunkt der Interviewphase.
- Die grauen Pfeile markieren die Position des jeweiligen Unternehmens vor der Interviewphase (Pfeilspitze im Feld) und nach dieser (Pfeilende im Feld), soweit dies ermittelt wurde. Folgende Entwicklung wird sichtbar: Im Verlauf verändern sich die Initiativen mehrheitlich hin zu einer existenzielleren Bedeutung und einer stärkeren Top-down-Steuerung – doch dazu später mehr.

Ein Reisevorschlag

Wie eingangs angekündigt, soll dieses Buch die Möglichkeit bieten, eine interessante Reise in New-Organizing-Welten zu gestalten. Hierzu haben wir eine generelle Reiseroute beginnend bei einem Automobilhersteller ausgewählt (Abb. 4). Je nach Interesse, Lust und Laune sind natürlich auch anderen Reisen möglich. Blickt man nun auf die Positionierung einzelner Berichte und die sich im Feld abbildenden Cluster auf der Karte, kann man seine Leseroute zum Beispiel auch alternativ an benachbarten Fällen orientieren, die gegensätzlichen Muster erkunden oder sich nach Branchen oder den kurz beschriebenen Kernparadoxien und ihren Bearbeitungsformen weiter bewegen.

Vorgeschlagene Reiseroute (Kapitelfolge):

1. *»Gleichzeitig agil und hierarchisch«:*
   Wir starten mit einem Automobilhersteller, der sich mit Interesse und Professionalität dem Neuen zuwendet und dann doch an seine Grenzen stößt.
2. *»Mit dem Rücken zur Wand«:*
   Wir folgen einem Turbinenhersteller, in dem sich eine Abteilung als internes Start-up neu erfindet und mit agilen Methoden den Überlebenskampf im Konzernkontext aufnimmt.
3. *»Agilität ist gut«:*
   Dann beobachten wir die Softwareentwicklung eines Finanzdienstleisters, die Agilität zur Leistungssteigerung und Abgrenzung gegenüber dem Mutterkonzern nutzt.
4. *»Neue Mobilität trifft auf alte Autorität«:*
   Anschließend erhalten wir Einblick in eine digitale Einheit eines Automobilkonzerns, in der vor allem die Führungskräfte die Widersprüche des Alten und Neuen balancieren müssen.
5. *»Macht doch, wenn ihr wollt, aber rechtssicher!«:*
   Hier erleben wir bei einem Logistikkonzern eine große Bandbreite an Methoden und Vorgehensweisen, die akzeptiert werden, solange sie sich im rechtlichen Rahmen bewegen.
6. *»Unaufgeregte Lockerungsübungen«:*
   Als Nächstes werden wir Zeuge eines behutsamen Vorgehens zwischen Stabilität und Wandel in einem Verein der Dienstleistungsbranche.
7. *»Stabilagil«:*
   In einem öffentlich-rechtlichen Medienunternehmen erkennen wir ein besonders gelungenes Zusammenspiel zwischen Mitarbeiterinitiative und dienender, unterstützender Führung.
8. *»Wiener Melange: Die Milch kriegst' nicht mehr aus dem Kaffee«:*
   Ein Konzern der Telekommunikationsbranche lehrt uns, wie Experimente in einigen Einheiten bleibende Spuren hinterlassen und nachhaltig Wandlungsfähigkeit anstoßen.
9. *»PS-starke Unternehmensführung«:*
   Wir bekommen ein Gespür dafür, wie die besondere Form eines familiengeführten Mobilitätsdienstleistungskonzerns der Suche nach Erneuerung einen vertrauensvollen Rahmen geben kann.

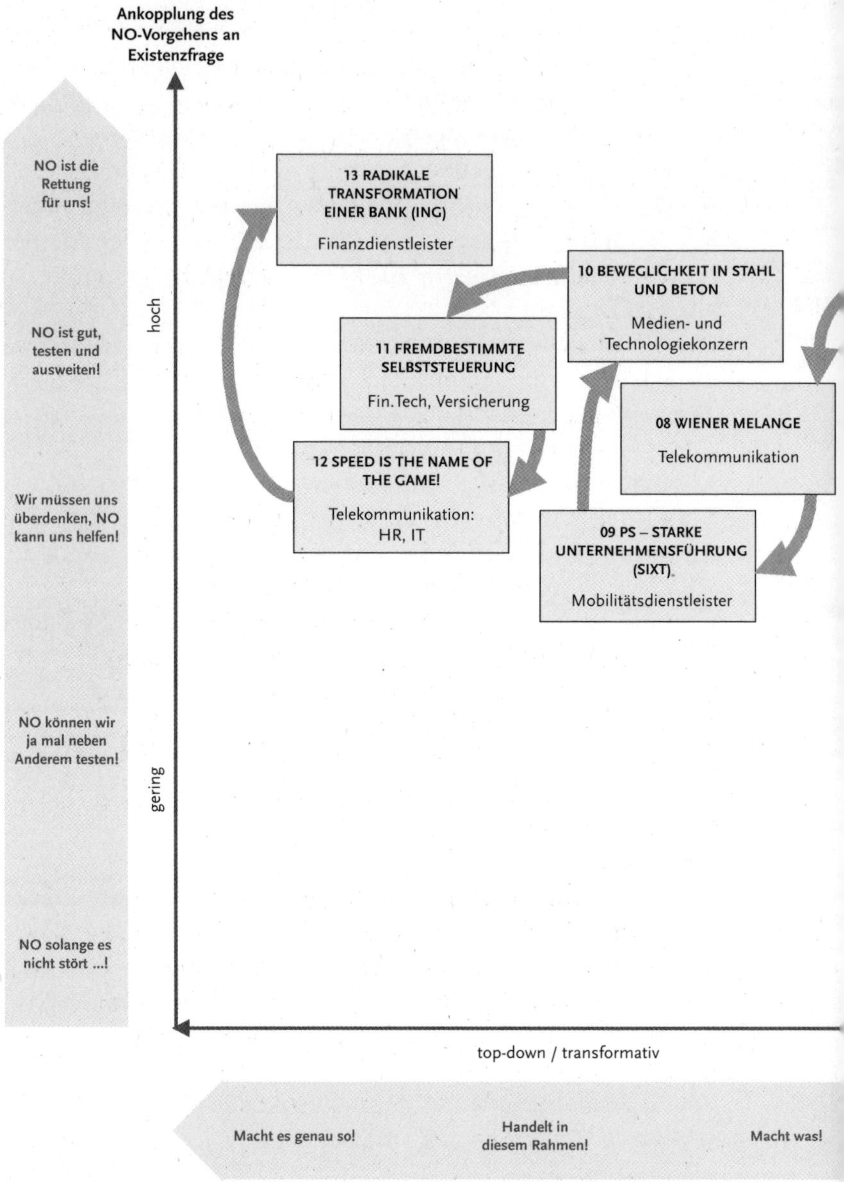

Abb. 4: Vorgeschlagene Reiseroute

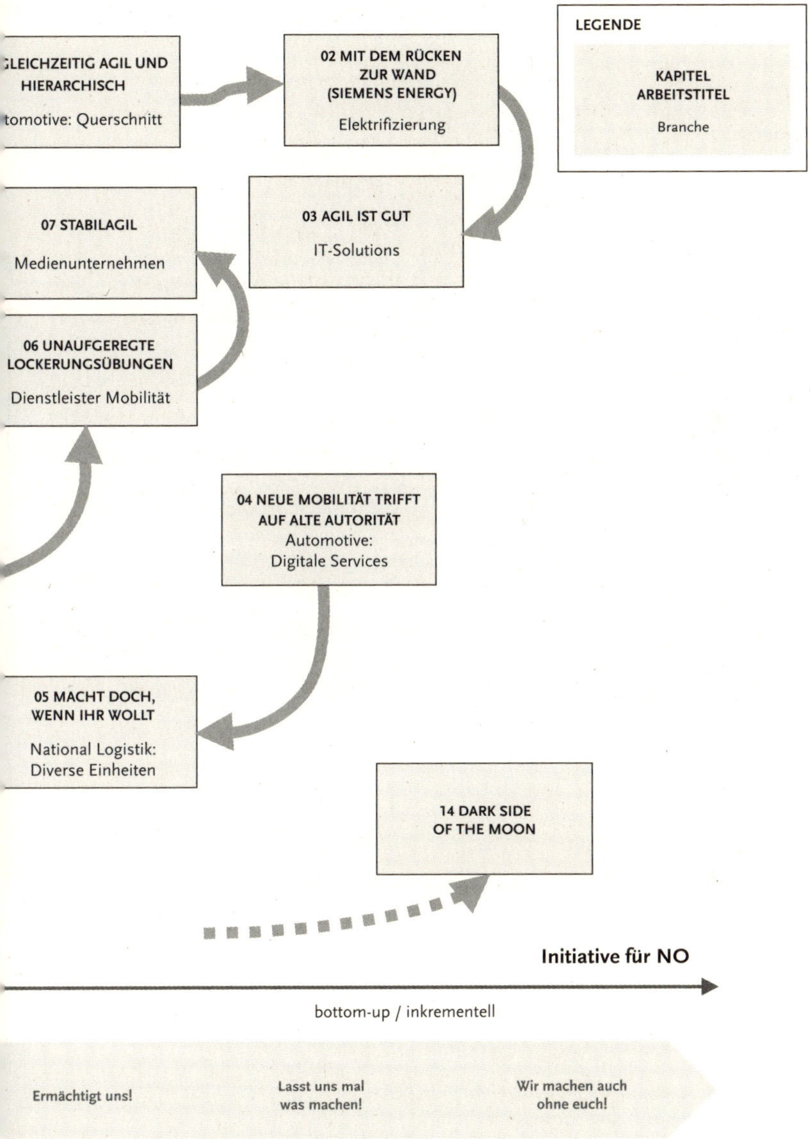
LEGENDE
KAPITEL
ARBEITSTITEL
Branche
GLEICHZEITIG AGIL UND HIERARCHISCH
tomotive: Querschnitt
02 MIT DEM RÜCKEN ZUR WAND (SIEMENS ENERGY)
Elektrifizierung
03 AGIL IST GUT
IT-Solutions
07 STABILAGIL
Medienunternehmen
06 UNAUFGEREGTE LOCKERUNGSÜBUNGEN
Dienstleister Mobilität
04 NEUE MOBILITÄT TRIFFT AUF ALTE AUTORITÄT
Automotive:
Digitale Services
05 MACHT DOCH, WENN IHR WOLLT
National Logistik:
Diverse Einheiten
14 DARK SIDE OF THE MOON
Initiative für NO
bottom-up / inkrementell
Ermächtigt uns!
Lasst uns mal was machen!
Wir machen auch ohne euch!

10. *»Beweglichkeit in Stahl und Beton«:*
    Eine Verlagsgruppe im Umbruch gewährt uns Einblicke aus Sicht der Holding und dreier Tochterunternehmen, wie strafflockere Führung neue Geschäftsmodelle zum Leben bringt.
11. *»Fremdbestimmte Selbststeuerung«:*
    Wir blicken hinter die Kulissen einer Tochter eines Fintec- und Versicherungsunternehmens und erleben, wie eine begeisterte und veränderungsbereite Belegschaft ein neues Organisationsmodell belebt.
12. *»Speed is the name of the game!«:*
    Ein Schweizer Technologiekonzern unter Druck zeigt beispielhaft, was mit häufigen Konzeptwechseln in verschiedenen Einheiten ausgelöst wird.
13. *»Radikale Transformation einer Bank«:*
    Wir tauchen tief ein in den Umbau des Geschäftsmodells hin zum Digitalunternehmen und erleben, welche typischen Phänomene die Einführung eines fixen Zielkonzepts mit sich bringt.
14. *»Dark side of the moon«:*
    In einem Essay wird schließlich zusammengefasst, welche Potenziale verloren gehen, wenn es Organisationen nicht gelingt, Graswurzelinitiativen aufmerksam zu begleiten.

Wir wünschen nun eine gute Reise und starten wie erwähnt mit dem Automobilhersteller, der die Strategie verfolgt: gleichzeitig agil und hierarchisch.

1 Gleichzeitig agil und hierarchisch – Ein Automobilkonzern führt agile Strukturen ein

Annette Gebauer, Simon Weber[6]

Was passiert, wenn eine Großorganisation, die jahrelang mit hierarchisch-funktionalen Bewältigungsmustern erfolgreich war, mit neuen Formen des Organisierens experimentiert? Entlang eines Fallbeispiels der Automobilbranche illustrieren wir, wie versucht wurde, hierarchische und agile Formen des Organisierens gleichzeitig zu balancieren.

Dafür haben wir die bisherigen Einführungsversuche eines Automobilherstellers untersucht: Was sind die Einführungsstrategien und -erfahrungen, wenn die Logiken des klassischen Organisierens auf die Idee des agilen Organisierens treffen? Was passiert, wenn die agile Innen-außen-Logik auf die althergebrachte Hierarchie mit ihrer Oben-unten-Logik trifft? Welche Spannungen entstehen, wie und wo werden diese Spannungen bearbeitet, und welche Herausforderungen und neuen Fragen entstehen für Führung und Organisation?

Es wurden sechs leitfadengestützte Interviews mit Führungskräften unterschiedlicher Hierarchieebenen durchgeführt. Die Interviewpartner:innen kamen aus den Bereichen HR, IT, Produktion, Entwicklung und Konzernsicherheit. Die Interviews wurden in Anlehnung an das Verfahren der qualitativen Inhaltsanalyse ausgewertet (Mayring 2015). Es wurden übergreifende Themen und Argumentationsstränge identifiziert, denen dann Interviewzitate und Erkenntnisse zugeordnet wurden. Außerdem haben wir teilnehmende Beobachtungen herangezogen. Auf dieser Basis wurden theoriegeleitete Hypothesen über Zusammenhänge und mögliche Interpretationen formuliert, die wir in der Folge darlegen.

Für die theoriegeleitete Interpretation der Ergebnisse stützen wir uns auf zentrale Denkfiguren der neueren soziologischen Systemtheorie. Aus dieser Perspektive interessiert uns die Einheit von Problem und Lösung, also die Art und Weise, wie Probleme und Lö-

6 Unter Mitwirkung von Ute Clement.

sungen in der Organisation und gemäß der jeweiligen Systemlogik »konstruiert« und wechselseitig in Beziehung gesetzt werden:

- Was wird als Problem definiert im Hinblick auf welche Lösungen?
- Welche Muster zeigen sich bei der Einführung dieser Lösungen, und auf welchen Boden fallen diese Interventionsversuche?
- Wie werden Interventionsversuche von den existierenden organisationalen Entwicklungsmechanismen aufgegriffen und »verdaut«?

1.1 Das Unternehmen in seiner Umwelt

Vom Automobilhersteller zum Mobilitätsdienstleiter

Das Unternehmen ist einer der weltweit größten Anbieter von Premium-Pkw und Nutzfahrzeugen.

Digitale Technologien und damit verbundene neue Möglichkeiten der Vernetzung, des autonomen Fahrens, des Carsharings und der Elektrifizierung stellen den Automobilhersteller vor die Möglichkeit und Herausforderung, völlig neue Geschäftsmodelle hervorzubringen, wenn das Unternehmen das Wettrennen mit neuen Mitbewerbern aus dem Software- und Technologiesektor wie Google, Uber oder Tesla nicht verlieren will.

Das bisherige Selbstverständnis, ein Automobilhersteller zu sein, ist fundamental infrage gestellt. Zukünftig werden völlig neue Lösungen in den Bereichen der netzwerkbasierten Softwareentwicklung und künstlichen Intelligenz, beim Verstehen und Ergründen von Kundenbedürfnissen sowie bei alternativen Antriebssystemen benötigt. Neben den neuen Marktbedingungen und der damit einhergehenden Notwendigkeit, das bisherige Geschäftsmodell zu hinterfragen, sorgt zusätzlich der Dieselskandal im Jahr 2018 als Brandbeschleuniger für einen Reputationsverlust der bisherigen Bewältigungsmuster. So setzt das Unternehmen zum Zeitpunkt der Untersuchung auf die Strategie, Mobilitätsdienstleister zu werden.

Kernparadoxien: Mit dem Geschäftsmodell gegen das Geschäftsmodell

All dies stellt das Unternehmen vor zwei schwierige unternehmerische Herausforderungen, die mit Widersprüchen behaftet sind und die wir aus einer systemtheoretischen Sicht als Kernparadoxien bezeichnen:

- Zum einen möchte das Unternehmen sein Geschäftsmodell radikal erneuern, um künftig und in Zeiten der Digitalisierung überleben zu können.
- Zeitgleich wird der Hauptumsatz nach wie vor mit dem alten Geschäftsmodell gemacht, also dem Herstellen und Verkaufen von hochwertigen und teilweise verbrauchsintensiven Verbrennerfahrzeugen, und sichert das gegenwärtige Überleben sowie die notwendigen Investitionen für den Umbau.

Hinzu kommt ein weiterer Aspekt: Während das Unternehmen mit seiner Marke und seiner langen Tradition bisher für höchste Qualität und ausgereifte, zuverlässige, fehlerfreie Produkte stand, müssen nun diese lang tradierten Qualitätsansprüche mit innovationsbedingten Fehlerrisiken in Einklang gebracht werden.

Neue Formen des Organisierens, die wir hier unter dem Schlagwort New Organizing zusammenfassen (vgl. *Teil I*), werden vor diesem Hintergrund als willkommene Lösung gesehen, um schneller auf die Marktentwicklungen reagieren zu können. Die Frage, wie gleichzeitig der Anspruch an höchste Qualität gewährleistet werden kann, spielt dabei zu Beginn eine untergeordnete Rolle.

1.2 Strategie zur Einführung der neuen Formen des Organisierens

Die Beschäftigung mit neuen, agilen Arbeitsformen beginnt im Jahr 2014 mit ersten Experimenten und wird in den folgenden Jahren von verschiedenen Bereichen vorangetrieben.

Zunächst nähert man sich dem agilen Organisieren mit vereinzelten Probebohrungen, die noch unverbunden nebeneinander koexistieren. Frontrunner ist hier der IT-Bereich. 2014 wurde ein erstes Programm aufgesetzt,

> »wo wir uns mit dem Thema (Anm.: Agilität) dann sehr intensiv beschäftigt haben. (...) Und wir haben gesagt: Dieses Projekt läuft anders als sonst. Wir wollen das Projekt tatsächlich nach agilen Prinzipien aufsetzen und einfach auch mal versuchen, anders zu arbeiten.« (Int 1)

Die ersten Graswurzelbewegungen bekommen wenig später Unterstützung von der Spitze der Organisation. Getrieben von den neuen

Marktentwicklungen unternimmt der Vorstand 2015 – ebenso wie viele andere Vorstandsteams großer Unternehmen – eine Lernreise durch das Silicon Valley. Man möchte sich mit den Trends der Digitalisierung auseinandersetzen. Die Männerrunde kommt begeistert zurück. Im Nachhinein erscheint dies als der Kipppunkt, so erinnert sich ein IT-Leiter:

> »Sie haben dort eine ganze Woche Start-ups besucht. Wie arbeiten eigentlich kleine, schnelle, wendige, erfolgreiche Firmen? Und wie sind sie in der Lage, auch auf Neues, neue Rahmenbedingungen und neue Trends, zu reagieren? Sie kamen mit völlig neuen Erkenntnissen wieder zurück.« (Int 1)

Der Vorstand gibt daraufhin grünes Licht für den Ausbau des projektförmigen, agilen Arbeitens. Fast ein Viertel der Belegschaft soll künftig agil in selbst gesteuerten Teams arbeiten, um zukunftsträchtige Ideen und Geschäftsmodelle auszuarbeiten. Zudem fällt die Entscheidung für eine neue Führungsstrategie, die ebenfalls durch agile Teams selbstorganisiert ausgearbeitet und vorangetrieben werden soll. Die Führungsstrategie wird begleitet durch eine umfassende Marketingkampagne. Diese soll für die neue Richtung und die neuen Arbeitsweisen werben.

Zur Begleitung der Einführung agiler Organisationsformen und der neuen Führungsstrategie entscheidet man sich für externe Beratungen mit einer starken Marketingorientierung. So werden große Managementkonferenzen mit Erlebnischarakter inszeniert. Führungskräfte erhalten Sneaker und T-Shirts, um den individuellen Transformationsprozess auch symbolisch erlebbar zu machen. In den Gängen der Büroflure hängen bunt gestaltete Poster mit Sprüchen, wie man sie auch bei jungen Start-ups oder Facebook findet.

Insgesamt lassen sich folglich *drei Einführungsmuster* beobachten, die sich wechselseitig beeinflussen:

1) Die ersten Experimente der IT-Abteilung laufen noch mehr oder weniger unter dem Radar. Der Vorteil solcher Einführungsversuche ist es, dass die neuen Formen des Organisierens, die immer auch eine implizite Kritik an den bisherigen Bewältigungsmustern mittransportieren, noch relativ unbehelligt von einzelnen Bereichen und engagierten Personen vorangetrieben werden können. Entweder bewähren sich diese alternativen Organisationsformen oder nicht. Es sind noch kei-

ne großen (und enttäuschbaren) Erwartungen mit diesen Versuchen verbunden. Gleichzeitig gelten diese »neuen« Formen als attraktiv: Sie grenzen sich sprachlich durch den Neuheitscharakter ab und wirken aufgrund der noch seltenen Anwendung rar und sozial erwünscht. Es ist aber ein wenig dem Zufall überlassen, ob die neuen Erfahrungen in der Organisation Halt finden, auch unabhängig von den Einzelpersonen, denen die Einführungsversuche zugeschrieben werden.

2) Wie wir beschrieben haben, erfährt dieses eher evolutionäre Einführungsmuster durch die für alle wahrnehmbare Top-down-Entscheidung des Vorstands für das Arbeiten in selbst gesteuerten Teams große Unterstützung. Jetzt ist die Idee der alternativen Form des Organisierens auf der Bühne. Die gut eingespielte Oben-unten-Logik sorgt dafür, dass die Aufmerksamkeit der Mitarbeiter:innen in Richtung Spitze geht. Und während die neuen Entwicklungen von den ersten Frontrunnern der IT als unterstützend erlebt werden, steigt zeitgleich der Erfolgsdruck auf das Veränderungsanliegen.
3) So wundert der marketingorientierte Fokus nicht, mit dem die Führungsstrategie und die flankierende, marketingorientierte Veränderungsinitiative in der Folge vorangetrieben werden: Die Schauseite steht im Vordergrund.

Welche Muster sind beobachtbar? In der Folge nehmen wir diese drei Interventionen zur Einführung von New Organizing näher in den Blick: Welche Entscheidungen wurden getroffen, welche Erfahrungen wurden mit den Herangehensweisen gemacht und welche intendierten und nicht intendierten Effekte wurden damit erzeugt?

Spaltung von Oben-unten- und Innen-außen-Logik

Bei den Interviews fällt auf, dass der Fokus bei der Veränderung zunächst vor allem auf die Arbeitsstile bei der Projektarbeit im Team gelegt wird, also auf Interaktion. Es geht um das Ausprobieren neuer Arbeitsmethoden wie Design Thinking oder Scrum. Diese erscheinen als vielversprechende Alternative zum strikt aufgabengesteuerten Arbeiten.

In gemischten Teams arbeiten Mitarbeiter:innen aus unterschiedlichen Funktionsbereichen zusammen. Die Perspektivenvielfalt lässt eine produktive Unruhe entstehen. Auch Endnutzer:innen werden an Kommunikationsprozessen beteiligt, wie ein IT-Leiter ausführt:

> »In der Teamarbeit haben wir IT-ler, funktionale Bereiche und User, Leute, die dieses Produkt auch später benutzen, von Anfang mit dabei.« (Int 1)

Selbst in Bereichen, die weiter weg von der IT und im Kerngeschäft der Organisation liegen, werden unterschiedliche Funktionen zusammengelegt. Ein Meister aus der Produktion berichtet:

> »Das geht mittlerweile so weit, dass wir auch mit den nachgelagerten Bereichen gemeinsame Workshops machen, das sind zwei unterschiedliche Kostenstellen. Wir arbeiten eigentlich an den gleichen Themen, und wir können eigentlich nur gemeinsam den Karren aus dem Dreck zu ziehen.« (Int 3)

Projektarbeit ist im Unternehmen nicht neu, sie wird bereits seit Jahren praktiziert. Neu ist die Idee der Selbststeuerung, also das Nichteingreifen von Führung auf die inhaltliche Richtung und Richtigkeit der Ergebnisse, sowie das bewusste Zulassen von Perspektivenvielfalt, die nun durch Schulungen und Agile Coachs unterstützt wird.

Interessant dabei ist, dass strukturelle Veränderungen auf der Ebene der Organisation zwar diskutiert, dann aber bewusst ausgespart werden. Die hierarchische Organisationsform bleibt unangetastet. So erinnert sich eine Führungskraft aus dem HR-Bereich an die ursprüngliche Idee,

> »dass man die agilen Teams wirklich aus der Organisation rausnimmt. Das hat man dann aber nicht realisiert. Der Vorstand wollte keine Nebenorganisation aufmachen, die Führung neu definiert.« (Int 5)

So bleibt die formale, hierarchische Organisation weiter parallel bestehen. Die oben beschriebene widersprüchliche Herausforderung des Unternehmens, das bisherige Geschäftsmodell samt der damit verbundenen Logik des Organisierens weiterzuführen und diese gleichzeitig radikal zu hinterfragen und zu erneuern, wird in diesem Fall durch eine Spaltung vollzogen. Während an die Teams die Erwartung herangetragen wird, sich nach einer Innen-außen-Logik zu organisieren, bleiben die organisationalen Rahmenbedingungen (Hierarchie) weiterhin bestehen.

Da die Hierarchie unangetastet bleibt, soll Agilität vor allem durch eine Veränderung des informellen sozialen Miteinanders im Team entstehen. Bevor es ans Inhaltliche geht, macht man Warm-ups oder führt das Workshop-Du ein. Ein verbessertes Klima im Team, eine

Kultur des Miteinanders, wird zum Hoffnungsträger und soll offenbar die formal weiterbestehenden hierarchischen Unterschiede nivellieren. In der direkten Interaktion wird es Teammitgliedern explizit »erlaubt«, Wahrnehmungen und beobachtete Handlungsoptionen in die Kommunikation einzuspeisen.

> »Er bleibt noch unser Chef, aber auch wir bekommen viel mehr Freiraum, sodass wir uns probieren können« (Int 3),

so ein Meister aus der Produktion. Die rahmengebenden organisationalen Entscheidungsroutinen bleiben unangetastet. Im Team aber soll durch geschickte Interaktionsgestaltung ein hierarchiefreier Raum entstehen, um die negativen Effekte der hierarchischen Organisation auszugleichen. In der konkreten Interaktion sollen andere Spielregeln gelten, als formal vorgesehen sind. So entsteht zwischen projektförmigen Teams und den organisationalen Entscheidungsprämissen eine spannungsgeladene Schnittstelle.

In der Zusammenschau zeigt sich hier also ein erstes interessantes Muster der Spaltung: Von den Teams wird auf Interaktionsebene erwartet, dass sie agil arbeiten sollen. Zeitgleich wird aber auf Organisationsebene am Prinzip der Hierarchie festgehalten. Mitarbeiter:innen und Führungskräfte sind zum einen Mitglieder einer Organisation, die nach einer Oben-unten-Logik funktioniert. Gleichzeitig organisieren sie sich im Team agil und orientieren sich damit eher an einer Innen-außen-Logik. So entstehen spannungsreiche Nahtstellen, die bearbeitet werden müssen.

Spiel zweier Logiken

Interessant ist in diesem Zusammenhang, dass Führungskräfte und ihr persönliches Verhalten in diesem Spiel mit zwei Logiken als kritischer Erfolgsfaktor gesehen werden. Wie die Interviews zeigen, fordern und überfordern diese widersprüchliche Aufgabe sowie das Nebeneinander von formalen, hierarchischen Entscheidungsroutinen und Erwartungen an selbst gesteuerte, hierarchiefreie Zusammenarbeit im Team Führungskräfte in ungewohnter Art und Weise.

Als Einzelpersonen haben Führungskräfte Schwierigkeiten, eingespielte kollektive Führungsmuster zwischen Führungskräften und Mitarbeiter:innen zu verändern. Die Umsetzungserfolge hängen eher vom »individuellen Vermögen und der Persönlichkeit der einzelnen Führungskräfte ab« (Int 2), so die Beobachtungen einer HR-

Führungskraft aus dem Zentralbereich über die Umsetzungen der Initiativen.

Auch die Agilen Coachs, die zur Moderation dieser neuen und spannungsreichen Situationen hinzugezogen werden, stehen vor einer anspruchsvollen Aufgabe. Das Risiko ist groß, dass sie eine missionarische Haltung einnehmen oder gar die Führungsfunktion kompensieren. So berichtet ein interner Agile Coach:

> »Ich möchte ja empowern, aber die Mitarbeitenden lassen sich nicht empowern. Die ältere Fraktion belächelt das.« (Int 4)

Führungskräfte, die die Schnittstelle der beiden Logiken bearbeiten sollen, stehen vor einer kniffligen Herausforderung: Nach der hierarchischen Logik sind Führungskräfte für Entscheidungen verantwortlich. Und gleichzeitig soll die Führungskraft sich in die Entscheidungen des agilen Teams nicht einmischen und nur noch durch Kontextsteuerung aktiv werden, da die agilen Teams eine End-to-End-Verantwortung tragen sollen. So schildern die Interviewpartner:innen, dass Führungskräfte bei Unzufriedenheit mit den Ergebnissen nicht selten den Fehler bei sich selbst suchen, weil sie zum Beispiel meinen, zu wenige Informationen gegeben zu haben. Da sie hierarchisch in der Ergebnisverantwortung bleiben, geben sie in solchen Fällen dann doch Ziele vor oder justieren die Teamergebnisse inhaltlich nach:

> »Das ist dann wieder das andere Extrem.« (Int 4)

Hinzu kommt, dass an eine Führungskraft je nach Zusammenhang und Notwendigkeit unterschiedliche Rollenerwartungen herangetragen werden: Mal ist sie als Führungskraft in ihrer Linienfunktion, mal ist sie als Product Owner in der agilen Organisation gefragt. Dieser Wechsel ist anspruchsvoll:

> »Führungskräfte stehen vor der Frage: ›Wie sollen wir die Teams führen?‹ Die Balance zwischen ›Rahmen schaffen‹ und ›sich komplett rausziehen‹. Wir haben die Erfahrung gemacht, dass sich einige Führungskräfte komplett rausgenommen haben und dann doch Unzufriedenheit mit den Ergebnissen da war.« (Int 4)

Auch die Fragen, wie die Ergebnisse agiler Teams in die Linienfunktionen überführt werden, ist unklar. Es braucht zumindest eine Person als Brückenkopf, die die ursprüngliche Idee weiter vertritt und dafür sorgt, dass neue Impulse nicht im Sinne der existierenden Geschäftslogik normalisiert werden:

> »Die Übernahme von Produkten oder Inkrementen, die in agilen Zusammenarbeitsformen bearbeitet wurden und dann komplett in die Linie übergeben werden, ist schwierig. Optimalerweise macht jemand weiter, der bei Entwicklung mitgearbeitet hat.« (Int 4)

Doch wenn Hierarchie und Selbststeuerung als zwei Führungsmechanismen in der Organisation koexistieren, führt dies zu Verunsicherung nicht nur bei Führungskräften, sondern auch bei den Mitarbeiter:innen, ehemals feste Ordnungen werden brüchig: Welcher Mechanismus, welches Ordnungsprinzip gilt wann? Worauf können wir uns hier verlassen? Während es zuvor ein eindeutiges Ordnungsprinzip gab – die Hierarchie mit ihrer Oben-unten-Logik, verschwimmt diese Zuordnung, und es ist immer die Frage, ob gerade die hierarchische oder agile Logik gilt. Ein Meister aus der Produktion erinnert sich:

> »Ich habe 1993 in der Produktion angefangen. Da war der Meister eigentlich der liebe Herrgott. Wenn er gesagt hat, du machst einen Handstand, dann hast du einen Handstand gemacht.« (Int 3)

Konnte man bisher auch anhand kleiner Artefakte wie der Höhe des Sessels, der Größe des Schreibtisches, der Einfahrtsberechtigung ins Werk den Rang einer Person erkennen, so ist dies subtiler geworden, und neben der hierarchischen Stellung ist die jeweilige Rolle im Prozess ein wichtiges Differenzierungskriterium. Lang eingeübte Kommunikationsmuster werden irritiert, und so entsteht Unsicherheit:

> »Die Schulterklappen fallen weg. Wenn du dann jemanden anrufst, bist du nicht sicher, welcher Mensch dran ist. Und obwohl du denkst, dass du selbstverständlich offen dafür bist, bist du es nicht.« (Int 2)

So werden die hierarchische Struktur und dazu passende Verhaltensmuster durch einige Führungskräfte manchmal verteidigt, um bisherige Einflussmöglichkeiten zu bewahren. Die Beobachtungen einer Führungskraft aus dem Personalbereich, die die digitale Transformation vorantreiben soll, waren wie folgt:

> »Die Angst, die Kontrolle und den Einfluss zu verlieren, war zu stark. Diejenigen sehen dann ihre Perspektive, Macht, Einfluss nicht mehr und hauen dann ihre Pflöcke rein und rühren das nicht an. So bleibt alles beim Alten.« (Int 2)

Das Ergebnis ist ein noch sehr heterogenes Bild, das vom persönlichen Verhalten und Vermögen der einzelnen Führungskraft abhängt. Inwiefern einzelne Bereiche agile Teams als Strukturelement nutzen, hängt von der jeweiligen Führungskraft ab:

> »Der eine ist weiter als der andere. Es gibt Inseln.« (Int 2)

Gerade wenn es stressig wird, gibt es Tendenzen, in die altbewährten hierarchische Bewältigungsmuster zurückzufallen: Nachdem in einem Fall ein Team sechs Monate in Sprints agil eine Lösung für eine Neuorganisation der eigenen Einheit entwickelt hatte, reißt der Leitungskreis die Steuerung des Projekts an sich, weil die Lösungsvorschläge nicht seinen Vorstellungen entsprachen. Die Neuorganisation wird wieder zur Chef:innensache und auch durch den Leitungskreis verkündet.

Wir sehen hier ein weiteres Muster, das als eine Folge der Spaltung und der Gleichzeitigkeit von hierarchisch gebauter Struktur und agil gebauten Interaktionen interpretiert werden kann. Führungskräfte werden als Einzelpersonen adressiert, um die Nahtstelle, die durch das spannungsreiche Nebeneinander von formal-hierarchischen Entscheidungswegen und Erwartungen an das selbstorganisierte Arbeiten im Team entsteht, auszugleichen und beide Logiken miteinander zu balancieren. Dort, wo die Organisation noch keine Antwort auf die organisationalen Widersprüche gefunden hat, rücken einzelne Personen bzw. Führungskräfte in den Fokus der Bearbeitung dieser Widersprüche. Die damit einhergehende Überforderung und steigende Unsicherheit auf allen Seiten lässt das Pendel zurückschwingen. Diese Pendelbewegung kann so weit gehen, dass die alten Ansätze von allen Beteiligten wieder als die besseren anerkannt werden oder bereits nach neuen, besseren und attraktiveren, weniger widersprüchlichen Impulsen gesucht wird.

Kopplung von Rhetorik und Implementierung

Zu dieser Pendelbewegung passt die Schwarz-Weiß-Rhetorik, die bei den Interviewpartner:innen auffällt, wenn sie über das Veränderungsvorhaben berichten. Sie machen die alte (hierarchische) Welt schlecht und lassen die neuen Ideen vom agilen Organisieren strahlen. Grauzonen und Widersprüche haben bei dieser auf Eindeutigkeit getrimmten Rhetorik wenig Chancen. Die Lager sind dabei gespalten: Einige unserer Gesprächspartner:innen erzählen voller Begeisterung und neigen zum eher abstrakten Philosophieren. Diejenigen aber, die bereits länger im Unternehmen sind, sehen die neuen Ideen vom agilen Organisieren eher kritisch, weniger euphorisch und als eine weitere Initiative mit kurzer Halbwertszeit. Eine Führungskraft aus dem HR-Bereich berichtet:

> »Für mich war das eine gigantische Marketingkampagne. Es wurde von Marketingleuten getrieben, die nichts von Organisationsentwicklung verstehen. Für mich ist das nicht ausreichend nachhaltig.« (Int 5)

Als eine Folge des rhetorisch aufgeladenen Vorgehens verschwimmen die Unterschiede zur vorher praktizierten Projektarbeit, je mehr die neuen Organisationsformen in die Umsetzung kommen. Die verheißungsvollen Lösungen erscheinen nicht mehr neu und weniger glanzvoll. Einige unserer Gesprächspartner:innen fragen sich, ob nicht einfach nur altbekannte Formen der Zusammenarbeit mit einer neuen Nomenklatur versehen wurden, um semantisch anschlussfähig zu werden:

> »Daraufhin wurden diese Gamechanger aufgesetzt. Ich weiß gar nicht, ob das wirklich agil war. Ich war als Pacemaker eines Gamechangers eingesetzt und habe einen Squad gebildet – so hieß es.« (Int 1)

Der Unterschied zwischen einem klassischen Projekt und agilem Arbeiten verschwimmt im Tun.

> »Zwischen Agil oder einem Sprint und Projektarbeit ist eigentlich gar kein Unterschied.« (Int 5)

Je mehr man mit den Methoden konkret arbeitet, umso weniger werden sie als neu erlebt.

So sucht der Vorstand einige Zeit später bereits nach neuen, attraktiven Ideen, weil die Mode der Agilität ihren Zenit überschritten hat und an Attraktivität verliert. Eine Führungskraft aus dem HR-Bereich erinnert sich:

> »Vor ein paar Jahren ging das Thema Design Thinking durch die Organisationen. Das war so ein Hype … (…) Der Hype um das Thema war dann auch schnell vorbei. Wir haben die Programme abgeliefert, und der Vorstand hat einen Haken hinter gesetzt. So ein Vorstand dreht sich dann auch schnell um, und dann ist das nächste Thema am Köcheln (…) Jetzt haben wir ein Purpose-Thema, vorher waren es die Unternehmenswerte.« (Int 5)

Dazu passt auch, dass für die externe Begleitung eher marketingorientierte Beratungsfirmen oder Beratungsunternehmen, die zuvor noch nicht mit dem Unternehmen gearbeitet haben, ausgewählt wurden (»die jungen Wilden«). Rückblickend erscheint Beratung als Erfüllungsgehilfe der neuen Managementmode:

> »Methoden des Design Thinking sind auch irgendwie ein Beraterhype. Das geht mir auf den Geist. Da kann ich als Berater noch mal 3–4 Tage extra verkaufen und die Personas (Anm.: Prototyp einer Zielgruppe) durchkauen, bevor ich dann in die eigentliche Umsetzung komme. Ich muss nicht immer den ganzen Besteckkasten rausholen.« (Int 5)

Wir sehen an diesem Beispiel, dass die Neuheitsrhetorik zwar den Eindruck radikaler Veränderungen erzeugt (die ja, wie wir im Abschnitt »Spaltung von Oben-unten- und Innen-außen-Logik« gezeigt haben, auf die Teamebene begrenzt werden). Aber es entsteht eine eher scheinheilige Dynamik, die am Ende zu Stillstand führt. Im Kopf der Organisation, also im Vorstand und in den Funktionsbereichen wie HR und IT, werden deshalb bereits andere, neue und vermeintlich attraktivere Ideen diskutiert und mit lautstarker, eindeutiger Rhetorik bewegt. Dabei wird vermieden, zu konkret oder zu operativ zu werden – die Interviewaussagen spiegeln dies wider. Denn je mehr die Umsetzung der Ideen fortschreitet, umso widersprüchlicher, weniger eindeutig und attraktiv erscheinen die vormals heilsversprechenden Ideen.

1.3 Spannungsfelder, die unbearbeitet bleiben

Eine Folge des rhetorikgetriebenen Vorgehens ist, dass wichtige und nicht eindeutig zu beantwortende Führungs- und Organisationsfragen ausgespart werden. Die Wahrscheinlichkeit ist groß, dass die notwendige Bearbeitung der oben herausgearbeiteten Kernparadoxien ausbleibt und diese sogar verschleiert sind. Denn wie sich in den Interviews zeigt, tauchen die dem Spaltungsmuster und der damit einhergehenden Gleichzeitigkeit beider Organisationslogiken entspringenden strukturellen Herausforderungen eher implizit in den Aussagen auf. Es entstehen weitere Spannungsfelder, die allerdings formal unbearbeitet bleiben.

Unsicherheiten bei der Arbeit mit Prototypen

So kommt eher auf Nachfrage zur Sprache, dass das Arbeiten mit Prototypen die Organisationsmitglieder mit einem Paradigmenwechsel konfrontiert, der erklärungsbedürftig ist. War die Arbeit bisher eher durch mechanistische Perfektionsvorstellungen (»Wir haben die beste Lösung«) geprägt, steht das Arbeiten mit Prototypen für das Prinzip einer konsequenten Außenorientierung und die Einsicht, dass es keine perfekte Lösung gibt. Diese Prämisse aufzugeben bereitet verständliche Schwierigkeiten. Ein IT-Leiter berichtet:

> »Dieser Paradigmenwechsel hin zu 80/20, aber mit der Möglichkeit, nochmal Feedback zu geben, das bedarf einer wirklich guten Erklärung für unsere Nutzerschaft. (...) Viele verstehen das nicht. Sie sind geprägt von unserem bisherigen Perfektionsanspruch. Sie wollen es auch nicht verstehen.« (Int 1)

Spannungen bei der Verteilung von Ressourcen

Als ein weiterer Reibungspunkt wird das Nebeneinander von Linienorganisation und agiler Projektarbeit beschrieben, das auch zu Spannungen bei der Verteilung von Ressourcen führt. Trotz der hohen Aufmerksamkeit für agiles Arbeiten wird wenig Zeit für das Arbeiten in agilen Teams offiziell eingeplant. Die agile Projektarbeit findet für viele Teammitglieder neben der operativen Arbeit statt und erscheint als eine Zusatzaufgabe. Dies hat durchaus negative Effekte auf die Prozess- sowie die Ergebnisqualität:

> »Es ist schwierig, ein Momentum aufzubauen, wenn die Kollegen einmal die Woche da sind und Ideen einbringen, die aber keiner umsetzt.« (Int 4)

Für viele ist dieses Nebeneinander von alter und neuer Logik unbefriedigend. Das agile Arbeiten benötigt Zeit. Diese ist aber nicht in ausreichendem Maß vorhanden, da die Teammitglieder nach wie vor durch ihre Aufgaben in der Linienorganisation gebunden sind.

Spätestens bei der Budgetplanung prallen die agile und hierarchische Logik aufeinander, und dies kann als eine Folge der weiter oben beschriebenen Spaltung erklärt werden. Diese Dynamik erinnert an Erfahrungen in der Softwareentwicklung. Auch hier kommt es an der Schnittstelle von agiler Softwareentwicklung und »klassischer« Budgetplanung oft zu Entscheidungskonflikten (Laux a. Kranz 2019). Die

Planbarkeitslogik und die Logik von Irritierbarkeit, Flexibilität und Ergebnisoffenheit widersprechen sich: Wie erstellt man eine Wirtschaftlichkeitsberechnung, wenn man nicht weiß, was das Ergebnis eines Arbeitsprozesses sein wird? Welches von den miteinander konkurrierenden agilen Teams erhält welches Budget? Wer entscheidet am Ende, ob ein selbst gesteuertes Projekt weitergeführt wird oder nicht? Usw.

Kontextabhängigkeit von agilen Organisationsformen

Als wichtige Erfahrung wird in den Interviews geäußert, dass es auf den Anwendungskontext ankommt und agile Organisationsformen nicht zu jedem Kontext passen. So berichtet uns ein interner Agile Coach:

> »Agile Methoden haben gut funktioniert, wo klar war, was die einzelnen Elemente sind und die User Story, die wir umsetzen wollen. Ganz viele andere Themen waren vielleicht zu groß oder zu vage, da hat es nicht funktioniert.« (Int 4)

Teilweise berichten die Interviewpartner:innen auch, dass die Methoden Ergebnisse produzieren, die nicht anschlussfähig an das Bestehende sind. Dann wird das agile Arbeiten eher als Mehrarbeit empfunden und erzeugt Frust, sich nur einer Methode bedient zu haben. Eine HR-Mitarbeiterin berichtet beispielhaft:

> »Als wir uns Gedanken gemacht haben, wie wir das Social Intranet einsetzen wollen, haben wir dann wirklich auch einen Design-Thinking-Workshop gemacht. Da wird irgendwas generiert, aber die Zeit war nicht reif, irgendetwas davon umzusetzen. Am Ende wird damit gar nichts gemacht. So ein Workshoptag frustriert viele Leute.« (Int 5)

Diese empirischen Erfahrungen verweisen darauf, dass die jeweils rhetorische Abwertung des Alten und Aufwertung des agilen Arbeitens in der suggerierten Eindeutigkeit nicht funktionieren. In den Aussagen einiger unserer Interviewpartner:innen klingt diese Erkenntnis ein wenig wie eine Enttäuschung. Der Wunsch nach Eindeutigkeit lässt grundlegende Widersprüche des Organisierens in neuem Gewand auftauchen – ein verführerischer Grund, nach besseren Lösungen zu suchen. Das Spannungsfeld und die anspruchsvolle Frage, für welchen Kontext welche Bearbeitungsform sinnvoll ist, bleiben dann jedoch weiterhin unbearbeitet.

Doch es gibt auch andere Stimmen in den Interviews: Ambidextrie ist das neue Zauberwort. Zunehmend wird genauer hingeschaut, in welchem Anwendungskontext welche Zusammenarbeitsform und welcher Organisationsansatz sinnvoll sind. Damit sind auch die Fragen verbunden, wie dies festgestellt werden kann und wer entscheidet, wann was richtig ist. So reflektiert ein IT-Leiter:

> »Wir brauchen beides. Wir können nicht komplett auf agil umstellen. In manchen Feldern müssen wir einfach effizient sein. In welchen Feldern müssen wir innovativ sein und uns weiterentwickelt? Da müssen wir in einem anderen Modus unterwegs sein. Das wird die Herausforderung bleiben.« (Int 1)

Interessant ist auch, dass die stark strukturierten Formate als eine neue Form der Kontrolle erlebt werden, da sie die Interaktionen in den Teams durchtakten. Eine HR-Führungskraft meint:

> »Die agilen Arbeitsmethoden sind deutlich operativer, als man sich vorstellt, sehr strikt und kleinteilig. Agil bedeutet geplant und in keiner Weise chaotisch oder unstrukturiert.« (Int 5)

Eine transparente Aufgabenverteilung und permanentes Feedback machen den individuellen Arbeitsstand im Team sichtbar und ermöglichen soziale Vergleiche. Die bisher hierarchische Kontrolle wird durch eine soziale Kontrolle, hervorgerufen durch eine permanente Vergleichbarkeit mit anderen, ersetzt und zudem über soziale Medien technisch untermauert:

> »Agiles Arbeiten bedeutet Transparenz, Transparenz, Transparenz – bis zum letzten. Es stellt dar, wer macht hier eigentlich was, und wer macht vielleicht auch nichts.« (Int 5)

1.4 Zusammenschau und weiterführende Fragen

Die Fallstudie illustriert einen charakteristischen Einführungsversuch neuer Organisationsformen in einer Großorganisation und seine Effekte und Nebeneffekte. Wir haben gezeigt, dass die beiden Logiken auf zwei unterschiedlichen Systemebenen koexistieren. Während agile Organisationsformen in der unmittelbaren Teamarbeit vor allem durch die Einführung von Arbeitsmethoden zum Einsatz kommen, bleibt die hierarchische Entscheidungskommunikation bestehen. So entstehen spannungsgeladene Schnittstellen, an denen beide Logiken aufeinandertreffen (siehe die Zusammenfassung in Tab. 1). Hinzu kommt, dass die beschriebene Neuheitsrhetorik diese Spannungsfelder und die ihnen zugrunde liegenden Paradoxien eher verschleiert. Der Wunsch nach einer eindeutigen Lösung führt dazu, dass eher neue vermeintliche Lösungen gesucht werden, statt die Spannungsfelder gezielt zu bearbeiten.

Parameter	Hierarchische Logik der Organisation	Agile Logik im Team
Ressourcenverteilung	Wirtschaftlichkeitsberechnungen & Budgetplanung	Ergebnisoffenheit & Flexibilisierung
Qualitätsanforderungen	Nullfehlervision	Arbeit mit Betaversionen
Ergebnisverantwortung	Liegt bei der Führungskraft/Hierarchie	Liegt beim Team
Leistungs- & Ergebnismonitoring	Kontrolle von oben	Transparenz & Vergleich unter Gleichen

Tab. 1: Spannungsfelder bei der Einführung von New Organizing

Die Verantwortung für die Bearbeitung oder das Aushalten der Spannungsfelder liegt vorrangig bei den individuellen Führungskräften. Mit unterschiedlichem Erfolg, denn die Strategien der Führungskräfte sind abhängig von den Kompetenzen, Präferenzen und Dispositionen der jeweiligen Person. Die Interviews und weitere Beobachtungen legen den Schluss nah, dass diese Muster der Paradoxiebearbeitung – das Team als Gegenpol zur Hierarchie und Ort der Veränderung und die individuelle Führungskraft als Staubsauger für Widersprüche und Spannungsfelder – in der untersuchten Großorganisation bereits eine lange Tradition haben.

Unsere Ausführungen zeigen die Risiken, die in dieser Veränderungsstrategie liegen: Individuelle Führungskräfte haben Schwierigkeiten, kollektiv eingespielte Führungsmuster zu verändern, auf die sie nur bedingt Einfluss haben. Hierarchie und Selbststeuerung koexistieren als zwei Führungsmechanismen in der Organisation, und dies kann zu Verunsicherung bei allen Beteiligten führen: Welcher Mechanismus gilt wann? Worauf können wir uns hier verlassen? Außerdem zeigt sich, dass die inselartige Umsetzung agiler Methoden keine

Stabilität schafft. Dies erhöht die Wahrscheinlichkeit, dass in Krisensituationen, etwa bei Kostendruck, alte Führungsmuster hervortreten.

Allerdings zeigt sich auch immer wieder, dass solche ersten, noch nicht stabilisierten Erfahrungen mit agilen Formen des Organisierens oft als Handlungsrepertoire dienen, auf das in völlig neuen, unerwarteten Situationen zur Selbstorganisation zurückgegriffen werden kann. So wäre es beispielsweise interessant zu untersuchen, wie die ersten Erfahrungen mit agilen und gleichsam resilienten Formen des Organisierens für die Bewältigung der aktuellen Covid-19-Pandemie genutzt wurden.

1.4.1 Ergebnisüberblick

Tab. 2 fasst die Ergebnisse der ersten Fallstudie prägnant zusammen.

Kernparadoxien der Organisation:

- Gegenwärtiges Überleben mit altem Geschäftsmodell vs. Entwickeln von Zukunftsfähigkeit mit neuem Geschäftsmodell
- Höchste Qualität vs. »Rapid Prototyping«

Interventionen zur Einführung	**Bearbeitungsmuster**	**Folgewirkungen**	**Mögliche nächste Schritte für nachhaltige Weiterentwicklung**
Erste Experimente mit agilem Arbeiten in Projekten	Ungerichtete Evolution	Unsicherheit und Modus?	• kollektive Auswertung bisheriger Erfahrungen • kontinuierliche Bearbeitung von Spannungsfeldern im Führungsteam • Formalisierungen entwickeln, z. B. Entscheidungsrituale für das Umschalten zwischen Logiken • Kompetenzen aufbauen (»Bewegen in zwei Welten«)
Einführung selbst gesteuerter Teams	Spaltung	Spannungen an der Schnittstelle Team/ Organisation	
Marketingorientierte Leadership-Strategie	Kopplung von Rhetorik und Implementierung	Nivellierung der Ansprüche, Ernüchterung; Suche nach neuen, attraktiveren Lösungen	

Tab. 2: Ergebnisüberblick der Fallstudie 1

Steckbrief

Formale Aspekte des Forschungsprozesses

Organisationstyp, -größe, -struktur
Internationaler Konzern

Untersuchte Einheit(en)
Diverse Bereiche der gesamten Organisation exklusive eigenständiger Inkubator

Branche/Branchendynamik
Automobilindustrie

Anzahl, Form (Interviews, andere Methoden), Zeitraum der Datenerhebung
Sechs leitfadengestützte Interviews mit Führungskräften unterschiedlicher Hierarchieebenen aus den Bereichen HR, IT, Produktion, Entwicklung und Konzernsicherheit, Februar bis April 2019

Ausgangslage: Art und Umfang bisheriger Erfahrungen mit NO
Erste Erfahrungen mit Design Thinking sowie mit Scrum und Kanban in der IT seit 2014

Qualitative und theoretische Aspekte

Anlass und Ziele von NO-Aktivitäten / »Problem- und Lösungsansatz«
- *Anlass:* Lernreise des Vorstands im Silicon Valley
- *Ziel:* Entwicklung neuer Geschäftsmodelle/Organisationsformen

Dominante Kernparadoxien
- gegenwärtiges Überleben mit altem Geschäftsmodell vs. Entwickeln von Zukunftsfähigkeit mit neuem Geschäftsmodell
- lange Tradition für höchste Qualität und möglichst fehlerlose Produkte vs. innovationsbedingte Fehlerrisiken

Hauptinterventionsebenen
- erste Experimente in der IT mit agilen Methoden in der Projektarbeit
- Ausbau eines projektförmigen agilen Arbeitens hin zu selbst gesteuerten Teams
- neue Führungsstrategie für alle Führungskräfte

Dominantes Muster der Paradoxiebearbeitung
- *Spaltung:* Hierarchie bleibt bestehen, gleichzeitig Veränderung der Interaktionen in agilen Projektteams
- *Paradoxiebearbeitung auf der Ebene der Person (Führungskräfte):* Balancierung von formal-hierarchischen Entscheidungswegen und Erwartungen an das selbstorganisierte Arbeiten im Team
- Neuheitsrhetorik erzeugt Stillstand, denn je näher die Umsetzung neuer Ideen, desto widersprüchlicher und weniger attraktiv erscheinen sie

Key Learnings, Anschlussfragen und »Lösungsprobleme«

- Es sind Insellösungen entstanden, die in sich optimiert sind. Die Schnittstellen zwischen klassischer und agiler Organisation müssen immer wieder aufs Neue ausgehandelt werden. Dies geschieht zur Zeit der Untersuchung auf der Ebene der Mitarbeiter:innen.
- Unabhängig von der konkreten zukünftigen Ausrichtung wird die Paradoxiebearbeitung auf Organisationsebene stattfinden müssen, da bereits ein Wandel in Richtung NO losgetreten wurde.

Wie interessant!

In dieser ersten Fallstudie schimmert vieles auf von dem, was uns in den weiteren Fallstudien dieses Buches noch öfter begegnen wird und auf das wir im Schlusskapitel zu sprechen kommen werden. Wir erleben Konzerndynamiken und -denkweisen zuzeiten eines radikalen Branchenumbruchs und zugleich einen für diese Unternehmensform vielleicht typischen Umgang mit neuen Organisationsansätzen.

Mit großem Engagement wendet sich das Unternehmen neuen Trends zu, verknüpft diese mit Businessanforderungen und versucht sich an einem Organisationswandel und den damit verbundenen Kulturveränderungen. In dem anfänglichen evolutionär-schrittweisen Einführen agiler Methoden könnte man etwas Vorbildhaftes sehen – und dennoch »reißt der Faden« – um es metaphorisch überspitzt auszudrücken. Mit im weitesten Sinne agilen Arbeitsformen kommt es zu vielen Neuerungen und vielfältigen Irritationen, sodass man keineswegs sagen kann, dass das Neue wirkungslos bleibt. Aber zu einem tiefgreifenden Wandel der Organisation kommt es letztlich nicht.

Stattdessen lesen wir von »Spaltungen«, »Oszillationen« und »Scheinheiligkeit« als Grundmuster der Bearbeitung paradoxer Anforderungen. Hierzu kommt es, weil die »agile« Logik doch im Widerspruch zur Logik der Linienorganisation verbleibt – und beide Welten miteinander ringen – zum Leidwesen der Führungskräfte und vielleicht auch zum Nachteil der Entwicklungsfähigkeit der Organisation.

Als weiteres auffälliges und wiederkehrendes Phänomen ist zu benennen, dass »agiles Arbeiten« ein Durchgangsstadium bleibt und das nächste Modethema sich schon ankündigt. Hier stellt sich zugleich die Frage der Bewertung dieses Umgangs mit innovativen Organisationskonzepten: Ist das Unternehmen als modenabhängig zu bewerten, springt es zu schnell auf die nächste Mode auf und entsorgt die aktuelle vor einer tiefen Auseinandersetzung und Anpassung? Oder versorgt sich das Unternehmen immerfort mit frischen Impulsen? Mit Gesamtbewertungen sollte man vorsichtig sein. Vielleicht sind Teile der Organisation auch klug genug, sich nicht komplett den jeweils neuen Ansätzen zu verschreiben.

Letzter Punkt, ein Bonmot von Niklas Luhmann lautet: »Organisationen vergessen sich selbst.« Als Außenstehender ist es leicht, in die Beobachtung zweiter Ordnung zu gehen, doch es drängt sich schon die Frage auf, wo sind Orte und Instanzen, in denen die Beobachtungen, wie sie das Forschungsteam gemacht und aufbereitet hat, innerhalb der Organisation reflektiert werden?

Es folgt: Bevor wir das Thema zu Beginn der Lesereise zu sehr vertiefen, soll es mit einem Beispiel weitergehen, bei dem ein Start-up innerhalb eines Konzerns hart an der Existenzfrage arbeitet – und in erster Linie die Belegschaft initiativ wird: »Mit dem Rücken zur Wand« (Kap. 2).

Alternativ: Ein ähnliches Beispiel aus der Automobilindustrie: »Neue Mobilität trifft auf alte Autorität« (Kap. 4).

TG, GPK, SG

2 Mit dem Rücken zur Wand – Start-up-Logiken zur Krisenbekämpfung in einem Technologieunternehmen

Susanne Hanke, Andre Stuer, Robin Höher[7]

»We build the future of R&D to be the best partner of our customers.«

Slogan des Start-up-Teams

Wie kann in einem Konzern unternehmerische Eigenverantwortung[8] gefördert werden? In der folgenden Studie soll die agile unternehmerische Arbeitsweise eines kleinen Projektteams in einer ansonsten klassisch-hierarchischen Konzernstruktur mit klar definierten Zuständigkeiten und Prozessen untersucht werden. Beleuchtet wird dabei insbesondere das dadurch entstehende Spannungsfeld zwischen diesem »Start-up-Team« und dem Konzern: Wie wird sich David gegen Goliath behaupten?

2.1 Ein Traditionsgeschäft wird zum Sorgenkind

Die Herausforderungen des Konzerns Siemens Energy im Gasturbinengeschäft bei einer stark rückläufigen Nachfrage in einem schrumpfenden Weltmarkt sind immens. Überkapazitäten und die Bevorzugung von kohlebefeuerten Dampfturbinenkraftwerken auf der einen Seite sowie exponentielles Wachstum regenerativer Stromerzeugungsanlagen in klimapolitisch aktiven Ländern auf der anderen Seite prägen den Weltmarkt, der für große Gasturbinen heute im Vergleich zu noch vor zehn Jahren um den Faktor fünf geschrumpft ist.

Wie viel Veränderungsbereitschaft braucht ein Weltkonzern in seiner Organisationsstruktur, um sich im täglichen Überlebenskampf

7 Wir danken Kerstin Till, unserem Teammitglied der ersten Stunde. Nach den Interviews und ersten Reflexionen lag ihr Schwerpunkt auf dem Projekt »Macht doch, wenn ihr wollt« (Kap. 5).

8 Der damalige CEO von Siemens propagierte diesen Wandel unter anderem unter dem Stichwort »Ownership Culture«.

diesem Wandel auf dem Weltmarkt zu stellen? Wie ist damit umzugehen, dass sich auch das Selbstverständnis der Mitarbeiter:innen von ihrer eigenen Rolle im Unternehmen stetig weiterentwickelt? In dem Hochleistungsfeld der Abteilung »Forschung und Entwicklung (R&D)« ist organisationale Stabilität bisher die verlässliche, kalkulierbare Komponente, um dem täglichen Wettkampf um Marktanteile mit technischen Neuerungen und Weiterentwicklungen zu begegnen. Die Überlebensfrage stellt sich demnach für diese Unternehmenssparte ernsthaft und führt zu vielfältigen Restrukturierungen, aber auch zu ungewöhnlichen Lösungsansätzen.

Die hier untersuchte Unternehmenseinheit erbringt hauptsächlich technische Entwicklungsleistungen im fossilen Kraftwerksanlagengeschäft. Mit einem neu zusammengestellten Projektteam, dem »Gasturbinen-Start-up«, soll im Forschungs- und Entwicklungsbereich der Siemens Energy ein technisches Upgrade für eine Gasturbinenanlage entwickelt werden, um den Wirkungsgrad einer bestehenden Turbine zu verbessern.

Aus fünf unterschiedlichen Perspektiven (Projektleitung, Teammitglied, interner Kunde, obere Führungskraft, interner Coach) wird in Einzelinterviews auf die Änderungen der organisationalen Entscheidungsprämissen sowie der Muster zur Bewältigung von Paradoxien geschaut, die sich mit der Einführung eines organisationsunüblichen selbstorganisierten »Start-up«-Teams in einer ansonsten klassischen Konzernstruktur ergeben haben.

Gewöhnlich wurde in der Vergangenheit bei derartigen Projekten ein klassisches Projektmanagement nach den bewährten Siemens-Energy-zertifizierten Prozessen aufgesetzt. Dabei hat der eingesetzte Projektleiter den Überblick über alle Arbeitsumfänge, verteilt die Arbeitspakete in die einzelnen Expertenbereiche für jede zu entwickelnde Komponente und kontrolliert deren Umsetzung, während es bei den Projektmitgliedern nur eine begrenzte Produktsicht auf ihren jeweiligen Spezialbereich gibt. Das Abarbeiten von Arbeitspaketen und Fragestellungen findet in den entsprechenden Spezialbereichen statt. Dadurch entstehen funktionale kaufmännische und technische »Silos«.

Da eine Vielzahl laufender Projekte zugleich versucht, Zugriff auf die vorhandenen Ressourcen in den Silos zu bekommen, herrscht eine ständige Konkurrenz von Projekten um kritische Ressourcen. Diese Ressourcenkonflikte werden durch die Projektleiter über verschiedene Führungsebenen gemanagt und zur Entscheidung gebracht. Formale Kommunikationswege bei Zeitverzügen haben sich so zu etablierten Eskalationsstufen entwickelt.

Ursprünglich wurde Hierarchie zur Beschleunigung von Entscheidungsfindungen eingeführt, doch hier zeigt sie ihre Grenzen. Denn je höher der Kommunikationsbedarf der Fachexperten zur Klärung, desto weniger zeigt sich der Nutzen von Hierarchie aus Sicht der Interviewten:

> »Weil es gab dann (...) durch dieses Silodenken (...) viele (...) Schnittstellenprobleme, und im Endeffekt hat (das) dann (...) zu vielen Reibungsverlusten geführt.« (Int 4)

Den Projekten werden dabei in erster Linie hoch spezialisierte Fachexperten für die Arbeit in den entsprechenden Arbeitspaketen zugeordnet. Tendenziell werden diese Spezialisten in den Silos – bei vergleichbarer Qualifikation – als Kapazitäten gemanagt, die teilweise austauschbar sind. Der Entscheidungsschwerpunkt in der Projektsteuerung liegt dabei darin, Projekte effizient, »in time« und »in budget« umzusetzen. Es geht also um die optimale Nutzung der bestehenden Organisation.

An der System-Umwelt-Grenze findet lieferantenseitig ein starkes Outsourcing von Engineering-Leistung an externe Dienstleister nach Kunden-Lieferanten-Logik statt. Projekte werden kundenseitig ohne direkte Kundenbeteiligung durchgeführt. Die technischen Entwicklungsprojekte erhalten lediglich generische Aussagen von Sales- und Produktmanagement zu Kundenbedürfnissen und Kundenfeedback.

Die Kultur ist in der Wahrnehmung einzelner Beteiligter geprägt von den langen Entscheidungswegen funktional hochdifferenzierter Strukturen, in denen sich alle Beteiligten prozesskonform verhalten, zum Beispiel auch an der Schnittstelle zu Kunden: Der Kunde wird erst spät bei der Produktentwicklung einbezogen und bei Problemen relativ spät informiert.[9] Interessant ist auch der Umgang mit Fehlern, d. h., wenn etwas nicht läuft wie geplant. Bei Zeitverzug fühlen sich die technischen Fachexperten schuldig und werden von den Leiter:innen kompensatorisch aufgefangen:

9 Siehe auch Abschnitt 2.4 (»Die neue Rolle des Kunden«).

»Aber dieses ›den Schuldigen suchen‹, wer jetzt für den Verzug verantwortlich ist, ist ganz ausgeprägt. Und die ganzen Projektleiter dazwischen sind dafür da, um dieses Schuldigsein abzupuffern. Und das können die auch super gut.« (Int 2)

2.1.1 Eine »Insel von Verrückten« entsteht

Wie kommt es nun in einer solchen klassisch-hierarchischen Organisationsstruktur zu dem vollkommen anderen Ansatz, ein selbstorganisiertes »Start-up-Team« zu installieren? Der Anlass ist eigentlich ein ganz trivialer: In dem um 80 % geschrumpften Markt für Neuprodukte gibt es einen Kundenbedarf für eine Wirkungsgradsteigerung bei bereits bestehenden Anlagen der weit verbreiteten Gasturbinenserie 4000F und damit die Chance, einen Teil des Geschäftsverlusts zu kompensieren; das Unternehmen hat aber keine ausreichenden Ressourcen, um eine technische Überarbeitung entwickeln zu lassen. Bei einigen Beteiligten entsteht die Überzeugung:

»Es ist erkannt, wir stehen mit dem Rücken an der Wand, wir müssen anders arbeiten.« (Int 1)

In einem anderen Unternehmensbereich, der Fertigung von Gasturbinen, gibt es außergewöhnliche Erfahrungen mit neuen Organisationsformen. Schon in den Jahren 2014–2017 werden bei Siemens Energy in einem mehrjährigen Projekt die Brenner einer Gasturbinenanlage selbstorganisiert gefertigt, und dies mit durchschlagendem Erfolg: Das Produktionsvolumen der Brenner steigt um 400 %, die Fertigungszeiten sinken um 80 %, die Produktionskosten um 50 %. Der Schlüssel zu diesem Erfolg ist hierbei die Übergabe der Verantwortung an die Mitarbeiter:innen, d. h. das Abschaffen der klassischen Hierarchiepyramide mit der entsprechenden operativen Entscheidungskaskade.

Aus den geführten Interviews lässt sich ableiten, dass die Initiative für New Organizing zunächst recht stark bottom-up-getrieben ist. Durch Kontakte zu den seinerzeit für das agile Fertigungsprojekt verantwortlichen Projektleitern lernen einige mit dem Upgrade-Projekt betraute Mitarbeiter:innen aus dem Forschungs- und Entwicklungsbereich den »New Way of Working« kennen. Sie wollen nun dieses verlockende Erfolgsrezept auch auf das Upgrade-Projekt anwenden, das ansonsten wegen der Ressourcenknappheit wohl eher nicht umgesetzt worden wäre. Es bildet sich eine kleine Gruppe, die davon überzeugt ist, dass man mit dem neuen Ansatz ein solches Projekt mit 16 statt mit 45 Leuten machen kann. Voraussetzung ist, dass man alles in einem solchen Projekt hinsichtlich des wertschöpfenden Anteils hinterfragen und alles, was nicht wertschöpfend ist, weglassen darf.

> »Es gab ein paar ›Verrückte‹, die gesagt haben, wenn wir könnten, wie wir wollten, würden wir das mit einem Drittel der Ressourcen schaffen. (…) Das, was die können in der Fertigung, muss auch in der R&D gehen.« (Int 1)

Im nächsten Schritt gilt es nun eine Freigabe für diese neue Arbeitsweise zu bekommen. Vor dem Hintergrund der schwierigen Marktlage ist klar, dass man die obere Führungsebene davon überzeugen muss, dass es signifikante Vorteile für das Wagnis der unkonventionellen Arbeitsmethode gibt. Die Aussicht darauf, mit weniger Leuten ein besseres Produkt entwickeln können, ist schließlich das überzeugende Argument, mit dem die »Verrückten« den Gasturbinen-R&D-Chef für das Wagnis eines neuen Projektansatzes gewinnen können. Zur Einbettung des »Gasturbinen-Start-ups« in die Organisation werden schließlich auch die mittlere Managementebene im R&D-Bereich sowie die Geldgeber für das Projekt, die internen Kunden aus dem Produktmanagement des Servicebereichs, vom Gasturbinen-R&D-Chef mit ins Boot geholt.

> »Wir haben gesagt, wir werden hier was Neues ausprobieren, der Benefit ist der und der, wir möchten das gerne probieren. Es gibt ein gewisses Risiko. Tragt ihr das mit?« (Int 5)

Spannend ist in diesem Zusammenhang zu beobachten, dass die interne Besetzung des selbstorganisierten Projektteams sowie die Setzung der Rahmenbedingungen für das »Gasturbinen-Start-up« trotz der anfänglichen Bottom-up-Entstehung doch top-down erfolgt. Für den Gasturbinen-R&D-Chef ist dabei klar, dass der neue Arbeitsansatz nicht mit jedem Mitarbeitenden umzusetzen ist. Schnell reift bei ihm die Erkenntnis, dass man als Führungsverantwortlicher bei der Besetzung eines solchen Teams davon überzeugt sein muss, dass die für dieses Projekt abgestellten Mitarbeiter:innen tatsächlich die Bereitschaft haben, Verantwortung zu übernehmen. Dies scheint als Grundvoraussetzung definiert zu sein, damit die Besetzung eines solchen Teams zu einem erfolgreichen Projektergebnis beiträgt.

2.2 Der andere Weg

Wie sieht nun aber dieser neue Ansatz im Detail aus? Worin unterscheidet er sich von dem bisherigen Vorgehen? Im Gegensatz zum alten Vorgehen, Arbeitsaufträge an Expertensilos zu verteilen, in denen Expertenkapazitäten tendenziell untereinander austauschbar sind, beruht dieser Ansatz auf drei für das bisherige klassische Projektmanagement unüblichen Rahmenbedingungen:

- *»100 % Dedication«:* Die benannten »Start-up«-Mitarbeiter:innen arbeiten ausschließlich in diesem Projekt. Das Projekt bekommt also feste, nicht beliebig austauschbare Ressourcen. Die ausgewählten Mitarbeiter:innen sollen sich diesem Projekt voll verschreiben.
- *»Co-Location«:* Alle Projektteammitglieder sollen möglichst immer räumlich zusammensitzen, um direkt im Austausch sein zu können, anstatt über E-Mail, Meetings oder Interface-Dokumente zu kommunizieren. Das erlaubt schnelle und vor allem gemeinsame Lösungen und sorgt für Lernprozesse. Allein durch die unmittelbare Nähe werden das Wahrnehmen von Frühwarnsignalen und Aufdecken von kleinen Abweichungen im Projekt beschleunigt. Der sofortige Zugriff auf alle Verantwortlichen und die Reaktionszeit werden mehr vom fachlich-technischen Lösungsgedanken und weniger von politischen Ränkespielen beeinflusst.
- *»Multiskilling«:* Um die Zahl von 45 auf schließlich 16 zu reduzieren, müssen Mitarbeiter:innen mehrere Skills (technische Expertise und Fähigkeiten) abdecken bzw. sich darin gegenseitig unterstützen können.

Besonders hervorgehoben werden muss darüber hinaus, dass für alle Interviewten der dem Projekt vorausgehende Drei-Wochen-Kick-off-Workshop eine ganz zentrale Bedeutung hat; er wird quasi als »Conditio sine qua non« für den Erfolg gesehen. Die in diesem Workshop erarbeitete Arbeitsethik mit gemeinsam aufgestellten Regeln und der anderen Methodik einer teaminternen Zusammenarbeit sowie dem Selbstverständnis des »Start-ups«, etwas ganz Besonderes in einer ansonsten klar strukturierten Arbeitsorganisation zu machen, führt zu einer extrem starken Teamidentität und erlaubt den Mitarbeiter:innen, sich von der bisherigen Organisationslogik zu lösen und »Verrückte« zu werden:

> »(...) wenn man jetzt ganz böse ist, wurden wir da so ein bisschen gehirngewaschen. Wobei das natürlich auch bei uns, (...) auf recht fruchtbaren Boden gefallen ist, (...) viele, die mit den alten Strukturen unzufrieden waren.« (Int 4)

Insgesamt gesehen, bildet sich mit dem Kick-off-Workshop für die Teilnehmer eine neue Identität heraus, die mit dem Namen »Start-up« für das Projekt als deutliche Abgrenzung zum Konzern und seinen Strukturen sichtbar wird. Dies bildet sich auch in dem Anspruch des vom »Start-up-Team« erarbeiteten Slogans ab, eine ganz neue Forschung und Entwicklung zu kreieren:

> »We build the future of R&D to be the best partner of our customers.« (Int 4)

2.2.1 Die neuen Spielregeln

Kernpunkt des neuen Arbeitsansatzes vom »Start-up-Projektteam« ist die Selbstorganisation und -führung: Der Reiz, die Rahmenbedingungen selbst zu definieren und die eigene fachliche und soziale Kompetenz voll einzubringen, lässt das Team einen radikalen Weg gehen. Ein bloßes Übernehmen gegebener Aufgaben und Vorgehensweisen wird mit Unfreiheit gleichgesetzt und abgelehnt. Wo sonst qua Funktion die Führungskraft entscheidet, übernimmt jetzt das Team.

Die geänderte Führungsstruktur und die Beteiligung aller schafft im Projektteam große Offenheit und Vertrauen. Arbeit und Entscheidungsfindung sind geprägt von hoher Transparenz: Alle Mitarbeiter:innen verstehen Projekt und Produkt durch Visualisierung im Team-Co-Location-Raum und durch entsprechende Toolunterstützung für Projekt- und Produktdokumentation. Alle haben ein einheitliches Wissensniveau. Dadurch ist der Projektleiter nicht mehr Flaschenhals für alle Querverbindungen und Eskalationen.

> »Alles was früher die Projektleiter aggregiert haben, selbst zusammengestellt haben, ist jetzt transparent verfügbar und abrufbar von den Leuten, die die Informationen brauchen. Anstelle Information-Push ist es ein Information-Pull.« (Int 1)

Allerdings ist den Beteiligten im Team auch klar, dass sie für diesen Arbeitsansatz nicht nur fachliche Multiskills haben müssen, sondern auch in puncto Motivation, Verantwortungsübernahme und Zusammenarbeit gewisse Voraussetzungen mitbringen müssen:

> »Viel miteinander reden, kommunizieren, vermutlich auch Probleme im Team lösen, wo keiner sagt, so jetzt geh mal da lang.« (Int 5)

Klar ist von Anfang auch, dass keiner dem anderen im Team Vorgaben macht. Damit ändert sich in dem neuen Setup die Rolle des Projektleiters grundlegend. Er wird Produktverantwortlicher nach innen, nimmt im Projektteam kaum noch Führungsaufgaben wahr und sieht seine Rolle eher darin, die Rahmenbedingungen so zu setzen, dass das Team gut arbeiten kann. Die Aufgaben im »Start-up-Organigramm« werden also nicht wie üblich top-down durch den Projektleiter festgelegt. Stattdessen findet eine gemeinsame Projektstrukturierung darüber statt, wie im Team alle für den Projekterfolg notwendigen Rollen definiert werden. Die klassische Rolle des Projektleiters entfällt dabei komplett. Dessen Aufgaben werden auf die verschiedenen Rollen aufgeteilt. Anschließend kann sich, wenn das Team hochgefahren wird, jeder für eine oder mehrere Rollen bewerben. Der Projektleiter wird also intern in seiner Rolle als Product Owner eher zum Coach seines Teams:

> »Es gibt zwar einen (Anm.: Projektleiter) auf dem Papier, um die Außenwelt zu befriedigen, doch der führt nicht mehr, der hat nicht mehr diese Rolle.« (Int 1)

Zusammenfassend kann also festgestellt werden: Der neue, iterative Arbeitsprozess mit schnellen Kommunikations- und Entscheidungswegen im Team, ermöglicht durch Co-Location und spezielle Kommunikationsformate, führt dazu, dass die Mitarbeiter:innen weitestgehend selbstständig entscheiden und priorisieren. Dabei werden zwischenmenschliche wie fachliche Konflikte im Team meist eigenständig gelöst. Das bringt mit sich, dass Entscheidungsfindungsprozesse manchmal »chaotisch« ablaufen und ziemlich viel ausdiskutiert wird. Eine neue Erfahrung auch für den Projektleiter:

> »Die Spielregeln legt man im Konsens fest mit dem gesamten Team, und das hängt extrem an den Teammitgliedern, worauf man sich da einigt.« (Int 2)

2.3 Die Organisation ist irritiert

2.3.1 Budgethoheit

Wie in anderen Umfeldern von New Work und Agilität (Fink u. Moeller 2018) kann man auch beim New-Way-of-Organizing-Projekt von Siemens Energy einen starken Wechsel der Steuerung von einer »Wenn-dann-Logik« hin zur einer »Wofür-Orientierung« im »Start-up-Team« sehen. Bisherige starre Rollen- und Prozessbeschreibungen gemäß »Wenn-dann-Logik« werden mithilfe einer Zweckfokussierung reduziert: Vision und Purpose bilden sich als Leitkultur heraus, wenngleich allerdings nur im »Start-up-Team«. Dieser Paradigmenwechsel bringt zwar im Team eine neue Stimmung, eine inspirierende Arbeitskultur und eine starke Arbeitsmotivation hervor, das agile Projektteam muss sich aber den daraus hervorgehenden Irritationen an der organisationalen Peripherie stellen.

Dadurch, dass sich das Selbstverständnis dieses hoch motivierten selbstorganisierten Teams deutlich vom restlichen Umfeld in der Organisation unterscheidet, entsteht ein Entkoppelungseffekt des Teams gegenüber der Restorganisation, wie sie von »Task Forces« mit 100 % Dedication im Projektmanagement bekannt ist (Heintel u. Krainz 2011). Der Teamspirit wird so hoch, dass jeder »Eingriff von außen« als Störung begriffen wird. So wird z. B. die eingeforderte Einhaltung von Konzernvorgaben zu Reise- und Arbeitszeitenregelungen als Zumutung empfunden oder die Fluktuation durch neu ins Team kommende Mitarbeiter:innen beinahe als lästig empfunden, weil die neuen Kolleg:innen den bisherigen Prozess nicht mitbekommen haben und das »Teambuilding« daher von Neuem startet.

Die Logiken des »Start-up-Teams«, das flexibel, dynamisch und lose strukturiert auftritt, und der Restorganisation, die sich hochstrukturiert, regelhaft und standardisiert präsentiert, prallen diametral aufeinander (Hilse u. Susemihl 2018). Immer wieder versucht die Organisation, die Abstimmungsprozesse nach bisherigen Kommunikationsregeln einzufordern, und setzt schlussendlich auch an kritischen Punkten Entscheidungen nach altem Muster durch.

So steht das »Start-up« zum Beispiel von Anfang an im Spannungsfeld zwischen der Lust auf Entscheidungsfreiheit und den Beschränkungen eines engen Ressourcenbudgets, sowohl personell wie auch finanziell. In diesen Situationen wird sichtbar, wie unterschiedlich »Start-up« und organisationale Peripherie mit ihren jeweiligen

Aufgaben und Verantwortlichkeiten umgehen: Für einige im »Start-up« sind Budgetbeschaffung und Zuordnung von Mitarbeiter:innen, also die Ressourcenverfügbarkeit, gar nicht mehr verhandelbar; demgegenüber versucht der interne Kunde im Gegenzug deutlich zu machen, dass es nicht in der Verantwortung des »Start-ups« liegt, über das Budget zu entscheiden, das für eine Bestellung gebraucht wird. Das Selbstverständnis des Projektteams,

> »Wir entscheiden jetzt, wie viel Budget wir brauchen und wie viele Leute (...) und wann (...) und wie lange (...)« (Int 3),

prallt schließlich an der Einsicht einer vorgesetzten Führungskraft im R&D-Bereich ab, dass das agile Team seine gesetzten Projektziele wohl doch nicht im Budgetrahmen erreichen wird. Die Auslagerung einiger Projektkomponenten an einen externen Dienstleister ist schließlich eine nicht diskutierbare Entscheidung des verantwortlichen Vorgesetzten und wird vom Projektteam gewertet als

> »ganz klares Statement vom Management« (Int 3),
> »eher zu den Projektzielen (...), mit denen man natürlich auch Geld verdienen muss, (...) als zu diesem neuen Arbeitsansatz zu stehen« (Int 3).

Diese hierarchische Entscheidung wird als unakzeptabler Eingriff in die Entscheidungshoheit des »Start-up-Teams« empfunden, führt zu großem Unverständnis und dem Gefühl der Ohnmacht: Man dürfe im Team zwar Ideen sammeln, aber ein anderer entscheidet über die Lösung und damit über die Budgetfragen. Mit dem Herauskehren alter Entscheidungsmuster wird das Bekenntnis zu neuen Organisationsansätzen als scheinheilig empfunden. Es fühlt sich ein bisschen so an, als dürfe man sich zwar »Start-up« nennen, sei aber eigentlich doch nur ein Team in der klassischen Siemens Energy-Organisation:

> »Wir lassen uns doch jetzt nicht als Start-up-Team solche Entscheidungen vorgeben, da sind wir ja sofort wieder in diesem Old Style.« (Int 3)

Hier zeigen sich die Spannungen zwischen Team und Restorganisation als ein Folgeproblem der starken Abgrenzung des »Start-ups« gegenüber der Organisation: Einerseits führt dies zu den erwähnten Vorzügen, nämlich Kosteneinsparung und höhere Motivation, andererseits gibt es aber keine hinreichende Lösung, wie die Bedürfnisse der Restorganisation gut berücksichtigt werden können. Die *Restorganisation reklamiert sich* deshalb mit dem alten konditionalen Muster von Hierarchie und Kompetenzen wieder *ins Team ein* und stellt dessen Autonomie infrage.

Man könnte diesen Prozess aber auch so beschreiben, dass das agile Projektteam seine Einbindung in die Organisation letztlich aus den Augen verliert bzw. ignoriert. Erst die Intervention der Hierarchie, Teile der Projektaufgaben auszulagern, um den übergeordneten Aufgaben- und Verantwortungsrahmen im Unternehmen sicherzustellen, führt im »Start-up-Team« zur Reflexion darüber, wie es eigentlich zu dem Zeitverzug kommen konnte. In diesem Punkt wäre es interessant, wie neben diesem »Entweder-oder« zwischen Allmacht und Ohnmacht des Teams in Budgetfragen andere Lösungen, etwa ein »Sowohl-als-auch« oder »Keines von beiden« von »Start-up-Team-Logik« und Organisationslogik, hätten aussehen können.

2.3.2 Kommunikationslogik I: Direkte persönliche versus formale Kommunikationswege

Auch bei der Frage der Kommunikationslogik – wer darf mit wem über was reden – prallen »Start-up-Logik« (direkte Kommunikation, jeder mit jedem) und Organisationslogik (indirekt, reguliert) aufeinander. Die Organisation wird vom »Start-up« irritiert. In einem Konzern mit einer ausgeprägten formellen »Schuldzuweisungskultur« kann direkte, persönlich adressierte Kommunikation ohne Einhaltung der hierarchischen Wege als Bedrohung empfunden werden, und zugleich liegt darin eine Lösung.

Dem Projektleiter ist von Anfang an klar, dass das Interface zu der etablierten Hierarchie eine große Herausforderung sein wird. Die angestrebte umgehende und direkte, von der Hierarchie losgelöste Kommunikation (Teamlogik), die notwendig wird, als sich Zeitverzug in der Projektentwicklung abzeichnet, irritiert die Organisation, was sich beispielsweise darin zeigt, dass sich der Projektleiter einer Vielzahl kritischer Anfragen »von ziemlich hohen Managern« (Int 2) stellen muss.

Sehr schnell wird deutlich, dass die hierarchiefreie Kommunikation des Projektleiters über den anstehenden Zeitverzug außerhalb der üblichen ablauforganisatorischen Prozesse direkt in den Sales-Bereich hinein den Effekt hat, dass sich alle anderen Manager im R&D-Bereich dazwischen übergangen fühlen und Panik bekommen. Beraubt der Möglichkeit, die üblichen Prozesse zur Vermeidung von Schuldzuweisungen abzuarbeiten, ist der Druck auf den Projektleiter aus der Organisation also mindestens so groß wie beim bisherigen klassischen Projektmanagement. Trotz der großen Unruhe hält der Projektleiter aber weiterhin an der direkten Kommunikation fest; nur so kann letztlich im Sinne des Teamslogans – *to be the best partner of our customers* – vermieden werden, dass dem Kunden etwas Falsches versprochen wird, was entweder Geld oder – noch viel schlimmer – Kundenvertrauen kostet. Umgekehrt ist auch die jederzeitige Erreichbarkeit des Projektteams für die organisationale Peripherie durch deren Co-Location ein großer Zugewinn, um Abstimmungen direkt mit den entsprechenden Teammitgliedern vorzunehmen zu können. Begrenzt auf das Einzelprojekt billigt die Restorganisation dem »Start-up« hier also zumindest vordergründig für weite Bereiche eine Ausnahme zu und schwenkt in einer Abspaltung komplett auf das Neue ein.

Allerdings geben einige Kommentare aus den Interviews zu bedenken, dass dieser Lösungsweg nur funktioniert, solange wir »ja zu 90 % in alten Hierarchien« (Int 5) arbeiten. Oder wie einer der Beteiligten bemerkte:

> »Das gesamte Middle Management, bis auf wenige Ausnahmen, hat davor Angst, weil viele sich definieren über: Ich bin derjenige, der hier entscheidet, und je mehr Menschen ich habe, umso mehr Macht habe ich. Und deshalb haben die 'ne Angst, die sie aber nicht zum Ausdruck bringen, so öffentlich, sondern eher so, na ja, sei jetzt mal stille, und tu mal so als ob, aber eigentlich will ich es nicht.« (Int 1)

Aus Sicht des Topmanagements ist das aber durchaus eine Herausforderung, die bewältigbar ist:

> »Also bei den drei Start-ups hab ich das nie mitbekommen, dass das mittlere Management das Problem ist. Wenn man das jetzt komplett umstellt, dann kann das durchaus noch ein Thema sein. Aber ich glaube, das ist eine Frage der Zeit, dass Leute das lernen müssen, sich damit befassen müssen, das dann letztendlich auch akzeptieren.« (Int 5)

2.4 Die neue Rolle des Kunden

Auch wenn sich das »Start-up« eine umfassende Implementierung seiner neuen Arbeitsweise in die klassischen Prozesse der Restorganisation gewünscht hat, die Organisation dem Team aber nicht mehr als den Inselstatus zugebilligt hat, zeigen sich durchaus Wirkungen in den Konzern hinein. In den Interviews wird vor allem ein Feld genannt, in dem der Organisation der Sprung aus der alten Entweder-oder-Logik hin zu einer kreativen Lösung gelungen ist: Die Irritation der Restorganisation durch die Haltung des »Start-up-Teams«, dass auch der tatsächliche Endkunde als Inputgeber im Team beteiligt werden soll – »wir (...) wollen den Kunden hier im Raum sitzen haben« (Int 3) –, führt letztendlich zu einer neuen Art der Kundeneinbindung in dieses Projekt.

Zunächst kommt auf die Forderung des Teams nach Integration von Endkunden prompt Gegenwind aus dem Sales-Bereich. Auch hier positioniert sich die Restorganisation eindeutig und fordert die Einbindung des agilen Teams in bestehende Regelungen: Zu jedem Kunden gibt es immer einen sogenannten One-Face-to-the-Customer-Sales-Kolleg:innen, der den Kundenkontakt im Rahmen der festgelegten Vertriebsstrategie pflegt. Die Sales-Kolleg:innen haben natürlich hochgradig Bedenken, wenn »Start-up-Leute« ihre Kunden irgendetwas Neues erzählen wollen. Klassische Kommunikations- und Entscheidungsmuster sollen weiterhin Bestand haben. In der Folge wird der Endkunde zunächst nicht, wie vom Team gewünscht, zum Kick-off und ins Team eingeladen.

Spannend ist allerdings, dass im Bereich des Produktmanagements (interner Kunde des »Start-ups«) dennoch ein neuer Blickwinkel zur Einbindung der Endkunden entsteht. Angeregt von der Auseinandersetzung mit den »Verrückten« zur intensiveren Einbindung von Kunden, wird bereits vorab im Sales-Bereich ein neues Marketingtool bottom-up entwickelt, der »Bidding Waiver«[10], und zwar zeitlich sogar noch vor dem Kick-off-Meeting. Dies geschieht aus der Überzeugung, dass parallel zu dem New-Way-of-Working-Ansatz ein neuer Kommunikationsansatz zum Kunden hin notwendig ist, um mit diesem Marketingtool so früh wie möglich mit dem Kunden Verkaufsgespräche führen zu können. Auf dieser Grundlage kann dann das technische Kundenfeedback deutlich früher und direkter in den Arbeitsprozess des »Start-ups« einfließen, als dies in bisherigen Projekten möglich war.

10 Der »Bidding Waiver« ist ein Informationspapier für interessierte Endkunden über die Eckdaten der Leistungsfähigkeit der neu entwickelten Turbinenbeschaufelung und der damit in Aussicht gestellten Wirkungsgradsteigerung der Bestandsanlage. Außerdem kann der Endkunde auf dieser Basis ableiten, wann ihm das Produkt zur Verfügung stehen wird, um so den Austausch der Turbinenschaufeln planen zu können, da die Anlage dafür stillstehen muss.

Man kann also festhalten: Die Organisation versteht auf der einen Seite sehr wohl, alte Entscheidungshierarchien zu bewahren, auf der anderen Seite werden durch den Impuls der neuen Arbeitsweise des »Start-ups« letztlich aber unerwartet neue Perspektiven in bestehenden Prozesse entdeckt und wird, wie im Fall des »Bidding Waivers«, sogar ein neues Tool zur stärkeren Einbindung des Kunden in den Entwicklungsprozess genutzt.

2.5 Die andere Führung

Auch in Bezug auf Führung sehen wir, dass an einigen Stellen alte Entscheidungsmuster bewahrt bleiben, an anderen Stellen aber neue Wege gefunden werden können. Denn der Projektleiter des »Start-up-Teams« ist in dem New-Way-of-Working-Ansatz mit seinem Anspruch an Selbstorganisation und -führung im Team nicht ganz ohne Führungsanspruch und sieht sich insgesamt für seine Teammitglieder in einer Art unterstützenden Führungsrolle: Er unterstützt die Teammitglieder in Richtung Produkt(management) und das Team im Interface zur Organisation. Auch die Restorganisation fordert weiterhin formal die Rolle der Führung des Projektteams ein. Der Projektleiter muss die Schnittstelle vom Team zu Konzernvorgaben wie HR-Prozessen (Überstundenregelungen) oder Kosteneinsparungsprogrammen (keine Bewilligung von Reisen zur Co-Location) weiterhin in die Organisation und ins Team hinein managen.

Im Hinblick auf Arbeitszeit- und Reiseregelungen verharrt das System im Entweder-oder-Modus, wobei in diesen Fällen wie oben bei der Budgethoheit am Ende die Konzernvorgaben durchgehalten werden und im Team dadurch Unzufriedenheit entsteht. An zwei anderen Stellen gelingt es aber, für entstehende Paradoxien Sowohl-als-auch-Lösungen zu erzeugen.

2.5.1 Selbstbestimmte Fremdbestimmung

Das »Start-up« begegnet der von der Organisation vorgegebenen engmaschigen Zeitplankontrolle sowie der Festlegung zum Outsourcing von Projektkomponenten mit der Suche nach den Ursachen für den Zeitverzug. Ergebnis der Ursachenfindung ist schließlich, dass doch ein Projektkoordinator fehlt, der oder die die Fäden in der Hand hat und nachhält, dass jeder einzelne Komponentenentwickler im Team pünktlich seine oder ihre Zuarbeiten abliefert. Im Prozess der Verteilung dieser Rolle kristallisieren sich zunächst zwei »Alphatierchen« heraus. Im Team gibt es allerdings zu dieser Führungsrolle die sehr klare Haltung, dass niemand mit dem militärischen Ton eines Rekrutenausbilders (»drill instructors«) geduldet wird:

> »Wir haben von Anfang an gesagt, dass wir solche Leute nicht haben wollen.« (Int 3)

Dieses Spannungsfeld aus notwendiger asymmetrischer Führungsleistung und völliger (symmetrischer) Gleichberechtigung löst das Team schließlich, indem es selbst ein Teammitglied zum Projektkoordinator wählt. Das bedeutete also, dass in dem agilen Team letztlich Führung wieder eingeführt wird. Wichtig ist dabei allerdings, dass für diese Aufgabe nicht jemand von außen oder vom Projektleiter bestimmt wird. Das Team benennt denjenigen aus seinen eigenen Reihen, der wegen seines vorbildlichen Verhaltens und technischen Know-hows als Person eine sehr hohe Akzeptanz genießt. Im Spannungsfeld zwischen Führung und Selbstorganisation schließt Agilität Führung also nicht aus. Voraussetzung scheint allerdings zu sein, dass die Fremdbestimmung selbstbestimmt ist.

2.5.2 Kommunikationslogik II: Transparenz und notwendige Intransparenz

Auch bei einer anderen zentralen Forderung des »Start-up-Teams« in Bezug auf die Zusammenarbeit und die Rolle des Projektleiters findet das Team eine pragmatische Widerspruchslösung. Denn das »Start-up« versucht zwar einerseits vehement, seine Vorstellungen von einem sehr transparenten agilen Engineeringprozess in der Organisation durchzusetzen, und fordert neue, direkte Kommunikationswege ein bzw. lebt durch die offene, transparente Kommunikation in der Co-Location. Dennoch gibt es andererseits weitere, offenbar notwendige Abstimmungsprozesse des Projektleiters mit dem internen Kunden als Auftraggeber und Budgetverantwortlichen unter vier Augen im Hintergrund. Das vertrauensvolle Verhältnis aus anderen gemeinsamen Projekten ermöglicht es, kritische Punkte in einem 14-tägigen Jour fixe durchzugehen und darüber zu entscheiden, wie damit umgegangen und welche Weichenstellungen an dieser Stelle vorgenommen werden müssen.

Diese transparente Intransparenz scheint für das »Start-up« wie für die Organisation ein Hilfsmittel zu sein, mit der Unsicherheit umzugehen, ob sich das Projekt technisch und zeitlich wirklich realisieren lässt. Vielleicht ist sie sogar die kritische Erfolgskomponente, um im vertraulichen Zweierkontakt die Verlässlichkeit von Zusagen zum internen Kunden im Produktmanagement bei bestehender Unsicherheit auszubalancieren.

2.6 Ausblick: Agilität um jeden Preis?

Die Ergebnisse des »Start-up-Teams« sind zunächst beeindruckend: Das Team schafft es tatsächlich, trotz einer Verkleinerung um zwei Drittel, den größten Teil der Entwicklungsaufgabe zu stemmen. Auch auf die Motivation der ausgewählten Projektmitarbeiter:innen hat der neue Arbeitsansatz eine positive Wirkung. Einige junge Mitarbeiter:innen bleiben gerade deshalb bei Siemens Energy, weil sie die Möglichkeit bekommen, selbstorganisiert zu arbeiten.

Als Erfolgsfaktoren kann man aus dieser Studie ableiten:

- eine existenzielle Herausforderung
- ein kleines Team von Verrückten[11]
- ein Chef mit Risikobereitschaft, der die Organisation einbindet und die »richtigen« weiteren Mitspieler aussucht
- ein Drei-Wochen-Kick-off als »Gehirnwäsche«, der es den Beteiligten erlaubt, Organisation anders zu denken und gleichzeitig einen immens starken Teamspirit und hohes Selbstbewusstsein aufzubauen
- eine hohe Konfliktbereitschaft
- aber auch die Bereitschaft, Folgeprobleme des neuen Ansatzes in den Blick zu bekommen und kreative neue Lösungen neben einem Entweder-oder zu finden.

Der hybride Ansatz, New Organizing als Insel in einer ansonsten hierarchischen Organisation einzuführen, führt so in der Zusammenarbeit mit der zu 90 % hierarchischen R&D-Organisation dazu, dass sich tatsächlich an einigen Stellen in der Restorganisation Entscheidungsprämissen ändern, sich an anderen Stellen aber auch neue Spannungsfelder auftun. Hier wird deutlich, dass aktives Grenzmanagement zwischen »Start-up-Team« und Organisation hilfreich

11 Ein ähnlicher Zusammenhang von Unternehmertum und Verrücktsein findet sich bei Zimmermann (2012).

ist. Ein solches Grenzmanagement wird im vorliegenden Falle mehr oder weniger bewusst und erfolgreich betrieben. Der Anspruch, diese wichtige Aufgabe der Selbstorganisation dem Team zu überlassen, setzt allerdings ein extrem reifes Team voraus, da Führung in verschiedensten Rollen gefragt ist.

Gereift ist auch die Erkenntnis, dass nicht jedes Projekt für diese Arbeitsmethodik und jeder Mitarbeitende im Hinblick auf Eigenverantwortung, Teamzusammenarbeit, Konfliktbereitschaft und Multiskilling geeignet ist. Ein Hochskalieren des »Start-up-Ansatzes« auf die gesamte Organisation ist wegen der außergewöhnlichen Rahmenbedingungen (100 % Dedication, Co-Location, Multiskilling-Kompetenzen und Freude der Mitarbeiter:innen daran, Verantwortung zu übernehmen) deshalb eher eine große Herausforderung. Dazu meint der den Ansatz promotende Topmanager:

> »Wo ich Bauchschmerzen habe: selbstorganisierte komplette Teams. Da bin ein bisschen unsicher. Und das passiert jetzt mit dem Turbinenteam mit 80 Leuten an drei Standorten in den USA. (...) da ist das Risiko, dass so etwas vielleicht nicht so gut funktioniert wesentlich größer.« (Int 5)

Führung ist hier gefragt, um das neue Verfahren einzuordnen, zu differenzieren und für die Zukunft als erprobte Variante für ausgewählte weitere Projekte und als Grundlage für den eigenen Lernprozess bereitstellen zu können. Es wären auch Überlegungen anzustellen, welche Unterstützung zukünftigen Projekten im Hinblick auf aktives Grenzmanagement und Management neu auftauchender Konflikte an die Seite gestellt werden kann.

Neben der intensiven Befassung der Organisation mit dem agilen »Start-up-Team« fällt das in die Prozesse eingebundene Mittelmanagement bisher etwas aus dem Fokus der Organisation. Es gibt zwar Wahrnehmungen, dass das mittlere Management eher Angst davor hat, weil sich viele darüber definieren, dass die Tatsache, Entscheider mit viel Personalverantwortung zu sein, gleichzeitig bedeutet, Macht zu haben.[12] Aus Sicht des oberen Managements wird es aber wohl eine Frage der Zeit sein, sich mit diesen neuen Arbeitsformen zu befassen und daraus die eigene Bedeutung neu abzuleiten.

---

12 Eine nicht ganz unbegründete, vielleicht sogar unterbewertete Angst, wenn man sich das Beispiel des chinesischen Unternehmens Haier mit 70.000 Mitarbeiter:innen anschaut, das sein Mittelmanagement durch die Aufteilung in sogenannte Micro-Enterprises fast vollständig abbaute (Hamel u. Zanini 2018).

Der Weg zu neuen Arbeitsformen wird im Gasturbinen-R&D-Bereich deshalb wohl kein radikaler werden. Langsames Probieren erscheint sinnvoll und hat schon an einigen Stellen kreative Lösungen für Folgeprobleme eines gut gemeinten ersten (radikalen) »Start-up-Entwurfs« hervorgebracht. Langsames Probieren ist zudem den finanziellen Beschränkungen geschuldet und trägt auch den Überlegungen Rechnung, ob denn ein New Way of Working in allen Bereichen und mit allen Mitarbeiter:innen überhaupt sinnvoll und gewünscht ist. Daher soll sich künftig

> »jedes neue Projekt angucken, wie es arbeiten will. Das (...) ist eine Option, eine Möglichkeit« (Int 2).

David hat Goliath also nicht besiegt, aber beide haben sich in jedem Fall sehr zum Nachdenken angeregt!

Steckbrief

Formale Aspekte des Forschungsprozesses
Organisationstyp, -größe, -struktur Weltweit tätiger Elektrifizierungskonzern mit rund 91.000 Mitarbeiter:innen an vielen Standorten weltweit
Untersuchte Einheit(en) 16-köpfiges Produktentwicklungsteam (»Start-up«) im R&D-Bereich: »Wirkungsgradsteigerung bereits bestehender Gasturbinenanlagen«
Branche/Branchendynamik Elektrifizierung
Anzahl, Form (Interviews, andere Methoden), Zeitraum der Datenerhebung Fünf Interviews mit Mitarbeiter:innen aus dem »Start-up-Team«, ihrem Coach und der übergeordneten Führungskraft
Ausgangslage: Art und Umfang bisheriger Erfahrungen mit NO Bereits 2014–2017 wurden in einem mehrjährigen Projekt Brenner einer Gasturbinenanlage mit durchschlagendem Erfolg selbstorganisiert gefertigt.
Qualitative und theoretische Aspekte
Anlass und Ziele von NO-Aktivitäten / »Problem- und Lösungsansatz« Nur wegen einer in Aussicht gestellte Kostenersparnis wird es dem R&D-Bereich erlaubt, selbstorganisiert zu arbeiten, vor allem durch die Abkehr vom klassischen Projektmanagement hin zu einem agilen Arbeitsansatz.

Dominante Kernparadoxien Direkte Kommunikation und Entscheidung im »Start-up« vs. formal hierarchische Strukturen der Restorganisation
Hauptinterventionsebenen Einbettung eines freigestellten, agil arbeitenden Teams in Co-Location innerhalb einer klassisch-hierarchischen Restorganisation
Dominantes Muster der Paradoxiebearbeitung • *Spaltung:* Das »Start-up-Team« ist eine Insel im Konzern, wodurch hohe Teamidentität und Abgrenzung entstehen. • *Scheinheiligkeit:* Im Team sind alle durch die völlige Transparenz gleich. Der Projektleiter hat »nur« die Rolle des Product Owner, die Restorganisation fordert aber nach außen eine Projektleitung ein. • Effizienzstreben bzw. Ausbeutung im Team wird mit Forderung nach Entscheidungsfreiräumen in Richtung Restorganisation beantwortet.
Key Learnings, Anschlussfragen und »Lösungsprobleme« • Die hohe Teamidentität führt im »Start-up« zu einem Ausblenden der Interessen der Restorganisation. Diese setzt sich durch und demotiviert dadurch das »Start-up«. • Der Anspruch völliger Gleichheit der Teammitglieder kann in der Praxis nicht aufrechterhalten werden. Das Team wählt schließlich eine Führung. Inoffizielle Treffen zwischen Projektleitung und internem Kunden tragen zur Problemlösung bei. • Nicht jeder kann auf Dauer dem hohen Anspruch an Selbstmotivation und gegenseitiger Unterstützungsverpflichtung gerecht werden und dabei gleichzeitig eine gute Work-Life-Balance aufrechterhalten.

Wie interessant!

Dieser Fall zeichnet ein grundsätzliches Verständnis zu New-Organizing-Ansätzen sehr gut nach, denn hier wird nicht einmalig entschieden und umgesetzt, sondern inkrementell vorgegangen. Die Veränderung zeigt sich nicht im Lewinschen Verständnis als »episodisch«, sondern präsentiert (wenngleich von einem »Projekt« gesprochen wird) Charakteristika eines »kontinuierlichen« Prozesses (Weick a. Quinn 1999).

Die Gründung des Start-up-Teams führt zur Beobachtung einer typischen Paradoxie von Teams (Krejci u. Groth 2020): Aus Sicht der Organisation ist das Team selbstverständliches Mittel zum Zweck, die Organisationsziele zu erreichen (hier: mit möglichst wenig Ressourcen eine Gasturbine zu produzieren). Umgekehrt wird die Organisation Mittel zum Zweck der Erfüllung von Teamzielen (z. B. die Möglichkeit, möglichst selbstständig zu arbeiten). Der Effekt: Das Team grenzt sich ab und will keinen externen Einfluss auf die internen Prozesse. Hier wird eine interessante *Dualität in der Bearbeitung der Paradoxie* erkennbar:

- Das Management geht auf Eindeutigkeit und trifft bei bestimmten »nicht verhandelbaren« Themen eine klare und machtbewusste Entscheidung (wie z. B. bei Fragen rund um die Budgethoheit).
- Bei anderen Themen hingegen wird eine Sowohl-als-auch-Strategie gewählt: Man einigt sich bei manchen Themen auf einen Kompromiss, der für beide Seiten machbar ist und nutzt dadurch weiteres Lernpotenzial (wie bei der Erarbeitung des »Bidding-Waiver«-Tools und der verstärkten Einbindung des Kundensystems).

Generell wird erkennbar, wie eine pragmatische Umsetzung von neueren Organisationsmethoden sinnvoll und erfolgreich vorgenommen werden kann, und gleichzeitig auch, wie viel eine solche voraussetzt: Auf der Ebene der Organisation muss sichergestellt werden, dass man dabei wichtige Stakeholder (etwa das mittlere Management) nicht aus den Augen verliert. Auf der Ebene der Teams wird erkennbar, dass New Organizing viel von den Teammitgliedern abverlangt, nämlich die Bereitschaft, sich aktiv in Entscheidungsprozesse einzubringen und, damit verbunden, ein breiteres Kompetenz- und Verantwortungsfeld sowie Konfliktfähigkeit. Dadurch rücken jene sozialen Kompetenzen in den Vordergrund, die man üblicherweise in gruppendynamischen Trainings erlernt. (Damit wird ein blinder Fleck der üblichen »agilen« Methoden sichtbar, die sich mit diesem Problem kaum beschäftigen und, wenn doch, sich mit eindeutigen und normativen Handlungsempfehlungen begnügen.)

Es folgt: Im Fall »Agilität ist gut« (Kap. 3) wird versucht, ein angespanntes, die Existenz bedrohendes Verhältnis zum Mutterunternehmen durch Agilität umzudeuten. Das Management übernimmt bei der Umsetzung eine zentrale Rolle.

Alternativ: Ein konträres Vorgehen des Managements zeichnet der Fall »Radikale Transformation einer Bank« (Kap. 13) nach, bei dem ein top-down angeordnetes typisches »episodisches« Vorgehen dargestellt wird.

TG, GPK, SG

3 Agilität ist gut – Ein konzerneigener Software-Dienstleister erfindet sich neu

Timm Richter, Andreas Ingerfeld, Michael Menchau, Kurt Rachlitz

Für das in dieser Fallstudie vorgestellte Unternehmen aus der Softwareentwicklung ist Agilität von zentraler Bedeutung. Interessanterweise gewinnt das Konzept Agilität gerade dadurch Bindungskraft, dass es vage gehalten wird. So vermittelt das Bekenntnis zu einer agilen Haltung Sicherheit und Identität, ohne dass man sich ganz genau festlegen muss. Auftretende Probleme werden nicht dem Konzept der Agilität zugeschrieben, sondern der noch nicht ausreichenden eigenen agilen Praxis. Damit bleibt die Organisation lernfähig.

Klar wird aber auch: Um nachhaltig erfolgreich zu sein, bedarf es weiterhin klassischer Entscheidungs- und Konfliktfähigkeiten. Die hohe Relevanz des Topmanagements bleibt bestehen.

3.1 Ausgangslage

Als Tochterunternehmen der Financial Service Group entwickelt IT-Solutions (IT-S)[13] Softwareprodukte für das Mutterunternehmen. Im Laufe der Zeit wuchs bei der Financial Service Group die Unzufriedenheit über zu langsamen Entwicklungsfortschritt bei zu wenig Transparenz und schlechter Qualität. Als Reaktion entsandte sie zwei neue Vorstände zum Tochterunternehmen. Diese standen vor der Aufgabe, sowohl die Erwartungen der Mutter zu erfüllen als auch ein attraktives Umfeld für die Mitarbeiter:innen zu schaffen. Agilität wurde zum Schlüssel für dieses Unterfangen im Spannungsfeld zwischen der Abhängigkeit vom Mutterkonzern und dem Autonomiebestreben der Mitarbeiter:innen.

13 Die Originalnamen wurden verändert.

3.2 Aufbruch: Agilität markiert eine neue Identität

Im Jahre 2012 sind die Mitarbeiter:innen der IT-S genau wie Entwickler:innen in vielen anderen Softwareunternehmen neugierig auf agile Methoden. Unterschiedliche Teams experimentieren mit diesen anderen agilen Arbeitsweisen. Dies erfolgt unkoordiniert, »in verschiedenen U-Booten« (Int 1), getrieben durch die Initiative einzelner Mitarbeiter:innen. Der Fokus liegt klar auf Methoden:

> »Viele Teams haben am Anfang mal so rumexperimentiert mit Scrum, glaube ich, als Technik.« (Int 2)

Agilität hat offensichtlich Charme für die Entwickler:innen,

> »(obwohl) gar nicht so klar (war), welches Problem wir damit lösen wollten« (Int 2).

In jedem Falle gab es

> »keine übergeordnete Struktur, (...) es steckte kein Management darin« (Int 2).

Bei ihren ersten Gesprächen mit den Mitarbeiter:innen spüren die Vorstände das Interesse an Agilität und lassen diese Experimente zu. Mehr noch, sie unterstützen die Bemühungen zur Einführung der Agilität. Bei den Mitarbeiter:innen kommt das gut an, einer erinnert sich:

> »(Ein) Vorstand sagte: ›Probiert doch mal, (...) ich stehe dahinter.‹ Das habe ich so wahrgenommen, das war vorher nicht so, dass man da Chancen bekommen hat, wenn man sie denn sucht.« (Int 3)

Die Vorstände senden damit in Richtung Belegschaft das Signal, dass sie die Mitarbeiter:innen für fähig halten und ihnen vertrauen. Eine wichtige Voraussetzung, um die Belegschaft zu engagieren und Einfluss zu gewinnen.

Gleichzeitig nutzen die Vorstände die Agilität aber auch in Richtung des Mutterkonzerns. Die schwierige Situation der IT-Solutions erlaubt und erfordert es, dass ungewöhnliche Maßnahmen ergriffen werden. Die Vorstände propagieren eine radikale Transparenz, ein wesentliches Element der Agilität. Die Haltung, die sich darin zeigt, unterscheidet sich deutlich von dem, was man beim Mutterkonzern gewohnt ist, dort

»gibt es nur wenige agile Ausnahmen, ist ja schon eher hierarchische Struktur und eher alte Welt« (Int 4).

In Richtung des Mutterkonzerns lautet die Botschaft der Vorstände: Wir brauchen Agilität, wenn wir erfolgreich sein wollen.

Somit gilt sowohl gegenüber den Mitarbeiter:innen als auch in Richtung Mutterkonzern das Motto: Agilität ist gut! Denn Agilität ist der Schlüssel für Erfolg. Wir wollen Agilität! ... Wir *sind* agil! Agilität gibt IT-Solutions eine (neue) Identität und Orientierung. Sie stellt einen klaren Schnitt gegenüber der (zu erfolglosen) Vergangenheit dar. Diese Art der Identitätsstiftung schafft Zusammenhalt nach innen und eröffnet Freiheitsgrade nach außen durch Abgrenzung.

Nach innen: Agilität ist im Jahr 2013 ein Zeichen professioneller Exzellenz für Entwickler:innen und hilft, die Softwareentwicklung besser abzustimmen:

»Und dann kam irgendwann so ein bisschen das Scale Agile Framework, als Orientierungsmittel nenne ich es jetzt mal, rein.« (Int 2)

Die Softwareentwicklung ist ein komplexes Unterfangen, sodass das Zusammenspiel zu Problemen führen kann. Für die Mitarbeiter:innen von IT-Solutions liegt der Charme der agilen Methoden darin, Ordnung in ihre Arbeit zu bringen:

»Die Menschen bei uns, die durch diese Veränderung (Anm.: die Übernahme durch die Financial Service Group) einen Verlust von Rahmen, Sicherheit und Ähnlichem erlitten, haben (...) dadurch Dinge gekriegt, an denen sie sich orientieren und ausrichten konnten.« (Int 2)

Darüber hinaus signalisieren die Vorstände mit der Zustimmung zur Agilität: Wir gehören zu euch, obwohl wir vom Mutterkonzern geschickt worden sind.

Nach außen: Agilität betont die Andersartigkeit einer *neuen* IT-Solutions. Der Vorstand der IT-Solutions formuliert etwas überspitzt, wie die Kolleg:innen des Mutterkonzerns über die Tochter sprechen:

»Ja, also, da wird man oft belächelt: ach, die in (Standort IT-Solutions) wieder, die Spinner.« (Int 1)

Doch diese vermeintliche Narrenfreiheit kann die Tochter nutzen, um neue Dinge auszuprobieren. Das wird auch vom Mutterkonzern anerkannt:

> »Und wir haben bei der Tochter die Situation, dass sie sich viele Dinge herausnehmen können, was wir uns als Mutter so in der Form niemals zutrauen würden.« (Int 4)

Die Vorstände haben bei der Neuausrichtung von IT-Solutions eine besondere Rolle inne. Während die Identitätsstiftung durch Agilität die Trennung von Tochter- und Muttergesellschaft betont, sorgen die Vorstände für Verbindung und Übersetzung. Dies manifestiert sich auch darin, dass einer der Vorstände zusätzlich das IT-Qualitätsmanagement bei der Mutter verantwortet. Er steht im wahrsten Sinne des Wortes auf beiden Seiten dieser Zusammenarbeit. Die Vorstände kümmern sich persönlich um die Verbindung zwischen Muttergesellschaft und Tochtergesellschaft; gleichzeitig sorgen sie für eine angemessene Distanz.

Eine bedeutende Tatsache, die eine Führungskraft eher beiläufig erwähnt und im Bewusstsein der Mitarbeiter:innen nur am Rande präsent ist:

> »Das Kostenthema war schon auch ein ganz wichtiger Aspekt damals, als unsere aktuellen Vorstände hier angetreten sind.« (Int 2)

Denn der Strategiewechsel mit der vollständigen Konzentration auf die Financial Service Group und der Beendigung aller weiteren Bestrebungen, Produkte für den Versicherungsmarkt zu entwickeln, führte zu einer erheblichen Kostenreduzierung.

> »(Wir haben) die Kosten schon erst mal um knapp 40 % runtergekloppt.« (Int 1)

Betroffen waren vor allem externe Entwickler:innen, Vertrieb und Verwaltungsfunktionen. Darüber hinaus wurden interne Entwicklungskapazitäten für die Mutter frei, die vorher für andere Projekte genutzt wurden. Der Vorstand schätzte das damalige Vorgehen der Restrukturierung so ein:

> »Wir haben das relativ still und leise gemacht. Wir haben in Richtung Entwickler das Signal gegeben: Ihr bleibt.« (Int 1)

Durch die erhebliche Kosteneinsparung gleich zu Beginn ihrer Amtszeit haben sich die Vorstände Luft gegenüber der Mutter verschafft. Die Softwarequalität war zwar noch nicht besser – aber wenigstens kostete es nicht mehr so viel. In der Folge wurden die weiteren Probleme angegangen.

3.3 Erste Erfolge: Verbesserungen führen zu Vertrauen in Agilität auf allen Seiten

Die Vorstände nutzen die durch die klassische Restrukturierung geschaffene Entspannung im Verhältnis zur Mutter dazu, mit agilen Arbeitsweisen einen Unterschied zu machen. Sie gehen als Erstes das Thema Transparenz in der Zusammenarbeit mit der Mutter an. Durch ihre Botschaft, dass man nichts (mehr) verstecken möchte, entsteht Vertrauen. Dies wird durch eine starke Betonung von persönlichen Kontakten in der Zusammenarbeit gefördert. Anders als früher haben die Fachbereiche der Financial Service Group viel mehr Austausch mit den Mitarbeiter:innen der Tochter. Die Mutter stellt fest, dass

> »das Vertrauen zu den Fachbereichen gewachsen ist; das Vertrauen, sich auf Aussagen verlassen zu können und auch zu wissen, wer die Ansprechpartner sind« (Int 4).

Als Erstes wird die Softwarequalität angegangen, das bis dato größte Sorgenkind des Mutterkonzerns. Durch die übergreifende Transparenz bezüglich des Status von Fehlern und die Einführung z. B. von Quality Gates wird das Bewusstsein für Qualität deutlich geschärft. Im Ergebnis wird die Qualität »kontinuierlich besser« (Int 2), was auch die Mutter bestätigt und zufrieden zur Kenntnis nimmt:

> »Wir haben heute eine erkennbar höhere Softwarequalität.« (Int 4)

Des Weiteren wird das Entwicklungstempo erhöht. Von ehemals zwei Releases pro Jahr steigert man sich nun auf sechs Releases pro Jahr. Zur Abstimmung werden Release-Planning-Meetings eingeführt, an denen Mitarbeiter:innen der Tochter und des Mutterkonzerns interdisziplinär teilnehmen. Zwar reduzieren sich auch die Umfänge der Releases, aber die neue Arbeitsweise sorgt dafür, dass die Fachbereiche der Mutter im Dialog mit den Mitarbeiter:innen der Tochter viel genauer gewünschte Features erwartungssicherer steuern können:

> »Wir haben einen Durchsatz, die Fachbereiche sind mittlerweile, man muss fast sagen alle, zufrieden. (...) Wir sind transparent, das müssen wir tun. Das Verhältnis ist kollegial.« (Int 1)

Eine sehr erwähnenswerte Erfolgsgeschichte in Bezug auf den Mehrwert von agilen Methoden ist das Projekt K9. Aufgrund von äußeren

Anforderungen mussten Produkte der Financial Service Group angepasst werden. Viele Wettbewerber haben das nicht rechtzeitig geschafft. Ganz anders IT-Solutions mit agiler Priorisierung:

> »Wir haben es geschafft, unsere IT-Systeme anzupassen. Die Financial Service Group konnte smooth weiterverkaufen, weil wir es geschafft haben, die Sachen fertig zu kriegen, was notwendig war. Da gab es dann eben noch Nachlauf, aber alles, was für den Verkauf nötig war, war rechtzeitig fertig.« (Int 1)

Agilität fördert außerdem notwendige strategische Anpassungen, nämlich der Einstieg in die Ablösung des alten monolithischen Systems:

> »Wir haben es geschafft, den Ausstieg aus dem Monolithen zumindest anzuleiern. Hätten wir (…) never ever geschafft, wenn wir weiter in den alten Denkmustern von vor 2013 gearbeitet hätten.« (Int 2)

Um auch in Zukunft handlungsfähig zu bleiben und immer größer werdende Systeme erwartbar und entwicklungsfähig zu halten, ist die Aufteilung der Systemarchitektur in kleinere, unabhängigere Systeme notwendig. Genau diese Vorgehensweise wurde durch die agile Haltung gefördert und ermöglicht.

Die positive Wirkung von Agilitätsbemühungen auf das Team setzt sich fort:

> »Aus Managementsicht sollte (mit der Agilität) dem Ganzen vermutlich Schwung und Rahmen und so etwas gegeben werden. Und ich glaube, das ist auch der Teil, der funktioniert hat, wie die Menschen bei uns, die durch diese Veränderung einen Verlust von Rahmen, Sicherheit und Ähnliches erlitten haben, dadurch was gekriegt (haben, nämlich), dass man sich halt auf Dinge berufen hat, die irgendwo geschrieben standen.« (Int 2)

Dieses Zitat zeigt eine Wirkung der Agilität bei IT-Solutions, die dem landläufigen Verständnis von Agilität als vor allem Flexibilitätsförderung zunächst entgegensteht. Die Mitarbeiter:innen erfahren Agilität als etwas, das ihnen Stabilität gibt und ihre Arbeit (durch Release-Meetings) über Teamgrenzen hinweg koordiniert. Interdisziplinarität, Kommunikation und Vertrauen werden durch erwartbare und gelebte Standardprozesse ermöglicht. Und erst diese Verlässlichkeit gibt ihnen die Freiheit, kreative Lösungen zu finden, um ein klares

Ziel zu erreichen, z. B. Fehlertickets zu reduzieren, einen Software-Monolithen zu zerlegen oder rechtzeitig zu einem Termin fertig zu sein.

Die beobachtete positive Entwicklung wird vor allem der Agilität zugeschrieben. Man kann die Erfolge aber auch auf andere Weise erklären. Für die Verbesserung der Qualität z. B.

> »haben (wir) natürlich auch ein paar technische Mechanismen neu installiert, die geholfen haben« (Int 2).

Die Veränderung des Rechtsverhältnisses von einem externen Dienstleister, mit dem man um Leistungen streitet, hin zu einer 100 %igen Tochter hat positive Wirkung auf das Vertrauen, sodass man

> »eine massive Verbesserung im Verhältnis zur IT-Solutions wahrgenommen (hat)« (Int 2).

Und auch schlicht verbesserte Kommunikationstechnik – »Wir haben überall Videokonferenz-Technik« (Int 4) – sorgt dafür, dass die Zusammenarbeit schneller und informeller möglich ist.

Es kommt also bei der Zuschreibung von Kausalität durchaus auf den Standpunkt an, ob Agilität Erfolge ermöglicht oder Agilität möglich ist, weil man Erfolge hat.

3.4 Auf und ab: Es ist doch nicht alles gut

Die Anfangserfolge, vor allem die Kostenreduktion, die verbesserte Qualität und die intensivierte Kommunikation zwischen den Unternehmen, führen also dazu, dass IT-Solutions in den nächsten Jahren Freiräume hat, das eigene Verständnis von Agilität und die eigene agile Identität weiterzuentwickeln. Das Grundmuster der Spannung zwischen Unabhängigkeit und Abhängigkeit bleibt bestehen, aber die Themen ändern sich.

Sowohl Vorstand als auch Mitarbeiter:innen testen Grenzen gegenüber der Mutter aus:

> »(Die Vorstände) wollen eine aktive Rolle, (sie) wollen dahin, auch den Fachbereichen proaktiv mal Lösungen anzubieten.« (Int 1)

Führungskräfte vermuten gleichzeitig, dass bei der Mutter der Eindruck entstanden ist, die Tochter sei

> »mit der Zeit immer zickiger geworden, immer weniger gehorsam« (Int 2).

Auch die Mitarbeiter:innen der Mutter konstatieren

> »Reibungsverluste allein schon durch die Tatsache, dass da unterschiedliche Führungskulturen aufeinanderprallen« (Int 4).

Aus gestiegenem Selbstvertrauen entstehen auch Tendenzen, eigene Interessen und Vorlieben über die Überlebensfrage, nämlich das Wohlwollen der Mutter, zu stellen. Der Vorstand freut sich darüber,

> »manchmal ein bisschen parallel so den Freiheitsgrad (zu haben), dass wir auch für uns selber als IT-Organisation uns Dinge vornehmen« (Int 1).

Agile Veränderungen gehen gelegentlich auch so weit, dass sie die Mutter überfordern oder ein Veto herausfordern. Ein Mitarbeitender der Mutter stellt dazu fest:

> »Es ist zwar schön, in seinem kleinen Blickwinkel etwas zu sehen, wo ich eine Veränderung mache, nur ist IT-Solutions (...) ein Bestandteil eines Zahnradwerkes, und (...) wir müssen schon als Financial Services Group sicherstellen, dass wir die regulatorischen Anforderungen erfüllen.« (Int 4)

In diesem Spannungsverhältnis sind wiederum die Vorstände ein entscheidendes Bindeglied, um

> »diplomatisch auszuloten, was geht und was geht nicht« (Int 1).

Innerhalb IT-Solutions bestehen in Bezug auf das Selbstverständnis von Agilität immer Zweifel und Unzufriedenheit. Man spürt, dass beim Experimentieren mit agilen Methoden immer darum gerungen wird, was das für die eigene Arbeit und die eigene Identität bedeutet. Zunächst betrifft dies die Frage, in welchem Maße man agile Methoden nach Rezept übernehmen oder individuell anpassen sollte. Die Führungskräfte sprechen sich durchaus dafür aus, Veränderungen vorzunehmen, beklagen sich aber darüber, dass Elemente weggelassen werden, die für die Methoden konstitutiv sind. Und:

> »Wir sind nicht in der Lage, das so zu adaptieren, dass es das tun soll, wozu das mal gut war. Machen wir einfach nicht.« (Int 2)

Aus solchen operativen Themen entstehen dann auch grundsätzliche Fragen:

> »Wir tun uns trotzdem weiterhin schwer damit, irgendwie in der Breite rüberzubringen, was uns das (Anm.: die Agilität) als Unternehmen tatsächlich bringen soll.« (Int 2)

Auch die Kolleg:innen bei der Mutter sagen:

> »Für mich (ist) dieses Thema Agilität immer noch nicht so ganz greifbar«. (Int 4)

Obwohl sich IT-Solutions also seit mehreren Jahren mit dem Thema Agilität auseinandersetzt und identifiziert und obwohl spürbare Verbesserungen erzielt wurden, bleibt eine seltsame Unbestimmtheit bestehen. In dieser Situation blicken die Mitarbeiter:innen in Richtung Vorstand. Wiederum kann der Vorstand den Mitarbeiter:innen Orientierung geben:

> »(Es gab) die Rufe auch aus der Mannschaft (...) nach einer klareren Ausrichtung auch seitens des Vorstands, Bekundungen, eine öffentliche, für alle sichtbare Bekundung: Das Thema Agilität, das geht nicht weg.« (Int 1)

Zu diesem Zeitpunkt ist Agilität noch nicht in dem Maße bei IT-Solutions verankert, dass sie als Selbstläufer ohne Vorstandsunterstützung auskommt.

3.5 Jetzt erst recht: Aufteilung des Agilitätsverständnisses in Haltung und Praxis

Der Vorstand gibt in dieser Situation ein klares Bekenntnis ab. Er zeigt sich als entschiedener Befürworter von Agilität und ruft bei einer Strategieauszeit mit allen Mitarbeiter:innen im September 2017 eine agile Strategie aus. Dieses Bekenntnis zur agilen Identität geht sogar so weit, dass eine Mittel-Zweck-Vertauschung stattfindet. Der Vorstand möchte die »ganze Organisation als agile Organisation auch weiterentwickeln« (Int 1). Dabei soll Agilität zwar weiterhin dabei helfen, »wertvolle Software für die Financial Service Group« (Int 1) zu entwickeln. Die Vorstände denken insofern für den Mutterkonzern mit, als

> »(ein) ganz wichtiger Teil (der Strategie) ist, dass wir uns als (...) Entwicklungsorganisation darauf vorbereiten wollen, dass die Zukunft sich (in unserem Markt) auch dramatisch ändern wird, (wobei) die Financial Service Group heute noch gar nicht weiß, wie der Markt in fünf Jahren aussieht« (Int 1).

Trotzdem steht in der Auszeit die Idee im Vordergrund, dass IT-Solutions eine agile Organisation wird – der Grund hierfür erhält weniger Aufmerksamkeit.

In jedem Falle ist Agilität die Haltung, die die Vorstände mit noch größerem Nachdruck erwarten und leben. Gleichzeitig schaffen die Vorstände einen Handlungsspielraum, indem sie die Haltungsfrage von praktischem Tun abgrenzen. Während also Agilität als das erstrebenswerte Schöne, Wahre, Gute nicht infrage gestellt wird, erklärt man sich die eigene Unzufriedenheit und auftretende Probleme damit, dass man Agilität eben noch lernt, dass man sie noch nicht richtig verstanden hat. Und man hat erkannt, dass man viele Dinge »situativ« (Int 1, Int 2) sehen muss und dass es »immer auf das einzelne Thema ankommt« (Int 1), um zu entscheiden, wie man Agilität umsetzen möchte.

Die Idee der Agilität wird vage gehalten und im täglichen Tun konkretisiert mit der Möglichkeit, Probleme nicht der Agilität, sondern der eigenen mangelnden Erfahrung zuzuschreiben. Dies erhält die Handlungsfähigkeit der Organisation aufrecht, indem eine Orientierungshilfe gegeben wird, die gleichwohl noch ausgestaltet werden kann und muss.

Diese beiden Aspekte der Agilität von Haltung und Praxis werden sogar von den Vorständen repräsentiert, bei denen die agile Organisation

> »mittlerweile stärker manifestiert ist, wenn auch in unterschiedlicher Weise, (...) sodass es bei dem einen (Vorstand) so ein Heilmittel für Probleme sein kann, soll, muss und bei einem anderen eher ein anderes Verständnis von Arbeit ist« (Int 2).

Die Art und Weise, wie Führung und Entscheidungen bei IT-Solutions organisiert werden, illustrieren gut dieses Doppelspiel von (vager) agiler Haltung und (flexibler) Praxis. Es ist allgemeiner Konsens, dass in einem agilen Unternehmen Entscheidungen möglichst verteilt getroffen werden sollen. Nicht Hierarchie, sondern Kompetenz soll Entscheidungen leiten, darin sind sich alle im Prinzip einig. Und die (Fach-)Kompetenz wird bei den Mitarbeiter:innen und in spezialisierten Rollen vermutet.

Dementsprechend hat der Vorstand im Zuge der agilen Strategie im September 2017 entschieden, die klassische Konzentration von Führungsaufgaben in einer Person zugunsten von drei Führungsrollen aufzulösen. Es gibt nun:

- *Unit Leads* für die disziplinarische Führung von Entwickler:innen
- *Produktmanager* mit der Verantwortung für Produktentscheidungen und
- *Agile Master*, die sich um das gute Funktionieren von Teams kümmern.

Damit ist man breiter aufgestellt mit der Absicht, dass sich jede Führungsrolle kompetenter um ihre je eigene Führungsverantwortung kümmern kann. Und es wird erwartet, dass diese (neuen) Führungsrollen möglichst viel Verantwortung an die Mitarbeiter:innen abgeben, die es ja am besten wissen. Dies alles ist der Ausdruck einer überzeugten agilen Haltung und des allgemeinen Konsenses, dass agile Führung verteilt ist.

Dieses Vorgehen führt in der Praxis zu Unsicherheit:

> »Wir haben die Führung nicht verteilt, wir haben sie verschmiert. (…) Also viele Mitarbeiter sagen immer wieder: letztendlich, ja mein Gott, der eine sagt das, der andere das, viele sagen gar nichts.« (Int 2)

Eigentlich bieten diese unklaren Entscheidungssituationen Räume für Eigeninitiative und Entscheidungsfreude der Mitarbeiter:innen, doch stattdessen steigt das Bedürfnis nach festen Vorgaben. Die Führungskräfte sind durchaus selbstkritisch und sehen ein, dass sie diesen Bedarf an Führung nicht auffangen können:

> »Das ist eines unserer Probleme. (…) Es gibt Momente, (da) muss auch ein Agile Master oder (sic!) Produktmanager klare Aussagen treffen und sagen: ›Bis dahin … und das geht nicht.‹« (Int 2)

Es lässt sich feststellen, dass die Organisation noch nicht in der Lage ist, ein selbstverantwortlicheres Führungsverständnis zu leben. Gleichwohl versucht sie, durch kontinuierliches Lernen einen gangbaren Weg zu finden, Agilität in der Praxis zu leben.

> »(Doch) die Unsicherheit wird eigentlich nur größer derzeit. Daraus leitet sich für mich immer ab: Jede Situation hat so ein ›Es kommt drauf an‹.« (Int 2)

Auch die Vorstände berichten von ähnlichen Erfahrungen. Sie haben laut einer Selbstaussage

> »ein paar Sachen versucht und sind da bei dem einen Versuch ganz fürchterlich auf die Nase gefallen. (...) Wir haben (dort) versucht, sehr viel tatsächlich auch an die Mitarbeiter zu geben, und haben das aber nicht gut gemacht, glaube ich im Nachgang. Wir waren nicht klar genug vorher: Wer entscheidet jetzt eigentlich wirklich? (...) Das haben wir dann in der nächsten Runde bewusst anders gemacht. Wir haben vorher gesagt: Wir machen so eine Art konsultativen Einzelentscheid. (...) Ihr müsst nicht die Verantwortung dafür tragen, aber wir nehmen das sehr ernst, was ihr uns mitgebt. Das hat viel besser funktioniert.« (Int 1)

Wir sehen hier, wie alle Beteiligten weiterhin ein vages gemeinsames Ideal agiler Entscheidungsfindung teilen und gleichzeitig im Tun ausreichenden Pragmatismus zeigen, um gangbare Wege auszuloten. Im iterativen Aushandeln finden sich also Mischungen von Beteiligung und Verantwortung, bei denen sich Mitarbeiter:innen stärker (mit ihrem Wissen) einbringen können und gleichzeitig Verantwortung zur Rahmensetzung bei den Führungskräften verbleibt.

3.6 Unter Druck: Eine neue, entscheidende Phase

Die Erfolge in den ersten Jahren nach Amtsantritt der beiden »fremden« Vorstände gaben IT-Solutions ausreichend Zeit und Raum, sich um eine agile Organisationsentwicklung zu kümmern. Die Überlebensfrage war nicht so spürbar, genau so wenig wie der Marktdruck. Doch nach vier Jahren der relativen Ruhe steigen die Erwartungen der Konzernmutter. Was bisher gut war, reicht nicht mehr. Das bis dato eingespielte Muster im Verhältnis von Mutter- und Tochterunternehmen wird durch einen Vorstandswechsel bei der Financial Service Group irritiert. Der neue Vorstand, der zugleich Aufsichtsrat von IT-Solutions ist, hat

> »da auch nochmal Impulse reingegeben (...). Worum geht's eigentlich? (...) nämlich irgendwie mehr Wert schaffen« (Int 2).

Plötzlich hat man eine ganz andere Anspannung im Unternehmen, und man spürt die Frage der Konzernmutter, ob IT-Solutions

> »weiterhin fähig (ist), (Anm.: für die Mutter) ein guter Softwarelieferant zu sein, der seine Kosten im Griff hat, und, und, und« (Int 2).

Hintergrund ist die Ablösung zweier veralteter IT-Systeme im Mutterkonzern. Hierbei ist es entgegen früherer Gepflogenheiten nicht ausgemacht, dass IT-S diese beiden Aufträge bekommen wird. Es wird offen die Frage gestellt,

> »ob es ihnen (Anm.: IT-Solutions) gelingt, Agilität in mehr Nutzen für den Kunden, in dem Fall meine ich die Mutter, (umzusetzen)« (Int 4).

Auch intern scheint der Druck zuzunehmen. Die Vorstände berichten,

> »der eine oder andere hatte dann auch schon in Einzelgesprächen (gesagt), (...) (dass) ihm der Fortschritt bezüglich der agilen Transformation zu langsam ist« (Int 1).

Bei den Führungskräften und Mitarbeiter:innen herrscht ebenfalls Unzufriedenheit über Entscheidungsgeschwindigkeit und -stärke bei der IT-S. Selbstkritisch wird festgestellt, dass man

> »auch relativ aktuell schwerste Fehler gemacht (hat). Dass man nämlich genau nicht sagt: ›So, alles schön und gut, aber da müssen wir hinkommen, und zwar dann und dann‹« (Int 2).

Über diese »Harmoniekultur« (Int 2) wundern sich auch die Mitarbeiter:innen.

Hier zeigt sich, dass die Entwicklung zu einer agilen Organisation kein Selbstzweck ist und auch nie war. IT-Solutions muss sich unter steigendem Überlebensdruck beweisen. Der Ausgang dieser Frage ist bei IT-Solutions weiter offen. Die Financial Service Group hat sich entschieden, IT-Solutions nicht mit allen Neuentwicklungen zu beauftragen – ein Teil der Produkte wird nun von einem Drittanbieter entwickelt. Auch wenn diese Entscheidung IT-Solutions in ihrer Existenz nicht infrage stellt (dafür sind die verbleibenden Aufgaben viel zu umfangreich), hat dies trotzdem zu Enttäuschungen bei den Mitarbeiter:innen geführt.

Gleichwohl sind die beiden Vorstände fest entschlossen, IT-Solutions in Richtung Agilität weiterzuentwickeln. Dafür schafft die

Trennung von agiler Haltung und agiler Praxis Voraussetzungen: Die agile Haltung ermöglicht es den Vorständen, die Bedeutung der Kundenzufriedenheit noch stärker als bisher in den Vordergrund zu rücken – ein unstrittiger, wesentlicher Bestandteil von Agilität. Und gleichzeitig können die Vorstände sich in der Praxis darauf konzentrieren, dass Entscheidungen in der Organisation klarer und schneller getroffen werden.

3.7 Fazit

In der Beschäftigung mit Formen des New Organizing ist es äußerst fruchtbar zu fragen, welche Probleme dadurch eigentlich gelöst werden sollen. Bei IT-Solutions gibt es zwei Perspektiven, wofür New Organizing gut sein soll.

Vordergründig geht es darum, die Leistung im Kerngeschäft zu steigern, d. h. eine bessere Art der Softwareentwicklung zu praktizieren. Da das Agilitätskonzept in der Softwareentwicklung, vor allem durch das »Agile Manifest« von 2001, eine hohe Popularität und Verbreitung hat, konzentriert sich IT-Solutions darauf, die Organisation agil auszurichten. Typische Phasen bei der Einführung einer agilen Arbeitsweise, mit denen man rechnen sollte, sind erkennbar:

1) Interesse und Experimentieren in unterschiedlichen Teams
2) anfängliche Konzentration auf Methoden
3) nachfolgend Systematisierung und Adaption in der Breite (sofern die Bemühungen fortgesetzt werden)
4) Auswirkungen auf Führungsstrukturen und -stile.

Neben der Leistungsverbesserung hat Agilität bei IT-Solutions noch eine weitere Funktion. Agilität ist ein Mittel, um das Verhältnis zum Mutterkonzern zu regeln, das von der Paradoxie Abgrenzung (Wir wollen und müssen für Erfolg unabhängig/anders arbeiten) und Anziehung (Für den Erfolg brauchen wir das Wohlwollen und die Nähe zum Mutterkonzern) geprägt ist. Über Agilität werden Kultur- und Identitätsfragen geklärt, die naturgemäß mit vielen Emotionen verbunden sind. Wenn es bei der Einführung von Agilität zu hitzigen Debatten und dogmatischen Positionen kommt, so lohnt es sich zu prüfen, ob und, wenn ja, welche Identitätsfragen mitverhandelt werden.

Setzt man auf Agilität als Identitätskern, handelt man sich das Folgeproblem der Identitätskrise ein, wenn es dann (noch) nicht so richtig mit der Agilität klappt. IT-Solutions hat für sich einen funktionalen Weg gefunden, dieses Problem zu lösen, indem das Unternehmen das Konzept der Agilität in zwei Bedeutungen aufgespalten hat:

Auf der einen Seite gibt es ein bedingungsloses Bekenntnis, auch des Vorstands, zur Agilität. Agilität wird hier verstanden als *Haltung*. Dieses umfassende Bekenntnis ist möglich, da das Konzept vage bleibt. Niemand weiß so ganz genau, was mit Agilität gemeint ist, deswegen kann jeder seine Hoffnungen in diese Haltung hineinprojizieren. Agilität hat dabei den Vorteil, dass die Unbestimmtheit in Form von Flexibilität dem Konzept immanent ist und so eine Umleitung von Kritik erlaubt. Bei Kritik kann man nämlich immer darauf hinweisen, dass man noch lernt und seine Arbeitsweise iterativ verbessert. Dies ist die zweite Bedeutung, die man der Agilität bei IT-Solutions gibt: Agilität als *Praxis*.

Zusammenfassend: Agilität ist gut – als Haltung – und wir sind noch nicht gut genug – in der Praxis. Mit dieser Aufspaltung gelingt es IT-Solutions, Agilität als Identitätskern zu nutzen und sich gleichzeitig als Organisation weiterzuentwickeln.

Eine wesentliche Richtung der Weiterentwicklung ist der Wunsch und das Bemühen, Eigenverantwortung zu fördern und möglichst viele Entscheidungen zu delegieren. Das Narrativ der Agilität legt nahe und fördert die Erwartungserwartung, dass Hierarchie abgebaut werden soll – so auch bei IT-Solutions. Man erwartet von den Teams, dass sie (mehr) allein entscheiden, und man verteilt Führungsaufgaben auf unterschiedliche Rollen. Letzteres führt dazu, dass Verantwortlichkeiten unklarer werden, was ja eine gute Sache sein müsste, da das entstandene Entscheidungsvakuum nun von Mitarbeiter:innen gefüllt werden kann.

IT-Solutions macht die Erfahrung, dass das alles weder einfach ist noch glatt läuft. Unklare Verantwortlichkeiten führen zur Verunsicherung von Mitarbeiter:innen und Führungskräften. Und viele Mitarbeiter:innen haben durchaus noch den Wunsch, dass ihnen (in welchem Detailgrad auch immer) gesagt wird, was sie tun sollen. Wer trotzdem eine solche verteilte Verantwortung will, z. B. wegen vermuteter langfristiger Vorteile, kann Anregungen aus diesem Fall mitnehmen. IT-Solutions hat gute Erfahrungen damit gemacht, einerseits mehr Mitarbeiter:innen in den Diskussions- und Entscheidungsprozess einzubinden, die Mitarbeiter:innen andererseits aber (noch) explizit bei der Verantwortungsübernahme zu entlasten. Das heißt, die letzte Entscheidung wird (noch) von der Führungskraft getroffen. Auch lohnt es sich, stückweise mehr Entscheidungen und Verantwortungen zu delegieren und diesen Prozess im Gespräch zwischen Führungskräften und Mitarbeiter:innen explizit zu machen. Man wagt sich sozusagen gemeinsam weiter hinaus und versichert sich im kontinuierlichen Austausch, dass man in der Lernzone (statt der Komfortzone oder der Panikzone) verbleibt. Das muss man allerdings üben, und dies erfordert Zeit. Eine solche »sanfte« Einführung von Agilität setzt voraus, dass der Überlebensdruck nicht zu hoch ist.

Als letzter Punkt lässt sich festhalten, dass bei IT-Solutions die Bedeutung des (Top-)Managements weiterhin hoch ist. Insbesondere, wenn eine Organisation als Organisation (zu) wenig Erfahrung mit eigenverantwortlichem agilem Arbeiten hat, wird sich Agilität nur dann durchsetzen, wenn der Prozess durch das Management mindestens gefördert, besser noch gefordert wird. Bei aller Begeisterung der Mitarbeiter:innen für Agilität (wenn sie denn da ist) wird Agilität dann doch angeordnet, also nicht agil eingeführt. Agilität braucht Management!

Steckbrief

Formale Aspekte des Forschungsprozesses
Organisationstyp, -größe, -struktur Aktiengesellschaft und 100 %ige Tochter eines großen Finanzdienstleistungsunternehmens
Untersuchte Einheit(en) Komplettes Unternehmen im Betrachtungszeitraum von 2013 bis 2019
Branche/Branchendynamik Softwareentwicklung für das Mutterunternehmen
Anzahl, Form (Interviews, andere Methoden), Zeitraum der Datenerhebung **Interviews:** • Januar 2019: 1. Interview mit zwei Unternehmensvorständen • April 2019: 2. Interview mit vier Führungskräften des Unternehmens, 3. Interview mit drei Mitarbeiter:innen des Unternehmens, 4. Interview mit drei Mitarbeiter:innen des Mutterkonzerns
Ausgangslage: Art und Umfang bisheriger Erfahrungen mit NO 2012 hatten bereits einige Entwicklungsteams mit agilen Methoden experimentiert

Qualitative und theoretische Aspekte
Anlass und Ziele von NO-Aktivitäten / »Problem- und Lösungsansatz« Anfang 2013 war der Mutterkonzern mit den Leistungen des Tochterunternehmens sehr unzufrieden: Quantität und Qualität der Softwareentwicklung ließen deutlich zu wünschen übrig, Transparenz wurde vermisst. Agilität wurde als Lösung dafür gesehen, diese Missstände zu beheben.
Dominante Kernparadoxien Verhältnis Tochterunternehmen – Mutterkonzern: Unabhängigkeit – Bindung
Hauptinterventionsebenen • Umstellung von Prozessen und Verfahren (agile Methoden, Veränderung der IT-Architektur und Programmierweisen) • Schaffung neuer agiler Führungsrollen • hohes Engagement und Involvierung des Vorstands
Key Learnings, Anschlussfragen und »Lösungsprobleme« • Je vager das Konzept Agilität, desto stärker ist seine Bindungskraft. • Die Unterscheidung in agile Haltung und agile Praxis ermöglicht, gleichzeitig Sicherheit (= Identität) zu geben und dabei immer neu zu lernen (= Andersartigkeit). • Um nachhaltig erfolgreich zu sein, bedarf es weiterhin klassischer Entscheidungs- und Konfliktfähigkeiten. Die hohe Relevanz des Topmanagements bleibt bestehen. • Offene Frage: Das Tochterunternehmen hatte wegen schneller Anfangserfolge im Jahr 2013 ausreichend Zeit, agile Methoden zu entwickeln. Es ist unklar, inwieweit die agile Arbeitsweise auch unter stärkerem (Kosten-)Druck ihre Leistungsfähigkeit unter Beweis stellen kann.

Wie interessant!

In dieser Studie dreht sich vieles um das Verhältnis von Konzernmutter und Tochterunternehmen. »Agilität« nimmt im übergeordneten Kontext dieser Beziehungsgestaltung eine Schlüsselfunktion ein. Insofern bietet der Text mehrere Lernchancen:

– Auf einer ersten Ebene – enger angeknüpft an unsere Forschungsfrage – kann man vieles lernen über die Einführung von Agilität mit allem, was im Text höchst detailliert beschrieben ist: Reduktion von Kosten, Verbesserung der Qualität, Schwierigkeit, Agilität zu fassen, Versuche, Führung durch Einführung von Rollen zu definieren und zu verteilen, Sehnsucht nach Orientierung etc.

– Auf einer zweiten Ebene wird deutlich, wie stark Agilität zum Zweck der Gestaltung der Beziehung zum Mutterunternehmen genutzt wird. Hier zeigt sich die hohe Relevanz von Organisationslogiken: Hat man es – wie hier – mit einer Holding zu tun oder aber mit einer Matrix oder einer Projektorganisation oder einem Familienunternehmen etc.? All dies sind Kontexte, die konzeptionell außerhalb der verwendeten Methoden und Ansätze liegen. Aus der systemischen Beratung kennt man die Frage: Was darf man nicht ungestraft weglassen? – Dieser Fall erinnert nachhaltig daran, den Kontext auf einer »höheren Ebene« mit einzubeziehen.

Weitere hervorzuhebende Aspekte beziehen sich auf die Rolle und Funktion der Vorstände. Ohne ihr Agieren als Leitung, ohne die ihnen zugeschriebene Autorität wäre der Fall in seinem Verlauf nicht erklärbar. Hier zeigt sich einmal mehr die praktische Abhängigkeit der New-Organizing-Ansätze von hierarchischer Führung. Diese darf nicht infrage gestellt werden, sondern sie ist besonders wichtig für die Schaffung eines Rahmens, in dem »Neues« ggf. auch mit mehr Eigenständigkeit der Mitarbeiter:innen entsteht. Eng mit den Vorständen verknüpft ist auch die vermeintlich diffuse Verwendung von Agilität als Haltung. Hier praktiziert die Leitung Paradoxiemanagement (vgl. das Abschlusskapitel von *Teil III*): Mit Mehrdeutigkeit bleibt Agilität anpassungsfähig an sich ändernde Rahmenbedingungen.

Es folgt: Weiter geht es mit einem Fall aus der Automobilindustrie: »Neue Mobilität trifft auf alte Autorität« (Kap. 4).

Alternativ: In der Studie »Das Haus der Zukunft ...« (Kap. 10) zeigt sich eine ähnliche Organisationslogik, auch dort erweist sich das Zusammenspiel von Mutter- und Tochterunternehmen als zentral, wenngleich weitaus loser gekoppelt ...

TG, GPK, SG

4 Neue Mobilität trifft auf alte Autorität – Ein Automobilkonzern im digitalen Wandel

Eva Schielein, Antje Schnoor, Susanna M. Krisor

Im vorliegenden Beitrag wird untersucht, wie neue Arbeits- und Organisationsformen in einem Konzern der Automobilbranche implementiert wurden. Dabei wird der Blick einerseits auf die Entwicklungen neuer Arbeitsformen innerhalb des Gesamtkonzerns gerichtet, andererseits wird ein explizit innovativer Bereich analysiert, der digitale Services für Produkte des Konzerns entwickelt und hier Unit X genannt wird.

Zentrale Quellen des Beitrags sind acht qualitative, teilstrukturierte Interviews, die mit neun Fach- und Führungskräften aus dem Konzern und aus der Unit X zwischen Januar 2019 und Februar 2020 geführt wurden. Als weitere Quellen dienten Presseberichte und die Webpräsenz des Konzerns, einschließlich dort veröffentlichter Dokumente. Darüber hinaus wurden bei einer Diskussionsrunde im beforschten Unternehmen im Anschluss an einen Vortrag der Autorinnen weitere Informationen gesammelt. Dies bezog sich weniger auf eindeutige Fakten als vielmehr auf einen Einblick in die Relevanzsysteme des Konzerns und seiner Mitarbeiter:innen.

Digitalisierung und Klimawandel sind relevante Umweltfaktoren, die in der gesamten Automobilbranche und so auch bei dem hier betrachteten Konzern Innovationsdruck erzeugen. Im untersuchten Konzern lässt sich ein komplexes Zusammenspiel von zwei sich ausschließenden Logiken beobachten, das sich auf folgende Kernparadoxie verdichten lässt:

Neues Geschäftsmodell	vs.	verändertes altes Geschäftsmodell
Innovative, softwarelastige Services erfordern eine nie da gewesene Orientierung des Geschäftsmodells an den Endkunden.		Gleichzeitig erwirtschaftet das alte Geschäftsmodell weiterhin hohe Profite: Die traditionelle Orientierung am Kernprodukt des Konzerns besteht nach wie vor – allerdings mit umfassenden Veränderungen bezüglich Technik und Produktionsprozessen.

Der Konzern ist mit der Herausforderung konfrontiert, bei fortgesetzter Produktzentrierung Kundenzentrierung einzuführen, zu organisieren und im Denken und Handeln der Mitarbeiter:innen zu verankern. Im Zeitraum unserer Beobachtung sorgt das alte Geschäftsmodell kaum mehr für Stabilität, und das neue Geschäftsmodell ist noch nicht stark genug, um Identität zu stiften. Darüber hinaus erschüttert die Dieselaffäre den Konzern und versetzt ihn in einen permanenten Ausnahmezustand. Man spricht von einem seit Jahren andauernden »Task-Force-Modus«,[14] in dem sich die Belegschaft befindet.

In diesem Beitrag zeigen wir, dass der Konzern nur wenige allgemeine Vorgaben für die Transformationsprozesse macht, aber keine spezifischen Vorgaben für die organisationale Kopplung der beiden Geschäftsmodelle. Das alte Betriebssystem ist in Veränderung begriffen, doch ist noch nicht deutlich, wie es zukünftig aussehen wird. Es herrscht ein Zustand, den wir als unentscheidbare Gemengelage bezeichnen, ein »Noch-nicht-Nicht-mehr-Raum«. Wir werden im Folgenden beleuchten, wie das Oszillieren des gesamten Konzerns zwischen »Nicht mehr« und »Noch nicht« aus der Unentschiedenheit der Führung resultiert. Diese Unentschiedenheit verstehen wir als dominantes Handlungsmuster des Konzerns im Umgang mit der beschriebenen Kernparadoxie. Für diesen Zustand gibt es bisher keinen Begriff, der Konzern hat weder eine Semantik für das aktuelle Geschehen noch für die Zielvision.

Im Folgenden beleuchten wir zunächst die besondere Kultur und wenden uns dann Formen von New Organizing zu, die zunächst bottom-up im Konzern entwickelt wurden (Abb. 5). Mit der Gründung einer Unit X etablierten sich neue Arbeitsformen stärker (auch wenn es zwischenzeitlich zu strukturellen Spannungen zwischen dieser neuen Einheit und dem Konzern kam), bis diese schließlich zu einem zentralen Element einer neuen Strategie wurden. Dabei scheint von Vorstandsseite New Organizing zunächst als Mittel zum Zweck gesehen zu werden:

> »Es ist (dem CEO) so egal, ob wir es agil machen oder Wasserfall.« (Int 3)

14 Dies wurde deutlich in einer Diskussionsrunde im beforschten Unternehmen im Anschluss an einen Vortrag zum Forschungsprojekt am 09.01.2020.

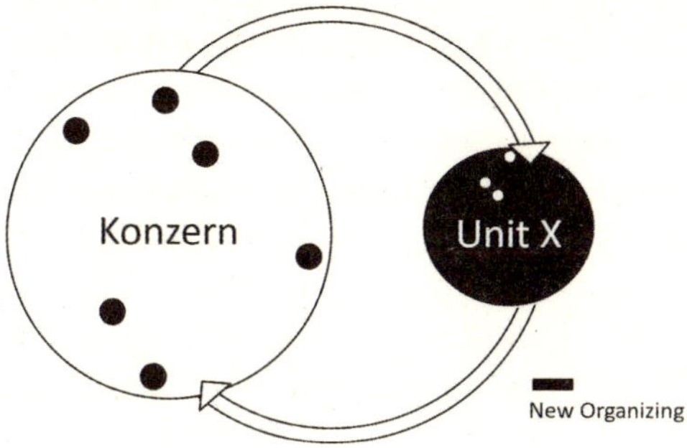

Abb. 5: New Organizing im Konzern und in Unit X

4.1 Vorherrschende Kultur im Konzern: Fixierung auf den CEO

Die Frage danach, wie neue Arbeits- und Organisationsformen im Konzern implementiert werden, steht im engen Zusammenhang mit der Organisationskultur. Das auffälligste Kulturmerkmal ist die starke Fixierung auf den CEO, dem sehr viel Autorität zugeschrieben wird und der von Teilen der Belegschaft religiös überhöht beschrieben wird. Entscheidungen werden insgesamt von Personen in Führungspositionen abhängig gemacht, man wartet auf die ›gottgleiche Person‹ und nimmt unliebsame Entscheidungen ›von oben‹ hin. So äußerte einer interviewte Person in kritischer Abgrenzung über die Konzernkultur in Bezug auf größere Transformationsprozesse:

> »(...) dann holt man halt den neusten Messias, und der richtet das dann schon für einen.« (Int 5)

An anderer Stelle wurde dargelegt:

> »Es ist ein unternehmerischer Gesamtprozess, in den wir uns reinbewegen, der wird immer brutaler. Da gibt es einen (Name des CEO), der macht brutale Entscheidungen. Brutal nicht im negativen Sinne, sondern im folgenreichen Sinne. Ich kriege das alles mit. Wie alles durcheinanderwirbelt.« (Int 3)

Diese starke Orientierung an der Konzernspitze und die Zuschreibung von Macht an Führungspersonen sind historisch gewachsen wie auch eine militärisch bzw. männlich konnotierte Sprache. So wurden in den Interviews Begriffe wie »kaltmachen« (Int 1), »Kastration« (Int 6) und »brutale Entscheidung« (Int 3) benutzt. Dies steht im Kontrast zu dem Image, das der Konzern nach außen zu vermitteln versucht. Gezeigt werden häufig eine Vielfalt an Kulturen, weibliche und junge Mitarbeiter:innen. Auch nach innen scheint der Konzern eine solche Entwicklung stärken zu wollen (Int 8). Dennoch müssen alle Transformationsbemühungen im Kontext der gegenwärtig vorherrschenden Organisationskultur gesehen werden, die sich, um es auf eine Formel zu bringen, an Macht und Männlichkeit orientiert.

4.2 Emergente Entstehung agiler Arbeitsformen im Konzern

Seit den 2010er-Jahren gab es im Konzern einzelne Initiativen zu agilen Arbeitsformen, die bottom-up von interessierten Mitarbeiter:innen ins Leben gerufen wurden und sich selbst als Graswurzelbewegung bezeichnen (Int 3, Int 4). So bildete sich zum Beispiel innerhalb des Konzerns eine informelle Gruppe zum Austausch über das Thema Agilität. Der langjährige Fortbestand dieser Gruppe wird einzelnen Personen zugeschrieben, die das Thema intensiv vorangetrieben haben:

> »(...) das (die agile Bewegung) war ja eine Minikeimzelle, die sofort wieder totgemacht worden ist. Aber er (Person, der die Gründung zugeschrieben wird) ist drangeblieben.« (Int 3)

Erst in den Folgejahren erfuhren diese Bewegungen zunehmend Anerkennung. Die bottom-up gewachsenen Ansätze wurden vom Vorstand genutzt, und ein Zentrum für Agilität wurde gebildet und mit dem Mandat versehen, agile Werte in der Organisation zu verankern.[15] Agile Coachs, die zunächst nur in der IT tätig waren, erhielten so eine konzernweite Beratungsfunktion. Die anfänglichen Bottom-up-Ansätze können als »brauchbare Illegalität« (Luhmann 1999) interpretiert werden. So wird das Verhalten von Akteur:innen bezeichnet, das zunächst gegen die formalen Regeln der Organisation verstieß, jedoch im Nachhinein explizit oder implizit vom Vorstand legitimiert wurde.

Neue Arbeitsformen, wie z. B. agile Methoden und Zusammenarbeit über Abteilungsgrenzen hinweg, wurden an verschiedenen

15 Dies geht aus einem Dokument der agilen internen Beratung von 2015 hervor.

Stellen des Konzerns ausprobiert, so z. B. im HR-Bereich, in der Produktion und im Vertrieb:

> »Viele wirklich gute Zusammenarbeitsmodelle über Bereichsgrenzen hinweg entstehen einfach, weil sie von unten gewollt sind, (Sprechpause) weil plötzlich oben ein Manager ist oder zwei (Sprechpause), die denken, dass das eine gute Idee ist. Kommt, lasst uns das mal ein bisschen loslassen.« (Int 3)

4.2.1 Die Rolle des Topmanagements bei der Implementierung neuer Arbeitsformen

Die agilen Ansätze machte der Vorstand kürzlich zur Gesamtstrategie, indem man den Mitarbeiter:innen einen größeren Handlungsspielraum lässt und auf deren Innovationskraft setzt. Agile Arbeitsformen sollen einem Vorstand zufolge auf diesem Weg verstärkt im gesamten Konzern eingeführt und die Mitarbeiter:innen von speziellen Coachs in agilen Arbeitsformen trainiert werden. Außerdem ist es erklärtes Ziel, agile Arbeitsweisen in jedem Vorstandsbereich zu erproben.

Der Konzern scheint so eine Form von organisationalem Lernen für das gesamte Unternehmen zu fördern, unabhängig davon, ob die Einheit das neue oder das alte Geschäftsmodell repräsentiert. Allerdings wird diese Entwicklung auf zweierlei Weise gehemmt: Erstens bestehen weiterhin starke Kontrollmechanismen und Regularien sowie eine enge Bindung an Key Performance Indicators (KPI), die die Entfaltung neuer Ansätze unterbindet und die Übernahme von Eigenverantwortung erschwert. Zweitens widerspricht eine proaktive Gestaltung von Arbeitsprozessen der Konzernkultur. Bei einer internen Veranstaltung (an der die Autorinnen teilnahmen) gab ein Mitarbeiter zu bedenken, dass möglicherweise der Handlungsspielraum größer ist, als viele Mitarbeiter:innen meinen, und viele sich nicht trauten, ihn zu nutzen, da sie es nicht gewohnt seien, so viel Handlungsspielraum zu bekommen.[16] Mitarbeiter:innen waren es bisher gewohnt, Anweisungen zu befolgen. Es scheint eine Entwicklung zu geben, bei der der bisherige, eher als autoritär beschriebene Führungsstil abgelöst werden soll. Einige interviewte Personen erklärten, nur noch das visionäre Ziel werde vorgegeben und die Belegschaft aufgefordert, eigene Wege dorthin zu finden.

16 Quelle: Mitschrift der in Fußnote 13 erwähnten Diskussionsrunde.

Die Organisation oszilliert also zwischen der Unterstützung neuer Arbeitsformen und ihrer gleichzeitigen Behinderung. Daran wird die Unentschiedenheit deutlich, die wir als dominantes Handlungsmuster bezeichnen, da keine Option eindeutig und dauerhaft gewählt wird. Folge dieser Unentschiedenheit ist auch, dass Bereiche des Konzerns verunsichert und in den Arbeitsprozessen gehemmt sind. Verstärkt wird diese Verunsicherung durch größere Restrukturierungen und Personalumbau. Diese Einheiten des Konzerns wissen nicht, woran sie sich orientieren sollen und scheinen sich in einem Zustand des Verharrens und Abwartens zu befinden:

> »Und wir haben teilweise fast gar nicht mehr gearbeitet, weil wirklich nicht mehr klar war, was wir hier überhaupt noch machen; wegen der Umstrukturierung, weil das alles gelähmt war.« (Int 2)

4.2.2 New Organizing und der Wandel von Führungskompetenzen

Dass Führung in einer engen Wechselwirkung mit der Organisationskultur steht (Ebers 1987), zeigt sich beim untersuchten Konzern daran, dass sowohl das traditionelle, autoritär ausgerichtete Führungsverständnis einen Wandel der Organisationskultur erschwert, als auch die gegebene Organisationskultur einer Neudefinition des Führungsverständnisses im Wege steht. Auch dies setzt der Implementierung neuer Arbeitsformen Grenzen. Größere Handlungsspielräume, Eigeninitiative und Verantwortungsübernahme stehen im Widerspruch zu eindeutigen Zielvereinbarungen und Leistungskennzahlen.

Führungskräfte sehen sich daher mit widersprüchlichen Erwartungshaltungen vonseiten agiler Teams und des Vorstands konfrontiert. Zudem werden Zielvereinbarungen innerhalb der einzelnen Abteilungen getroffen und offenbar nicht zwischen einzelnen Abteilungen abgestimmt. Das heißt, dass neue Formen der Zusammenarbeit über Abteilungsgrenzen hinweg nicht zur Erfüllung der bestehenden Zielvereinbarungen beitragen.

Mitarbeiter:innen und Führungskräfte, die neuen Arbeitsformen positiv gegenüberstehen, kritisieren das traditionelle Führungsverständnis, das gemäß der vorherrschenden Kultur im Konzern stark auf die Sachdimension ausgerichtet ist, und verbinden mit der Einführung neuer Arbeitsformen auch andere Führungskompetenzen und -werte wie z. B. Mitarbeiterorientierung, die eher auf die Sozialdimension von Kommunikation (Luhmann 1984) fokussieren:

> »In der Realität ist es halt so, wir haben keine mitarbeiterorientierten Führungskräfte. Wir haben Führungskräfte (...), die sind fachlich klasse, die wollen einfach nur mehr Geld verdienen, deswegen streben sie Bereichsleitungspositionen an. Aber das sind ja keine Leute, die sich als Leader verstehen.« (Int 5)

Anderen Aussagen zufolge sind einige neue Ideen in die Führungskräfteentwicklung eingeflossen, so insbesondere Ambidextrie, die in diesem Zusammenhang als die Fähigkeit verstanden wird, sowohl das Kerngeschäft zu beherrschen als auch innovative Ansätze zu fördern. Durch die Fokussierung auf Ambidextrie im Schulungsprogramm des Konzerns wird ein hoher Anspruch an die Führungskräfte gestellt:

> »(...) es gibt hier nicht mehr ›the one way, the one right way‹. (...) ich habe auf der einen Seite Managementskills, operative Exzellenz im bestehenden Geschäft, was man auch gut weiter steuern muss. (Name des CEO) sagt immer gerne wirksames Management, und auf der anderen Seite aber auch ein exploratives Führungsverhalten, also neue Situationen, wie gehe ich (Sprechpause) mit meinen Mitarbeitern um, wie öffne ich Räume? Wie werde ich da zum Change (Sprechpause) zum Super Change Agent. Zum Impulsgeber.« (Int 4)

Interessant ist in diesem Zusammenhang, dass Ambidextrie auf individueller und nicht auf organisationaler Ebene angewandt wird. Die für die Organisation notwendige Fähigkeit, zugleich zielgerichtet und effizient auf der Grundlage vorhandenen Wissens (Exploitation) als auch anpassungsfähig in Bezug auf Umweltveränderungen (Exploration) zu sein (March 1991), wird auf Führungskräfte, also auf die individuelle Ebene, verlagert. Hier zeigt sich wiederum das Muster, dass von Personen in Führungsposition die Lösung organisationaler Herausforderungen erwartet wird.

Die oben dargelegte Verunsicherung bei Teilen der Belegschaft offenbart sich auch auf der Ebene der Führungskräfte, da Rollen agiler Arbeitsweisen wie Product Owner und Scrum Master sich nicht in die im Konzern vorhandenen Karrierestufen einordnen lassen. Als problematisch wurde insbesondere wahrgenommen, dass der Umfang der Personalführung ein zentrales Kriterium für die Höhe der Karrierestufe darstellt (Int 8). So wird beispielsweise die Unterabteilungsleiterin dadurch definiert, dass sie Personalverantwortung für eine festgelegte Mindestanzahl von Mitarbeiter:innen trägt. Ein Scrum Master hingegen wird explizit dadurch definiert, dass er nicht für die Personalführung zuständig ist, sondern verantwortlich ist für den Prozess, und das Team unterstützt. Da die Verantwortlichkeiten des Scrum Masters nicht gleichwertig mit anderen Führungsaufgaben behandelt werden, könnte es einem Scrum Master passieren, dass er im Anschluss an diese Position auf der Karriereleiter stehenbleibt oder gar zurückgestuft wird. Diese Unklarheit in Bezug auf die Karriereentwicklung hemmt möglicherweise die Bereitschaft der Mitarbeiter:innen und Führungskräfte, sich auf neue Rollen ohne Führungsverantwortung einzulassen.

Insgesamt ist denkbar, dass agile Arbeitsformen mit der Betonung der Teamarbeit die am Individuum orientierten Karrieremodelle grundsätzlich infrage stellen und es mit einer einfachen Anpassung nicht getan ist. Eine Grundlage für neue Karrieremodelle könnte die Kompetenzmatrix für agile Rollen der DACH30-Arbeitsgruppe darstellen. Hierbei handelt es sich um einen Zusammenschluss von Agilitätsexpert:innen aus 30 Großunternehmen aus Deutschland, Österreich und der Schweiz, die Mindeststandards für die Implementierung von Agilität in Großunternehmen[17] formuliert und damit eine Vergleichbarkeit der Rollen zwischen Unternehmen hergestellt haben.

Trotz der weiterhin bestehenden Unklarheit des Karrieremodells wurden Führungskräfte damit konfrontiert, dass auch von ihnen die Offenheit für eine Neudefinition ihrer traditionellen Rollen erwartet wird:

> »Das ist im Moment noch eine riesen Blackbox, auch den Managern von heute eine Perspektive aufzuzeigen. Und nicht per Angst zu sagen, wenn du nicht mehr mitmachst, bist du übermorgen draußen. Das ist das, was da gerade überall (Sprechpause) genau so passiert. Und wir haben auch keine Rollen dafür, also der Abteilungsleiter ist ein Abteilungsleiter ist ein Abteilungsleiter. Punkt. Und das aufzubrechen hat ja arbeitsrechtliche Themen: Verträge müssen verändert werden und Personalkonzepte gemacht werden. Und, und, und.« (Int 3)

Auch hier zeigt sich wieder die Unentschiedenheit in Bezug auf Fragen der Organisation und Führung.

17 Verfügbar unter: https://next-level-working.com/dach30-mindestandards/ [Zugriff: 20.10.2020].

4.2.3 Parallele interne Beratungsstrukturen

Das Zentrum für Agilität, das aus der oben erwähnten Graswurzelbewegung entstanden ist, versorgt den Konzern inzwischen mit agilen Berater:innen und Coachs. Damit wurden zu bereits vorhandenen internen Organisationsberatungen parallele Strukturen der internen Beratung etabliert, und sämtliche Beratungseinheiten scheinen mehr Anfragen zu bekommen, als sie bewältigen können (Int 4, Int 8). Interne Organisationsberatungen und das Zentrum für Agilität ergänzen sich in einigen Beratungsprojekten bzw. verweisen aufeinander. Die Kooperation ist aber nicht so umfangreich, wie man im Vorfeld erwartet hatte (Int 4). Insgesamt pflegt man offenbar in anderen Beratungsteams einen offenen, aber kritischen Umgang mit dem Thema Agilität:

> »Und genau dieser Check, dieser ›readiness-check for agile‹, also wo passt es und wo nicht, ist meines Erachtens ein ganz wichtiger Anfangspunkt, den wir (Anm.: als interne Beraterinnen) ganz oft gesehen haben. Wo wir dann aber, wenn du jetzt mal so sagst, mit Core-Agilisten, die sagen ›No! Agile! And no other things work!‹, es geht nur agil. (sic!) Dann sag mal, wofür ist jetzt agil genau die Lösung, also schon zu gucken auf die Passgenauigkeit.« (Int 4)

Das Zitat lässt aufgrund der deutlichen Abgrenzung darauf schließen, dass ein gewisses Konkurrenzverhältnis zwischen der länger bestehenden internen Beratung und den neu hinzugekommenen Agile Coachs besteht, das in der bestehenden Organisationsentwicklung aber nicht in einer grundsätzlichen Ablehnung von Agilität mündet. Ebenso wie die agile Beratung verstehen auch länger bestehende Einheiten der Organisationsentwicklung Agilität nicht nur auf einer methodischen Ebene. Insbesondere wenn es um die Veränderungen von Rollen und Führung geht, wurde die eigene Arbeit als agiler Organisationsentwicklungsprozess beschrieben, bei dem man aber deutlich explorativer vorgehen müsse als bei anderen Organisationsentwicklungsprozessen, da es noch keine Blueprints gebe (Int 4). Insgesamt nimmt sich die länger bestehende interne Beratung als wirkungsmächtig innerhalb des Konzerns wahr, sie bekomme viel »Power und Aufmerksamkeit« (Int 3). Das Beratungsvolumen ist gewachsen, und die Beratungsinhalte haben sich von der Teamentwicklung hin zur Begleitung von Transformationen verändert.

Aber auch in Bezug auf die Teamebene wird bei internen Beratungseinheiten eine Veränderung wahrgenommen. Auf die Frage, inwiefern sich Veränderungsprozesse hin zu Agilität von anderen Veränderungsprozessen unterscheiden, wurde beispielsweise vonseiten einer internen Organisationsberaterin geantwortet:

> »Ich finde gar nicht, dass es so wahnsinnig anders ist. Ich muss mir nur Gedanken machen, noch mal viel verstärkter über das Thema Selbststeuerung von Teams. Wie gehen wir mit einer Feedbackkultur um, auf einer Mitarbeiterebene, die wir heute ja gar nicht so (Sprechpause), die wir eigentlich als Unternehmen schon immer stark gefördert haben, aber die noch mal ganz anders, glaube ich, ganz anders sensibilisiert werden muss. Auch das Thema Entscheidungsprozesse. Und sich darüber auszutauschen, wie kommen wir denn zu Entscheidungen, und wer wird hier gehört?« (Int 4)

Dennoch wies eine interviewte Person aus einer länger bestehenden internen Beratungseinheit darauf hin, dass die Einführung von agilen Arbeitsformen im Konzern nicht »auf der grünen Wiese« stattfindet (Int 7). Daher müsse man die agilen Arbeitsformen an die Gegebenheiten anpassen, und dafür seien Aushandlungsprozesse nötig (Int 7). Aber auch im Zentrum für Agilität wies man darauf hin, man führe nicht in allen Einheiten, die sich das wünschen, agile Arbeitsformen ein, sondern analysiere zunächst immer, inwiefern dies Erfolg versprechend sei.

4.3 New Organizing bei Unit X: Was ist anders als im Konzern?

2015 entsandte eine Konzernabteilung einige Mitarbeiter:innen, um in der neuen Einheit Unit X das neue Geschäftsmodell mit der Entwicklung digitaler Services voranzutreiben. Zunächst starteten diese mit dem »Gefühl, an einer Mission mitzuarbeiten« (Int 5). Bald wurden sie mit Budgets aus den verschiedenen Bereichen der Abteilung ausgestattet. »Alle anderen Fürsten (Manager der Abteilung) mussten was abgeben« (Int 5), so die Metapher, die eine interviewte Person für die Verteilung von Budgets verwendete und die die in Abschnitt 4.1 beschriebene von Personen geprägte Kultur des Konzerns wiedergibt. Zudem kann sie als Hinweis darauf interpretiert werden, dass Unit X innerhalb der Konzernabteilung als Konkurrenz verstanden wurde. Das »große soziale Experiment« (Int 5), wie es eine interviewte Person bezeichnete, startete in geografischer Entfernung zum Konzern und in Nachbarschaft zu anderen Start-ups.

> »Wir wollten irgendwie schlanker, schneller und moderner und den Menschen näher sein. (...) Die Mentalität war eigentlich so nach Aufbaustimmung (sic!), und wir sind anders, und wir wollen eine Lanze brechen für agiles, modernes Denken in Großkonzernen.« (Int 5)

Eine direkte Zusammenarbeit mit Endkunden ist ungewohnt für die gesamte Automobilbranche. Traditionell fokussierte man dort auf die Entwicklung der Kernprodukte, die stets über Händlernetzwerke vertrieben und von den Kunden in stabiler Nachfrage abgenommen wurden. So hat der Konzern über Jahre hinweg offenbar jede mögliche Information über seine Produkte gesammelt, kaum jedoch Daten über deren Abnehmer.[18] Durch die Digitalisierung rücken die Bedürfnisse von Kunden stärker in den Mittelpunkt. Auch der Konzern unternimmt mittlerweile an vielen Stellen Anstrengungen, um deren Nutzenerwartungen besser zu verstehen (Int 6). Der Perspektivwechsel auf die Kunden wurde bei Unit X sehr ernst genommen:

> »Ey, guck mal auf den Kunden! (...) Das ist der Einzige, der uns hier alle bezahlt!« (Int 3)

Kundennähe schlug sich bei Unit X konkret in der Zusammenarbeit mit Nutzer:innen der zu entwickelnden Services nieder. Schnell schien man in diesem Zusammenhang die Vorteile agiler Methoden wie Scrum zu erkennen, mit denen es bis dahin kaum Erfahrung gab. Die Einführung agiler Methoden geschah weitgehend unabhängig vom konzerneigenen Zentrum für Agilität und wurde als Prozess des Ausprobierens beschrieben:

> »Learning by doing. So hab ich mit meinen Dienstleistern zusammen gelernt, die mir diese Methoden mehr oder minder übergeholfen (sic!) haben (Sprechpause). Ich war dafür offen (...) nach drei Tagen kriegt man selber (...) noch mal ein neues Bild, obwohl ich schon ein Jahr dabei war. (Sprechpause) Verrückt eigentlich.« (Int 1)

Bei der Nutzung der Methode Scrum fällt auf, dass Rollen im Team oft so ausgelegt wurden, dass sie kompatibel mit Konzernanforde-

18 Persönliche Erfahrungen der Autorinnen mit Dealer-Management-Systemen des Konzerns.

rungen waren: Ein Product Owner übernahm hier auch Führungsaufgaben und Budgetverantwortung; Aufgaben, die die Scrum-Rolle (Rubin 2015) nicht vorsieht.

> »Der Product Owner leitet sozusagen das Team, (Sprechpause) hat dann für sich PMs, sogenannte Product Manager, so ist es heute definiert.« (Int 1)

Die Anreicherung der Rolle mit Führungsaufgaben kann einerseits als Reaktion auf die oben beschriebene Unklarheit in Bezug auf Karrieremöglichkeiten interpretiert werden. Andererseits ließe sie sich auch als pragmatische Antwort der Organisation auf eine wahrgenommene Notwendigkeit von Steuerung verstehen.

Während agile Methoden ihren Einsatz eher in der Serviceentwicklung von Unit X fanden, arbeiteten die Bereiche, die Schnittstellen zum Konzern haben, im gewohnten Wasserfallmodus. Interessant ist, wie die Prozesse von Unit X damit die Prozesse des Konzerns spiegeln: Auch dort spielte Agilität zu Beginn vor allem als Methode in der Softwareentwicklung eine Rolle und weniger in anderen Bereichen. Entscheidungen wurden gemeinsam im Team getroffen, anders als im Konzern, dessen organisationale Routinen einen langen Weg durch viele Gremien vorsehen, bis eine Entscheidung getroffen wird (Int 1).

Unit X konnte durch die neuen Arbeitsweisen erste Ergebnisse bereits nach wenigen Wochen vorweisen. Diese neu erfahrene Geschwindigkeit stand ebenfalls im Kontrast zum Entwicklungsprozess der Konzernprodukte, der in der Regel mehrere Jahre dauert und nicht gemeinsam mit den Endkunden erarbeitet wird.

Räumliche Entkopplung, agile Arbeitsweisen, kleine Teams sowie gemeinsames Entscheiden scheinen wesentliche Faktoren gewesen zu sein, die dazu beitrugen, dass die Mitarbeiter:innen von Unit X nicht nur eine Gleichwertigkeit (Symmetrie) untereinander etablierten, sondern ein eigenes Selbstverständnis entwickeln konnten.

4.3.1 Wechselseitiges Wahrnehmen von Unit X und Konzern

Der Konzern schaffte mit Unit X anfangs eine Teamstruktur, in der die Koordination von Handlungen durch Kommunikation unter Anwesenden geregelt ist. Anders als im Konzern, in dem Kommunikation nach institutionalisierten Regeln funktioniert, wurden informelle Kommunikation und Selbstständigkeit zu den Faktoren, die den Teams in Unit X »Exploration« ermöglichten. Unit X bildete eine operational geschlossene Einheit, die sich vom Restkonzern abgrenzte. Mitarbeiter:innen erlebten sich im Team, anders als früher im Konzern, als wirksam. Ein Zusammengehörigkeitsgefühl entstand, das durch den fragilen Status von Unit X verstärkt wurde:

> »(...) Die Angst ist, (in den Konzern) zurückzufallen(). Auch wenn das Neue noch nicht gut ist. Also, es ist vielleicht schon gut, aber es ist noch nicht so, wie es sein sollte. Die Alternative ist so bedrohlich (...).« (Int 5)

Unit X glaubte, dass sie durch den Konzern anders wahrgenommen wurde: Von »Jugend forscht« (Int 1) bis zum »Ressourcendieb« (Int 5), eine Anspielung auf die Ressourcen anderer Konzernbereiche, mit denen Unit X anfangs ausgestattet wurde, reicht das Spektrum an erwarteten oder erlebten Zuschreibungen. Diese Zuschreibungen stärkten wiederum den Zusammenhalt bei Unit X und dürften sich ebenfalls positiv auf die Identitätsbildung von Unit X ausgewirkt haben. Den Konzern empfand man »als Klotz am Bein« (Int 1).

Das Muster »Team versus Konzern« schien dann auch dafür zu sorgen, dass Unit X vom Konzern zu ihr entsandte Führungskräfte als notwendiges Übel beschrieb. Das Einwirken des Konzerns auf Unit X wurde zudem in den Interviews sprachlich kleingehalten, indem Führungskräfte nur insofern als hilfreich beschrieben wurden, als sie dazu beitrugen, den Konzern fernzuhalten (Int 1).

4.4 Kopplung zwischen Unit X und dem Konzern

Die anfängliche Unabhängigkeit von Unit X kann auch als lose Kopplung zum Konzern verstanden werden. Mit Kopplung wird die Beziehung zweier Systeme zueinander bezeichnet. Es kann zwischen festen und losen Kopplungen (Tight und Loose Coupling) unterschieden werden (Weick 1976). Als lose gekoppelt bezeichnet man zwei Systeme, die nur durch wenige oder schwache gemeinsame Variablen miteinander verbunden sind. Eine Organisation mit losen Kopplungsmodalitäten der Teilsysteme ist beispielsweise durch einen flexibleren Umgang mit Prozeduren und Abläufen gekennzeichnet als eine Organisation mit festen Kopplungsmodalitäten.

Man könnte aufgrund der anfänglich losen Kopplung zwischen Unit X und Konzern erwarten, dass der Konzern beabsichtigte, nur geringen Einfluss auf Unit X auszuüben, und stattdessen versuchte, Nutzen aus den von Unit X erprobten neuen Arbeitsweisen zu ziehen. Eine interviewte Person bei Unit X beschrieb, wie sie mit einer solchen Arbeitsweise, einem Lego-Modell, Manager im Konzern durchaus wirksam irritieren konnte:

> »Da waren wir mal in einem Führungskräftekreis, und da ist das sofort eskaliert. Die haben sich angebrüllt. Da ging es darum, ich bin für den Stein verantwortlich, und ich sage, was da gemacht wird. Dann kam der nächste, nee, ich. Wo ich aus Organisationssicht dachte, das hat so eine Kraft, dieses Modell. Ich konnte mich nur hinstellen und das beobachten und dachte, genau das sind die Impediments.« (Int 3)

Allerdings scheinen derartige Interventionen eher episodischen Charakter zu haben. Unit X scheint in der Wahrnehmung des Konzerns eher eine neue Form von Abteilung zu sein, die als verlängerte Werkbank die eigenen Kernprodukte anreichert. Insgesamt beobachten wir weniger die Irritation des Konzerns durch Unit X als vielmehr eine starke Einwirkung des Konzerns auf Unit X, eine fester werdende Kopplung zwischen Konzern und Unit X, die wir an den folgenden Beispielen belegen:

- Begrenzung der gestalterischen Freiräume durch die Forderung nach Leistungsnachweisen
- Recruiting, Karrieremodelle und Vergütung sind Konzernsache
- »Die Rache der Hierarchie an Scrum«
- Organisationswerdung von Unit X.

Begrenzung der gestalterischen Freiräume durch die Forderung nach Leistungsnachweisen

> »Nicht jeder Topmanager (Sprechpause) kann so schnell umdenken im Kopf. Der steht dann immer noch da, hält dir die Pistole auf die Brust und sagt: Was war denn jetzt dein Umsatz? Und wie viel Gewinn davon? Und Ergebnis? Und dann sag ich ihm, kann ich dir nicht sagen (Sprechpause), also (Sprechpause) darum geht's nicht. Aktuell nicht.« (Int 1)

Unit X war seit ihrer Gründung an die Umsatzziele des Konzerns gebunden. So wurde sie schon früh in die Planungsrunde des Konzerns aufgenommen und erstellte ebenfalls Zehnjahrespläne. Dadurch nahmen Abstimmungsmeetings und Reportings zu, was der identitätsstiftenden eigenen Schnelligkeit bei der Entwicklung von Services und Entscheidungen zu widerlaufen drohte.

Recruiting, Karrieremodelle und Vergütung sind Konzernsache

Führungspositionen wurden von Anfang an aus dem Konzern besetzt. Mit zunehmendem Wachstum von Unit X nahm die Anzahl der Führungskräfte aus dem Konzern zu. Auch die Besetzung anderer Positionen erfolgte durch Mitarbeiter:innen aus dem Konzern, die dort aufgrund der Umstrukturierungen nicht mehr benötigt und für die Mitarbeit bei Unit X umgeschult wurden. Dies öffnete der Konzernkultur die Tür zur Unit X, die die interviewten Personen bei Unit X im Gegensatz zur Kultur bei Unit X als unflexibel, an traditionellen Arbeitsmethoden orientiert beschrieben:

> »Wir (bei Unit X) reden ja von Eigeninitiative (...) und dann Bewerbungsgespräch, und dann (Sprechpause) fangen wir an zu arbeiten, und dann sitzen sie da und warten, dass ich ihnen 'ne Aufgabe gebe (Sprechpause). Das habe ich irgendwie anders gedacht.« (Int 1)

Außerdem wurde die Einstellung von externen Personen, die die notwendige Erfahrung für das Geschäftsmodell von Unit X mitbringen, durch die Einführung eines mehrstufigen Recruitingprozesses erschwert, einer Routine des Konzerns, die sich vom Erstgespräch bis zur Einstellung bis zu einem Jahr hinziehen kann. Zudem wurde berichtet, dass die Gehaltsstufen des Konzerns externe Expert:innen von einer Bewerbung eher abschreckten (Int 5).

»Die Rache der Hierarchie an Scrum«

So beschrieb eine interviewte Person (Int 5) ironisch die Methode SAFe (Scaled Agile Framework). Das schnelle Wachstum von Unit X führte zu einem Anstieg auf ca. 50 Teams (Int 1) und damit zu einer Zunahme von Komplexität. Die Steuerung der Teams wurde als wichtigste Aufgabe zur Reduktion von Komplexität genannt, die Einführung von SAFe wurde deshalb auch bei Unit X begrüßt (Int 1).

Während einzelne Teams von Scrum profitieren, ist die Steuerung mehrerer Teams durch diese Methode nicht vorgesehen. Interessant ist, dass SAFe die Vorteile von Scrum von der Ebene der Teams auf die Ebene von Organisationen zu übertragen verspricht und somit für sogenannte Skalierungseffekte sorgen soll. Nun könnte man einerseits SAFe als Intervention des Konzerns interpretieren, sich seine Umwelt (Teams von Unit X) wieder einzuverleiben, andererseits könnte man feststellen, dass Unit X durch das starke Wachstum selbst konzernähnliche Strukturen angenommen hat und somit andere Spielregeln als zu Beginn benötigt. Hier zeigt sich wieder als Muster der Paradoxiebearbeitung ein Oszillieren zwischen Interaktion (Scrum) und Organisation (SAFe).

Organisationswerdung von Unit X

Interessanterweise berichteten mehrere Seiten sowohl bei Unit X und als auch im Konzern von einer Zunahme von Führungsebenen bei Unit X. Während man die Implementierung weiterer Führungsebenen bei Unit X dem Konzern zuschrieb und als verstärkte Kontrollausübung verstand (Int 5), verorteten Mitarbeiter:innen des Konzerns die Entscheidung über diese Strukturbildung bei Unit X selbst.[19]

4.5 Wie geht es mit Unit X weiter?

Unit X war mit der Paradoxie konfrontiert, einerseits explorativ das neue Geschäftsmodell zu entwickeln und andererseits dieses stets wieder mit dem Produkt des Konzerns zu verknüpfen und somit stets auch die Erwartungen des Konzerns zu balancieren. So hat der Konzern mit seinem alten Geschäftsmodell von Anfang an formgebende Effekte auf Unit X, während Unit X mit seinem neuen Geschäftsmodell immer auch als Medium (Heider 1926) auf den Konzern reagiert, also den Bereich darstellt, der sich anpasst. Der Zusammenhang von Form und Medium kann verstanden werden als die Beziehung zwischen zwei Entitäten, von denen die eine die andere beeinflusst bzw. prägt. Was von diesen beiden Entitäten Form und was Medium ist, kann sich situativ verändern (Simon 2018). Dieser Zusammenhang erklärt womöglich, warum innerhalb von Unit X auch unliebsame Entscheidungen des Konzerns, z. B. die Besetzung von Führungspositionen durch den Konzern, zwar kritisiert, jedoch nach außen nicht grundlegend infrage gestellt wurden.

Die formgebende Wirkung des Konzerns auf Unit X kann man auch wörtlich verstehen und an einem Detail festmachen: Ausgestat-

19 Quelle: Mitschrift der in Fußnote 13 erwähnten Diskussionsrunde.

tet mit typischen Insignien des Start-up-Kults (offene Büros, flauschige Sitzmöbel, kitschiges Stofftier als Fußmatte), passte sich Unit X gut an seine hippen Nachbarn an – allerdings mit einem Unterschied: Besprechungsräume waren wie im Konzern mit einer Landschaft aus großen, grauen Bürotischen ausgestattet, die zwischen den Kommunizierenden Distanz und Formalität schaffen und damit im Widerspruch stehen zur nach außen getragenen Kultur des Bereichs. Das Design der Besprechungsräume kann ebenfalls als Zeichen für den Einfluss des Konzerns gedeutet werden.

Eine interviewte Person bei Unit X berichtete von kursierenden Überlegungen, dass die Einheit entweder in eine andere Abteilung überführt oder in Bereiche aufgeteilt und in mehrere Abteilungen eingegliedert werden solle (Int 5). So scheint das Oszillieren des Konzerns zwischen »Noch nicht« und »Nicht mehr« nun auch bei Unit X zu einer wachsenden Unsicherheit in Bezug auf die künftige Zugehörigkeit geführt zu haben.

Andererseits entstanden im Zusammenspiel zwischen Unit X und Konzern emergent und informell neue Formen des Organisierens. So saßen Kolleg:innen der Unit X und des Konzerns, die sonst kaum miteinander geredet hätten, nun »gemeinsam an einem Tisch« (Int 1), um bei der Planung der digitalen Services und ihrer Zusammenführung mit dem Kernprodukt zusammenzuarbeiten.

4.6 Fazit

Die weitere Entwicklung von New Organizing im Konzern lässt sich zum Zeitpunkt der Studie noch nicht absehen. Von zentraler Bedeutung ist die erwähnte neue Digitalstrategie, die unter anderem die Einführung agiler Arbeitsformen in allen Teilen des Konzerns vorsieht. Dies passt zusammen mit der Aussage, das Konzept des Zentrums für Agilität solle in allen Abteilungen übernommen werden (Int 8). Unit X allerdings soll Berichten zufolge zusammen mit anderen digitalen Teileinheiten des Konzerns in eine eigene Gesellschaft überführt werden.[20] Denkbar wäre, dass die neu entstehende Organisation, die vermutlich größer sein wird als Unit X, in nun wieder loser Kopplung zum Konzern das neue Geschäftsmodell mit größerer Wirkungskraft vorantreiben kann, als Unit X sie besaß.

20 Quelle: Mitschrift der in Fußnote 13 erwähnten Diskussionsrunde.

Die Unentschiedenheit der Führung in Bezug auf die Paradoxie, ein neues Geschäftsmodell zu entwickeln und das alte zeitgleich zu verändern, führt zu Oszillationen zwischen alt und neu, zwischen »Noch nicht« und »Nicht mehr«. Sie zeigt sich auch darin, dass zu zentralen Fragen des Organisierens keine eindeutigen Vorgaben gemacht werden, dass Führungskräfte und Mitarbeiter:innen mit widersprüchlichen Erwartungen umgehen müssen, die teilweise zu einem Verharren in Untätigkeit führen, und dass in der Organisationskultur andere Werte gelebt werden, als der Konzern in der Öffentlichkeit proklamiert.

Die Unentschiedenheit öffnet zugleich den Raum für Kreativität und offenbart das Potenzial, das in der Organisation liegt und das wir bei der Graswurzelbewegung, aber auch bei Unit X beobachten konnten: Dort, wo eindeutige Vorgaben fehlen, entsteht Raum für Neues.

Steckbrief

Formale Aspekte des Forschungsprozesses
Organisationstyp, -größe, -struktur Internationaler Konzern, < 200.000 Mitarbeiter:innen, Profitcenterstruktur
Untersuchte Einheit(en) Diverse Bereiche der gesamten Organisation und eine digitale Einheit
Branche/Branchendynamik Automobilindustrie
Anzahl, Form (Interviews, andere Methoden), Zeitraum der Datenerhebung Acht qualitative, leitfadengestützte, teilstrukturierte Interviews zwischen März 2019 und Februar 2020 sowie eine Diskussionsrunde mit den Autorinnen im beforschten Unternehmen. Zudem Presseberichte und Webpräsenz.
Ausgangslage: Art und Umfang bisheriger Erfahrungen mit NO Lange bestehende agile Inseln im Konzern, größtenteils durch IT getrieben; erste Erfahrungen mit Scrum und Design Thinking im digitalen Geschäftsbereich
Qualitative und theoretische Aspekte
Anlass und Ziele von NO-Aktivitäten / »Problem- und Lösungsansatz« Zunächst emergentes Entstehen neuer Arbeitsformen. Später als strategisches Ziel formuliert zur Entwicklung des digitalen Geschäftsmodells

Dominante Kernparadoxien Veränderung des alten Geschäftsmodells bei gleichzeitig zu entwickelndem neuem, digitalem Geschäftsmodell
Hauptinterventionsebenen Personen: insbesondere Führungskräfte
Dominantes Muster der Paradoxiebearbeitung • Fokussierung auf den CEO und Unentschiedenheit bezüglich organisatorischer und führungsbezogener Fragen erzeugen in der Belegschaft Oszillationen zwischen Starrheit und Betriebsamkeit. • Auf der Schauseite wird appellartig Eigeninitiative proklamiert, was die Oszillationen verstärkt. • Paradoxiebearbeitung vor allem auf der Ebene der Person: z. B. Ambidextrie als zu trainierende Fähigkeit von Führungskräften.
Key Learnings, Anschlussfragen und »Lösungsprobleme« • Wo eindeutige Vorgaben fehlen, entsteht »brauchbare Illegalität« und Raum für Neues. • Bei der weiteren Bearbeitung der Paradoxien entstehen neue Nicht-Entscheidungen und Oszillationen. • Eine Reflexion der Oszillationen findet nicht statt.

Wie interessant!

Dieser Fall zeigt sehr anschaulich das grundlegende Spannungsverhältnis zwischen New Organizing und »Old Organisation«. Lässt man die »forschende Jugend« zunächst gewähren, so wird rasch erkennbar, dass eine stärkere Eingliederung erforderlich wird. Nicht nur weil die neu gegründete und agil arbeitende Einheit neben einer stärker ausgeprägten Identität immer selbstbewusster auftritt (und sich mitunter auch vom Konzern zu entkoppeln droht), sondern weil man auch die zentrale Kontrolle nicht verlieren will – was allerdings nicht folgenlos bleibt:

– Die stärkere strukturelle Einbindung von Unit X in den Konzern wird von bestehenden Stakeholdern (beispielsweise die interne Beratung) argwöhnisch beobachtet, was mitunter nicht nur zu Abgrenzungstendenzen führt, sondern auch Konkurrenz fördert. Eine nicht gerade einfache Situation für die betroffenen Einheiten, die offenbar damit alleingelassen werden.

– Auch andere Abteilungen – und stellvertretend deren Führungskräfte – blicken kritisch auf die Eingliederung. Immerhin geht es um weitere Mitspieler bei der Verteilung von Ressourcen.

- Ein wesentlicher Unterschied macht sich bei der Führungskultur bemerkbar. Über lange Zeit tradierte Gewohnheiten zur Praxis des Führens werden durch Strukturthemen wie beispielsweise Leistungsnachweise, Karrierepfade und arbeitsrechtliche Rahmenbedingungen besonders geprägt. In solchen traditionelleren Kontexten dürfte es den Rolleninhabern schwerfallen, Teams sich selbst führen zu lassen und sich als Führungsperson mit einer unterstützenden Coachingrolle zu begnügen.

Dieser Fall lenkt auch den Blick auf einige blinde Flecken bei der Anwendung agiler Methoden im Kontext von Organisationen. Agile Methoden konzentrieren sich vorwiegend auf Teamarbeit, also auf die Arbeit in Kleinsystemen. Wie aber gelingt Koordination im größeren Rahmen einer Organisation? Wie werden Schnittstellen und Ressourcen abgegrenzt? Wie erfolgen Aushandlungsprozesse *zwischen* Teams? Als Antwort werden »skalierte Methoden« genannt, die eine einfachere Steuerung der Aktivitäten versprechen.

Generell überrascht, wie die Unterschiede der beiden Organisationsformen viele Synergiepotenziale zu überdecken scheinen, was unweigerlich an die ethnologischen Arbeiten von Bateson (1985) beim Stamm der Iatmul erinnert: Je mehr zwischen zwei Parteien Unterschiede betont werden, desto wahrscheinlicher wird die Gefahr einer Spaltung (»Schismogenese«). Und eine solche Konsequenz kündigt sich in den Überlegungen an, eine neue Gesellschaft zu gründen.

Es folgt: Der nächste Beitrag mit dem Titel »Macht doch, wenn ihr wollt, aber rechtssicher!« (Kap. 5) zeigt den Umgang mit mehreren »Insellösungen« in einem Großkonzern und die Notwendigkeit der Einbindung und Vorbereitung der bisherigen Führung.

Alternativ: Wie in einem anderen Unternehmen der gleichen Branche an New Organizing herangegangen wird, zeigt »Gleichzeitig agil und hierarchisch« (Kap. 1).

TG, GPK, SG

5 Macht doch, wenn ihr wollt, aber rechtssicher! – Inseln der Agilität in einem Mobilitätskonzern

Claudia Salowski, Manuela Stark, Kerstin Till

Wie kommt Veränderung in die Organisation eines der größten Mobilitätsanbieters Deutschlands? Der Beantwortung dieser Frage sind wir nähergekommen, indem wir einzelne Ausschnitte des Konzerns befragt haben. Wie kein anderes Unternehmen in Deutschland steht er für Mobilität, ein Sinnbild für Vernetzung, die Verbindung von Ort, Transport und Technik. Dies gelingt ihm, indem er zentral einen Rahmen setzt. Die einzelnen Bereiche sind eingeladen, in Form von Insellösungen selbst auszuprobieren, Erfahrungen zu sammeln und in die Normalität zu überführen, was sich bewährt. Gleichzeitig bedarf es der Rechtssicherheit, das heißt, alle Veränderungen zu Selbstorganisation, agilem Arbeiten und Ähnlichem müssen in eine Form überführt werden, die den rechtlichen Erfordernissen eines Großkonzerns Rechnung trägt.

New Organizing oder »Selbstorganisation und Agilität«, wie es innerhalb des Konzerns genannt wird, haben wir im Rahmen dieser Fallstudie in sechs Interviews mit Vertreter:innen von sechs sehr unterschiedlichen Unternehmensbereichen betrachtet, von denen nur ein Teil hier besprochen werden kann. Die Auswahl der Interviewpartner:innen erfolgte überwiegend auf Empfehlung des Unternehmens. Im Verhältnis zur Unternehmensgröße von mehreren Hunderttausend Mitarbeiter:innen kann diese Auswahl nur als Stichprobe gesehen werden. Zum Zeitpunkt der Interviews wird New Organizing in drei Unternehmensbereichen des Konzerns aktiv praktiziert. Es sind Bereiche, die auf externe oder interne Kunden fokussieren.

Das Spannungsfeld für die Mitarbeiter:innen in diesen Bereichen, das sich durch die (ggf. probeweise) Einführung von Agilität und Selbstorganisation ergibt, ist ein Agieren zwischen langjähriger Erfahrung mit Arbeitsumfeldern, die bekannt, gewohnt und berechenbar sind, und dem Experimentieren innerhalb neuer Freiräume. Diese Bereiche bezeichnet der Konzern als Inseln. Denn hier darf, mehr oder weniger geschützt vor äußeren Einflüssen aus der umgebenden Organisation, Neues ausprobiert werden. In anderen Bereichen des Konzerns wird währenddessen weiterhin überwiegend nach klassisch-hierarchischen Prinzipien und stark prozessgesteuert gearbeitet, was besonders an Schnittstellen zu Irritationen führen kann.

Wir werfen in dieser Fallstudie einen ausführlichen Blick auf die Teile der Organisation, die als Inseln ähnliche Methoden und Organisationsweisen ausprobieren, gleichzeitig jedoch auch Unterschiede aufweisen, beispielsweise in der Frage, warum man sich entschieden hat, sich mit New Organizing auseinanderzusetzen. In allen Bereichen lautete unsere Einstiegsfrage in die Interviews gleich: »Welche Erfahrungen haben Sie mit neuen Arbeitsmethoden gemacht?« Diese bewusst offen formulierte Eingangsfrage ließ den Interviewpartner:innen die Wahl, wohin sie den Fokus des Gesprächs lenken.

Die Aufforderung »Macht doch, wenn ihr wollt!« steht nirgendwo ausdrücklich geschrieben, ist also keine wortwörtliche Vorgabe des Konzerns. Dennoch war sie häufig sehr deutlich in den Interviews herauszuhören: Es gab eben keine eindeutige und präzise Anweisung der Konzernzentrale, gleichzeitig ist Mitgliedern der Organisation klar, dass sie bei der Umsetzung Unterstützung seitens der Konzernzentrale erhalten. Wir erlebten bei unseren Interviewpartner:innen eine sehr konsistente Verwendung der Begrifflichkeit »Selbstorganisation und Agilität«; wenngleich es keinen einheitlichen Prozess qua zentraler Entscheidung oder Steuerung gab, bestand ein sehr klares und einheitliches Verständnis, was hier möglich und unmöglich, wünschenswert und nicht wünschenswert ist.

5.1 New Organizing in kundenorientierten Bereichen

Auffällig und gleichzeitig recht einfach erklärbar ist, dass New Organizing insbesondere in den kundenorientierten Bereichen ausprobiert wird, steht doch der Kunde und die Ausrichtung an seinen Bedürfnissen im Bereich agiler Methoden im Fokus. Die konzerneigene IT ist der Bereich, den wir zuerst betrachten wollen. Sie ist nicht nur insofern prädestiniert für New Organizing, als agile Methoden und Informationstechnologie insgesamt eine hohe Affinität zueinander haben – Scrum beispielsweise ist als Methode für die Softwareentwicklung inzwischen einer breiten Öffentlichkeit bekannt –, sondern auch, weil es dort, anders als in den anderen von uns untersuchten

Unternehmensbereichen, eine entscheidende Voraussetzung für eine umfassende Organisationsveränderung gab: Noch vor wenigen Jahren war die Relevanz und damit die Existenz dieses Unternehmensbereichs massiv bedroht. Inzwischen ist die Transformation hin zu Selbstorganisation und Agilität in einen klar strukturierten Prozess überführt worden, der konsequent verfolgt wird und in unterschiedlichen Phasen die einzelnen Teile der Organisation in die neue Welt überführt, je nach deren Reifegrad oder Readiness.

Die Initialzündung für diese Transformation war, so beschrieben dies unsere Interviewpartner, 2013 eine Konferenz des Konzerns zur Digitalisierung, auf der die interne IT kaum Beachtung fand. Noch heute ist den Beteiligten diese Konferenz eindrucksvoll in Erinnerung. Es wird berichtet, man habe danach jeden Strohhalm ergriffen, der mögliche Besserung und Anschluss an die neuen Entwicklungen versprach. Die IT war mit einer typischen Ausgangssituation der Konzernstrukturen konfrontiert. Durch das stete Wachstum hatte sich die Organisation in einzelne Abteilungen ausdifferenziert, sodass sich Silos bildeten. Komplexe Probleme, die eine umfassende Zusammenarbeit erfordert hätten, ließen sich nicht mehr hinreichend erfassen. Die Entwicklungszeiten von Softwarelösungen für die internen Kunden waren zu lang, und es fehlte Verständnis für die Kunden, also die Fachbereiche innerhalb des Konzerns. Häufig erfolgte am Ende eines langen, teilweise mehrjährigen Projektverlaufs ein negatives Feedback des Auftraggebers, der seine Erwartungen nicht erfüllt sah.

Um dieser Situation zu begegnen, waren schon in den vorangegangenen 15 Jahren immer wieder umfassende Analysen durchgeführt worden, die in diversen Reorganisationsprogrammen mündeten, von denen jedoch berichtet wurde:

> »Die haben alle nichts genutzt, die haben das Grundproblem nie erfasst. (...) Seit Jahrzehnten gibt es eine relative Sprachlosigkeit zwischen dem Hersteller, der IT, und dem Besteller, dem internen Kunden.« (Int 1)

Zu diesem Zeitpunkt arbeitete der ganze Konzern noch in klassisch-hierarchischen Strukturen. IT-Projekte wurden nach der Wasserfallmethode zuerst von den Fachbereichen geplant, indem Konzepte mit Anforderungen an die entsprechende Softwarelösung verfasst und diese Software dann entlang den formulierten Anforderungen von der IT programmiert und getestet wurde. Die Laufzeit dieser Projekte betrug meist mehrere Jahre und wenn ein Projekt fertig war, hatte sich die Welt im Fachbereich bereits weitergedreht. Zu Beginn formulierte Anforderungen hatten sich verändert oder waren gar obsolet geworden. Diese unbefriedigende Situation spürten auch die Mitarbeiter:innen der IT:

> »Das Einzige, was wir gut konnten, waren Prozesse, die den Kunden immer ein bisschen vor uns herschoben.« (Int 1)

Es entstanden nun, als durch besagte Konferenz deutlich sichtbar geworden war, dass das eigene Überleben auf dem Spiel stand, erste sogenannte Graswurzelbewegungen für Veränderungen. Im Januar 2015 trafen sich Führungskräfte, um Empfehlungen zu erarbeiten, worauf eine ganze Reihe neuer, konzernweiter Initiativen gestartet wurde. Die Geschäftsführung des Bereichs signalisierte den Mitarbeiter:innen, jeder und jede sei zur Mitarbeit eingeladen. Eine der Initiativen weckte dabei besonders starkes Interesse: die, in der es um die Frage ging, was in der Organisation falsch lief und wie dies zu verändern sei.

> »Wie können wir auf Augenhöhe einen Kooperationsstil, ein Zusammenarbeitsgefühl in autonomen Teams bilden?« (Int 1)

Das war eine der hier beispielhaft zitierten Fragestellungen, die die Mitglieder dieser Initiative umtrieben. Hinzu kamen methodische Ansätze wie Design Thinking, Kanban oder Scrum für eine interdisziplinäre Zusammenarbeit, mit denen es außerhalb der IT und des Konzerns inzwischen weitreichende Erfahrungen gab.

Teilweise durch externe Beratungen unterstützt, wurde nun die Organisation von Kundenprojekten neu gedacht: Anstatt lange Konzepte zu verfassen, wurden mit der Einführung von Scrum kleinteilige Anforderungen in enger Abstimmung mit einem Vertreter des Fachbereichs mit der neu eingeführten Rolle des Product Owner erstellt. Die Entwicklungsteams stellten frühzeitig die Machbarkeit sicher, räumten Fallstricke aus und gewährleisteten die zeitnahe Umsetzung.

Im Laufe der Jahre wurden die einzelnen Abteilungen und Teams der IT entlang definierter Kriterien auf ihre Readiness für den Transformationsprozess hin zu selbstorganisiertem und agilem Arbeiten überprüft und sukzessive in die neue Welt überführt. In einer sogenannten Definition of Done (DOD) sind hierfür Kriterien formuliert, beispielsweise die dezidierte Identifikation eines Kunden oder ein formulierter Business Case. Erst wenn diese und weitere Kriterien erfüllt sind, beginnt die eigentliche Transformation des Teams oder der Abteilung hin zu Selbstorganisation und agilem Arbeiten.

Diese Rahmensetzung, diese Struktur als Grundlage für Selbstorganisation und agiles Arbeiten, gab es nicht von Anfang an, sie wurde jedoch im Laufe des Transformationsprozesses der IT notwendig:

> »Das war ganz schmerzhaft gewesen auch für uns zu erkennen, dass wir in der Organisation der Transformation zunächst einmal einen Schritt zurückgehen müssen und ganz, ganz feste, starre Strukturen aufbauen müssen, die die Transformation managen.« (Int 1)

Anfangs oblag es den Teams, selbst zu entscheiden, ob sie sich auf den Weg hin zur neuen Organisationsform machen wollten – ganz im Sinne des Mottos: Macht doch, wenn ihr wollt! Doch dies führte zu neuen Problemen:

> »Da waren auf der einen Seite die Gipfelstürmer[21] sehr weit vorangekommen, auch in ihrer eigenen Transformation. Wir hatten aber auch den riesigen Kartoffelsack, den Rest der Organisation, die vollkommen irritiert war.« (Int 1)

So entstanden zwei Gruppen: die, die agil arbeiteten, und die, die weiterhin innerhalb der bisherigen Strukturen und nach der Wasserfallmethode Projekte durchführten. Interessierte wollten sich »lieber nicht die Finger verbrennen« (Int 2), beispielsweise wenn der Wunsch nach Veränderung in den Teams nicht von den jeweiligen Führungskräften mitgetragen wurde:

> »In dieser Zeit haben wir die Initiativen erst einmal wieder beendet und gesagt, wir müssen das jetzt in eine andere Struktur überführen.« (Int 1)

Diese andere Struktur hat nicht nur die dem Motto angefügte Rechtssicherheit zum Thema gemacht, sondern auch eine Verbindlichkeit geschaffen, die den Interessierten dabei hilft, nicht ausgebremst zu werden, sodass nun eine nachhaltige und umfassende Transformation der IT hin zu New Organizing stattfindet.

---

21 Im Konzern wird dieser Begriff im Zusammenhang mit New Organizing für diejenigen verwendet, die sehr frühzeitig die Initiative ergriffen und Selbstorganisation und agiles Arbeiten ausprobierten.

5.2 Selbstorganisation auf Probe beim konzerneigenen Schulungsanbieter

Die sehr allgemeine Rahmensetzung der Konzernzentrale führte beim internen Weiterbildungsanbieter für Führungskräfte zu einer in manchen Teilen ähnlichen, von der Grundidee jedoch ganz anderen Vorgehensweise im Bereich New Organizing. Dieser Bereich fühlte sich zwar nicht in seiner Existenz bedroht, hatte aber mit der sehr umfassenden Umgestaltung der Räumlichkeiten ein Zeichen gesetzt: Ein herrschaftlich anmutendes historisches Gebäude wurde innen nach New-Work-Prinzipien umgebaut. So waren bereits die räumlichen Voraussetzungen für Selbstorganisation und agiles Arbeiten geschaffen, während man ansonsten in der Organisation diesen Themenbereich eher inhaltlich in Trainings für die konzerneigenen Führungskräfte vermittelte. Schon bald wurde aber auch hier deutlich, dass Veränderung notwendig war: Die Planungszyklen der Schulungsangebote erschienen als zu schwerfällig. Die Einbindung aktueller Themen in neue Formate erforderte einen angepassten Zyklus mit kurzen Entscheidungswegen. Die Führungskraft war aber häufig nicht verfügbar. Im Ergebnis waren Schulungsangebote für die Zielgruppe nicht mehr interessant, da sie bereits veraltet waren. Dies ist ein ganz ähnlicher Effekt wie innerhalb der IT mit nicht mehr bedarfsgerechter Software.

Im Rahmen einer Befragung der Mitarbeiter:innen zeigte sich die Unzufriedenheit mit dieser Situation sehr deutlich. Auch ein generell beobachteter Zeitmangel der Führungskräfte wurde zum Ausdruck gebracht. Durch ein Umschwenken auf neue Arbeits- und Organisationsweisen erhoffte man sich in diesem Geschäftsbereich ein höheres Maß an Gestaltungsfreiheit und Beteiligung, letztlich auch mehr Verantwortungsübernahme durch die Teams und durch einzelne Personen – weg von der eher klassisch-hierarchischen Verortung von Verantwortung und Entscheidungskompetenz auf den Führungsebenen.

Um aktuelle Themen rund um die Führungskräfteentwicklung in größerem Umfang in das interne Schulungsprogramm aufnehmen zu können, wurden neue Dialogformate eingeführt. Diese sollten den Schwerpunkt auf den Erfahrungsaustausch der Teilnehmer:innen untereinander legen und hierfür Raum schaffen sowie gleichzeitig die reine Vermittlung theoretischer Inhalte in traditionellen Schulungsformaten reduzieren.

Strukturell bildete sich dies über die Veränderung und Neuschaffung von Rollen ab. Die bisher in einer Person verankerte Führungsverantwortung wurde aufgeteilt auf drei unterschiedliche Rollen:

- Die *fachliche Verantwortung* übernimmt im neuen Modell der sogenannte Product Owner, der selbst und damit zügig über die Einbindung neuer Themen entscheiden kann.
- Die *disziplinarische Führung* liegt bei der agilen Führungskraft. Diese ist für alle personellen Maßnahmen und Prozesse wie Einstellungen, Gehaltsverhandlungen und ähnliches verantwortlich. Diese Aufteilung bedeutet gleichzeitig, dass die agile Führungskraft auf die inhaltliche Themenverantwortung verzichtet.
- Die Abteilungsleitung fungiert auch weiterhin als zentrale Schnittstelle in den Konzern und übernimmt als dritte Führungsrolle alle *repräsentativen und kommunikativen Aufgaben* in diesem Bereich. So agiert sie als *eine Art Außenminister* – Führung bleibt hier personenbezogen, während die erstgenannten beiden Rollen per se erforderten, Verantwortung in den Teams neu aufzuteilen.

Die Vorgehensweise ist mit Blick auf den Gesamtkonzern deswegen interessant, weil der interne Schulungsanbieter die zentrale und wichtige Funktion der Aus- und Weiterbildung aller Führungskräfte wahrnimmt. Was hier in die Inhalte und Methodik gelangt, was hier betont und was ignoriert wird, macht im wahren Wortsinn Schule:

> »Die Führungskräfte, die hierher kommen, suchen erst mal, glaube ich, nach Antworten. Wann ist der richtige Zeitpunkt, und wann und wie beginne ich? Ist mir auch bewusst, was das für mich bedeutet?« (Int 6)

Auf diese Fragen bietet der Schulungsanbieter keine direkten Antworten oder Schablonen. Aber die Mitarbeiter:innen kennen diese Fragen aus dem eigenen Transformationsprozess. Denn sowohl innerhalb des Konzerns als auch im Bereich des Schulungsanbieters ist nun das (neue) Spannungsfeld zu lösen (und rechtssicher aufzustellen), wie sich die veränderten Rollendefinitionen in das Gesamtkonstrukt zu Führung und Entscheidungskompetenz einfügen kann und wie bisherige Rolleninhaber, die entweder die Rolle als solche oder Teile ihrer Entscheidungskompetenz bzw. Zuständigkeit nun aufgeben müssen, dennoch weiterhin zufriedengestellt werden können. Denn oft geht diese Veränderung einher mit dem (zumindest empfundenen) Verlust von Prestige, wenn Entscheidungsbefugnisse oder gar die Rolle an sich wegfallen. Beim Schulungsanbieter wurde eine Führungsebene komplett abgeschafft, was für viele Personen auf dieser Ebene sicher nicht leicht zu verdauen war:

> »Wir haben ein Modell gebaut, wo es dann auch ab (einem) gewissen Zeitpunkt klar war, (dass) die Teamleiterebene nicht mehr existieren wird. Dafür hat sich das Team entschieden. Es gibt in diesem Prozess Gewinner und Verlierer.« (Int 6)

Entschieden hat der gesamte Geschäftsbereich, dass New Organizing für zwei Jahre zur Probe eingeführt wird. Hier also verändern sich die Strukturen mehr oder weniger gleichzeitig für alle Mitarbeiter:innen innerhalb dieses Bereichs, und nach Ablauf der zwei Jahre, so hat man festgelegt, soll entschieden werden, ob dies auch verbrieft wird. Konkret heißt dies, dass das Organisationsmodell, die Rollen und die Verantwortlichkeiten zunächst noch nicht vertraglich und damit rechtsverbindlich angepasst werden. Es wird interessant sein zu beobachten, wie sich die Rollen nach Ablauf der Testphase weiter ausdifferenzieren und ob beispielsweise klassische und agile Führungskraft nebeneinander bestehen bleiben. Ein Zurückgehen auf den traditionell-hierarchischen Ausgangszustand scheint mithin mehr als unwahrscheinlich. Zu sehr haben sich bereits in der Testphase die Mitarbeiter:innen mit den neuen Rollen und Entscheidungskompetenzen identifiziert.

5.3 Flexibilität durch Selbstorganisation im Sicherheitsprüfteam

Bisher haben wir in dieser Fallstudie Unternehmensbereiche betrachtet, die sich auf den Weg gemacht haben, sich insgesamt oder auf selbstorganisierten Inseln und/oder mit agilen Arbeitsweisen neu zu organisieren. Das Sicherheitsprüfteam in einer regionalen Organisation des von uns untersuchten Mobilitätskonzerns jedoch wurde eigens neu geschaffen, um flexibler auf Kundenanforderungen reagieren zu können.

Grundlegende Aufgabe des Sicherheitsprüfteams ist es, Konflikte zu entschärfen, die im Personennahverkehr auftreten können. Um dieser Aufgabe bis zum Zeitpunkt der Neugründung des Teams nachzukommen, hatte es zuvor die entsprechende Zusatzaufgabe innerhalb der Aufgabenbeschreibung des Begleitpersonals gegeben. Starre, langfristige Dienstpläne und eine Vielzahl von (höher priorisierten) Aufgaben standen der Wahrnehmung dieser Deeskalationsaufgabe durch das Begleitpersonal jedoch bis dato entgegen.

Der Ausgangspunkt war jedoch, so beschreibt dies der Agile Coach des Teams, nicht so dramatisch wie beispielsweise eingangs in Abschnitt 5.1 für die IT beschrieben:

> »Wir haben nicht diesen Nahtod gehabt, wo man sagt: Wenn wir uns jetzt nicht selbst organisieren, dann wird's uns nicht mehr geben. Wir haben gesagt: Fangen wir mal an, und wir hoffen, dass es gute Effekte auf die Mitarbeiterzufriedenheit, auf die Mitarbeitermotivation und -bindung hat. Aber nicht, weil sonst die Firma nicht bestehen könnte.« (Int 4)

So wurde ein flexibles, selbstorganisiertes Einsatzteam geformt, das sich aus den Reihen des bisherigen Begleitpersonals rekrutierte, die Prioritäten aber anders setzen konnte und sich dadurch – weil nicht mehr eine Vielzahl anderer Aufgaben zuvorderst zu erledigen war – auf die Bedienung von Kundenanforderungen, beispielsweise eben die Deeskalation von Konfliktsituationen im Personennahverkehr, konzentrieren konnte. Das Zugpersonal wird vom Sicherheitsprüfteam begleitet und dadurch das Sicherheitsempfinden von Fahrgästen individuell und kollektiv gestärkt. Gleichzeitig ist durch die flexible Organisation im Gegensatz zu den alten, langfristig geplanten und standardisierten Schichtplänen nun beispielsweise für Schwarzfahrer nicht mehr vorhersehbar, wann ein Zug begleitet und vermehrt kontrolliert wird.

Dieses neu geschaffene Team profitierte dabei von Erfahrungen vergangener Veränderungsprozesse im selben Geschäftsbereich. Seit 2016 hatte man dort bereits mit weitreichender Unterstützung der Geschäftsführung in den Bereichen Selbstorganisation und Agilität experimentiert. Aus den ersten Initiativen zur Einführung neuer Arbeitsmethoden hatte man so bereits lernen können, dass die frühzeitige Einbindung der Führungskräfte ein wichtiger Erfolgsfaktor für deren Gelingen ist:

> »Eine Herausforderung lag darin, dass wir auf Teamebene gestartet sind. (...) Wir haben da ein bisschen übersehen, welch wichtige Rolle die Führungskraft spielt, denn wenn die das nicht mittragen, kann auf Teamebene zwar was wachsen, aber nicht hoch.« (Int 4)

Seinerzeit hatte man in der ersten Veränderungseuphorie vergessen, das mittlere Management frühzeitig einzubinden. Für bestimmte Rollen wurden einzelne Personen ausgewählt, denen jedoch formale Voraussetzungen fehlten, die auch in der neuen Welt Gültigkeit behielten. Dies hatte zu Widerständen geführt.

Das neue Sicherheitsprüfteam band nun die Führungskräfte frühzeitig in den Prozess mit ein und beugte damit Befürchtungen vor, die mittlere Führungsebene könne im Zuge des Veränderungsprozesses überflüssig werden. Heute stehen die Führungskräfte dieser Ebene als Berater:innen, Coachs oder Mentor:innen bereit. Arbeitsanweisungen im Sinne des klassisch-hierarchischen Command & Control gehören der Vergangenheit an, den Mitarbeiter:innen wird Handlungs- und Entscheidungsverantwortung in definiertem Ausmaß zugetraut und zugemutet. Das Team entscheidet so selbst über seinen Einsatz.

Gleichzeitig, auch dieses Phänomen ist uns bereits begegnet, entstehen insbesondere an Schnittstellen zu anderen, noch klassisch organisierten Tätigkeitsbereichen Spannungsfelder, beispielsweise wenn diese traditionell organisierten Teams mit ein wenig Bedauern auf die größere Freiheit des Sicherheitsprüfteams blicken. Insbesondere im übergeordneten Planungsteam, in dem die Disposition des Personals erfolgt, stießen einzelne Regelungen auf Unverständnis. Andere Teams fragten, warum sie sich nach wie vor an die langfristige Schichtplanung halten mussten. Es zeigt sich also, dass die Einbindung des Managements allein nicht ausreicht, um dem Umfeld und den Wechselwirkungen gerecht zu werden. Die Wahrnehmung von Veränderungen durch das Umfeld und seine Reaktionen darauf lassen sich nicht wegdenken. Dem wurde nun begegnet, indem ein Teammitglied des Sicherheitsprüfteams auch Personaldispositionsaufgaben im übergeordneten Team übernimmt und so die Schnittstelle zwischen beiden Welten herstellt. So soll umfassend informiert, gegenseitiges Verständnis generiert und im Konfliktfall vermittelt werden.

5.4 Das Netzwerk »Selbstorganisation und Agilität«

Wir haben beim Blick auf den Geschäftsbereich IT bereits über die konzernweite Initiative als Ausgangspunkt für eine Vielzahl von Veränderungsbewegungen berichtet. Im Zuge dieser Initiative entstand im Konzern auch das Netzwerk »Selbstorganisation und Agilität«. Es ist bereichsübergreifend aus der Idee heraus entstanden zu identifizieren, wer sich wo im Konzern mit den Themen Agilität und Selbstorganisation beschäftigt und wen man zusammenbringen muss, damit das Thema wirkungsvoll bearbeitet werden kann.

Viele unserer Interviewpartner aus den unterschiedlichen Geschäftsbereichen eint, dass sie in diesem Netzwerk aktiv sind. Daher mag die eingangs dieses Kapitels bereits genannte sehr einheitliche Verwendung der Begrifflichkeit »Selbstorganisation und Agilität« rühren. Fast noch spannender erscheint uns jedoch, dass in den von uns durchgeführten Interviews selten explizit über dieses Netzwerk gesprochen wurde.

Möglicherweise ist den Mitgliedern des Netzwerks als Vorreitern von New Organizing innerhalb des Konzerns in der Innensicht gar nicht so bewusst, dass hier ein wichtiger Erfolgsfaktor für die Transformation liegen könnte. Denn in dieser Form der Selbstorganisation gibt es keine Einbindung in die klassische Hierarchie und gleichzeitig die Konzentration auf ein gemeinsames, geschäftsbereichsübergreifendes Ziel: die Prüfung, wie, wo und wann Selbstorganisation und Agilität innerhalb des Konzerns zu welchen Ergebnissen führt, und die entsprechende sukzessive und agile Anpassung der Vorgehensweise innerhalb des Konzerns.

Selbstorganisation heißt innerhalb dieses Netzwerks auch, dass die Mitglieder ein hohes Maß an Eigeninitiative und Engagement einbringen, denn meist finden die Arbeitstermine des Netzwerks außerhalb der eigentlichen Arbeitszeit statt. Erfahrungen aus den New-Organizing-Inseln werden zusammengetragen und reflektiert, und nach gemeinsam ausgehandelten Regeln und Vorgehensweisen werden diese Erfahrungen in Anpassungsideen transferiert, die wiederum über die Mitglieder des Netzwerks in die einzelnen Geschäftsbereiche zurückgetragen werden. So können alle von allen lernen, Erfolge können frühzeitig identifiziert und in laufende Initiativen »eingebaut« werden, ebenso die Erfahrungen darüber, was nicht gut funktioniert hat.

Wer Teil dieses Netzwerks ist, bringt also dezentrale Erfahrungen ein, teilt mit, redet mit, und so formt sich mit der Zeit eine gemeinsame Haltung und Denkweise zu New Organizing, die wir, wie bereits erwähnt, an der sehr einheitlichen Begriffsverwendung beobachten konnten, ohne dass diese irgendwo im Sinne einer Definition festgeschrieben wäre. Emergent ist eine Art Wissenszentrale entstanden, die jedoch über die Form des Netzwerks mit allen bereits aktiven Konzernteilen verbunden ist und organisch weiter wachsen kann.

5.5 Fazit: New Organizing im Spannungsfeld von zentraler Steuerung und individuellen Lösungen

Es gibt verschiedene Wege, wie der Organisationstypus Konzern sich strukturieren und organisieren kann. Ein Weg besteht darin, und das ist in andere Fallstudien in diesem Buch nachzulesen, zentral zu entscheiden, was mit wem neu organisiert wird, wie das genau aussieht und wie der Zeitplan gestaltet wird. Oder die zentrale Steuerung kann, wie es in diesem Kapitel der Fall ist, lediglich einen Rahmen setzen und die Frage, wer wann bei der Umsetzung mitmacht, der Selbstorganisation überlassen.

Wie sich im hier beschriebenen Mobilitätskonzern gezeigt hat, haben die unterschiedlichen Geschäftsbereiche, die dieser Einladung gefolgt sind, unterschiedliche individuelle Erfahrungen in der Umsetzung gemacht, indem sie auf unterschiedliche Art einen Rahmen für die Veränderung gesetzt haben. Gleichwohl sind durchaus Gemeinsamkeiten festzustellen. Unterschiedlich ist beispielsweise die Frage des Leidensdrucks oder von dessen Intensität in Bezug auf die Gesamthaftigkeit, mit der die Organisationsveränderung angegangen wird:

- Die IT als der Geschäftsbereich mit dem durch Relevanzlosigkeit und Existenzbedrohung sicher höchsten Leidensdruck hat mit Unterstützung auf der Vorstandsebene und aufgrund der Tatsache, dass es für die Organisationsmitglieder recht unmittelbar nachvollziehbar war, wie dringend die Transformation umgesetzt werden muss, einen Prozess geschaffen, der erstes Experimentieren und Zuspitzen sowie Individualisieren von Theorien und Modellen schließlich in ein einheitliches Vorgehen zur sukzessiven, aber konsequenten organisationalen Umgestaltung überführt hat.
- Der interne Schulungsanbieter, bei dem der Druck zwar nicht vergleichbar hoch, die Unzufriedenheit mit dem Status quo aber dennoch greifbar war, hat dies zumindest für einen definierten Zeitraum auf Probe vereinbart.

- Im Sicherheitsprüfteam ist es gelungen, sehr stark auf positive und erfolgreiche Erfahrungen zu setzen und »mehr davon« zu machen, indem ein gänzlich neues Team entstand, das beispielhaft Prinzipien der Selbstorganisation und Agilität umsetzt, nah an den Kunden ist und mittels erster Schnittstellen nun auch Veränderungsimpulse in andere Bereiche bringt.

Eine zentrale Herausforderung besteht bei dieser Vorgehensweise unserer Ansicht nach insbesondere in der Frage, wie (umfassend und frühzeitig) die unterschiedlichen Betroffenen mitgenommen und – wie man in der Organisationsentwicklung schon lange fordert – zu Beteiligten gemacht werden. Das zeigt sich an der Unklarheit sowie an den Verlustängsten von Führungskräften, in deren Augen die Neudefinition ihrer Rollen am eigenen Image kratzt. Und das zeigt sich an Teams, die Selbstorganisation bei anderen als höhere Freiheit empfinden und neidvoll auf das blicken, was ihnen selbst nicht gestattet ist.

Der Konzern selbst steckt in einer anderen Phase: Das dezentrale Experimentieren in Teams und Abteilungen zum Thema New Organizing wirkt sich in einzelnen Bereichen, wie geschildert, teilweise deutlich auf die formalen Organisationsstrukturen aus. Eine Weiterführung und Ausweitung des Prinzips »Macht doch, wenn ihr wollt!« ist wahrscheinlich.

Zusammenfassend stellen wir fest, dass der Konzern New Organizing als Möglichkeit identifiziert hat, auf höchst unterschiedliche Problemstellungen zu reagieren. Ein Stück weit gibt die zentrale Steuerungseinheit Verantwortung an die Teams ab. Zugleich bleibt es eine Herausforderung für den Konzern, dem Auseinanderdriften der einzelnen Geschäftsbereiche (durch die Aufspaltung in eine neue Welt und eine alte Welt) entgegenzuwirken. Verbindende Elemente wie übergreifende Netzwerke, so weiß man dort inzwischen, können helfen und Energien bündeln:

> »Wenn sie die Transformation hinter sich haben, ist überhaupt nicht alles gut. Vielleicht haben sie diesen organisationssoziologisch spannenden Prozess des Aufbaus von Netzwerken vor sich. In der neuen Arbeitswelt fängt die Transformation eigentlich erst richtig an. Aber man darf sich nicht entmutigen lassen.« (Int 1)

Steckbrief

Formale Aspekte des Forschungsprozesses
Organisationstyp, -größe, -struktur Konzern, rund 330.000 Mitarbeiter:innen
Untersuchte Einheit(en) Geschäftsbereich IT, interner Schulungsanbieter, Geschäftsbereich Vertrieb, Konzernstrategie/-organisation, regionaler Geschäftsbereich im Personennahverkehr
Branche/Branchendynamik Logistik/Verkehr
Anzahl, Form (Interviews, andere Methoden), Zeitraum der Datenerhebung Sechs Interviews, eine pro Einheit, fünf persönlich vor Ort, eine virtuell per Videokonferenz Februar bis September 2019
Ausgangslage: Art und Umfang bisheriger Erfahrungen mit NO Heterogene Verteilung von NO: IT war Vorreiter bei der Einführung, in anderen Konzernbereichen wird in einzelnen Teams experimentiert, beim Schulungsanbieter vereinbart auf 2 Jahre zur Probe
Qualitative und theoretische Aspekte
• Anlass und Ziele von NO-Aktivitäten / »Problem- und Lösungsansatz« • *IT:* Sprachlosigkeit zwischen internen Kunden und IT, Überlebensfrage • *Schulungsanbieter:* Motivation der Mitarbeiter:innen, Mangel an Transparenz, Schulungsangebote wenig innovativ, Führung hat zu wenig Zeit • *Personennahverkehr:* Sicherheitsgefühl der Fahrgäste stärken, Motivation & Bindung der Mitarbeiter:innen, mehr Kundenzentrierung
Dominante Kernparadoxien • klassische Führung vs. Selbstorganisation der Teams • hierarchisches Karrieremodell vs. Persönlichkeitsentwicklung • Flexibilität vs. Langfristplanungsnotwendigkeit • temporäre Initiative vs. stabile Struktur
Hauptinterventionsebenen Team & Führung

Dominantes Muster der Paradoxiebearbeitung

- Problem → initial externe Beratung → Ausprobieren → Abstoßen der externen Beratung → selbstständige Weiterentwicklung oder Verfallen in alte Muster
- IT als Keimzelle → Konzern reagiert als »Unterstützer« – entwirft Konzepte →
- berät aktiv → gibt Konzepte an Schulungsanbieter ab
- Konzern und HR als »Beobachter« & Berater, andere Abteilungen sind Ausführende von NO
- innen (im Team) agil – außen klassisch (Vertrieb und Schulungsanbieter)
- »Sowohl-als-auch«: Konzern klassisch, IT agil, Verändern und Bewahren

Key Learnings, Anschlussfragen und »Lösungsprobleme«

- neue Rollen verschieben den Ort der Paradoxiebearbeitung weg von Führungskräften hin zum Team
- Führung als Funktion ist notwendig, um Selbstorganisation zu legitimieren
- »Ersatz« für klassischen Karriereweg noch nicht vorhanden

Wie interessant!

»*Ein* Konzern muss sich wandeln ...«, »*Eine* Organisation ist zu definieren als ...« – In vielen Managementratgebern und organisationstheoretischen Lehrbüchern wird der Eindruck vermittelt, es handele sich dabei um Ganzheiten. Mit »Konzern«, »Unternehmen« oder »Organisation« werden Bezeichnungsformen gewählt, die nahelegen, es handele sich um soziale Gebilde, die nach einer einheitlichen inneren Struktur funktionieren. In der Fallstudie »Macht doch, wenn ihr wollt ...!« wird eindrücklich gezeigt, dass eine solche Betrachtung zu grob ist für Fragen der Implementierung von New-Organizing-Praktiken. In der Quersicht über mehrere Geschäfts- und Funktionsbereiche hinweg wird deutlich, wie unterschiedlich New Organizing jeweils eingesetzt wird in Abhängigkeit von den jeweils relevanten Umwelten und Business-Herausforderungen.

Über die untersuchten Bereiche hinweg entsteht ein Bild einer Großorganisation, in der viel ausprobiert wird, in der Einzelne Initiativen starten, die zu Inseln wachsen. Die Ausprägung von Insellösungen stellt eine Möglichkeit dar, in klassischen Strukturen Neues zu testen, und dieses Muster findet sich auch in anderen Fallstudien wieder. Es stellt für uns eine Form struktureller Bearbeitung von Paradoxien dar (vgl. das letzte Kapitel von *Teil III* zum Paradoxiemanagement).

Doch bei der Etablierung von Insellösungen bleibt es hier nicht. Wenn mehrere Organisationseinheiten ihre Inselerfahrungen mit New Organizing im Rahmen eines internen Netzwerks verknüpfen, so deutet sich der Beginn von organisationalem Lernen an. Des Weiteren wird hier sehr gut sichtbar, wie die organisationalen Änderungen das Verständnis von Führung auf den Prüfstand stellen und Umorientierung erfordern: weg vom Entscheidungsmonopol, hin zum Ermöglichen,

Unterstützen, Coachen, Beraten etc. – und trotzdem muss gleichzeitig Entscheidungsfähigkeit erhalten bleiben.

Ein letzter Punkt (von vielen hervorzuhebenden Aspekten) noch: Mit dem titelgebenden Zusatz »aber rechtssicher« finden wir hier eine interessante Führungsfigur. Statt strategisch vorzugeben, dass neue Organisationsformen zu etablieren sind, wird führungsseitig auf die rechtliche Absicherung und damit auf das fokussiert, was nicht gefährdet werden darf. In diesem Rahmen darf experimentiert werden.

Es folgt: Bei den folgenden »unaufgeregten Lockerungsübungen« (Kap. 6) wird nachgezeichnet, wie das Topmanagement sich ähnlich verhält: Mögliche Veränderungen werden in die Diskussion gebracht, jedoch keine inhaltlichen Vorgaben gemacht.

Alternativ: Die Fallstudie »Radikale Transformation einer Bank« (Kap. 13) zeichnet einen sehr konträren Weg nach, auf dem New Organizing im Rahmen eines durch das Topmanagement vorgegebenen und klar definierten Transformationsprozesses durchgeführt werden soll. Also weniger im Sinne eines »Macht doch ...«.

TG, GPK, SG

6 Unaufgeregte Lockerungsübungen – Ein Mobilitätsdienstleister führt Neues ein, ohne das Alte über Bord zu werfen

Josef Jager, Gerlinde Schein

Diese Fallstudie widmet sich einer Organisation mit über hundertjähriger Tradition. Es handelt sich um einen gemeinnützigen Verein mit knapp 4000 Mitarbeiter:innen. Er ist föderal strukturiert und besteht aus mehreren Landesorganisationen, einer übergeordneten Verbandsebene sowie einigen Tochtergesellschaften. Der weitaus größte Teil der Vereinsmitglieder verfügt über ein eigenes Auto, und die angebotenen Kerndienstleistungen hatten bisher genau jene Auto besitzende Kundenschicht im Fokus. Der Verein refinanziert sich vorwiegend durch Mitgliedsbeiträge, aber auch durch Einnahmen seiner Tochtergesellschaften. Er ist wirtschaftlich erfolgreich und verzeichnet bis dato eine wachsende Mitgliederzahl.

Interessant erscheint uns der Blick auf diesen Verein aufgrund seiner traditionsreichen Geschichte und seiner aktuellen Herausforderungen. Der Verein sieht sich einer Vielzahl gesellschaftlicher und technologischer Entwicklungen mit noch unabsehbaren Auswirkungen auf sein angestammtes Kerngeschäft gegenüber. Sharing Economy und alternative Antriebsformen gewinnen an Bedeutung. Namhafte Fahrzeughersteller und Bahnunternehmen haben begonnen, sich als integrierte Mobilitätsdienstleister zu positionieren. In Zusammenhang mit der Entwicklung autonomer Fahrzeuge ist es absehbar, dass auch IT-Konzerne in den Mobilitätsmarkt einsteigen werden.

All diese Entwicklungen stellen nicht nur die aktuell angebotenen Kerndienstleistungen des Vereins infrage. Sie können auch den bisher wertstiftenden direkten Zugang des Vereines zu seinen Mitgliedern erschweren und seine Mitgliederzahlen erodieren lassen. Darüber hinaus steht das Modell der Mitgliedschaft aufgrund der Veränderung gesellschaftlicher Werte selbst auf dem Prüfstein.

Beschrieben wird uns der Verein als eine traditionell-hierarchisch aufgebaute Organisation. Die klassische Aufbauorganisation mit ihren strikt vorgegebenen, vertikalen Kommunikationswegen wird von vielen Organisationsmitgliedern als eines der größten Hindernisse gesehen, um den erforderlichen Wandel erfolgreich zu bewältigen. Eine unserer Interviewpartner:innen bringt es so auf den Punkt:

> »Also, unser Businessmodell steht infrage und wenn wir nicht schnell genug auf das, was da draußen passiert, reagieren, dann werden wir das nicht schaffen. Und in bekannten Strukturen werden wir diese Reaktionsgeschwindigkeit definitiv nicht auf die Beine bringen.« (Int 6)

Die Kernparadoxie, der sich der Verein also gegenübersieht, ist die zwischen Stabilität und Wandel. Einerseits gilt es bisher Bewährtes und Erfolg Versprechendes beizubehalten und gleichzeitig jene Änderungen vorzunehmen, die auch den zukünftigen Erfolg sichern. Wie der Verein auf diese Herausforderung reagiert, davon erzählt diese Fallstudie.

Die folgenden Abschnitte basieren auf elf teilstrukturierten Interviews, die wir im Februar und Mai 2019 in den Räumlichkeiten des Vereins durchführten. Wir sprachen mit Vertreter:innen von vier Organisationseinheiten, die zusammen etwa 800 Mitarbeiter:innen repräsentieren. Die Interviews wurden elektronisch aufgezeichnet, transkribiert und mittels Inhaltsanalyse (Mayring 2015) und funktionaler Analyse ausgewertet.[22]

6.1 New Organizing im Verein

Im Verein besteht ein breiter Konsens darüber, dass zur Sicherung des zukünftigen Geschäftserfolgs ein grundsätzliches Überdenken des Businessmodells und der angebotenen Kerndienstleistungen erforderlich ist. Bereits vor einigen Jahren wurde ein strategischer Wandel eingeleitet, der den Fokus weg vom »Automobil« hin zu »Mobilität« lenkt. Er beinhaltet im Kern sowohl die Entwicklung eines innovativen Dienstleistungsangebots als auch die Erweiterung des Blickes auf zusätzlich adressierbare Kundenschichten.

Hinsichtlich einer zukünftigen organisatorischen Aufstellung gibt es seitens des Topmanagements hingegen kein explizit formuliertes Zielbild. Die Frage, ob und inwieweit das Überleben des

22 Wir danken Bernd Lunglmayr für die Mitwirkung bei der Durchführung der Interviews und der ersten Analysephase.

Vereins neue Organisationsformen erfordert, beantworten Organisationsmitglieder daher wenig überraschend unterschiedlich. Die Bandbreite reicht von

> »Ich sehe das gar nicht anders möglich, dass wir sonst auf Dauer (...) bestehen können.« (Int 1; ähnlich Int 6)

bis hin zu

> »Also, die Notwendigkeit, jetzt hier irgendwie an zentralen Schrauben zu drehen, haben wir nicht.« (Int 5)

Organisatorische Änderungen wurden jedoch angeregt:

> »Es war einfach ... warum ist es dazu gekommen? Weil dieses Thema Agilität auch von unserem sehr innovativen Direktorium eingebracht wurde – na wäre das nicht auch etwas für uns?« (Int 5; ähnlich Int 1)

Im Zuge der Strategieentwicklung unternahm die Geschäftsleitung eine Learning Journey zu Start-up-Unternehmen in Berlin. Der Verein ging Kooperationen mit einer Universität und Start-up-Unternehmen ein, und es wurde eine eigene Abteilung für Innovationsmanagement gegründet. Eindeutig entschieden wurde auch die Abschaffung aller hierarchiebezogenen Führungstitel, und das Topmanagement kommunizierte die Erwartung, »auf direktere Berichtslinien zu kommen« (Int 1; ähnlich Int 4 und Int 6). O-Ton einer Interviewpartnerin:

> »Es gibt schon den dezidierten Wunsch seitens der Geschäftsleitung, weniger Hierarchien, einfach um (...) mehr auf Augenhöhe miteinander arbeiten können. Dieses Denkmuster will man schon raushaben.« (Int 4)

Ein Blick auf die Ebene der Architektur lohnt sich ebenfalls. Wenige Jahre zuvor waren alle Abteilungen des Headquarters, die zuvor auf mehrere Bürostandorte verteilt waren, in einen Neubau mit offenem Raumkonzept übergesiedelt. Dadurch nahmen Informationsdichte und -geschwindigkeit zu, und die Vernetzung der Abteilungen verbesserte sich. Darüber hinaus wird der Neubau als Intervention mit starker Symbolkraft beschrieben, denn die Architektur des Headquarters versinnbildlicht die Entwicklungsrichtung des Vereins: weniger Hierarchie, weniger Silos, mehr horizontale Vernetzung, mehr Kommunikation auf Augenhöhe.

6.2 Lockerungsübungen in drei Bereichen

Die tatsächliche Einführung neuer Organisationsformen beruht auf der Initiative einzelner Führungskräfte des mittleren Managements, die jeweils für ihren Zuständigkeitsbereich organisatorische Anpassungen in Angriff nehmen und umsetzen. Dort, wo Führungskräfte dies tun, erhalten sie Freiraum und Unterstützung seitens des Topmanagements.

In diesem Abschnitt geht es darum, welche konkreten Veränderungen die drei Organisationseinheiten Filialnetz, IT und Personalmanagement vorgenommen haben. Es wird deutlich werden, dass sie dabei evolutionärer Entwicklung den Vorrang vor radikaler Transformation geben. Pragmatik geht vor Dogmatik. Alle drei Bereiche verfolgen das Ziel, Kommunikationswege zu verkürzen, Entscheidungen zu beschleunigen und eine Organisation aufzubauen, die rascher auf Entwicklungen am Markt reagieren kann, kurzum: die Hierarchie zu lockern und beweglicher zu werden. Beim Filialnetz, mit dem wir hier beginnen, soll darüber hinaus ein stärkeres Eingehen auf regionale Bedürfnisse beim Angebot und der Erbringung von Dienstleistungen erreicht werden.

6.2.1 Filialnetz: Dezentralität stärken und Zusammenarbeit fördern

Der Leiter des Filialnetzes initiierte den Veränderungsprozess unmittelbar nach der Übernahme seiner neuen Funktion. Er besuchte alle Standorte und holte vor Ort Anliegen und Ideen für Innovationen und Verbesserungen ein. Zur Umsetzung dieser Themen wurden

> »temporäre Teilorganisationen (gebildet) und das ist das, was der Teil der Organisation bisher (…) nicht gewohnt war« (Int 1).

War die Projektverantwortung bisher zentral und auf hoher Managementebene angesiedelt, wurde nun »ganz bewusst und erstmalig und damit auch herausfordernd meinetwegen die Projektverantwortung an Filialverantwortliche delegiert« und damit »entlang der bisherigen Hierarchie auf unterster Führungsebene« (Int 1). Interessant erscheint hier, dass man die Projektleitungsrolle nicht auf der Ebene der Mitarbeiter:innen eingeführt hat, sondern nach wie vor – wenn auch auf niedrigerer hierarchischer Ebene –auf der Führungsebene belässt. Trotz fehlender Erfahrung in der Abwicklung von Projekten kann sich der bzw. die Filialverantwortliche »diese Projektorganisation dazu mal weitestgehend selbst einrichten« (Int 1), erhält bei Bedarf jedoch jedwede Unterstützung, wie beispielsweise beim Herstellen von Kontakten zu zentralen Stellen oder in Bezug auf Projektmanagementmethodik.

Dabei haben die aus der Organisation heraus entstandenen und nunmehr durch sie selbst bearbeiteten Themen eine sehr große Bandbreite, angefangen von der Überarbeitung administrativer Abläufe, über die Konzeption neuer Dienstleistungen bis hin zur Einführung variabler Gehaltsbestandteile, »was es bei (Name des Vereins) gar nicht gibt bisher« (Int 1). Die Bearbeitung von Themen in Form von Projekten löste bei den Filialleiter:innen zunächst Unsicherheit darüber aus, ob der zusätzlich zur Aufrechterhaltung des Tagesgeschäfts entstehende Mehraufwand überhaupt bewältigbar ist, sich letztlich lohnt und

> »nicht beim ersten Vorschlag (die Reaktion) kommt: Nein, das könnt ihr vergessen, das passt nicht zu uns« (Int 1).

Das Vertrauen ist jedoch aufgrund des nachhaltigen Interesses und der Aufmerksamkeit seitens des oberen Managements gestiegen. Filialleiter:innen schlagen von sich aus weitere Themen vor, die sie gerne bearbeiten würden. Dies wiederum erhöht den Druck auf jene, die sich bisher nicht beteiligt haben, sich ebenfalls einzubringen, um nicht den Anschluss zu verlieren. Eine weitere Herausforderung besteht auf der Ebene der Filialleitungen darin, mit der nun größeren Themenvielfalt und Arbeitslast umzugehen, und auf der Bereichsebene darin, das richtige Maß an gleichzeitig bearbeitbaren Themen zu finden.

Mit dem Ziel, stärker auf regionale Bedürfnisse einzugehen, wurde zusätzlich zur Verantwortung für Projekte die Verantwortung für den betriebswirtschaftlichen Erfolg ihrer Filiale auf die Filialleitungen übertragen und damit »auf Ebenen, die das bisher nicht gewohnt waren« (Int 1). Damit einhergehend wird eine direkte Vernetzung der einzelnen Standorte bewusst gefördert, und zwar sowohl zwischen den unterschiedlichen Standorten selbst, mit regionalen Kooperationspartner:innen und mit zentralen Abteilungen:

> »Das wird gut (...) angenommen. (...) aber ist genau diese Veränderung, (...) dass das lokale Führungsteam hier zentral überhaupt Kontakt auf-

> nehmen *darf*. Das ist ein bisschen überspitzt, aber das war teilweise nicht gewünscht oder nicht so vorgesehen einfach in den Abläufen.« (Int 1)

Für die zentralen Abteilungen führt dies zu einer größeren Zahl von Schnittstellen und zu höherem Bearbeitungsaufwand.

> »Um nicht zu viele Stufen der Entscheidung bis zum Einzelnen zu haben« (Int 1),

wurde weiters die Hierarchieebene der Regionalleitungen aufgelöst. Diese nun ehemaligen Führungskräfte übernahmen fachliche Aufgaben und fungieren nun als Berater:innen für die im Bereich initiierten Projekte. Die Umstellung von einer machtvollen, hierarchischen auf eine beratende Position ist zum Zeitpunkt des Interviews (noch) nicht allen gut gelungen.

Rückt man den Veränderungsansatz ins Blickfeld, so war es nicht das Ziel des Bereichsleiters, eine neue Organisationsform »auf der grünen Wiese« (Int 1) zu bauen, sondern sie in einem Prozess zu formen und kontinuierlich weiterzuentwickeln. Anders als in der Vergangenheit wurde bewusst darauf Wert gelegt, Mitarbeiter:innen bei der Themenfindung zu involvieren und die Führungsteams der Filialen »zu Beteiligten zu machen« und deren Rolle als »Befehlsempfänger der Zentrale« (Int 1) zu beenden. Teil des Prozesses ist das Bekenntnis, dass es erlaubt ist, mit Ideen und Projekten zu scheitern, oder zur Entscheidung zu kommen, sie nicht weiterzuverfolgen.

> »Hier geht es darum, (...) Dinge auszuprobieren, nach einer Zeit zu reflektieren, (...) auch den Mut zu haben, Dinge dann einfach abzuhaken.« (Int 1)

Auf die Frage, wie sich Führung verändert, spricht unser Interviewpartner von einem kooperativen Führungsstil. Er sieht sich als Sparringspartner, der unterstützt, ermutigt und ansprechbar ist.

6.2.2 IT: Rigidität aufbrechen und Leistung verbessern

Im Bereich IT hatte die vormals streng hierarchische Struktur zu mehrfachen Problemlagen geführt. Sie reichten von mangelnder Entscheidungsfähigkeit, geringer Veränderungsgeschwindigkeit über Ungleichverteilung von Arbeitslast und Abwanderung von Mitarbeiter:innen bis hin zu einer schlechten internen Kundenzufriedenheit. Neben der oben bereits angeführten Beschleunigung von Entscheidungen und einer Erhöhung der Anpassungsfähigkeit der Organisation wurden daher die Verbesserung der internen Serviceorientierung und die Erhöhung der Zufriedenheit der Mitarbeiter:innen als Ziel bei der Einführung neuer Formen der Organisation genannt.

Die Leiterin der IT setzte nach Antritt ihrer Funktion sehr rasch Maßnahmen um mit dem Ziel, die Organisationseinheit aufzurütteln und starre Routinen aufzubrechen. Im ersten Jahr fanden zahlreiche Veranstaltungen mit Mitarbeiter:innen statt, und es wurden Arbeitsgruppen gebildet. Die IT-Leitung legte Wert darauf, alle Mitarbeiter:innen an deren Arbeitsplatz zu besuchen und ein Gespräch über deren Arbeit, Anliegen und Ideen zu führen.

So wurde als eine der ersten Maßnahmen die zuvor vierstufige Hierarchie reduziert und die Mehrzahl der Teams direkt unter der Bereichsleitung angesiedelt. Mit einer Ausnahme: Um die Führungsspanne für die Bereichsleitung nicht zu hoch werden zu lassen, wurde für drei inhaltlich stark verschränkte Teams eine zusätzliche Ebene zwischen Bereichsleitung und Teamleitung belassen. Diese primär der Entlastung der Bereichsleitung dienende Rolle wurde jedoch nicht als klassische Führungsrolle mit inhaltlicher Verantwortung ausgelegt, sondern ist lediglich zuständig für organisatorische Angelegenheiten wie etwa die Freigabe von Urlaubsanträgen und Rechnungen sowie das Führen von Mitarbeiter:innengesprächen. Die Durchführung von Jours fixes und das Treffen von Entscheidungen erfolgen ungeachtet der hierarchischen Position immer im gesamten Führungskräfteteam.

Vor etwa eineinhalb Jahren wurde damit begonnen, von der klassischen Projektabwicklung auf agile Softwareentwicklung umzustellen. Anstelle eines anfangs festgelegten Scopes und eines definierten Projektendes erhalten IT-Services ein Jahresbudget zugewiesen, Anforderungen an die Services werden in einer Roadmap dargestellt, monatlich priorisiert und kleiner geschnittene Umsetzungspakete in kurzen Zyklen ausgeliefert. Dort, wo es aufgrund der Größe der Services Sinn macht, wurden entsprechend dem DevOps-Ansatz die Entwicklung und der Betrieb von Services bereits in einem Team zusammengefasst. Diese Änderung war

> »sowohl für die Führungskräfte als auch für die Mitarbeiter quasi in einem *ersten* Reorganisationsschwung auch gut nehmbar« (Int 3).

Die monatliche Priorisierung der anstehenden Themen ist nun Aufgabe einer neu installierten Strategie-Roadmap-Gruppe, die aus den

Mitgliedern der Geschäftsleitung besteht. Aufgrund der gestiegenen Transparenz darüber, welche Themen priorisiert und welche zeitlich nach hinten verschoben werden, konnte das Ansehen der IT in den letzten beiden Jahren verbessert werden:

> »... es war schon immer auch der Nimbus, na, da wird eben Arbeit nur hin und her geschoben, aber nirgends erledigt. (...) Also dieses Standing, das haben wir gänzlich abgelegt, und da ist schon allen bis hin zur Geschäftsleitung klar, dass bei uns hier die Maschine läuft und *gearbeitet* wird.« (Int 3)

Diese Änderungen der Arbeitsweise gingen jedoch nicht völlig reibungslos vonstatten. Vor allem für die Projektleiter:innen führte die Umstellung von klassischer Projektarbeit auf eine laufende Weiterentwicklung von Services zu Problemen beim Rollenverständnis. Für diese neue Rolle gab es noch keine definierte Bezeichnung, und es wurden unterschiedliche Namen dafür verwendet. Zum Zeitpunkt der Interviews wurde daher damit begonnen, ein einheitliches Rollenbild zu definieren und an einem gemeinsamen Verständnis zu arbeiten. Auch an ihren Schnittstellen zu anderen Bereichen führte die neue Arbeitsweise der IT zu Irritationen, da auch diese nun gefordert sind, ihre Leistungsbeiträge dem Rhythmus der IT mit kürzeren Zyklen anzupassen.

Wie das Filialnetz verlagerte auch der IT-Bereich Entscheidungsbefugnis auf untere Hierarchieebenen:

> »Ja, die Teamleiter dürfen jetzt auch was. (...) ob sie einen Kugelschreiber angeschafft haben (...), alles und jedes musste (...) mit dem Abteilungsleiter abgestimmt werden.« (Int 3)

Dieser größere Entscheidungsspielraum der Teamleiter:innen führt jedoch zu Widersprüchen mit den internen Regelungen der Gesamtorganisationen und etwa dazu, dass bei manchen Entscheidungen der Teamleiter:innen aus formalen Gründen nach außen eine Unterschrift der Bereichsleitung erforderlich ist. Auch im Bereich der IT-Projekte wird versucht, den Projektteams mehr Entscheidungsverantwortung zu übergeben – auch mit dem Ziel, Entscheidungsprozesse zu verkürzen. Dennoch verbleiben inhaltliche Letztentscheidungen in der Geschäftsleitung, wenngleich Vorschläge der Projektteams oft unverändert angenommen werden.

Bei einer Zufriedenheitsbefragung interner Kunden sind bereits positive Effekte in Bezug auf Freundlichkeit und Geschwindigkeit, aber auch hinsichtlich Transparenz und Kommunikation bei Projekten erzielt worden. Doch auch von Irritationen wird berichtet. Die Änderungen führten zu Unsicherheit und persönlicher Betroffenheit bei jenen, die früher für Teile der IT zuständig waren und ihre bisherige Arbeit nun abgewertet sehen. Manche, die noch in strikteren Hierarchien organisiert sind, reagieren teils mit Unverständnis, teils mit Neid. Weiters wurde die Sichtbarkeit der Leistung jeder und jedes Einzelnen erhöht, mit unterschiedlichem Effekt:

> »Das strengt manche mehr an, manche habe es eh schon immer gemacht.« (Int 3)

Neben den großen, rasch gesetzten Veränderungsmaßnahmen beschreibt die Leiterin der IT ihre grundsätzliche Herangehensweise so:

> »Kleinere Dinge auszuprobieren, mit den Mitarbeitern und Führungskräften gemeinsam (reflektieren): Funktioniert das? Ja super, passt, gehen wir den nächsten Schritt. Das sehe ich vom Organisationsentwickeln nicht viel anders als vom Projekt- und Softwareentwickeln. Das ist für mich (...) ein permanenter Forschungs- und Weiterentwicklungszyklus.« (Int 3)

Dieses schrittweise Vorgehen und Entwickeln zeigt sich auch in Bezug auf Führung. Die Umgestaltung der Organisationseinheit macht das autoritäre Bild von Führung obsolet, in dem hierarchische Position mit »recht haben« und Expert:innentum gleichgesetzt wurde. Zu Beginn war es notwendig, mit den Führungskräften der IT daran zu arbeiten,

> »(dass) wenn der (Mitarbeiter) recht hat, dann hat er fachlich recht. Und da kannst du dir den Hut aufsetzen als Führungskraft, was du willst.« (Int 3)

Mittlerweile nimmt das gesamte Führungsteam einmal jährlich an einer Off-site-Veranstaltung teil, um ein gemeinsames Bild von Führung zu erarbeiten und Führungskompetenzen weiterzuentwickeln. In Bezug auf ihre eigene Führungsrolle spricht die Leiterin der IT – wie schon der Leiter des Filialnetzes – davon, Sparringspartnerin für die Teamleitungen zu sein, z. B. um diese bei der Vorbereitung und beim Durchsetzen strategischer Entscheidungen zu unterstützen. Von ihren Mitarbeiter:innen (inklusive Teamleitungen gemeint) erwartet sie, dass sie ihre Meinungen offen aussprechen, auch wenn sie ihr inhaltlich widersprechen:

> »Inhalte sind wichtiger als Hierarchie.« (Int 3)

Die Entwicklung führt weg vom Bild eines »unantastbaren Chefs, der nie Fehler macht, hin zu einer offenen Fehlerkultur« (Int 3).

6.2.3 Personalmanagement: Komplexität bewältigen und Hierarchisierung vermeiden

Die dritte beforschte Organisationseinheit neben dem Filialnetz und der IT ist der Bereich Personalmanagement. Hier sah man sich in der Abteilung für Personalentwicklung mit einer höheren Arbeitslast bei gleich bleibenden Ressourcen und einer gestiegenen Komplexität der anfallenden Aufgaben gegenüber. Die starke operative Einbindung der Führungskraft führte dazu, dass vermehrt Aufgabenstellungen nicht mehr mit ausreichender Geschwindigkeit bearbeitet werden konnten.

Um die Arbeitslast für die Führungskraft zu reduzieren und den Durchsatz zu erhöhen, wurde zunächst die Aufteilung der Abteilung in Teams inklusive Implementierung einer Ebene von Teamleiter:innen angedacht. Man wollte jedoch keine zusätzlichen Silos sowie keine zusätzliche Führungsebene schaffen, daher wurde dieser Gedanke wieder verworfen. Stattdessen wurden teilweise abteilungsübergreifend besetzte Arbeitsgruppen (jeweils geleitet von einer Koordinatorin) eingerichtet und die operative Verantwortung für ausgewählte Themen an diese Arbeitsgruppen delegiert. Dabei können Koordinator:innen jeweils mehr als eine Arbeitsgruppe leiten und Mitarbeiter:innen in mehr als einer Arbeitsgruppe vertreten sein.

Der Leiter der Personalentwicklung war anfangs in allen Arbeitsgruppen vertreten, konnte dadurch jedoch »diese Chefrolle (...) nicht losbekommen« (Int 5). Zudem kam es anfangs zur Rollenunklarheit im Bezug darauf, »wie weit man tatsächlich dann entscheiden kann oder nicht« (Int 2) und darauf, ob der »Koordinator jetzt wirklich so der Leiter (ist), der dann eigentlich nur Arbeit weitergibt und delegiert oder der, der den Mammutteil selbst macht und so« (Int 2). Das im Anschluss gemeinsam erarbeitete Rollenbild überträgt die Verantwortung für das aktive Vorantreiben des Themas an die Koordinatorin und belässt die disziplinäre und budgetäre Verantwortung beim Abteilungsleiter. Die Koordinatorin arbeitet inhaltlich in gleichem Ausmaß wie die anderen Teilnehmer:innen der Arbeitsgruppen mit, koordiniert die Zusammenarbeit und berichtet an die Abteilungsleitung.

Ein Effekt der Delegation operativer Verantwortung an Arbeitsgruppen, in denen die Teilnehmer:innen weitestgehend gleichberechtigt agieren, liegt darin, dass Aushandlungsprozesse in den Teams an die Stelle hierarchischer Entscheidungen treten. Dies erhöht einerseits den Kommunikationsaufwand und bringt Emotionen ins Spiel. Aufgrund der nun stärkeren Eigenverantwortung ist andererseits die Identifikation der Mitarbeiter:innen mit den Themen nun höher, in einem Maße, dass es manchen nun »schwerer fällt, Privatzeit und Dienstzeit zu trennen« (Int 6), und zwar teilweise schon »in Richtung (Selbst-)Ausbeutung« (Int 6).

Vergleicht man die Wirkungen mit der ursprünglich formulierten Erwartung, so konnte sowohl die Entlastung der Führungskraft als auch ein höherer Durchsatz aufgrund der gestiegenen Leistungsbereitschaft mancher Mitarbeiter:innen erreicht werden. Entgegen der anfänglichen Skepsis ist die Akzeptanz der Organisation in Arbeitsgruppen nun vorwiegend positiv:

> »Es ist aber auch schöner geworden in der Zusammenarbeit, weil man ja auch mehr Know-how reinbringt in die Tätigkeiten selbst und es einfach ein bisschen bunter wird.« (Int 2; ähnlich Int 6)

Außerhalb der Abteilung werden die Änderungen teilweise gar nicht wahrgenommen, teilweise kommt es zu Verwirrung, da nun mehrere Mitarbeiter:innen als Ansprechpartner:innen für ein Thema zur Verfügung stehen.

Auf der Ebene des Bereichs Personalmanagement wurde versuchsweise die Methode »Objectives & Key Results« (OKR) für ein verbessertes Ziel- und Umsetzungsmanagement eingeführt, der Versuch nach zwei Quartalen jedoch wieder beendet. Die Evaluierung hatte ergeben, dass die Führungskräftebesprechungen aufgrund der Arbeit mit OKR besser strukturiert werden konnten und die Fokussierung auf wichtige Themen besser gelang. Doch letztlich überwogen die wahrgenommenen Nachteile: OKR werden als zusätzliches Managementinstrument wahrgenommen. Ihr Einsatz erhöht den Abstimmungsaufwand im Führungsteam, und die Auswahl und die Priorisierung der OKR erzeugt im Führungsteam emotionale Spannungen.

Im Personalmanagement wurden die Maßnahmen – anders als im Filialnetz und in der IT – zunächst explizit als Experiment gerahmt. Eines der Argumente für das Experimentieren bezog sich auf die Rolle der Abteilung Personalmanagement:

> »Wir müssen rechtzeitig darauf schauen, dass wir neue Wege finden. (...) Wenn wir es nicht ausprobieren und glauben, dass es irgendwann in der Organisation relevant werden wird, in welcher Form auch immer, dann werden wir unglaubwürdig. Und dann können wir nichts in irgendeiner Art und Weise vorantreiben, weil (...) wir können nicht in alten Strukturen neue Strukturen ermöglichen.« (Int 6)

Die Veränderungen im Personalmanagement starteten nicht mit einem Führungswechsel. Doch auch hier verändert sich die Rolle der Führungskraft. War der Leiter der Personalentwicklung bislang stark involviert, ist er es nun nicht mehr. Dies bedurfte von seiner Seite eines bewussten »Sich-Zurückziehens«, eines »Loslassens« (unter anderem Int 6, Int 2).

6.3 Gemeinsamkeiten und Unterschiede

Im Folgenden beschreiben wir einige Gemeinsamkeiten und Unterschiede bei den Lockerungsübungen der drei Organisationseinheiten, die uns in Bezug auf den Fokus dieses Buches als relevant erscheinen. Wie eingangs bereits erwähnt, ist der Verein auf der Basis seines bisherigen Geschäftsmodells erfolgreich und gleichzeitig aufgrund der sich rasch vollziehenden technologischen und gesellschaftlichen Entwicklungen gefordert, sich selbst zu wandeln und auf Wandel einzustellen, um erfolgreich zu bleiben. Das Ausgangsproblem, das sich hier zeigt, ist der Widerspruch zwischen Stabilität und Wandel bzw. aktuellem und zukünftigem Geschäftserfolg. Die Bearbeitung dieses Widerspruchs erfolgt nun auf unterschiedlichen Ebenen.

6.3.1 Organisation und Projekte

In allen drei betrachteten Organisationseinheiten setzen die getätigten Änderungen – wenn auch bei je unterschiedlicher Ausgangslage – jeweils an den gleichen Hebeln an: Hierarchie, Entscheidungsverlagerung nach unten, Förderung horizontaler Kommunikation und Einsatz von Projekten.

Alle drei Bereiche folgen damit der Erwartung des Topmanagements im Hinblick auf eine Rücknahme von Hierarchie. Während im

Filialnetz und bei der IT die vorhandene Hierarchie rückgebaut wird, wird in der Personalentwicklung die Einführung einer zusätzlichen hierarchischen Ebene vermieden. Die Verantwortung für Entscheidungen verbleibt dabei weitestgehend auf der Führungskräfteebene – im Filialnetz werden sowohl die Verantwortung für Projekte als auch für den betriebswirtschaftlichen Erfolg erstmals an Filialleitungen übertragen. In der IT werden inhaltliche Projektentscheidungen auch weiterhin auf einer sehr hohen Managementebene freigegeben.

In Zusammenhang mit der Entscheidungsverlagerung auf untere hierarchische Ebenen kam jeweils auch das Thema der (möglichen) Überlastung der betroffenen Mitarbeiter:innen bzw. Führungskräfte zur Sprache. Dieser Effekt wurde sowohl mit der erhöhten Sichtbarkeit des bzw. der Einzelnen und der aufgrund der Eigenverantwortung gestiegenen Identifikation mit den Aufgaben als auch mit einem Mehr an Aufgaben erklärt. Zusätzlich kommt es aufgrund der zunehmenden Verschiebung von einer vertikalen zu einer horizontalen Kommunikation zu einer erhöhten Kommunikationsdichte auf den operativen Ebenen. Interessant ist auch, was wir in den Interviews mehrfach hörten: Dort, wo Entscheidungen nicht mehr durch Hierarchen getroffen werden, kommen Aushandlungsprozesse zwischen Gleichberechtigten und damit Emotionen ins Spiel, und es wird der Bedarf an neuen Kompetenzen, wie etwa zur hierarchiefreien Konfliktlösung, ersichtlich.

In Bezug auf die Interventionsebene »Projekte« überraschte uns, dass Projektmanagement im Filialnetz mit seinen rund 700 Mitarbeiter:innen überhaupt erst eingeführt und die Rolle der Projektleiter:innen bei Führungskräften angesiedelt wurde. In der IT, die auf vorhandene Expertise im Projektmanagement zurückgreifen kann, erfolgt der schrittweise Übergang von klassischer Projektabwicklung hin zu agiler Softwareentwicklung.

Die organisatorischen Anpassungen verfolgen nicht das Ziel, ein bestehendes Referenzmodell wie beispielsweise Holacracy oder SAFe nachzubilden, sondern sie sind auf die spezifischen Bedingungen und Bedürfnisse der betreffenden Organisationseinheit zugeschnitten. Aufgrund des Fokus auf die eigene Organisationseinheit kam es an den Schnittstellen mit umliegenden Bereichen zu Irritationen, die nach unserer Einschätzung zum Zeitpunkt der Interviews noch nicht adäquat adressiert wurden. Die eingeführten Änderungen führten jeweils auch zu Rollenunklarheit bei deren Inhaber:innen und zu dem

Erfordernis, diese Rollen klar zu definieren und am neuen Rollenverständnis zu arbeiten. Interessant erscheint uns, dass auch diese Rollenbilder zunächst nur bereichsintern erarbeitet werden.

6.3.2 Führung und Veränderungsansatz

In allen drei Bereichen wird die Bedeutung von Hierarchie zurückgenommen, dennoch behält Führung eine wesentliche Bedeutung. Führung übernimmt die Rolle der Treiber:in der Transformation – als Initiator:in und Umsetzer:in organisatorischer Änderungen, bei der Implementierung eines neuen Führungsverständnisses, bei der Förderung von Selbstorganisation sowie bei der Etablierung einer neuen Fehlerkultur. Führung verändert und verändert sich. Denn Hand in Hand mit den organisatorischen Änderungen vollzieht sich eine Entwicklung von einem heroischen hin zu einem postheroischen Verständnis von Führung (Baecker 2012). Die interviewten Bereichsleiter:innen sehen sich nicht mehr als allein entscheidende Autoritätspersonen an der Spitze ihrer Organisationseinheit, sondern als Rahmensetzer:innen, Sparringspartner:innen und Begleiter:innen. Im neuen Führungsverständnis geben Führungskräfte ihren Mitarbeiter:innen Freiraum, und sie delegieren Verantwortung. Vertrauen und Augenhöhe sind zentrale Werte. Dies bringt mit sich, als Führungskraft nicht mehr alles zu überblicken und zu kontrollieren und über alles im Detail informiert zu sein. Irritationen entstehen dabei insbesondere dort, wo alte und neue (Führungs-)Muster aufeinandertreffen. Eine Führungskraft berichtet z. B. von der Herausforderung, »nach oben hin« (Int 6) auskunftsfähig zu bleiben. Die Verantwortungsübergabe an Mitarbeiter:innen kann dazu führen,

> »dass es mich zeitlich unter Druck bringt, weil ich nicht mehr rechtzeitig raufkommunizieren kann oder nicht in ausreichendem Maße. (...) (Ich muss schauen,) dass ich das noch irgendwie kanalisiere, weil es gibt immer noch eine hierarchische Struktur« (Int 6).

Auch was den Veränderungsansatz betrifft, fallen Gemeinsamkeiten und Unterschiede auf. Die Mehrzahl der von uns interviewten Führungskräfte (sowie weitere Personen des Topmanagements, denen wiederholt starke Veränderungsimpulse zugeschrieben wurden) waren jeweils neu in ihre Führungsrolle gekommen.

Im Personalmanagement werden die Maßnahmen explizit als »Experimente« markiert und nach Evaluierung auf Dauer gesetzt

(Arbeitsgruppen) bzw. beendet (OKR). In den beiden anderen betrachteten Organisationseinheiten hingegen werden die ersten, bedeutenden Veränderungen zunächst entschieden umgesetzt. Doch in der Folge wird auch dort ein evolutionäres Vorgehen deutlich, und es wird sehr stark auf die Etablierung einer Fehlerkultur Wert gelegt. Änderungen sollen möglichst rasch erprobt werden, und nach einer Evaluierung wird über deren Fortsetzung entschieden. Anders als zuvor werden Mitarbeiter:innen und Führungskräfte unterer hierarchischer Ebenen bei der Ideenfindung bewusst involviert.

Bei der Weiterentwicklung der Organisation wird Rücksicht auf die Verträglichkeit für die Organisation und die betroffenen Mitarbeiter:innen genommen. Die Verträglichkeit an den Schnittstellen hingegen scheint kein vorrangiges Kriterium zu sein. Der Fokus ist, wie in Abschnitt 6.3.1 bereits erwähnt, stark auf die interne Umsetzung gerichtet, und Schnittstellen sind kaum in den Veränderungsprozess involviert.

6.3.3 Die Wirkung des Hauses

Viele Interviewte sprachen »das neue Haus« und seine Wirkung an:

> »Das Gebäude hat viel dazu beigetragen, das darf man nicht unterschätzen.« (Int 7)

Seitdem die zentralen Abteilungen an einen neuen Standort übersiedelten, veränderten sich Kommunikation und Zusammenarbeit: Der Informationsfluss ist intensiver und schneller geworden, die Wege kürzer. Die Kommunikation zwischen den Abteilungen verbesserte sich, Abstimmungen werden schneller erreicht. Hierarchie wird seit der Übersiedlung nicht mehr über Stockwerke und Größe der Büros abgebildet. Das offene Raumkonzept im Headquarter erleichtert den Kontakt:

> »Durch das Offene ist die Schwelle ›Ich muss eine Tür überwinden‹, das ist weg.« (Int 8)

Es wird auch von Nachteilen berichtet, da bei manchen der Eindruck entsteht, dass zu viele Meetings durchgeführt werden, und Unterbrechungen sowie Kommunikation im Großraumbüro störend wirken. Gesamthaft betrachtet, »kommuniziert« die Architektur die Entwicklungsrichtung des Vereins und unterstützt sie zugleich: Man will mit weniger Hierarchie auskommen, Silodenken vermeiden und dafür mehr horizontale Vernetzung fördern, hierarchische Distanzen verringern und mehr Ansprechbarkeit gewährleisten.

6.4 Fazit

In der vorliegenden Fallstudie wurde dargestellt, wie der Verein auf die Kernparadoxie Stabilität versus Wandel reagiert. Nach unserer Einschätzung wird diese Paradoxie in den von uns beobachteten Organisationseinheiten produktiv gemanagt, indem neue Elemente behutsam und schrittweise eingeführt werden, ohne das Alte (ganz) über Bord zu werfen.

Die Änderungen erfolgen nicht zum Selbstzweck, sondern werden als Mittel verstanden, die Umsetzung der neuen Strategie zu unterstützen. Der Verein folgt dabei keiner Managementmode, sondern führt pragmatisch jene Elemente ein, die Wandel und Innovation ermöglichen. Dieser Befund kommt auch dadurch zum Ausdruck, dass unsere Interviewpartner:innen in ihren Aussagen jeweils einen Bezug zwischen einem Problem und der entsprechenden Lösung herstellten und Begriffe wie beispielsweise Agilität, Scrum oder MVP kaum oder gar nicht in die Kommunikation einbrachten.

Der vom Topmanagement gegebene Freiraum führt dazu, dass die beobachteten Organisationseinheiten je eigene Lösungen in unterschiedlichen Geschwindigkeiten entwickeln. Die Konzentration auf die eigene Organisationseinheit reduziert zunächst Komplexität und erleichtert die Umsetzung im eigenen Bereich. Dies schafft Veränderungsdynamik. Auf der Ebene der Gesamtorganisation kann diese Vorgehensweise klug sein. Denn bei einer unsicheren Umwelt ist die passende Lösung nicht bekannt, und die Organisation lässt zunächst Variation zu. Scheitert eine Lösung, dann tut sie das nur für einen Teil der Organisation. Erweist sich eine Lösung als brauchbar, dann kann sie auf andere Organisationseinheiten ausgeweitet werden.

Auf uns wirken die Veränderungen wie Lockerungsübungen: Hierarchie wird rückgebaut, jedoch nicht grundsätzlich infrage gestellt. Änderungen zur Lösung definierter Probleme werden mit Bedachtnahme auf die Verträglichkeit für Organisation und Mitarbeiter:innen schrittweise eingeführt. Die angestrebten Ziele und eingeführten Lösungen werden konkret inhaltlich benannt und »unaufgeregt« berichtet. Auch wenn wir im gewählten Veränderungsansatz für diese Phase der Transformation einen produktiven Umgang mit der Paradoxie Stabilität versus Wandel erkennen, zeigen sich mit Blick auf die weitere Entwicklung doch neue Fragestellungen:

- Filialnetz, IT und Personalmanagement sammeln auf ihren jeweiligen Entwicklungswegen vielfältige Erfahrungen:
  Wie fließen diese Lernerfahrungen in die Gesamtorganisation ein? Wie wird gesichert, dass der Verein lernt?
- An den Schnittstellen treffen alte Muster auf neue Muster, daraus entstehen Reibung und Spannung:
  Wie werden diese Spannungen in Zukunft bearbeitet? An welchen Stellen auf gesamtorganisatorischer Ebene wird der Bedarf nach Standardisierung und Konsolidierung auftreten, und wie wird er zukünftig bearbeitet?
- Neue Rollen entstehen:
  Wie kann die Attraktivität dieser Rollen in Zukunft gesteigert werden? Wie werden diese Rollen einheitlich beschrieben? Wird eine Trennung in disziplinäre und inhaltliche Führung an Bedeutung gewinnen? Welche Karrierewege gibt es abseits der Führungsrolle? Wie sehen entsprechende Gehaltsbänder aus?

Eine wesentliche Frage wird auch sein, ob die Veränderungen ausreichen und rasch genug erfolgen werden oder ob sich das Umfeld zu schnell für das evolutionäre schrittweise Vorgehen des Vereins ändert. Oder anders formuliert: Reicht der eingeschlagene Weg der dezentralen Lockerungsübungen, oder muss der Verein bald mit einem härteren Training (unter zentraler Anleitung) beginnen, um letztlich im Wettbewerb zu bestehen und erfolgreich zu bleiben?

Steckbrief

Formale Aspekte des Forschungsprozesses
Organisationstyp, -größe, -struktur Gemeinnütziger Verein, 4000 Mitarbeiter:innen, föderale Struktur
Untersuchte Einheit(en) Filialnetz, IT, Personalmanagement
Branche/Branchendynamik Dienstleistungen / sich rasch vollziehende technologische, gesellschaftliche und Marktveränderungen mit weitreichenden Auswirkungen auf das angestammte Kerngeschäft

Anzahl, Form (Interviews, andere Methoden), Zeitraum der Datenerhebung Elf qualitative, teilstrukturierte Interviews im Zeitraum von Februar bis Mai 2019
Ausgangslage: Art und Umfang bisheriger Erfahrungen mit NO Erste Umsetzungen von NO in den untersuchten Einheiten seit 2017/2018
Qualitative und theoretische Aspekte
Anlass und Ziele von NO-Aktivitäten / »Problem- und Lösungsansatz« • *Problem:* Branchendynamik (Wandel des Umfelds), mangelnde Schnelligkeit und Beweglichkeit aufgrund starrer Hierarchie • *Ziel:* Anpassungsfähigkeit an sich rasch wandelndes und komplexer werdendes Umfeld, Sicherung des zukünftigen Geschäftserfolgs
Dominante Kernparadoxie dieser Organisation Stabilität versus Wandel
Hauptinterventionsebenen Organisation (Entscheidungsprämisse Kommunikationswege), Führung, Projekte/Teams
Dominantes Muster der Paradoxiebearbeitung *Produktives Paradoxiemanagement:* Neue Elemente werden behutsam und schrittweise eingeführt, ohne das Alte (ganz) über Bord zu werfen
Key Learnings, Anschlussfragen und »Lösungsprobleme« • Filialnetz, IT und Personalmanagement sammeln auf ihren jeweiligen Entwicklungswegen vielfältige Erfahrungen. Wie fließen diese Lernerfahrungen in die Gesamtorganisation ein? Wie wird gesichert, dass der Verein lernt? • An den Schnittstellen treffen alte Muster auf neue Muster, daraus entstehen Reibung und Spannung. Wie werden diese Spannungen in Zukunft bearbeitet? An welchen Stellen wird der Bedarf nach Standardisierung und Konsolidierung auf gesamtorganisatorischer Ebene auftreten, und wie wird er bearbeitet werden? • Neue Rollen entstehen. Wie kann die Attraktivität dieser Rollen in Zukunft gesteigert werden? Wie werden diese Rollen zukünftig einheitlich beschrieben? Wird eine Trennung in disziplinäre und inhaltliche Führung an Bedeutung gewinnen? Welche Karrierewege gibt es abseits der Führungsrolle? Wie sehen entsprechende Gehaltsbänder aus? • Erfolgen die Veränderungen ausreichend und rasch genug oder ändert sich das Umfeld zu schnell für das evolutionäre schrittweise Vorgehen des Vereins? Anders formuliert: Reicht der eingeschlagene Weg der dezentralen Lockerungsübungen, oder muss der Verein bald mit einem härteren Training (unter zentraler Anleitung) beginnen, um letztlich im Wettbewerb zu bestehen und erfolgreich zu bleiben?

Wie interessant!

Des Öfteren wird die Initiative für neuere Ansätze des Organisierens als Bottom-up-Bewegung von idealistischen und begeisterten Mitarbeiter:innen beschrieben. Hier zeigt sich dies anders.

Eine über lange Jahre gut eingespielte, klassisch-hierarchische Aufbauorganisation wird organisationsintern als größtes Hindernis betrachtet, um auf sich rasch verändernde Umweltbedingungen adäquat reagieren zu können. Auch das Topmanagement ist davon überzeugt, dass eine Reduktion um ein oder zwei Hierarchieebenen eine wichtige Maßnahme zur Lösung des Problems sein könnte. Darüber hinaus regt das Management die Einführung neuer Formen des Organisierens an, ohne jedoch explizite Vorgaben zu machen, und schlägt den Führungskräften vor, die Organisation sollte sich auf zukünftige Herausforderungen »vorbereiten und neuer« aufstellen.

In diesem Fall erhält die Entscheidungsprämisse »Person« eine besondere Relevanz im Veränderungsprozess. Denn anders als in vielen hier angeführten Fällen übernehmen drei Repräsentanten der mittleren Führungsebene dabei die Initiative für die Umsetzung neuer Methoden. Jedoch lassen Rollenunsicherheiten bei bisherigen Funktionsträgern wie Projektleiter:innen und anderem Führungspersonal noch Klärungsbedarf erkennen. Aber auch die Mitarbeiter:innen müssen sich in die neue Art des Arbeitens eingewöhnen. Man übernimmt mehr Verantwortung, hat höheren Abstimmungsaufwand und muss in der Lage sein, Konflikte zu klären, ohne dies an Führungskräfte delegieren zu können. Dies erfordert eine besondere Fokussierung auf soziale Kompetenzen.

An dem Beispiel der versuchsweisen Einführung von OKR ist interessant, wie New Organizing in der Praxis eingesetzt werden kann: Man startet einen offiziellen Versuch, einigt sich auf eine gemeinsame Evaluation und entscheidet im Team, wie man weiter vorgehen möchte. Dies mit dem positiven Nebeneffekt, dass organisationales Lernen tatsächlich auch ermöglicht wird.

Was die Bearbeitung der Kernparadoxie von Stabilität und Wandel betrifft, scheint sich die als evolutionär bewertete Vorgehensweise als »Sowohl-als-auch-Strategie« zu bewähren. Ein »schrittweises, behutsames Vorgehen«, wie es die Autor:innen beschreiben, vermeidet eine Überforderung der Organisation. So gesehen ist die Antwort auf die Paradoxie selbst paradox: Lasst uns langsam vorgehen, um rasch reagieren zu können.

Die Veränderung in der Organisation wird – was im Text zurückhaltend kommentiert wird – durch architektonisch-räumliche Maßnahmen, verbunden mit dem Umzug in ein neues Gebäude, unterstützt (ähnlich übrigens wie in den Fallstudien »Wiener Melange: Die Milch kriegst' nicht mehr aus dem Kaffee« (Kap. 8) und

»Mit dem Rücken zur Wand« (Kap. 2), in der die Idee der »Co-Location« besonders hervorgehoben wird).

Es folgt: »Stabilagil« (Kap. 7): Überleben mit zwei unterschiedlichen Stakeholderwelten und behutsame Form der Führung mit Unterstützung von Bottom-up-Vorgehen.

Alternativ: Ein sehr konträres Beispiel liefert »Speed ist the name of the game!« (Kap. 12): Klare Vorstellungen durch das Management prägen die Vorgehensweise.

TG, GPK, SG

7 Stabilagil – Eine etablierte Medienanstalt im experimentellen Suchmodus

Peter Feneberg, Cornelia Odenthal, Barbara Vogel

Lockerungsübungen, ohne den Halt zu verlieren: Eine Organisation hält das Unentschiedene aus. Auf den massiven Veränderungsdruck reagiert sie nicht mit einem zentralisierten Changeprozess, sondern öffnet und unterstützt den Raum für neue (Such-)Bewegungen und Experimente. New Organizing wird in diesem Innovationsprozess auf vielschichtige, unaufgeregte und pragmatische Weise genutzt. Ein spannendes Lehrstück für einen sensiblen Umgang mit der Asymmetrie von Hierarchie und Eigeninitiativen mit dem Blick auf Zukunftssicherung.

Das beforschte Unternehmen ist ein Medienunternehmen, mit einer funktional untergliederten Organisationsstruktur, die sich an den drei Ausspielwegen Hörfunk, Fernsehen und Multimedia orientiert. Darüber hinaus existieren eine hierarchische Grundordnung sowie damit verbundene Kontrollorgane und Berichtswege. Rund zwei Drittel der weit über 1000 Beschäftigten sind fest angestellt, sie haben häufig eine sehr lange Betriebszugehörigkeit, und das Durchschnittsalter liegt bei ca. 50 Jahren.

Im März 2019 wurden insgesamt fünf teilstrukturierte Interviews durchgeführt. Die Gesprächspartner:innen waren drei Führungskräfte, eine interne Beraterin und die Mitarbeiterin eines Fachbereichs. Alle zeichneten sich durch ihr hohes persönliches Engagement aus. Die Beobachtungen konzentrierten sich auf die Einführung neuer Organisationsformen und Arbeitsmethoden im beforschten Unternehmen unter den gegebenen Rahmenbedingungen.

7.1 Das Unternehmen in seiner Umwelt

Öffentlich-rechtliche Unternehmen agieren innerhalb eines von gesetzlichen Vorgaben geprägten Rahmens. In der hier betrachteten Branche besteht ein definierter Programm- und Versorgungsauftrag.

Die Wahrung der politischen und wirtschaftlichen Unabhängigkeit ist wesentliche Aufgabe der Rundfunkanstalten. Damit einher geht die Finanzierung durch Rundfunkbeiträge und Werbeeinnahmen in Verbindung mit dem Non-Profit-Charakter des Geschäftsmodells.

Die traditionellen, lange Jahre bewährten Strukturen und Prozesse der Organisationen werden nun durch eine sich nachhaltig verändernde Unternehmensumwelt auf den Prüfstand gestellt. Eine Anpassung an die neuen Rahmenbedingungen wird unerlässlich, um im Markt bestehen bleiben zu können. Das beforschte Unternehmen identifiziert und adressiert in dem Zusammenhang drei wesentliche Aspekte (Int 2):

- Erstens sind größere Veränderungen im Hinblick auf das etablierte Geschäftsmodell zu erwarten,
- zweitens rücken die Bedürfnisse der Nutzer:innen stärker in den Fokus und
- drittens werden sich die Art und Weise der Leistungserbringung und Produktgestaltung wandeln.

Strukturreform: Es kann nicht mehr so bleiben, wie es ist

Im öffentlich-rechtlichen System der Medienbranche besteht zunehmend Wettbewerb um Inhalte und Mittel zwischen den Anbietern, die teilweise als gleichberechtigte Mitglieder einer Dachorganisation miteinander verbunden sind. Strukturen werden verschlankt und Kosten gesenkt. Der wirtschaftliche wie politische Druck, in der Zusammenarbeit Ressourcen zu bündeln und Kooperationen einzugehen, ist in den letzten Jahren zunehmend stärker geworden:

> »Also ich könnte heute nicht mehr sagen, wie in 5 Jahren (Name des Unternehmens) aussieht, vor 10 Jahren hätte ich mir das noch zugetraut. ... Heute wüsste ich nicht mehr, wo man hin muss, und dementsprechend auch nicht mehr, wie man da hinkommt. Aber es ist mir vollkommen klar, es kann nicht mehr so bleiben, wie es ist. Das, glaube ich, spüren alle hier. Ich glaube, das vereint alle.« (Int 1)

Die Überlebensfrage der einzelnen Unternehmen definiert sich zudem nicht (allein) an wirtschaftlichen Größen, sondern hängt auch stark von politischen Motiven ab. Das hat zur Folge, dass das Überlebensziel für das beforschte Unternehmen nicht klar zu umreißen bzw. zu beeinflussen ist:

> »Weil eigentlich im Moment keiner weiß, wie es weitergeht. Das gab es so noch nicht... Wir haben eine grobe Idee, warum und wohin. Aber grob reicht uns, und wir planen mal den nächsten Schritt, und den machen wir dann auch schnell.« (Int 1)

Nutzerorientierung: Der Markt hat sich gedreht

Die Kundenstruktur verändert sich nachhaltig, und die Anzahl der Nutzer:innen sinkt. Bisherige Stammkund:innen mit ihren vertrauten Nutzungsgewohnheiten werden immer älter, während die Bedürfnisse junger, potenziell neuer Kund:innen bisher noch nicht ausreichend berücksichtigt werden:

> »Der Hauptimpuls kommt ja daher, dass der Markt sich gedreht hat. Und dass wir merken, dass wir massiv an Akzeptanz verlieren. Das ist eigentlich der Haupttreiber.« (Int 1)

Aber nicht nur die Nachfrageseite ist einem gravierenden Wandel unterworfen, auch die Angebotsseite muss sich – insbesondere durch die Digitalisierung – disruptiven Veränderungen stellen. Dadurch entstehen wiederum neue Kundenbedürfnisse, die die Produktentwicklung beeinflussen. Zudem kommt es neben dem brancheninternen Wettbewerb verstärkt zu einer konkurrierenden Mediennutzung durch ergänzende digitale Angebote. Nutzungsgewohnheiten verändern sich hin zu On-Demand-Angeboten im Internet oder von Streamingdiensten. Aber auch die Nutzung von Social-Media-Kanälen und, damit verbunden, die stärkere Interaktion der User:innen mit den Mediengesellschaften beeinflussen die Branche stark. Die Digitalisierung führt darüber hinaus zu einer Beschleunigung der Nachrichtenvermittlung. Das Überprüfen von Quellen, die Gewährleistung von Genauigkeit, Validität und Qualität machen eine Flexibilisierung und Anpassung der Produktionsprozesse erforderlich.

Zusammenfassend lässt sich festhalten, dass attraktive und innovative Produkte essenziell sind, die mit den bisherigen Organisationsstrukturen nicht oder nur unzureichend entwickelt werden können. Eine nachhaltige Veränderung des Geschäftsmodells wird somit unerlässlich, um etablierte Nutzer:innen halten und neue Kund:innen gewinnen zu können. Der Paradigmenwechsel von der bisherigen Grundidee der »Versorgung der Bevölkerung (mit Rundfunkinhalten)« hin zu mehr Nutzerorientierung und Kundenbindung nimmt Fahrt auf.

Crossmedialität: Neue komplexe Strickmuster

»... die Notwendigkeit, wirklich trimedial oder crossmedial zu denken und zu arbeiten – das liegt schon auf der Hand ... und das gibt natürlich unterschiedliche Wege, wie man sowas herstellen kann.« (Int 3)

Die bisherigen Produktionsstrukturen, segmentiert nach Ausspielwegen, können den oben beschriebenen Veränderungen der Umwelt nicht mehr standhalten. Die technische Spezialisierung muss einer inhaltlichen Kooperation weichen, ein konsequenter Ausbau der Crossmedialität und mitunter sogar einer unternehmensübergreifenden Zusammenarbeit wird daher vorangetrieben. Durch den strukturellen Umbau werden Inhalte immer häufiger medienübergreifend recherchiert und produziert, zudem werden Produktionsprozesse, wo möglich, standardisiert und synchronisiert. Ziel dieser Maßnahmen ist eine effizientere, aber auch innovativere Gestaltung der Programminhalte und Produkte.[23]

Im Folgenden wird erörtert, wie die neuen branchenspezifischen Anforderungen im beforschten Unternehmen bearbeitet werden.

7.2 Bedeutung von New Organizing für das Unternehmen oder: Viele Landkarten ...

Eine einheitliche organisationsinterne Landkarte zu den New-Organizing-Bewegungen im Unternehmen scheint es nicht zu geben. Sichtbar werden viele kleine Landkarten (also Ausschnitte des Ganzen) mit sehr unterschiedlichen Selbstbeschreibungen. Maßnahmen scheinen verschiedenen Schulen zu folgen und sind von unterschiedlichen Methoden geprägt. Man spricht nur partiell von der Agilisierung der Organisation, in keinem Gespräch taucht zu diesem Zeitpunkt die Idee des »Umbaus« zu einem neuen Organisationsmodell auf. Es wird kein Masterplan beschrieben, kein übergeordnetes Leitmotiv oder Narrativ. Beschrieben wird eher ein suchendes Erkunden, angetrieben von der Idee, sich in Bewegung setzen zu müssen, dabei aber keinen gemeinsamen Plan zu haben:

»Das ist keine agile Organisation hier. Es gibt ein paar kleine Inseln. (...) Und es gibt eine Beschäftigung auf der Unternehmensseite damit.« (Int 1)

23 Siehe https://www.ard.de/die-ard/09-29-Auftrag-und-Strukturoptimierung-des-oeffentlich-rechtlichen-Rundfunks-100 [Zugriff: 24.06.2021].

Gleichzeitig beobachten die Befragten sehr klar die unterschiedlichen Suchbewegungen als deutliche Reaktionen auf die Digitalisierung, die Veränderungen der strukturellen Rahmenbedingungen sowie die neuen Anforderungen an Innovation. Es lassen sich drei Dimensionen von Suchbewegungen unterscheiden, die momentan rund ein Achtel der Belegschaft betreffen und in den nächsten drei Abschnitten beschrieben werden:

> »Immer von ganz oben oder von ganz unten.« (Int 2)

Damit ist gemeint: Neben Impulsen aus der Unternehmensleitung sind sehr unterschiedliche dezentrale Veränderungen auf der Arbeitsebene zu beobachten. Diese beiden Dimensionen werden ergänzt durch innovative crossmediale Zusammenarbeit.

> »Das große Ziel, was dahinter steht für (Name des Unternehmens), ist das Aufbrechen der drei Silos für Fernsehen, Radio, Multimedia. Hin zu einem Medienhaus.« (Int 2)

7.2.1 Die Unternehmensleitung: In die Organisation horchen

Die Geschäftsleitung kommuniziert die kompakt gehaltene Botschaft, die Organisation befinde sich im »digitalen Wandel« und in einem »Transformationsprozess« (Int 1). Sie macht deutlich, die konkreten Ziele des Veränderungsprozesses noch nicht zu kennen und sich gemeinsam mit den Mitgliedern des Systems neu ausrichten zu wollen. Sie betont das Vorläufige dieser Etappe, indem der Entscheidungsprozess stärker in den Vordergrund gerückt wird und die eigenen Entscheidungen auf der Vorderbühne als weniger »fertig« dargestellt werden. Aus Klausuren werden Workshops, man holt sich Resonanz aus der Belegschaft:

> »... ganztägige Strategietage, und da werden dann in den letzten zwei Stunden Mitarbeiter:innen und Kolleg:innen aus dem (Name des Unternehmens) eingeladen, die sich vorher per Intranet kurz melden konnten – zum sogenannten Soundingboard.« (Int 2)

Was bis jetzt top-down von der Geschäftsleitung entschieden wurde, wird nun diskutiert, und Impulse der Mitarbeiter:innen werden integriert – so zumindest die Botschaft, die vermittelt werden soll. Analog zur Geschwindigkeit des gesamten Veränderungsprozesses im System verschwinden auch sorgfältig abgestimmte Klausurprotokolle. Stattdessen werden Videobotschaften unmittelbar nach den Leitungsworkshops veröffentlicht.

Zwei interne Beraterinnen begleiten den Transformationsprozess auf der Ebene der Geschäftsleitung. Sie verstehen sich als Organisationsberaterinnen und Unternehmensentwicklerinnen (Int 2). Explizit agile Methoden werden eingesetzt, um einen hausweiten Priorisierungsprozess anzustoßen, sie werden vor allem für die digitale Produktentwicklung genutzt. Neu ist auch, Projekte im Intranet durch Selbstnominierung zu besetzen – anstatt wie früher allein durch eine hierarchische Entscheidung. Projekte werden dabei mit schlagkräftigen Namen und neuen »Freiheitsgraden« aufgesetzt; man setzt auf Selbstorganisation – die Geschäftsleitung gibt einen weit gefassten Auftrag, ein knappes Zeitbudget und lässt dann Ziele, Inhalte und Bewertungsparameter selbst entwickeln (Int 5).

7.2.2 Bottom-up: Von frischen Trieben, neuen Tricks und mehr Osmose

> »Für mich ist das jetzt so ein bisschen ein soziales Experiment. Ich guck einfach, wie das funktioniert, was die machen.« (Int 1)

Verteilt über die Organisation blühen diverse Projekte auf, die in den Gesprächen immer wieder als »Experimente« beschrieben werden.

Die von der Leitung angestoßenen Veränderungen liefern keinen Masterplan, scheinen aber neue Bewegungen im System möglich zu machen. Klare Zielvorgaben können nicht formuliert werden – sehr wohl aber die existenzielle Notwendigkeit, sich den veränderten Rahmenbedingungen als Organisation anzupassen. Der Rahmen für eigene Entdeckungen und Experimente der Mitarbeiter:innen ist damit aufgespannt. Gesprochen wird von einem Kulturwandel mit sehr unterschiedlichen lokalen Lesarten und Interpretationen:

> »Und ich glaube, wenn Sie jetzt hier sechs oder sieben Leute befragen werden, was der Kulturwandel im (Name des Unternehmens) ist, werden Sie wahrscheinlich sechs bis sieben Antworten dazu bekommen. Also, ich glaube, das gestaltet sich im Moment einfach.« (Int 1)

Eine Bewegungsrichtung dabei ist die Selbstorganisation oder Selbststeuerung, die in einer zentralen Organisationseinheit aus eigenem Antrieb eingeführt worden ist. Nachdem die Stelle der Führungskraft einige wenige Monate vakant gewesen ist, erklären die Mitarbeiter:innen der nächsthöheren Führungskraft ihre Idee zur (Selbst-)Führung dieses Bereichs:

> »Die saßen da völlig entspannt und berichteten mir, was sie so machen, und teilten mir mit, so eine klassische Führungskraft brauchen wir hier eigentlich nicht mehr.« (Int 1)

Im Inneren dieser Organisationseinheit sind Rollen, Aufgaben und Regeln neu definiert worden. An der Schnittstelle zur Organisation wird das nicht unmittelbar sichtbar:

> »Also, wir haben so ein bisschen getrickst, um das in die vorhandene Organisation wieder einzupassen, weil es natürlich einen Bedarf an Ansprechbarkeit gibt, und zwar nicht an eine Gruppe, sondern an irgendeine konkrete Person.« (Int 1)

Auf dem Papier gibt es eine kommissarische Leitung, der die Verantwortung formal zugeschrieben werden kann – gleichwohl werden Entscheidungen größtenteils im Team getroffen. Damit werden Machtstrukturen auf interessante Weise neu definiert. Diese Veränderungen werden in das Unternehmen hinein transparent gemacht, denn es ist eine Stelle in der Verwaltung, die sich zur selbstorganisierten Einheit erklärt hat. Diese Veränderung ist nicht offiziell als Experiment gekennzeichnet worden; es wurde also auch keine Überprüfung oder ein absehbares Ende der Strukturänderung kommuniziert.

Auch agil arbeitende Einheiten sind in der Organisation zu finden, die in einzelnen Projekten mit Scrum arbeiten oder Kanban einführen. Klare Anschlüsse für die agil Arbeitenden gibt es dabei nicht. Oft wissen die Beteiligten nicht, ob sie weiterhin in agilen Projekten oder Arbeitsumfeldern eingesetzt werden. Ihre Methodenkompetenz wird nachgefragt, weil

> »dieses Bedürfnis im Haus an ganz vielen Stellen da ist, mehr über diese Arbeitsweise zu erfahren oder über dieses Mindset und was das denn alles bedeutet« (Int 5).

Über Selbstnominierungen hat sich auch das erste agil arbeitende Redaktionsteam aus Journalist:innen gefunden. Budgetiert für ein Jahr, handelt es sich um ein Teilzeitprojekt für die Beteiligten, die Anschlussfrage und Überführung in den Linienbetrieb steht zum Zeitpunkt der Interviews noch zur Debatte. Das Engagement im Team scheint dabei groß zu sein und ebenso der Wunsch, diese Arbeitsweise fortzusetzen:

»Die wollen unbedingt auf diese Weise weiter zusammenarbeiten, weiter diesen Datenjournalismus betreiben, so wie sie es jetzt machen. (...) Nur muss man jetzt gucken, kann man auch noch was abknapsen, wo dockt man dieses Team an, an welche Redaktion beispielsweise, oder bleibt es autonom. Wie muss es geregelt werden? Also das sind jetzt alles so Fragen ...« (Int 5)

In internen Osmosevorgängen wird Wissen über neue Arbeitsweisen bedarfsgerecht abgefragt und weitergegeben, oft auf ungerahmte, informelle Weise. Im Zentrum stehen dabei iterative agile Prozesse und konkrete Methoden. Die konsequente Nutzerorientierung ist vor allem für die Journalisten neu:

»Und es ist für mich auch der große Shift, wir erklären den Menschen die Welt, wir deuten die Welt. Also auch gerade von sehr vielen im redaktionellen Teil (Anm.: der Organisation): Wir erklären, wir senden, wir wissen, wie es einzuordnen ist. Und ganz plötzlich (...) ist ihre Deutungshoheit nicht mehr gefragt, sondern sie müssen draußen fragen, was die wollen.« (Int 2)

Netzwerkstrukturen und lose Kopplungen dominieren die agile Landschaft des Unternehmens. Diese Verbindungen ragen teilweise auch aus dem Unternehmen hinaus. So wird regelmäßig ein agiles Exchangeformat mit Expert:innen aus der Region gehostet, in dem die »Agilisten« kollegiale Fallberatungen durchführen (Int 5). Entsprechend geweitet hat sich die Definition von Agilität:

»Ich glaube, dass das in jedem Bereich wichtig ist, weil ich verbinde mit dem Wort agil auch diese Flexibilität, sich quasi an neue Gegebenheiten anpassen zu können.« (Int 5)

Um die parallel wachsenden, teilweise sehr intuitiven Zugänge zu bündeln, wird ein agiles Kompetenzzentrum aufgebaut. Geplant ist, die Nachfragen zu neuen Arbeitsweisen dort zu bündeln und Beratung über Methoden, Werkzeuge und Ausbildungen zu liefern (Int 2).

7.2.3 Crossmedial: Von der Auflösung und neuen Ordnungen

Es ist insbesondere eine Einheit, die von allen Gesprächspartner:innen als beispielhaft für die Veränderungen im beforschten Unternehmen genannt wird:

> »Also nehmen wir mal die (Name der Organisationseinheit). Das ist die größte Organisationsveränderung, die wir in den letzten Jahren hier hatten. Wirklich ein dickes Ding.« (Int 1)

Es handelt sich um einen Newsroom, in dem zentral Content generiert und dann für die sogenannten Ausspielkanäle Fernsehen, Hörfunk und Internet/Multimedia aufbereitet wird. Die Unit ist »model of good practice« für andere Organisationseinheiten, die sich auf den Weg in die Crossmedialität machen wollen. Mit der Verzahnung zur trimedialen Einheit sollen die Fähigkeiten der Organisation gestärkt werden, auf veränderte Umweltbedingungen und neue Kundenanforderungen in der Berichterstattung angemessener und schneller zu reagieren . Während Entscheidungsstrukturen über Jahrzehnte hinweg durch die journalistische Expertise (»inside out«) geprägt waren, wirkt nun die Kundensicht zunehmend stärker priorisierend (»outside in«).

Die neue crossmediale Unit ist in einem Prozess aufgebaut worden, der als »agile Organisationsentwicklung« beschrieben wird (Int 1). Gemeint ist damit, dass die neuen Strukturen iterativ entwickelt und immer wieder überprüft werden. Die Planung ist in einer Art Prototypingprozess simuliert worden, bevor man mit einem ersten »Safe-enough-to-try-Ansatz« an den Start gegangen ist. Dieses Vorgehen geschieht mit einer für die Organisation neuen und extremen Veränderungsgeschwindigkeit:

> »Nach fast 30 Jahren, dic ich im (Name des Unternehmens) bin, ist in diesem Jahr (...) so viel passiert wie vorher in Dezennien nicht. Das finde ich ausgesprochen beruhigend, und das macht Mut und auch Spaß.« (Int 4)

Die Mitarbeiter:innen als die fachlichen Expert:innen stehen von Anfang an in der Verantwortung:

> »Wir wollen die Mitarbeiter ganz früh beteiligen, weil die machen es. (...) Und sie müssen – neben Verantwortung für dieses Projekt zu übernehmen – auch innerhalb dieser Arbeitsgruppen mitnehmen, dass sie quasi an der Zukunft des gesamten Senders und auch an ihrer beruflichen Zukunft arbeiten.« (Int 4)

Für Führung wie auch Entscheidungsstrukturen werden in der crossmedialen Einheit neue Ansätze entwickelt. Führung wird angeboten, versteht sich in einer unterstützenden Funktion:

> »Also wir haben von Anfang an gesagt, dass, wenn wir gemeinsam arbeiten wollen und diese Kämpfe zwischen den Ausspielwegen enden sollen, dann müssen wir auf eine andere Art in Führung gehen.« (Int 4)

In diesem Veränderungsprozess spielen Berater:innen eine wichtige Rolle, werden aber nicht von der Geschäftsleitung bestellt, sondern von der konstituierenden Projektgruppe selbst gecastet. Die Strukturen sind fluide – klassische und eindeutige Zuordnungen von Mitarbeiter:innen zu bestimmten Organisationseinheiten sind dadurch an vielen Stellen aufgelöst. Dabei steht die Funktionsfähigkeit des Systems im Vordergrund.

> »Die sagen immer als Erstes: ›Wem sind die denn zugeordnet?‹ Und wir sagen dann, das ist egal, es geht darum, wie funktioniert die Arbeit, wie machen wir den Workflow möglichst geschmeidig, sodass beide Seiten möglichst etwas davon haben. Und ob die mir ›gehören‹ oder irgendjemandem sonst, ist egal. Das ist schwierig zu vermitteln, deswegen weigere ich mich so ein bisschen (zu sagen): ›Gehören die uns, oder gehören die in die Wellen?‹« (Int 4)

7.3 New Organizing als unaufgeregter Veränderungsprozess

> »Also, es geht darum, dass man einfach überleben muss. (...) wir verlieren praktisch ›As-we-speak‹-Nutzer. Wir sind nicht mehr relevant mit dem Programm, was wir machen.« (Int 2)

Die Agilisierung der Organisation ist eng mit existenziellen Fragen verknüpft. Es scheint vielen Mitarbeiter:innen auf unterschiedlichsten Hierarchieebenen klar, dass sich etwas verändern muss:

> »Wir haben auch durch äußere Einflüsse und unsere Starrheit einfach schon viel Potenzial für Ärger.« (Int 5)

Interviewpartner:innen mit einer langen Betriebszugehörigkeit beschreiben den Veränderungsprozess sehr wohlwollend. Sie nehmen eine eher hohe Veränderungsgeschwindigkeit wahr. Gesprächspartner:innen, die erst in den vergangenen Jahren ins Unternehmen gekommen sind, beschreiben aktuelle Veränderungsgeschwindigkeit als noch nicht ausreichend – trotz der Leuchtturmprojekte und vieler Experimente.

Das hier praktizierte Muster der Veränderung mit dezentralen Initiativen und einem hohen Maß an Selbststeuerung in Kombination mit Impulsen und Unterstützung der Geschäftsleitung lässt aber auch Reibungsverluste erkennen, wenn es an die bisher unberührten, bewährten Strukturen stößt:

> »Nämlich da, wo agile Strukturen dann kommen, stoßen sie auf die etablierten Strukturen, und das ist ein Crash. Und das wird aus meiner Sicht eine der Hauptherausforderungen.« (Int 1)

Die Idee des »Safe enough to try« wird von oben symbolisch vorgelebt, zum Beispiel in Form von Strategiefilmen aus der Geschäftsleitung, Town-Hall-Meetings oder Self-Selection-Prozessen, und entwickelt sich an zahlreichen anderen Stellen im Haus. Dazu gehören Neustrukturierungen wie die Crossmedialität, Projekte, neue Formen der Arbeitsorganisation sowie neue Methoden. Diese unterschiedlichen Veränderungsimpulse und -dynamiken haben eine zunehmend losere Kopplung von Strukturen zur Folge, deren Konsequenzen ihrerseits noch nicht absehbar sind. Zu beobachten ist, dass informale Netzwerkstrukturen an Bedeutung gewonnen haben und wichtig für die Stabilisierung auf sozialer wie individueller Ebene sind:

> »Da mache ich mir aber wenig Sorgen, weil wir auf persönlicher Ebene sehr gut miteinander vernetzt sind, noch nicht so wirklich über die Organisation.« (Int 5)

Deutlich wird, dass in der Organisation über den Veränderungsprozess und seine Dringlichkeit nachgedacht wird. Er wird beobachtet und reflektiert; oft auch mit einem Blick auf das gesamte Unternehmen – und nicht allein auf den eigenen Bereich. Dabei tauchen selten »buzz words« auf. Niemand spricht von New Work. Wenn überhaupt, werden aus dem etymologischen New-Organizing-Koffer methodisch präzise Begriffe genutzt, um zum Beispiel agile Projektentwicklung, Kanban oder Scrum zu benennen. New Organizing hat in diesem Kontext eine relativ klare Funktion: Es ermöglicht implizit und unaufgeregt die Suche nach strukturellen und handwerklichen Lösungen für den organisationalen Wandel und die Zukunftsfähigkeit des Systems.

7.4 Paradox?! – Das Unternehmen in Spannung gesetzt

Für das beforschte Unternehmen lassen sich zwei spezifische Kernparadoxien beschreiben:

- Die Abhängigkeit von den für das Unternehmen geltenden Rahmenbedingungen, die von der Rechtsordnung gesetzt werden, bei gleichzeitiger Notwendigkeit, unabhängig wie ein privatwirtschaftliches Unternehmen zu agieren und die eigenen Leistungen und Produkte an den radikal veränderten Kundenbedürfnissen und Nutzerverhalten auszurichten.
- Die Mitgliedschaft in einer Dachorganisation mit egalitären Strukturen bei sich gleichzeitig verstärkendem Kosten- und Wettbewerbsdruck auf die Mitglieder.

7.4.1 Gut gewählt: Jede Spannung hat ihren Ort

Die Bearbeitung der beiden Kernparadoxien geschieht in der Ausdifferenzierung der Binnenorganisation. Empirisch ist dies sowohl auf der Ebene der Formalorganisation als auch auf der Ebene der informellen Organisation beobachtbar.

Die zuerst beschriebene Kernparadoxie der Abhängigkeit bei gleichzeitiger Notwendigkeit der Unabhängigkeit zeigt sich in den folgenden Punkten:

- funktionale Aufbauorganisation mit starken, eigenständigen Bereichsstrukturen, die über 70 Jahre gewachsen sind
- klare und eindeutig beschriebene Berichtswege
- Bezeichnung »Direktoren«, die die Kernbereiche des Unternehmens führen
- aufsichtsratähnliche Strukturen, die den Auftrag und die Umsetzung abbilden
- auf Zeit gewählte Geschäftsleitung.

In ihrer Grundlogik folgt Führung dem Organisationsauftrag, die obersten Hierarchien verstehen sich als Repräsentant:innen dieses Organisationsauftrags. Die Führungspraktiken sind gekennzeichnet von großer Fachlichkeit im Beherrschen des Kerngeschäfts, starker hierarchischer Orientierung und der Absicherung über Einfluss und Verantwortung. All diese Artefakte der Formalorganisation sichern das Kerngeschäft ab, welches dem Kernauftrag folgt. Die zweite Seite der Paradoxie, also die Notwendigkeit, sich an radikal veränderten Kundenbedürfnissen und Nutzerverhalten auszurichten, findet ihre Abbildung in den neuen Organisationsformen:

- Auf der *Formalebene* in neuen Kooperationsformen, die themenbezogen unterschiedliche Bereichsstrukturen integrieren (Stichwort »Crossmedialität«), sowie in temporär aufgesetzten Projekten.
- Auf der *Ebene der Informalität* in Form von Experimenten und Einzelinitiativen, die um Personen herum gebaut sind. Auch hier lassen sich bereits neue Führungsansätze beschreiben, die von Formen der Verantwortungsdelegation und Beteiligung gekennzeichnet sind.

Die zweite Kernparadoxie – Gleicher unter Gleichen bei gleichzeitiger Wettbewerbs- und Konkurrenzsituation – sei hier nur kurz erwähnt. Für das Thema der Studie ist aus Sicht der Autor:innen die erste Kernparadoxie relevant. Dennoch wird sie hier kurz skizziert:

Das Unternehmen ist Mitglied in einer Dachorganisation, die die föderale Struktur Deutschlands wiedergibt und sich als freiwillige Arbeitsgemeinschaft versteht. Die Geschäftsleitungen sind Mitglied einer Hauptversammlung, die mehrmals im Jahr tagt. Es gibt Kompetenzzentren in den jeweiligen Unternehmen, in denen Leistungsangebote zentral gebündelt und allen Mitgliedern im Verbund zur Verfügung gestellt werden. Gemeinsame Projekte wie eine Akademie lassen sich unter anderem als gemeinsame Aktivitäten im Verbund beschreiben.

Die zweite Seite der Paradoxie, also der gleichzeitige Wettbewerb innerhalb des Verbundes, zeigt sich in den Kompetenzzentren, die als Vorboten einer Strukturreform wahrgenommen werden. Die Zusammenlegung von Unternehmen im Ganzen wie in Teilbereichen erscheint insbesondere auch im Kontext von sinkenden Einnahmen bei steigenden Kosten als latente Gefährdung. Diese zweite Seite wird in persönlichen Gesprächen beschrieben, scheint aber (noch) nicht kollektiv in die Kommunikation gelangt zu sein.

7.4.2 Aus der Unentschiedenheit eine Tugend gemacht: Spannung hält jung

Die Organisation hält sich bewusst in einem Stadium der Unentschiedenheit. Das Neue hat seinen Ort in der Organisation, auf der Formalebene in neuen Kooperationsformen und -strukturen, auf der Ebene der Informalität in Form von Experimenten und Einzelinitiativen. Die dominante Organisationslogik aber – die Bereichsstrukturen, die das etablierte Geschäft und damit die Realisierung des Auftrags abbilden – bleibt weitgehend unangetastet. Diese Seite der Organisation steht für die Notwendigkeit von Stabilität, hoher Qualität in der Leistungserbringung, punktgenaues professionelles Handeln gepaart mit hoheitsrechtlichen Funktionen.

Die Organisation balanciert diese Asymmetrie des Gewichts der beiden Seiten auf besondere Weise – hier das Neue und Ungewisse, dort das Alte und Vertraute. Sie oszilliert zwischen beiden Seiten der Paradoxie, ohne sie infrage zu stellen, das »Sowohl-als-auch« gelingt.

Die Ansätze von New Organizing haben in der hier vorgestellten Organisation ihre Funktionalität in der Aufrechterhaltung dieser Unentschiedenheit bzw. Oszillation, so die Leithypothese. Gleichzeitig ermöglicht und fördert sie dezentrale Suchbewegungen, die eng an die Existenzfrage des Unternehmens gekoppelt sind. Viele beobachtbare Praktiken von New Organizing sind abhängig vom Engagement einzelner Personen oder Teams, die die Schwächen der Formalorganisation kompensieren. Damit leisten sie der Verlagerung in die Informalität und auf die Ebene der Akteur:innen Vorschub, gleichzeitig sorgen sie für Akzeptanz und sichtbare Ergebnisse.

Auch die von außen herangezogenen Berater:innen lassen sich in diesen dezentralen Suchbewegungen verorten: unterschiedlichste Beratungsansätze, keine zentrale Steuerung und Qualitätskontrolle, situativ-personenbezogen und auf der Ebene der Technik/Methodik. Beratung wird somit zur Stütze des oben beschriebenen Musters, die Organisation in ihrer Unentschiedenheit zu halten.

7.5 Ressourcen in der Organisation heben – Ausblick und Anschlussfragen

Das beforschte Unternehmen hat aus der Sicht der Autor:innen ein beeindruckendes Feld für den Veränderungsprozess eröffnet. Widersprüchliche und unauflösbar erscheinende Anforderungen aus relevanten Umwelten werden auf kreative Weise umgesetzt, eine Vielzahl an tiefgreifenden Veränderungen (Wettbewerbsdruck, gesellschaftlicher Wandel, Digitalisierung, Ressourcenknappheit, unsichere politische Rahmensetzungen, verändertes Nutzer:innenverhalten, Wandel im Journalismus etc.) muss gleichzeitig bewältigt werden – unterschiedlichste Formen der Bearbeitung dieser Dynamiken lassen sich beobachten. Die Organisation entfaltet in ihren vielfältigen Bewältigungsstrategien ein kreatives Mobilisierungspotenzial – der Mix an

Methoden und Vorgehensweisen ist groß, von allen Beteiligten wird ein umfassender Transformationsbedarf erkannt.

Dennoch gibt es unter den Gesprächspartner:innen zum Was und Wie unterschiedliche Wahrnehmungen und Haltungen. Nach wie vor wird um Ausmaß und Ausprägung der Veränderungen gerungen. Wie gelingt Orientierung in einer Phase des Übergangs, wenn noch nicht klar ist, wohin die Reise geht? Wie kann ein Strategieprozess so angelegt werden, dass die relevanten Akteur:innen unterschiedlichster Anspruchsgruppen integriert, die Existenzfrage von Führung bearbeitet und gleichzeitig Eigenverantwortung und Selbstorganisationspotenzial der Organisation gestärkt werden?

Neben den zunehmend crossmedialen Einheiten, die die horizontale Kooperation stärken, lassen sich, wie wir ausführlich beschrieben haben, zahlreiche weitere Formen von New Organizing im beforschten Unternehmen benennen: eher im Informellen angelegt, stark gebunden an das Engagement Einzelner. Die Idee einer neuen zentralen Einheit zur Bündelung, Aufbereitung und Zurverfügungstellung der agilen Erfahrungen (Service und Support statt Steuerung und Kontrolle) ist ein erstes Anzeichen eines Paradigmenwechsels in der Organisationsgestaltung: Beide Welten, hier das Alte und Bewährte, dort das Neue und Experimentelle, benötigen eigene organisationale Lösungen. Wie müssen Organisationen gebaut sein, um beide Seiten gut ins Spiel zu bringen? Wie müssen die Kontexte (Rolle, Führung, Karrierewege, Anreizsysteme, Berichtswege etc.) gestaltet sein, sodass sie einen professionellen Rahmen spannen und nicht als fragile, temporäre Lösung zur Überlastung einzelner Akteur:innen führen? Wie können die sensible Balance zwischen Bewahren und Erneuern einerseits und die Motivation und Experimentierfreude der Belegschaft andererseits erhalten bleiben? Wie kann die Verankerung neuer Arbeitsformen und Methoden selbst als ein Veränderungsprozess begriffen werden, der mit Aufmerksamkeit ausgestattet ist?

Crossmedialität bringt gravierende Veränderungen mit sich. Neben den klassischen Anforderungen an den Qualitätsjournalismus (Recherche, Genauigkeit, Quellentreue, Objektivität etc.) gibt es zusätzliche, neue handwerkliche Anforderungen (technische Kompetenz aufgrund unterschiedlicher Ausspielkanäle; Schnittstellenkompetenz, also das Wissen darum, wo welche Inhalte angebracht sind und wo eine Vernetzung der Inhalte in welcher Form sinnvoll sind; das Wissen um die Bedeutung beteiligungsorientierter Mediennutzung etc.).

Gesellschaftliche Veränderungen wie die stärkere Ausdifferenzierung und eine Vielfalt an Partikulargruppen und -interessen einhergehend mit der Bedeutungszunahme der Social-Media- und Online-Kommunikation prägen heute den Journalismus. Kurz: Das Berufsbild der Journalist:innen ist im Wandel. Damit stellen sich neue Anforderungen an die Organisation. Wie kann der Kern, also der Qualitätsjournalismus, aufrechterhalten und gepflegt werden bei gleichzeitiger Weiterentwicklung der Fähigkeiten und des Handwerkszeugs beim Bespielen unterschiedlicher Medienformen? Wenn Crossmedialität das Muster der Zukunft ist, wie kann die Unterschiedlichkeit der Medien dennoch weiterhin gepflegt werden? Welche fachliche Heimat benötigen die unterschiedlichen Professionen, wie kann auch hier die Organisation Integration und Differenz gleichzeitig abbilden? Zu guter Letzt: Wie werden die Akteur:innen selbst, also die Journalist:innen, in dem Veränderungsprozess mitgenommen?

Beim Verhalten der Leitung ist eher ein sensibles, »postheroisches« Muster zu beobachten. Keiner der Interviewpartner:innen kann auf die eine zentrale Person im Topmanagement hinweisen, die den Weg klar vorgibt. Beschrieben wird vielmehr, wie sich die Geschäftsleitung auf die Suche gemacht hat, sich zurücknimmt, unterstützt und ausbalanciert. Patriarchalische Führungsmuster, die diesen Typus von Organisationen in der Vergangenheit prägten, scheinen abgelöst zu werden. Neue widersprüchliche Anforderungen aus den Umwelten werden an Führung gestellt, die nur noch kollektiv bearbeitet werden können. Auch hier befindet sich die Organisation in einem Übergang, oder anders ausgedrückt: Führung selbst ist in der Veränderung. Die Paradoxie aus Alt und Neu ist in der Führung unmittelbar angelegt. Wie explizit wird diese Transformation auch weiterhin zum Gegenstand der Reflexion und konstruktiven Bearbeitung?

Welchen Unterschied machen öffentlich-rechtliche Rundfunkanstalten in einer Gesellschaft, die zunehmend unter Spannung steht und in der der Umgang mit Komplexität und Unsicherheit zu einem gesellschaftlichen Thema geworden ist? Sie antworten mit zukunftsfähigen Arbeitsweisen, aber es bedarf auch einer inhaltlichen positiven Vision. Die Mehrheit der Interviewpartner:innen ist geprägt von einer starken Identifikation und Bindung an die Organisation, gleichzeitig werden Zweifel an der inhaltlichen Ausrichtung artikuliert.

Wie kann die Existenzfrage angemessen bearbeitet werden? Und reicht die Geschwindigkeit in der Ausgestaltung der Veränderung angesichts der bedrohlichen Dynamiken? New Organizing steht für den Innovationsbedarf der Organisation, die Frage nach dem übergeordneten Sinn kann nur kollektiv bearbeitet werden. Dabei sind soziale Zugehörigkeit und Bindung an die Organisation eine große Chance und eine Ressource, die gehoben werden kann.

Auf den Punkt gebracht: Der Suchprozess ist in der Organisation bereits erfolgreich angelegt – wie kann dieses Potenzial in der strategischen Entwicklung der Organisation intensiv genutzt und stärker mit der Existenz- und Führungsfrage der Organisation gekoppelt werden?

Steckbrief

Formale Aspekte des Forschungsprozesses
Organisationstyp, -größe, -struktur Öffentlich-rechtliches Unternehmen mit über 1000 Mitarbeiter:innen
Untersuchte Einheit(en) Komplettes Unternehmen im Betrachtungszeitraum von 2017 bis 2019
Branche/Branchendynamik Medienunternehmen
Anzahl, Form (Interviews, andere Methoden), Zeitraum der Datenerhebung Im März 2019 wurden fünf teilstrukturierte Interviews durchgeführt. Diese wurden elektronisch aufgezeichnet und im Anschluss zur weiteren Analyse transkribiert.
Ausgangslage: Art und Umfang bisheriger Erfahrungen mit NO Im Unternehmen erprobt man NO in vielen unterschiedlichen Dimensionen. Einige Bereiche wurden gänzlich neu strukturiert – unter Nutzung von NO-Elementen. Zum Stand der Erhebung ist rund ein Achtel der Belegschaft in den Wandel einbezogen.
Qualitative und theoretische Aspekte
Anlass und Ziele von NO-Aktivitäten / »Problem- und Lösungsansatz« Fortschreitende Digitalisierung, sich wandelnde Ansprüche der Nutzer:innen und intensiverer, auch branchenfremder Wettbewerb führen zu existenziellen Überlebensfragen.
Dominante Kernparadoxien • rechtliche Rahmung vs. privatwirtschaftliches Agieren am Markt • Dachorganisation mit egalitären Strukturen vs. Wettbewerbsdruck zwischen Mitgliedern

Hauptinterventionsebenen • *Top-down:* Die Veränderungsnotwendigkeit wird gesehen und adressiert, z. B. durch Anstoßen und Ermutigen zum Ausprobieren neuer Methoden, organisatorischer Anpassungen und dezentraler Suchbewegungen • *Bottom-up:* In Form von »Experimenten« werden neue (z. B. agile) Ansätze getestet, neue horizontale Stränge geknüpft sowie unterschiedliche NO-Methoden eingesetzt • *Crossmedial:* Im Kerngeschäft werden neue Einheiten gegründet, die geprägt sind von neuen Formen der Produktgenerierung und der crossmedialen Zusammenarbeit
Dominantes Muster der Paradoxiebearbeitung • Die Organisation hält sich bewusst in einem Stadium des »Sowohl-als-auch«: Das Neue hat seinen Ort in der Organisation, formal in neuen Kooperationsformen und informell in Form von Experimenten und Einzelinitiativen. • Die dominante Organisationslogik – die Bereichsstruktur, die das etablierte Geschäft abbildet – bleibt dabei aber unangetastet. • Die Organisation hält die Komplementarität aufrecht und oszilliert zwischen den beiden Seiten der Paradoxie.
Key Learnings, Anschlussfragen und »Lösungsprobleme« • Statt auf Eindeutigkeit setzt das Unternehmen auf eine prozessuale Vision und ermöglicht diverse Suchprozesse. Parallel dazu wird die Crossmedialität vorangetrieben – dabei kommen ebenfalls NO-Elemente zum Einsatz. • (Organisatorische) Verankerungen von Wissen, Erfahrung und Support im Unternehmen unterstützen die Nachhaltigkeit der Veränderungen. Organisation und Selbstorganisation sind dadurch klug gekoppelt. • Anschlussfrage aus Sicht von Berater:innen: Wie kann es ein intelligent gesteuertes »Sowohl-als-auch« der organisatorischen Ansätze geben und eine Moderation der zu erwartenden Spannungen, um die hohe Identifikation der Belegschaft zu sichern?

Wie interessant!

Dieser Fall zeigt auf besondere Art und Weise, wie eine Organisation innerhalb eines seit ihrer Gründung bestehenden starken Spannungsfeldes zweier extrem unterschiedlicher Stakeholderwelten (öffentlich-rechtliches System versus Markt, Kunde, Wettbewerb) sich in allen Dimensionen der Paradoxiebearbeitung erfolgreich emergent entwickelt.

Die typischen Fallen tiefgreifender Veränderung werden in dieser Fallstudie gekonnt vermieden, wie etwa eine Überbewertung des Neuen mit Abwertung des Tradierten oder eine Überforderung der Organisation bei dominantem Binnenfokus unter Vernachlässigung des Kundenkontakts. Auch normative Dogmatik oder befreiende Heilsversprechen, zunehmende Tabus und spärliche Prozessreflexion, missachtendes oder zu dominantes Auftreten des Managements oder unangemessen dosierter Einsatz von Beratung sind nicht zu beobachten.

Insofern steht der Fall für die erfolgreiche Spielart einer »Evolution der Evolution« (Wimmer 2007) im Sinne einer mehrdimensionalen und iterativen Erneuerung der organisationalen Leistungsfähigkeit. Das alles wird deutlich sichtbar nur auf der Basis einer motivierten und loyalen Belegschaft möglich und verweist darauf, wie viel dieses Vorgehen voraussetzt. Es wird sehr deutlich spürbar, dass diese Entwicklung der organisationalen Veränderungsfähigkeit und zugleich das zeitnahe Erreichen notwendiger Ergebnisse nur als kollektive Leistung erbracht werden kann. Die Kollaboration über Einheiten und Ebenen hinweg und die Kombination harter Businessinteressen mit der erprobenden Implementierung neuer Methoden werden als ein Prototyp erfolgreicher Kopplungskunst von Stabilität und Wandel eingeführt.

Zugleich macht der Bericht klar, wie fragil die Balancierung all dieser Aspekte mit Blick auf die Sinndimensionen gestaltet werden muss:

- inhaltlich: Was rückt jeweils in den Vordergrund der Bearbeitung?
- sozial: Wie werden die Beziehungen horizontal und vertikal behutsam verändert?
- zeitlich: Wie kann der Prozess mit Blick auf die Dynamiken in den Umwelten gegebenenfalls angepasst und beschleunigt werden?

Es folgt: »Wiener Melange: Die Milch kriegst' nicht mehr aus dem Kaffee« (Kap. 8) zeigt auf ähnliche Weise, wie Inseln für eine befristete Zeit innerhalb der Organisation als Räume des Experimentierens geschaffen werden, bis »man die Milch nicht mehr aus dem Kaffee kriegt« und Bewegung entsteht.

Alternativ: »Fremdbestimmte Selbststeuerung« (Kap. 11) berichtet bei ähnlicher existenzieller Bedrohung über eine Transformation, in der eng an einem Sollbild und stärker top-down geführt wird.

TG, GPK, SG

8 Wiener Melange: Die Milch kriegst' nicht mehr aus dem Kaffee – Agile Inseln in einem Telekommunikationsunternehmen

Nadja Walser, Roland Wolfig, Aaron Scheer, Rene Hinterberger

Die Wurzeln des beforschten Unternehmens reichen über hundert Jahre bis in die Post- und Telegrafenverwaltung der österreichisch-ungarischen k. und k. Monarchie (1867–1918) zurück. Über viele Jahre hinweg der staatlichen Verwaltung unterstellt, wurde es erst nach der Liberalisierung des österreichischen Telekommunikationsmarktes im Jahr 1998 einem freien Wettbewerb ausgesetzt.

Mit mehr als 8000 Mitarbeiter:innen bietet das Unternehmen heute neben Sprachtelefonie und Internetzugang ein Produktportfolio bestehend aus digitalem Kabelfernsehen, Mehrwertdiensten sowie mobilen Business- und Payment-Lösungen und verfügt über ein eigenes Fest- und Mobilfunknetz. Während die Anzahl der Anschlüsse im gut ausgebauten Festnetz in den letzten Jahren ständig zurückging, ist die stetig wachsende Zahl an Breitbandanschlüssen und die dadurch zwingend erforderliche kostenintensive Modernisierung des Festnetzes eine große Herausforderung.

Mit der rasanten Entwicklung von Technologien und dem Voranschreiten der Digitalisierung musste sich das Unternehmen im letzten Jahrzehnt vermehrt neuen Herausforderungen stellen und wesentliche Veränderungen vornehmen, um am Markt gegenüber bestehenden sowie neuen Anbietern wettbewerbsfähig zu bleiben. Neben der Bewerbung von »agilen« und »innovativen« Projekten wurden selbst die lange gültigen Unternehmenswerte 2016 unter anderem durch Schlagworte wie z. B. »Agilität und Kundenerlebnis« abgelöst. Mit einem Re-Branding wurde ein neuer Auftritt eingeleitet, der nicht nur neue Businessmodelle und Produkte wie Smart Home und Internet-TV unterstützen, sondern das Unternehmen als modernen Konzern und attraktiven Arbeitgeber etablieren sollte, frei nach dem Motto: »Schon heute bereit für die Anforderungen von morgen«.

Die damit einhergehenden Veränderungen stellen eine große Herausforderung für ein Unternehmen dar, welches in vielen Bereichen mit dem Erbe der Post- und Telegrafenverwaltung mit entsprechenden Beamtenstrukturen konfrontiert ist. Die lang etablierten Strukturen, welche in der Vergangenheit nach innen und außen für Sicherheit und Stabilität standen, werden durch die neue Anforderung nach hoher Flexibilität und rascher Anpassungsfähigkeit und von moderneren Formen des Organisierens (New Organizing) infrage gestellt. Erkennbar wird, dass *Stabilität und Wandel* gleich wichtig sind, zugleich aber miteinander konkurrieren. Die Bearbeitung dieser Kernparadoxie des Unternehmens wird erforderlich. In unserem Beitrag werden wir auf den Umgang mit dieser Kernparadoxie und die dabei entstehenden Phänomene näher eingehen.

Im Zuge der Analysephase führten wir acht qualitative Interviews mit Führungskräften aus vier verschiedenen Abteilungen, eine Fokusgruppe mit einem agilen Pilotteam sowie eine teilnehmende Beobachtung bei demselben Team durch. Die Interviews wurden leitfadengestützt abgehalten und qualitativ in Anlehnung an die Grounded Theory (Glaser a. Strauss 1967) ausgewertet. Nach der Erstellung der Transkripte und einer Erstsichtung der Interviews erstellten wir Hypothesen, die wir durch weitere Analysearbeit des Forschungsmaterials auswerteten. Diese wurden im weiteren Forschungsprozess teilweise falsifiziert oder sind letztendlich als Ergebnisse auf den folgenden Seiten unserer Fallstudie mit eingeflossen.

8.1 Das Jahr des Experimentierens

Die beforschte Organisation hat begonnen, den Wandel hin zu neuen Organisationsformen vor allem über Programme anzustoßen, das heißt über festgelegte Abläufe, Ziele, Methoden und formale Kommunikationswege. Sie bedient sich dabei einer Kombination unterschiedlicher Maßnahmen, die auf verschiedenen Interventionsebenen ihre Anwendung finden. Wir wollen im Folgenden diese beobachteten Handlungsansätze darstellen, um anschließend die entstehenden Muster und Paradoxien herausarbeiten zu können.

Die Organisation startete mit vereinzelten Initiativen, welche einen Veränderungsrahmen für das gesamte Unternehmen setzten und als Symbol für den Wandel hin zu New Organizing stehen. Was passiert aber nun konkret in einzelnen Teilbereichen der Organisation? Wo und wie wird nach neuen Vorgehensweisen gearbeitet? Wo sind neue Konzepte getestet, bestätigt oder widerlegt worden?

In der Organisation wird das Jahr 2019 als das »Jahr des Experimentierens« deklariert. Damit können Organisationseinheiten und Teams freiwillig Experimente initiieren oder sich an solchen beteiligen. In diesem Prozess werden mehrere Pilotprojekte ins Leben gerufen, in welchen unter anderem neue Arbeitsformen getestet werden konnten. Der Fokus liegt dabei auf dem Erkunden und Lernen:

> »... wir sind eher daran interessiert, explorativ Erfahrungen zu sammeln.« (Int 1)

Freiwilligkeit und individuelle, punktuelle Lösungsansätze stehen bei diesem Modus der Transformation zu New Organizing im Vordergrund, die restliche klassische Organisation scheint stabil zu bleiben. Die wechselseitige Beziehung der wirksamen Kräfte im Veränderungsprozess führt aber nicht nur zu neuen Ansätzen, sondern auch zu Problemen, welche mittels neuer Lösungen bearbeitet werden müssen. Eine zentrale Rolle hierbei soll das sogenannte *Transition Team* spielen, welches den Schirm über die einzelnen Initiativen spannt.

8.1.1 Das »Transition Team«

Es wurde bewusst davon abgesehen, global in bestehende hierarchische Strukturen einzugreifen und diese zu verändern, sondern ein anderer Ansatz gewählt, um den Prozess der Veränderung konstant zu begleiten. Dafür wurde ein »Transition Team« installiert, welches ein in der Organisation abgestimmtes Rollenverständnis hat:

- die Transformation hin zu New Organizing im Unternehmen voranzutreiben
- unternehmensweit ein »Alignment über die diversen Initiativen« (Int 6) sicherzustellen
- einen »Kommunikationshub Richtung Stakeholder herzustellen« (Int 6) und
- den Fortschritt der Transformation mittels vereinbarter Ziele und Kennzahlen transparent zu machen.

Das »Transition Team« sieht sich dabei jedoch selbst weder als zentrale inhaltliche Steuerung noch als hierarchisch übergeordnete Struktur über die einzelnen Initiativen, denn für die inhaltliche

Transformation sind die einzelnen Organisationseinheiten selbst verantwortlich. Es wurde vielmehr als Kompetenzzentrum und Anlaufstelle der agilen Transformation installiert.

Das »Transition Team« besteht aus Mitarbeiter:innen verschiedenster Unternehmensbereiche und Hierarchiestufen, die sich freiwillig für diese Aufgabe beworben haben. Die Mitglieder arbeiten sowohl im »Transition Team« als auch in ihrer ursprünglichen Abteilung und nehmen dadurch eine Brückenfunktion ein. Dieses Team bietet damit Informationen, wie man eigene Initiativen aufsetzen und die entsprechende Unterstützung durch externe Berater:innen koordinieren kann. Die Vorauswahl der Berater:innen wird ebenfalls vom »Transition Team« übernommen, um eine einheitliche Ausrichtung zu etablieren. Nach dem erfolgreichen Aufsetzen von Initiativen dient das »Transition Team« als Sammel- und Anlaufstelle für weitere Fragen, zum Austausch mit anderen Initiativen und zum Verteilen von Wissen bezüglich agiler Methoden sowie z. B. *Best Practices.* Diese *Best Practices* werden aus den Pilotprojekten und anderen Initiativen extrahiert, welche sich schon länger im Veränderungsprozess befinden. Zusätzlich werden Communities organisiert, in welchen sich Teilnehmer auf freiwilliger Basis treffen, um sich über ihre Initiativen und die damit einhergehenden Erfahrungen auszutauschen. Aus unserer Sicht dienen diese Ansätze dazu, Klarheit darüber zu erlangen, welche neuen Vorgehensweisen in der Organisation anschlussfähig sind und in der Praxis auch angenommen werden.

Zusätzlich zur Funktion der Schirmherrschaft über agile bzw. New-Organizing-Initiativen hat das »Transition Team« als Zeichen der Veränderung eine starke symbolische Wirkung. Es ist in der Organisationshierarchie als eigene Einheit verankert und berichtet direkt an den Vorstand. Dadurch wird ein Zeichen an die gesamte Organisation gesendet, dass eine Veränderung im Gange ist, die von der Unternehmensführung unterstützt wird. Gestützt durch das »Jahr des Experimentierens«, liegen die inhaltlichen Veränderungen jeweils in der Verantwortung der entsprechenden Organisationseinheit, wodurch sich individuelle agile Lösungsansätze etablierten.

8.1.2 Umgang mit Beratung

In der Organisation konnten wir beobachten, dass Beratung nicht unternehmensübergreifend mit dem Wandel hin zu New Organizing wahrgenommen wird, sondern zu unterschiedlichen Zeitpunkten und zu unterschiedlichen Zwecken eingesetzt wurde. Auch hier ist das Muster der Freiwilligkeit und der Anpassung an die Anforderungen der jeweiligen Organisationseinheit gut erkennbar.

Zunächst fungiert externe Beratung als eine Art Initialzündung. So erhielten über 150 Mitarbeiter:innen der IT-Abteilung eine Scrum-Grundlagen-Schulung,

> »... um mal so ein grobes Grundverständnis davon zu haben, was es eigentlich bedeutet, wenn jemand von Scrum redet ...« (Int 1)

In einer anderen Abteilung wurde Beratung über Best Practices von *Learning Journeys* eingeholt, um neue Arbeitsweisen nicht nur theoretisch, sondern in der Alltagspraxis anderer Organisationen kennenlernen zu können.

In einer nächsten Phase wurden die Anforderungen an Beratung konkreter und das Bedürfnis nach Praxisbegleitung in der täglichen Umsetzung geäußert. Dazu hatten die Initiativen die Möglichkeit, externe Unternehmensberatung in Form von Unterstützung durch Agile Coachs in den Pilotprojekten in Anspruch zu nehmen. Im Zuge der teilnehmenden Beobachtung konnten wir ein agiles Pilotteam einen Arbeitstag lang begleiten. Die Interventionen der Berater:innen konzentrierten sich hauptsächlich auf die Verbindung von Methodensicherheit und einer flexiblen Anpassungsfähigkeit des Teams, welche die Methoden so auslegen sollte, wie es für das Pilotteam am produktivsten sei. Als praktisches Beispiel dient der Fall einer Beraterin, die zusätzlich zur Methodenvermittlung auch als Vermittlerin zwischen dem Pilotteam und den Entscheidern eingesetzt wurde. Das agile Team äußerte den Bedarf an einem Businessanalysten für die Aufbereitung der User Stories und des Anforderungskatalogs, welcher in agiler Terminologie als Backlog bezeichnet wird. Da schon einige Ressourcen für dieses Team angefordert worden waren, waren sich Product Owner und Scrum Master unschlüssig, ob sie diesen Wunsch legitimieren können. Die Beraterin kommunizierte diesen Bedarf an das »Transition Team« mit dem Zusatz:

> »Ich biete mich da gerne an als Externe, mir kann ja nichts passieren.« (Int 7)

Die Formel, Mindset über Methoden zu etablieren, wird durch methodisch geschulte Berater:innen unterstützt und gefestigt. Die Beraterin hat das agile Team bei neun Sprints begleitet und viele Anpassungen mit ihnen durchgeführt, die alle darauf abzielten, nicht einfach nur agil zu werden, sondern herauszufinden, welche Aspekte der agilen Arbeitsformen für dieses Team am wirksamsten sind. Ihr gegenüber wurde keine Skepsis geäußert, und ihre Expertise wurde sehr geschätzt. Eine Interaktion aus dem Beobachtungsprotokoll soll diese Kooperation kompakt skizzieren (Int 7):

> Product Owner: »Wenn ich der Einzige bin, der es technisch nicht versteht, dann ist es okay.«
>
> Scrum Master: »Du sollst nicht so aufs Technische schauen.«

In diesem Dialog zeigt sich, dass Rollenerwartungen offen in der Gruppe besprochen werden können, weil alle Rolleninhaber:innen auf gleicher Augenhöhe miteinander arbeiten.

> Beraterin: »Ich werde euch vermissen.«

8.2 Agile Inseln

Aufgrund der Entscheidung, mit freiwilligen Experimenten ohne große Vorgaben zu starten, haben sich interessierte Einheiten individuelle Ansätze überlegt, um ihre Veränderung in Richtung New Organizing voranzutreiben. Als Beispiele dieser Herangehensweisen haben wir drei Bereiche genauer analysiert und werden diese im Folgenden darstellen:

- IT – Transformation durch neue Methoden
- Einkauf – Transformation durch ein neues Mindset
- Controlling – Transformation durch räumliche Veränderung.

8.2.1 IT – Transformation durch neue Methoden

In der IT-Abteilung wurde uns über die Entscheidung des CIO berichtet,

> »dass wir uns über andere Arbeitsweisen Gedanken machen werden müssen, weil wir in der Zukunft nicht nur reaktionsfähig, sondern aktionsfähig sein müssen« (Int 1).

Die Transformation wurde daraufhin in der Abteilung mit Pilotprojekten initiiert. Agilität wurde dabei vorwiegend über Methoden implementiert. In diesem konkreten Fall wurde Scrum mit seinen unterschiedlichen Praktiken verwendet. Die Mitarbeiter:innen wurden dabei vor allem durch Schulungen und Coachings in der praktischen Anwendung unterstützt, welche von externen Berater:innen durchgeführt wurden. Diese Pilotprojekte zur Entwicklung von Software wurden also von Beginn an mittels Scrum aufgesetzt.

Eine große Herausforderung besonders im Austausch zwischen den agilen IT-Projektteams und den Fachbereichen war die Neugestaltung der Priorisierung verschiedener Aufgaben. So wurde uns erzählt, dass die agilen Projektteams Anforderungen aus verschiedenen Fachbereichen bekommen, welche in einem klar definierten und priorisierten Arbeitsspeicher, dem »Backlog«, gesammelt werden, der damit alle Anforderungen für alle Fachbereiche katalogisiert. Die Fachbereiche selbst sind jedoch eine Logik gewohnt, bei der einzelne Personen mit den Anforderungen für ihren Bereich persönlich auf die Entwicklungsteams zugehen, damit die Aufträge in den Projektteams dann entsprechend ihrer Priorität umgesetzt werden. Der neue Ansatz einer zentralisierten Priorisierung durch den Product Owner ermöglichte eine bessere Fokussierung in den agilen Teams:

> »... wir arbeiten tendenziell an vielen Themen, was wir jetzt versuchen mit Scrum ein bisschen einzudämmen, dass wir uns nicht zu vielfältig mit den Themen beschäftigen, dass wir uns fokussieren auf einzelne Schwerpunkte.« (Int 7)

Als ein zweiter Aspekt der Veränderung wurde durch die engere Zusammenarbeit, welche durch die Einhaltung der Methode sichergestellt wurde, die Motivation, Produktivität und der Teamzusammenhalt der Mitarbeiter:innen gesteigert:

> »... dass alle Störungen außerhalb des Teams jetzt vom Team ferngehalten werden, was mir ganz wichtig ist ... (um) ... auch den Teamspirit ... (zu steigern)« (Int 7).

Konkret berichtet wurde uns dies in unserer eintägigen Beobachtung eines agilen Pilotteams der IT-Abteilung, welches in der Organisation als »Vorzeigeteam« gilt. In diesem Team war ersichtlich, dass durch den gezielten Einsatz von agilen Methoden wie Scrum, OKR und einem Kanban Board gemeinsame Arbeitsprozesse besser aufeinander abgestimmt werden und die damit einhergehende Aufgabenverteilung für die Mitglieder des Projektteams durch die eingesetzten Methoden klarer geworden ist. Die eingesetzten Methoden und die daraus entstehenden Strukturen standen für dieses Team im Mittelpunkt und wurden zum Zeitpunkt der Beobachtung bereits weiterentwickelt. Die Mitarbeiter:innen übernahmen Eigenverantwortung und versuchten das Beste aus den neuen Methoden herauszuholen, indem sie diese mit Unterstützung einer externen Beraterin an ihre spezifischen Anforderungen anpassten. Besonders das dadurch erzielte ablenkungsfreie Arbeiten im Scrum-Prozess war für die Mitarbeiter:innen von hohem Wert:

> »Wenn ich Leuten die Möglichkeit gebe, nur ein Projekt zu bedienen, dann ist der Fokus automatisch da.« (Int 5)

Der verwendete Lösungsansatz agiler Pilotteams scheint für diese Organisationseinheit eine perfekte Blaupause zu sein, um der Anforderung, effizienter und fokussierter zu arbeiten, nachzukommen.

8.2.2 Einkauf – Transformation durch ein neues Mindset

In der Einkaufsabteilung wird eine besondere Herausforderung darin gesehen, dass

> »wir mit der klassischen Organisationsstruktur in Zukunft, (...) an Grenzen stoßen und da einfach klassische Strukturen überdenken müssen« (Int 2).

Zusätzlich ist die abteilungsinterne Ressourcensituation angespannt, und es ist schwierig, qualifizierte Mitarbeiter:innen zu finden. Die Abteilungsleiter:innen sahen als Lösungen eine komplett neue Rollen- und Aufgabenverteilung, verstärkte Interdisziplinarität, Lernen voneinander sowie ein neues Führungsverständnis. All diese Maßnahmen sollten dazu beitragen, ein neues Mindset im Team zu festigen und so eine interne Serviceorientierung zu etablieren.

Bei der Implementierung wurde auf ein frühzeitiges Involvieren aller Führungskräfte gesetzt. Es wurden gemeinsam Kriterien erarbeitet,

> »die in Zukunft für eine interne Serviceorganisation erfolgsentscheidend sind: ... Flexibilität, also Reaktionsfähigkeit, ... mehr Output mit weniger Input ... Impact-Orientierung« (Int 6).

Ein neues Führungsverständnis jenseits klassischer Hierarchie wurde erarbeitet:

> »Meine tägliche Arbeit besteht eigentlich darin, das Umfeld zu schaffen, dass die Mitarbeiter und die Teams gut arbeiten können und damit auch in gewisser Weise eine Servicefunktion, die wir als Management hier einnehmen.« (Int 6)

Sämtliche Führungskräfte dieser Abteilung wurden gefragt, ob sie diesen Schritt mitgehen möchten, was sie dazu beitragen können und dabei lernen wollen. Dabei ist es nicht allen leicht gefallen, von einem »Lippenbekenntnis, das meist relativ schnell da ist« (Int 6), in die tatsächliche praktische Umsetzung zu kommen. Dieser Prozess wurde mittels vieler Gespräche, Workshops zur Vorbereitung sowie direktem Feedback von positiven Resultaten der Veränderung in anderen Bereichen unterstützt. Eine Aussage eines unserer Interviewten unterstreicht,

> »dass sich damit Dinge wirklich verändert haben und dass sie auch herausfordernder sind, aber dass sie auch besser oder einfacher werden« (Int 6).

Nachdem die Führungskräfte erfolgreich abgeholt wurden, erfolgte die Implementierung flächendeckend. Die bestehenden Teams wurden aufgelöst und nach einem neuen Rollenkonzept organisiert. Des Weiteren wurden Mitarbeiter:innen dazu ermutigt, Neues auszuprobieren, eigene Vorschläge umzusetzen und selbst Entscheidungen zu treffen. In eigenen Workshops und anderen Kommunikationsforen wurde unter anderem offen über Fehler gesprochen. Um diesen Prozess zu festigen, verpflichtete sich das Führungsteam gemeinsam zu einem neuen, einheitlichen Führungsstil und gab sich gegenseitig Feedback, wenn es mal nicht so funktionierte und jemand in alte Muster zurückfiel.

Ein interessanter Ansatz, diesen Prozess voranzutreiben, war das bewusste Spiel mit Provokationen:

> »... ich bin bewusst mal mit einem provokanten Statement reingegangen und hab gesagt, es gibt keine Hierarchien mehr.« (Int 2)

Der Gedanke dahinter war, durch diese Polarisierung Emotionen und Diskussionen zu provozieren, die neue Sichtweisen ermöglichen, um dann das System wieder auf ein »Mittelmaß« führen zu können. Die Interviewpartnerin war sich klar darüber, dass eine Durststrecke zu überdauern ist und nicht alle Mitarbeiter:innen diesen Weg bis zum Ende mitgehen werden.

Ein weiteres Beispiel für eine Herausforderung, die mit der Veränderung einhergingen, waren Planungsintervalle an Schnittstellen mit anderen Abteilungen. Während die agilen Teams in kurzen Zyklen und damit in iterativen Planungsperioden agieren, ist die restliche Organisation sehr stark in Quartals- und Jahresintervallen getaktet. Dies führt in der Praxis zu widersprüchlichen Anforderungen, die immer wieder ausgehandelt werden müssen. Im Einkauf geschieht dies zum Beispiel über definierte Beschaffungsprozesse und wird an deren Ergebnis gemessen:

> »Ob Wasserfall oder agile Methoden, Scrum oder was auch immer – wenn der Prozess im Vordergrund steht, also wenn ich sage, ich kaufe schnell ein, das liefert keinen Benefit, ich muss ja irgendwie messen, was bringt das. Und das werde ich anhand von Parametern tun, die für meinen Kunden, und das ist unser Aktionär, Relevanz haben, und das ist das Quartalsergebnis oder das Jahresergebnis eines Unternehmens.« (Int 2)

8.2.3 Controlling – Transformation durch räumliche Veränderung

Manche Bereiche erleben die Transformation unter anderem durch einen räumlichen Umbau der Unternehmenszentrale. Sämtliche Büroräumlichkeiten wurden modernisiert. Offene Büros, frei wählbare Arbeitsplätze in Homebases, Meeting-Areas, kleine Bibliotheken sowie Co-Working-Spaces sind ein sichtbares Zeichen für das Motto »Wir arbeiten in Zukunft anders«.

Welche Veränderung dies in der Organisation bewirkt, konnten wir an den Rundgängen beobachten, die uns bei jedem Besuch angeboten wurden. Es war deutlich zu spüren, dass die beobachteten Mitarbeiter:innen stolz auf das neue, moderne Arbeitssetting und die damit verbundenen neuen Möglichkeiten der Zusammenarbeit waren. Wir empfanden die neuen Büroräumlichkeiten als eine gezielt eingesetzte Intervention, der sich kein Mitglied der Organisation entziehen kann und die sich damit auf die Arbeitsweise aller Mitarbeiter:innen auswirkt.

Konkret genannt wurde dieser Einfluss in der von uns interviewten Controllingabteilung. Hier haben die baulichen Maßnahmen dazu geführt, dass Mitarbeiter:innen des Controllings anderen Organisationsbereichen nicht nur physisch, sondern auch in der Art der Kollaboration nähergekommen sind. Man könnte sagen: Die neuen Büroräumlichkeiten haben interdisziplinäres Arbeiten »ausgelöst«.

Als Motivation für die Veränderungen im Controlling wurden die immer höheren Anforderungen, der stetig steigende Kostendruck und die Notwendigkeit, immer effizienter zu arbeiten, genannt. Die Abteilung versteht sich auch zunehmend als Dienstleister, welcher den internen Kunden in den Mittelpunkt stellt und sich interdisziplinärem Arbeiten öffnet. Es wurden Befragungen durchgeführt, Design-Thinking-Workshops veranstaltet, Prototypen erarbeitet und Kunden in den Entwicklungsprozess von Reports etc. eingebunden. Ebenso wurde mit Vorständen abgeklärt,

> »was tut der mit unserem Produkt, wie können wir mit unserem Produkt sein Businessleben auch verbessern« (Int 4).

Die Reaktion darauf war positiv:

> »... jetzt sieht man uns als diejenigen, die mithelfen, als Businesspartner, könnte man sagen.« (Int 4)

Die Herausforderung dabei ist, die Balance zu halten »zwischen Supporter und Challenger«. Es gilt den Anforderungen der Ansprechpartner:innen nachzukommen und gleichzeitig die rechtlich und gesetzlich vorgegebenen Rahmenbedingungen einzuhalten.

8.3 Auswirkungen in der Organisation

Das Jahr des Experimentierens und der damit angestoßene Veränderungsprozess wirken sich nicht nur in den agilen Inseln selbst aus, sondern beeinflussen unvermeidbar auch weitere Bereiche der Organisation. Die beschriebene Kernparadoxie Stabilität versus Wandel und die sich aus ihr entwickelnden Muster müssen damit in die Bearbeitung gebracht werden.

8.3.1 Dilemma an den Schnittstellen

Durch die einzelnen agilen Inseln in der Organisation ergeben sich neuartige Schnittstellen zwischen den klassischen und den agilen Einheiten. Auf der einen Seite befinden sich agile Teams in einem kontinuierlichen Wandel und auf der anderen Seite die restliche Organisation mit ihren gewohnten Abläufen, welche durch diese Irritation an den Schnittstellen zu den Inseln ebenfalls in den Veränderungsprozess hineingezogen wird. Dies führt dazu, dass die Kernparadoxie an diesen Schnittstellen ausgehandelt und dadurch auch die Zusammenarbeit angepasst werden muss.

Als Beispiel kann hierfür die zuvor beschriebene Priorisierung angeführt werden. Im ursprünglichen »Prozess« wurde die Frage der Priorisierung ausschließlich dem Entwicklungsteam überlassen, und im Falle eines Problems wurde dieses innerhalb der IT-Organisation nach oben eskaliert, um eine Entscheidung herbeizuführen. Durch die Veränderung an dieser Schnittstelle sind jetzt die Fachbereiche gefordert, die Aufgabe der oftmals schwierigen Entscheidungsfindung selbst zu übernehmen. Da auf Organisationsebene nicht klar und einheitlich geregelt ist, welcher Entscheidungsprozess angewendet werden soll, wird dessen Bearbeitung auf die Fachbereiche und die Projektteams abgewälzt, welche immer wieder individuelle Lösungen finden müssen.

8.3.2 Veränderung im Team

Das beobachtete Pilotteam in der IT sieht sich als Testballon für agile Teams in der Organisation. Der Leitspruch zum Teamfindungsprozess lautet:

> »Wir brechen die klassischen Linienorganisationen auf, werfen die tayloristischen Ansätze über Bord und bringen agile Arbeitsmethoden und die ganzen Rollenbilder in die Organisation.« (Int 7)

Diese Aufbruchsstimmung führte zu einem Selbstbild der Gewinner im Vergleich zu anderen Gruppen von Mitarbeiter:innen der Organisation:

> »Die Arbeit macht jetzt mehr Spaß, und dank der Transparenz, die wir hier haben, weiß ich auch, was ich warum machen soll.« (Int 7)

Im Gegensatz zu diesen neuen Herangehensweisen gibt es aber auch den anderen Teil der Mitarbeiter:innen, welche auf Nachfrage folgendermaßen beschrieben wurden:

> »Die Verlierer sind wohl die, die seit 20 Jahren was machen und dann was Neues lernen müssen.« (Int 7)

In dieser Gegenüberstellung wird ersichtlich, dass sich das Gegensatzpaar Stabilität und Wandel auch in der Altersstruktur der Mitarbeiter:innen widerspiegelt. Dies ist besonders, da der Altersschnitt in der IT mit 54 Jahren angegeben wurde.

Diesen Unterschied verstärkt die erhöhte Sichtbarkeit von Arbeitsabläufen im Team weiter. Dadurch wird klarer, wer gerade woran arbeitet – für einige Mitarbeiter:innen eine neue Erfahrung.

Zusätzlich wird die Führung des Teams von einer einzelnen Person in das gesamte Team verschoben, sodass der Leistungsanspruch nun gegenseitig bewertet wird. Die daraus entstehende Kontrollmöglichkeit durch die Kolleg:innen betrachten die »eingesessenen« Mitarbeiter:innen zum Teil mit großer Skepsis.

In der Zusammenarbeit mit anderen Teams aus dem »klassischen« Teil der Organisation zeigt sich die Problematik der unterschiedlichen Taktung der verschiedenen Arbeitsformen. Bei der Beobachtung eines Meetings mit einer zweiten Abteilung wurde ersichtlich, wie die Sprintlogik des Teams für die klassischen Teile der Organisation »zu schnell« sein kann. Beispielsweise wird alle zwei Wochen der Fortschritt präsentiert, zu dem man Feedback benötigt, um den nächsten Fortschritt sicherzustellen. Das gibt den nicht nach agilen Methoden arbeitenden Abteilungen lediglich zwei Wochen, um neue Informationen in Kundengesprächen zu ermitteln und diese zu evaluieren. Der Unterschied wurde deutlich, als das agile Team sehr viel konkretere nächste Schritte von der anderen Abteilung forderte und diese hierzu nicht zufriedenstellend auskunftsfähig war.

8.3.3 Diversität in der Führung

Das historisch bedingt hierarchisch organisierte Unternehmen zeichnet sich durch ausgeprägte Bürokratie und Beamtenstrukturen aus. Aus diesem Grund scheint es offene Fragen bezüglich Führung zu geben, die in eigenverantwortlichen Teams ganz anders gelebt wird und mit dem anderen Teil der Organisation gewissermaßen im Widerspruch steht. Durch neu eingeführte Rollen, wie den Product Owner oder den Scrum Master, werden Führungsaufgaben in neue Kleider gehüllt. Diese fordern einen neuen kollegialen und inhaltsfreien Führungsstil und sind losgelöst von den klassischen Karrierewegen in der Organisation.

Eine Entscheidung über die Implementierung notwendiger neuer Karrierewege war unserer Beobachtung nach noch nicht im Fokus. Der Scrum Master ist ein ehemaliger Teamleiter und der Product Owner, welcher diese Rolle für drei Teams ausführt, war zuvor Abteilungsleiter. Abseits dieses Teams stellt sich die Frage, wie diese neuen Rollen in der Organisation zukünftig gelebt werden. Konkret: Ob durch diese neuen Labels nur symbolisch der Führungsstatus abgelegt wird oder ob es auch im Führungsverständnis zu einer Veränderung kommt, konnte im Jahr des Experimentierens nicht endgültig geklärt werden.

Beobachtet man den Transformationsprozess aus der Perspektive der Führung, so ergibt sich ein Muster. Die oberste Führungsebene öffnet zwar das Feld für das »Jahr des Experimentierens« und hat die entsprechenden grundsätzlichen Rahmenbedingungen und Ziele geschaffen, sie hat aber keine detaillierte Blaupause bezüglich der konkreten Ausführung der Transformation vorgegeben. Neben der Installation des »Transition Teams« scheint lediglich vorgegeben, dass sich die einzelnen teilnehmenden Einheiten zu Zielen und Resultaten in Bezug auf die Transformation committen:

> »... im Unternehmensvorstand, ... da zählen Quartalszahlen, das heißt, es ist eine klassische Rentabilitätsgeschichte.« (Int 1)

Des Weiteren wurde öfters darauf hingewiesen, dass sich das Topmanagement nicht entschieden hat, ob und wie in Bezug auf New Organizing nach dem »Jahr des Experimentierens« weiter vorgegangen werden soll:

> »Es gibt da keine Entscheidung in dem Sinn, dass das Unternehmen zu 100 % agil ticken muss.« (Int 6)

Wir interpretieren dies so, dass die Organisation für diese Phase der Transformation gar nicht Anspruch erhebt, eine einheitliche Vorgehensweise für alle zu haben. Das wirft die Frage auf, wie die Organisation diese Vielfalt in Zukunft nutzen wird. Wird man einen Stein, der schon ins Rollen gebracht wurde und andere mitgerissen hat, wieder stoppen wollen bzw. ggf. können?

8.4 Was bringt die Zukunft?

Mit der beschriebenen Paradoxiebearbeitung gehen neue Anforderungen an die Organisation einher. Das betrifft Themen wie die Honorierung von Leistung oder Stellenbeschreibungen, aber auch mögliche Karrierepfade. Diese Aspekte sind in der klassischen Organisation klar definiert und bieten im Moment eine gute Orientierung für die Mitarbeiter:innen. Für neue Rollen im agilen Umfeld wie zum Beispiel Product Owner oder Scrum Master gab es zum Zeitpunkt der Beobachtung keine konkreten Stellenbeschreibungen, und vor allem war auch unklar, wie die Entwicklungsmöglichkeiten und Karrierepfade für diese Rollen auszusehen haben. Jene Lücke ist der Organisation grundsätzlich bewusst, aber es ist noch nicht klar, bis wann entsprechende Lösungen gefunden werden sollten:

»... heute ist es relativ klar getaktet, dass wir eine Führungsrolle haben und damit verbunden auch ein Karrieremodell, ... und die Idee ist, dass das in Zukunft in dem neuen Modell anders sein wird und dass wir uns Karrierepfade ... überlegen.« (Int 1)

Hierbei stellt sich die Frage, ob die nicht behandelten Auswirkungen auf das monetäre Anreizsystem ein Hindernis für die weitere Ausbreitung der Transformation darstellen.

Ende der Freiwilligkeit?

Die Frage, wie mittel- und langfristig mit dem Thema der Freiwilligkeit umgegangen wird, ist ein weiterer interessanter Punkt der Transformation. Die bisherige Teilnahme der Mitarbeiter:innen an agilen Projekten basierte auf Freiwilligkeit, um die Motivation und damit die Wahrscheinlichkeit eines Erfolgs zu erhöhen. Zusätzlich wurde die Idee verfolgt, einen Teil der übrigen Belegschaft durch Vorzeigeprojekte ebenfalls zu überzeugen und so ein weiteres Momentum für den Wandel zu generieren.

Dieser Ansatz birgt mehrere Herausforderungen hinsichtlich der Veränderung der gesamten Organisation. Durch die in der Organisation beschriebene Entwicklung und den dadurch entstehenden Druck, New-Organizing-Praktiken zu integrieren, scheint die Herangehensweise, lediglich auf Freiwilligkeit zu setzen, auf lange Sicht nicht haltbar:

»Und dann muss man halt auch irgendwann mal halt auch Entscheidungen treffen, auf beiden Seiten, passt's oder passt's nicht mehr, für manche ist es auch okay, manche sollen halt im Klassischen bleiben.« (Int 2)

Spätestens an dem Punkt, an dem sich einzelne Mitarbeiter:innen nicht der angestrebten Veränderung anschließen, stellt sich die Frage, wie weitreichend die Transformation für die Organisation wirklich ist. Es bleibt offen, ob sie in der Bearbeitung der Paradoxie Stabilität versus Wandel von einem uneindeutigen »Sowohl-als-auch« zu einem eindeutigen Entweder-oder wechselt.

Uneindeutigkeit als Lösungsansatz?

Aus der Analyse der Beispiele lässt sich ableiten, dass es eine Tendenz in Richtung Entweder-oder gibt. Entweder ist man Teil der neuen Welt oder eben nicht. Dadurch wird die Verantwortung im Umgang mit der Paradoxie in einigen Bereichen derzeit auf die Ebene der

Mitarbeiter:innen verschoben. Diese können noch frei entscheiden, werden aber früher oder später entscheiden müssen, ob sie wirklich nicht in agilen Teams arbeiten »möchten«. Auf der übergeordneten Organisationsebene wird zukünftig sehr stark auf das »Sowohl-als-auch« gesetzt, da es weiterhin Bereiche gibt, die in die Transformation in Richtung New Organizing nicht eingebunden sind.

Das auf Organisationsebene gewählte Muster zur Bearbeitung der Kernparadoxie Stabilität versus Wandel scheint die Uneindeutigkeit zu sein. Um möglichst viele Mitarbeiter:innen in die Transformation einzubinden, wird eine pragmatische Herangehensweise gewählt, durch die beide Seiten gleichzeitig bedient werden. Dies bedeutet, dass die Gegensätze kontinuierlich neu verhandelt und damit immer wieder anders ausgelegt werden. Infolgedessen können auch immer wieder neue Paradoxien entstehen.

8.5 Fazit

Wie wird in der beobachteten Organisation zukünftig mit der Kernparadoxie Stabilität versus Wandel umgegangen? Auf Organisationsebene bestand der beobachtete Lösungsansatz darin, viele unterschiedliche Experimente durchzuführen und diese auf Anschlussfähigkeit an die bestehende Struktur und Kultur zu prüfen. In den betrachteten Bereichen konnten wir folgende Ansätze beobachten: Fokus auf die agilen Methoden Scrum und Kanban, Kulturänderung durch persönliche Weiterentwicklung sowie Änderung von Kommunikationsmustern durch eine Adaption der Räumlichkeiten. Im Beobachtungszeitraum konnte nicht festgestellt werden, ob die einzelnen Experimente auf ihre Wirksamkeit evaluiert werden. Ein Vergleich zwischen den verschiedenen Herangehensweisen und ihren Vor- und Nachteilen wird weitere Erkenntnisse bringen.

Die Organisation hat den Mitarbeiter:innen und insbesondere den Führungskräften sehr viel Freiraum und Flexibilität bei der Wahl der Vorgehensweise eingeräumt. Ohne die ganzheitliche und konkrete Ausrichtung der Unternehmensführung besteht das Risiko, dass Einzelinitiativen mittelfristig an Kraft verlieren und von der klassischen Organisation teilweise in alte Muster zurückgedrängt werden. Dieses Risiko wurde im Beobachtungszeitraum offenbar bewusst in Kauf genommen, bietet es doch gleichzeitig die Chance, dass die einzelnen Experimente nicht nur in den involvierten Bereichen zu Veränderungen führen, sondern auch an den Schnittstellen zur klassischen Organisation Wirkung zeigen.

Folglich wird sich die Organisation eine weitere Frage stellen müssen: Soll die Transformation auf das gesamte Unternehmen ausgeweitet werden? Im Fall einer positiven Beantwortung müsste mittelfristig eine einheitliche Ausrichtung im Unternehmen erfolgen und somit die Freiwilligkeit aufgegeben werden. Sollte der Fokus jedoch darauf liegen, einzelne Bereiche zu transformieren, könnte der eingeschlagene Weg weitergegangen werden. Auch dies erfordert Unterstützung und Commitment des Managements – besonders bei den Herausforderungen an den Schnittstellen. Das bedeutet, dass in beiden Zielsetzungen die Paradoxiebearbeitung auf Organisationsebene anzupassen ist, um die Transformation erfolgreich weiterzuführen.

Die anfangs formulierte Anforderung des Managements nach einer Steigerung von Effizienz, Attraktivität als Arbeitgeber sowie Wettbewerbsfähigkeit in einer sich durch Digitalisierung stark wandelnden Welt wurde in den Bereichen individuell adressiert. Die gewählte Vorgehensweise, bei der möglichst viele Dinge von innen heraus angestoßen wurden, um Wellen durch das Unternehmen zu senden, führte generell zu einer großflächigen und pragmatischen Auseinandersetzung mit dem Thema New Organizing. Viele kleine Initiativen haben im »Jahr des Experimentierens« bei den Mitarbeiter:innen eine Vielzahl von Erkenntnissen generiert. Einmal angestoßen, wird sich dieser Prozess daher auch in Zukunft fortsetzen. Frei nach dem Motto eines Interviewpartners: »Die Milch kriegst du nicht mehr aus dem Kaffee.«

Steckbrief

Formale Aspekte des Forschungsprozesses
Organisationstyp, -größe, -struktur • Aktiengesellschaft, 8000 Mitarbeiter:innen, Jahresumsatz: 4,5 Mrd. Euro • internationaler Konzern mit Hauptsitz und Verkaufs- und Servicenetzwerk in Österreich
Untersuchte Einheit(en) Abteilungen in der Unternehmenszentrale: IT, Einkauf, Controlling, »Transition Team«
Branche/Branchendynamik • Telekommunikationsbranche • sehr dynamischer Markt, Preisdruck durch Discountanbieter, starker Innovationswettbewerb

Anzahl, Form (Interviews, andere Methoden), Zeitraum der Datenerhebung • sechs persönliche Einzelinterviews • ein Tag mit beobachtender Beforschung eines Teams inklusive Fokusgruppe • Zeitraum: Februar bis Juni 2019
Ausgangslage: Art und Umfang bisheriger Erfahrungen mit NO Zum Start der Forschung verfügte die Organisation in mehreren Abteilungen über erste Erfahrungen mit NO; zusätzlich kamen ein »Transition Team« und externe Berater:innen zum Einsatz; Start der Implementierung von NO war ca. Mitte 2018
Qualitative und theoretische Aspekte
Anlass und Ziele von NO-Aktivitäten / »Problem- und Lösungsansatz« Auf der Ebene der Gesamtorganisation: Attraktivität als Arbeitnehmer sowie Anpassung des Businessmodells auf neue Anforderungen. Die Wahl der Problem-Lösungs-Ansätze erfolgt in den einzelnen Abteilungen: • *IT:* Höhere Aktionsfähigkeit, Mitarbeiterattraktivität, Priorisierung, effizienteres Arbeiten • *Controlling:* Kostendruck entgegenwirken, effizienteres Arbeiten • *Einkauf:* Strukturen für zukünftige Serviceorganisation entwickeln, vorhandene Ressourcen besser nutzen, Anreize für qualifizierte Mitarbeiter:innen schaffen
Dominante Kernparadoxien Stabilität und Wandel, insbesondere sichtbar bei folgenden Themen: Bearbeitung von Schnittstellen, Veränderungen in Teamstrukturen, Diversität in der Führung
Hauptinterventionsebenen • *Organisation:* »Jahr des Experimentierens« auf einzelnen agilen Inseln: IT, Controlling, Einkauf • Unterstützung durch internes »Transition Team« und externe Beratungen • *Führung:* Unklare Position im Topmanagement führt zu Diversität weiter unten
Dominantes Muster der Paradoxiebearbeitung • Entweder-oder auf der *Ebene der Mitarbeiter:innen:* Man entscheidet sich (noch freiwillig) dagegen oder dafür, bei Experimenten mitzumachen. • »Sowohl-als-auch« auf *Organisationsebene:* Neben agilen Inseln besteht weiterhin die klassische Organisation. • *Oszillation:* Uneindeutigkeit als Resultat der Paradoxiebearbeitung
Key Learnings, Anschlussfragen und »Lösungsprobleme« • Es sind Insellösungen entstanden, die in sich optimiert sind. Die Schnittstellen zwischen klassischer und agiler Organisation müssen immer wieder aufs Neue ausgehandelt werden. Dies geschieht zur Zeit der Untersuchung auf der Ebene der Mitarbeiter:innen. • Unabhängig von der konkreten zukünftigen Ausrichtung wird die Paradoxiebearbeitung auf der Organisationsebene stattfinden müssen, da bereits ein Wandel in Richtung NO losgetreten wurde.

Wie interessant!

In dieser Fallstudie lässt sich die Bearbeitungsform der Kernparadoxie von Stabilität und Wandel einer Organisation sehr gut nachvollziehen.

Zum einen wird die Dringlichkeit von Veränderungen vermittelt und dennoch die Durchführung derselben auf einzelne »Inseln« eingeschränkt. Das Funktionale an diesem Vorgehen besteht darin, dass man Veränderungen auf einige Abteilungen beschränkt und gleichzeitig Stabilität in der »Restorganisation« zu gewährleisten hofft. Der Preis dafür liegt in den erforderlich werdenden Abstimmungsproblemen hinsichtlich der Schnittstellen.

Die titelgebende »Melange« umschreibt die generelle Interventionsstrategie: Tropfen oder kleine Portionen des Neuen färben den Kaffee, sodass ein Weg zurück zum ursprünglichen Zustand unwahrscheinlich wird.

Interessant ist, wie auf den verschiedenen Inseln vorgegangen wird: Es wird ein »Jahr des Experimentierens« ausgerufen, und dennoch wird Führung erkennbar, indem Entscheidungen hinsichtlich der Vorgehensweise und der begleitenden Maßnahmen getroffen werden: In einer Abteilung werden die Mitarbeiter:innen geschult, in einer anderen die Führungskräfte vorbereitet, und in der dritten werden Räumlichkeiten neu gestaltet.

Letzteres rückt auch jene Maßnahmen ins Blickfeld, die eher selten als »typische« Veränderungsinterventionen betrachtet werden: Die räumliche Adaption innenarchitektonischer Gegebenheiten ergänzt übliche sachliche, zeitliche und soziale Dimensionen der Intervention und wirkt so als ein wichtiges Element der Intervention. (Ähnliches zeigt sich auch in anderen Fällen wie »Mit dem Rücken zur Wand«, Kap. 2, oder »Unaufgeregte Lockerungsübungen«, Kap. 6.)

Es folgt: In »PS-starke Unternehmensführung« (Kap. 9) wird die Durchführung eines das Gesamtunternehmen umfassenden Veränderungsprozesses vorgestellt. Dieser orientiert sich einerseits an einem von der Eigentümerfamilie klar vorgegebenen strategischen Vorgehen und lässt dennoch Ergänzungen »von unten« zu.

Alternativ: Eine andere Herangehensweise zeigt sich hingegen beim Schweizer Technologiekonzern einer verwandten Branche in »Speed is the name of the game!« (Kap. 12), der im Zuge einer raschen Umsetzungsstrategie einer klaren Vorgabe der Methode folgt.

TG, GPK, SG

9 PS-starke Unternehmensführung – SIXT im Spannungsfeld von Hierarchie und Selbstorganisation

Kurt Rachlitz, Andre Stuer, Wolfgang Zimmermann

9.1 New Organizing als Katalysator für die Umstellung des Geschäftsmodells?

Neue Organisationsformen sind in aller Munde. Speziell in großen Konzernen ist dieses Thema bereits von verschiedensten Seiten beleuchtet worden. Noch weitgehend unbeantwortet sind aber folgende Fragen: Wie gut passen diese neuen Ansätze mit dem speziellen Organisationstyp »familiengeführtes Unternehmen« zusammen? Welche Fallstricke und Herausforderungen ergeben sich gerade in dieser Unternehmensform, wenn es um die Implementierung neuer Organisationmodelle geht? Und schließlich: Welche Rolle spielt das Geschäftsmodell als Erfolgsbedingung für die organisatorische Durchsetzung von New Organizing und vice versa?

Die Beobachtung der Transformation der Sixt SE der letzten Jahre bietet eine ausgezeichnete Möglichkeit, um diese Fragen zu beantworten. Im Kern zeigt der Fall, dass die Einführung neuer Organisationsformen einen intelligenten Umgang mit unterschiedlichen Veränderungsmodellen sowie mit dem Zusammenspiel unterschiedlicher Generationen in der Unternehmerfamilie voraussetzt. Es ist keine Schwäche, sondern gerade eine Stärke, wenn man Strukturen sowohl »von unten« wachsen lässt als auch durch Entscheidung »von oben« einführt. Dieser Mut zur Offenheit setzt freilich eine bestimmte Unternehmenskultur sowie den Fokus auf einen bestimmten Businessnutzen voraus – nur mithilfe dieser beiden Faktoren lässt sich genug Akzeptanz für eine solche Veränderung erzeugen. Wir identifizieren Herausforderungen im gleichzeitigen Streben nach Exploitation und Exploration (March 1991) einerseits sowie nach Top-down- und Bottom-up-Logik andererseits.

Fazit: Die Unternehmenskultur von Sixt erlaubt und fordert Ambiguitätstoleranz, und New Work dient nicht nur der Außendarstellung, sondern erzielt in der Veränderung organisationaler Strukturen Wirkung.

9.2 Methodisches Vorgehen

Bevor wir unsere inhaltlichen Ergebnisse vorstellen, wollen wir zunächst skizzieren, wie wir zu diesen Ergebnissen gekommen sind. Das Forschungsteam »Sixt« führte im Juni 2019 drei Interviewrunden im IT-Bereich der Sixt SE (»Sixt Tech«) durch. Die Befragten wurden von Sixt aus verschiedenen Bereichen ausgewählt. Alle Interviews wurden als Gruppeninterviews mit jeweils drei bis sechs Personen geführt.

Dabei wurde insbesondere auf die Heterogenität der befragten Rollen geachtet. Die Perspektiven auf das Phänomen reichen von der operativen Teamebene über das mittlere Management bis hin zur strategischen Planung. Freilich beanspruchen wir keine vollständige Beschreibung des Sachverhalts. Von den ca. 500 Mitarbeiter:innen der Abteilung haben wir zehn Stimmen einfangen können. Unsere Ergebnisse sind auf die Aussagen dieser (kleinen und durch das Auswahlverfahren hochselektiven) Stichprobe beschränkt. Ergänzend zu den Interviews wurden Angaben zum Unternehmen im Internet gesichtet.

Die Interviews wurden leitfadengestützt durchgeführt. Am Anfang stand je eine offene Frage nach dem Verlauf der Transformation. Dieser Erzählstimulus und die im Forschungsansatz vereinbarten inhaltlichen Schwerpunkte dienten als Ausgangspunkt für die weitere Ausgestaltung der narrativen Interviews, die im Nachgang gemeinsam im Forschungsteam ausgewertet wurden.

9.3 Hintergrund des Unternehmens und seiner Kultur

Die Sixt SE mit Sitz in Pullach bei München ist einer der international führenden Anbieter hochwertiger Mobilitätsdienstleistungen und in rund 110 Ländern präsent. Um die gegenwärtige Transformation verständlich zu machen, lohnt ein kurzer Blick auf relevante Entwicklungen in der Firmengeschichte.

Wie auch in anderen familiengeführten Unternehmen sind die Vertreter:innen der Eigentümerfamilie prägend:

- 1969 tritt Erich Sixt, der heutige Aufsichtsratsvorsitzende der Sixt SE, in dritter Generation in das Unternehmen ein und führte dieses mehr als 50 Jahre bis Juni 2021 als CEO. Er sorgt für Wachstum und Erfolg, weitet das Stationsnetz auf ganz Deutschland aus, nimmt beispielsweise Lkw in die Flotte auf und bringt 1986 das Unternehmen an die Börse. Der Großteil der Aktien und damit der bestimmende Einfluss verbleiben jedoch im Familienbesitz.
- 2005 tritt mit Konstantin Sixt die vierte Generation der Familie Sixt in das Unternehmen ein, Bruder Alexander folgt 2009. Während Alexander Sixt zentrale Funktionen wie die Konzernentwicklung inklusive der Sixt Tech leitet, ist Konstantin Sixt für den globalen Vertrieb inklusive E-Commerce zuständig. Im Juni 2021 übernahmen Alexander und Konstantin Sixt gemeinsam die Rolle des Vorstandsvorsitzenden und führen die Sixt SE seither als Co-CEOs. Ihre Ressortverantwortlichkeiten haben die Brüder beibehalten. Auf das Zusammenspiel beider Generationen werden wir im weiteren Verlauf noch zurückkommen.

Das familiengeführte Unternehmen präsentiert sich im Jahr 2019 mit über 8500 Mitarbeiter:innen als ein dynamischer internationaler Player. 2008 ist die Sixt SE die weltweit erste Autovermietung, die eine Mietwagenbuchung per iPhone-App anbietet und damit den Buchungsprozess mobil macht. Mit den Produkten Sixt rent, Sixt share, Sixt ride und Sixt+ bietet das Unternehmen ein integriertes Angebot von Mobilität in den Bereichen Auto- und Nutzfahrzeugvermietung, Carsharing, Fahrdienste und Auto-Abos.

Kennzeichen des Unternehmens ist die konsequente Kundenorientierung und eine gelebte Innovationskultur mit starker Technologiekompetenz. Der Sixt-Konzern erwirtschaftete im Jahr 2019 Umsatzerlöse von 3,31 Mrd. Euro und zählt zu den profitabelsten Mobilitätsunternehmen weltweit. Befragt, was den Erfolg dieses familiengeführten und zugleich börsennotierten Unternehmens ausmacht, wurden uns in den Interviews folgende Merkmale genannt:

- Fehler werden zugelassen, und Dinge werden ausprobiert (Experimentierfreude).
- Bürokratie wird vermieden, und Entscheidungen werden nicht auf dem formalen Dienstweg, sondern mit Vertrauen in die Verantwortung jedes Einzelnen getroffen.

- Der Erfolg des Unternehmens als Ganzes (und nicht so sehr einzelner Abteilungen) steht im Vordergrund.
- Flexibilität und Leistungskultur werden großgeschrieben.

Diese Merkmale stehen nicht unbedingt im Mittelpunkt unserer Untersuchung, geben jedoch einen guten Eindruck davon, in welchen Kontexten die Einführung neuer Organisationsformen bei der Sixt SE stattfindet.

9.4 Aus U-Booten und Tankern werden Sprints und Züge

Die Einführung von New Organizing kann ganz unterschiedliche Gründe haben. In dem hier behandelten Fall sticht besonders hervor, dass die Veränderung sowohl gesteuert als auch emergent erfolgte. Gerade in dieser Mischung von Geschlossenheit und Offenheit sehen wir einen entscheidenden Erfolgsfaktor.

Zunächst gab es bei Sixt eine nicht bewusst geplante Entstehung neuer Arbeitsformen. Ab 2008 etwa wurden erste Experimente in einem angedockten Start-up basierend auf Scrum gemacht. Das damals verhältnismäßig wenig verbreitete Verfahren wurde von Entwickler:innen gleichsam nebenher als sinnvoll erscheinendes Werkzeug genutzt. Dies geschah über Jahre hinweg in organisatorisch getrennten »Experimentierräumen«.

Auch die Einführung eines cloudbasierten Customer-Relationship-Management-(CRM-)Systems im Jahre 2012 wurde – diesmal mit Unterstützung externer Berater:innen – agil aufgesetzt und diente als Erfahrungsquelle für einen begrenzten Bereich von 25 Entwickler:innen. Aus den dabei gemachten positiven Erfahrungen entstanden weitere agile Initiativen im IT-Bereich. Die steigenden Anforderungen im Entwicklungsbereich führten zudem zu einem starken Anstieg der Zahl der Mitarbeiter:innen – eine weitere Quelle innovativen Potenzials.

Geprägt war das Vorgehen von einem hohen Maß an informeller Selbstorganisation. Diese als »U-Boote« bezeichneten »Projekte« waren keineswegs durchgehend aufeinander abgestimmt und wenig formal harmonisiert. So gab es noch im Jahr 2018 mehrere einzelne IT-Bereiche nebeneinander, die unter Leitung verschiedener Führungskräfte weitgehend autonom ihre jeweiligen Themen vorantrieben.

Im ersten Halbjahr 2018 entschied man sich deshalb für ein gezieltes Top-down-Design der Strukturen der gesamten ca. 500-köpfigen Sixt Tech. In Zusammenarbeit von Organisations- und Konzernentwicklung wurde die Sixt Tech analog zur sogenannten SAFe-Systematik nach inhaltlichen Abhängigkeiten in verschiedene »Release Trains« aufgeteilt. In diesen wurden die Mitarbeiter:innen wiederum entsprechenden selbstorganisierten Teams, sogenannten Scrum Teams, zugeordnet.

Sechs Gründe wurden in den Interviews für diese Neustrukturierung genannt:

- zu wenig Anbindung der IT an das Business: Die IT hatte den Ruf, das Business zu »steuern« (Int)[24], sie galt eher als »Bremser« und war zu sehr an der Sicherung der Routinen und der Stabilität der alten IT-Systeme interessiert.
- teils unklare Verantwortungen in der IT sowie zwischen IT und Business
- veränderte Prioritätensetzung und Notwendigkeit einer besseren Zusammenarbeit der Projekte aufgrund der Anpassung des Geschäftsmodells vom Autovermieter zum integrativen Mobilitätsdienstleister (rent/share/ride/SIXT+) durch die Mobilitätsplattform Sixt One sowie die neue Sixt App
- eine konsequente Verstärkung des Selbstverständnisses hin zu einer »Tech Company mit angeschlossener Autovermietung«
- begrenzte Transparenz für die Frage(n), aus welchem Grund an welchen Themen mit welcher Priorität gearbeitet wurde
- Erhöhung der Attraktivität als Arbeitgeber.

9.5 Der Transformationsprozess

Wie aber lief der Transformationsprozess ab, und welche Folgen hatte er? Um diese Fragen zu beantworten, wollen wir zunächst zwei organisationale Veränderungen skizzieren:

- die Verbesserung der Planungs- und Steuerungsprozesse sowie
- die Einführung der neuen Organisationsstruktur.

24 Das Autorenteam hat sich bei dieser Fallstudie wegen der Nennung des beforschten Unternehmens aus Gründen der Vertraulichkeit entschieden, bei den Zitaten auf die Kennzeichnung der Interviewtengruppen zu verzichten. Diese sind in unseren Aufzeichnungen jedoch nachvollziehbar dokumentiert.

Wir fokussieren an dieser Stelle – wie überall sonst in diesem Artikel – auf Sixt Tech.

Strategie und Struktur gehören aufs Engste zusammen – und so ist es nur folgerichtig, dass Sixt die Anpassung des Geschäftsmodells mit einer Anpassung des Steuerungs- und Priorisierungsprozesses verbindet. Der früher gelebte Prozess war stark zentralistisch ausgerichtet. Eine eigens eingerichtete Priorisierungsstelle – das Projektmanagement-Office (PMO) – hatte die (schwierige!) Aufgabe, in vierteljährlichen Abständen für alle Abteilungen die Priorisierung der IT-Projekte zu übernehmen. Der Hauptvorteil eines solchen Vorgehens liegt auf der Hand: Kontrolle. Der Hauptnachteil sticht aber ebenso ins Auge: Ein derart hoher Steuerungsgrad bezieht das Wissen, das in den Abteilungen vorhanden ist, nicht genügend mit ein – verbunden mit dem Risiko der Übersteuerung.

Um diesem Nachteil etwas entgegenzusetzen, wird der neue Steuerungsprozess an der durch Google berühmt gewordenen OKR-Methode (»Objectives & Key Results«) orientiert: Gestartet wird mit einem Workshop, in dem der Vorstand mit den Bereichsleiter:innen die Geschäftsziele mit den Bereichszielen synchronisiert. Jedem Bereich ist neben dem operativen Geschäft im Rahmen der Umstrukturierung eine dedizierte »Tech Division« zugehörig. Die fachlichen Leiter dieser Tech-Divisionen, die sog. Chief Product Owner, greifen die dabei gemeinsam erarbeiteten Prämissen auf und erarbeiten mit ihren Teams Pläne, ob und wie die Ziele erreicht werden können. Schon in dieser frühen Planungsphase werden also Machbarkeit und Abhängigkeit geprüft. Der Grad der Zielerreichung wird sodann monatlich an den Vorstand zurückgemeldet und von diesem einem Review unterzogen:

> »Wir haben damit eine Bühne geschaffen, um die Kommunikation und Abstimmung gut ineinandergreifen zu lassen.«

Koordiniert wird dieser divisionsübergreifende Prozess durch ein kleines »Tech Delivery Management«-Team.

Den Tech Divisions werden selbstorganisierte Teams mit Engineers, Product Ownern und Scrum Mastern zugeordnet. Für die Befragten ist dabei weniger das SAFe-Framework selbst entscheidend als vielmehr der Schritt, die Aufgaben neu zuzuschneiden – und zwar entlang von Software-Wertströmen (statt Funktionen).

Interessanterweise bestehen die Befragten vehement darauf, nicht von »Agilität« zu sprechen, gleichwohl eine große Zahl an Begrifflichkeiten, die im Unternehmen Selbstverständlichkeit erlangt haben, dem agilen Diskurs entnommen ist. Diese kritische und zugleich reflektierte Haltung gegenüber äußeren Einflüssen scheint – wir werden darauf zurückkommen – mit der spezifischen Kultur des Unternehmens zusammenzuhängen:

> »Das Wort agil verwenden wir eigentlich nicht. Das, was wir machen, sollte jenseits der Begriffe in erster Linie zu unserer Kultur und zu unseren Unternehmenszielen passen.«

Der Transformationsprozess, der diese neuen Strukturen hervorbrachte, war geprägt von dem Bemühen, eine organische Entwicklung zu ermöglichen:

> »Wir haben das bei Sixt sukzessive ab 2018 umgesetzt – und das ganz ohne großes Transformationsprogramm.«

Statt »großer Rhetorik« stand das tatsächliche Doing im Vordergrund. Dabei spielen positive unternehmerische Bedingungen eine große Rolle.

> »Wir wachsen und sind erfolgreich. Unter solchen Prämissen fällt Veränderung deutlich leichter.«

Den Aussagen der Befragten zufolge gab es kaum Widerstände bei der Einführung der neuen Strukturen und Prozesse. Ein wichtiger Grund für diese erstaunlich große Veränderungsbereitschaft der Belegschaft scheint einerseits die starke Leitfigur in Gestalt von Erich Sixt, vor allem in seiner Rolle als CEO bis Juni 2021, in Kombination mit neuen Impulsen durch seine Söhne, Co-CEOs seit Juni 2021, zu sein; andererseits wird diese Top-down-Strategie »von unten« komplementiert: Die Entscheidungen, die oben getroffen werden, werden hinreichend von unten informiert. Dieser Spagat scheint – zumindest legen das die von uns geführten Interviews nahe – aufgrund des neuen Planungsprozesses sowie der Art der Führung in unserem Fallbeispiel gelungen zu sein.

Neben den formalen Aspekten bringt dieser Transformationsprozess auch mindestens drei informale Folgen mit sich:

Erstens verändert sich durch die Einführung der neuen Strukturen die Art der Silobildung. Das klingt einfach, ist aber ein kaum zu überschätzender Vorteil: Man wird weder verhindern können noch wollen, dass sich Silos ausbilden – aber welche Art von Silos und welche Härte der Abgrenzung entstehen, macht sehr wohl einen Unterschied:

»Wir hatten vorher eine Art Silo-Denke entlang der gewachsenen Software, das ist jetzt weitgehend aufgelöst.«

An die Stelle dieser Silos seien nun Silos entlang der Wertströme getreten.

Zweitens wird die neue Organisationsgeschwindigkeit hervorgehoben:

»Wir sind deutlich schneller geworden, wir waren vorher ein richtiger Tanker in einem eigenen Gebäude. ... Wir haben in drei Jahren von 0 auf 100 exponentiell beschleunigt.«

Drittens hat sich die Einstellung zur Veränderung selbst gewandelt:

»Unser Mindset hat sich geändert. Heute ist es jedem klar, dass das ein laufender Change ist.«

Man denkt also nicht mehr Stabilität als Normalzustand, sondern Veränderung setzt sich als fortlaufendes Denk- und Verhaltensmuster durch. Getragen wird dies von der Vorstellung, dass der Weg das Ziel ist:

»Wir sind bisher nur den halben Weg gegangen, wir sollten es als Reise sehen, bei der es immer weitergeht.«

Das bisher gezeichnete Bild wird noch durch einen weiteren Aspekt komplettiert. Der Dreiklang von formaler Strukturänderung, Stil der Implementierung und informaler Organisationstransformation wird als eingebettet in eine spezifische Unternehmenskultur beschrieben. Vier Dimensionen dieser Kultur konnten in der empirischen Erhebung ausgemacht werden:

- Erstens ist die Fehlerkultur hervorzuheben: Fehler dürfen passieren:

»Das ist nicht das Ende bei Sixt ... wir korrigieren dies ... habe dies selbst erlebt, dauerte eine Woche ... habe ihn selbst entdeckt und gleich gemeldet ... und dann korrigiert.«

- Die zweite Dimension dieser Kultur ergibt sich durch das, wovon sich die experimentierfreudige Art zu arbeiten abgrenzt: Bürokratie und eindimensionale Expertise:

»Wir arbeiten stark mit dem Prinzip gesunder Menschenverstand plus ›einfach machen‹.«

- Drittens sticht eine gelebte Konfliktkultur ins Auge:

»Und wenn Konflikte, dann konstruktiv, es geht immer um den Erfolg der Sache.«

- Schließlich wird auch immer wieder die Wichtigkeit der Leistungserbringung betont:

»Bei uns ist Leistung sehr wichtig.«
»Das bedingt viel Eigeninitiative und gegenseitiges Challengen auch auf gleicher Ebene.«

Kurzum: Die Interviewten sagen von sich selbst, sie lebten eine lebendige Fehler-, Macher-, Konflikt- und Performance-Kultur. Eine solche Kultur polarisiert und darf keineswegs allzu harmonisch dargestellt werden. Im Gegenteil basiert sie auf einer sehr disziplinierten Personalauswahl und der Bereitschaft, sich von denjenigen zu trennen, die der Kultur nicht entsprechen:

> »Wir sind stolz auf unsere Sixt-Kultur, es ist hier so wie bei unserer Werbung: entweder du findest es mega oder eben nicht.«

Zusammenfassend lässt sich die Veränderung durch vier Komponenten kennzeichnen:

- konsequente Neujustierung der Planungsprozesse und der Organisationsstruktur
- inkrementelle Vorgehensweise im Transformationsprozess
- informale Veränderung von Mindset, Geschwindigkeit und Veränderungsbereitschaft
- Fehler-, Macher-, Konflikt- und Performance-Kultur.

9.6 Zwei Kernwidersprüche prägen den Transformationsprozess

Organisationen sind keine widerspruchsfreien Orte. Wie jegliche soziale Praxis funktionieren sie nicht wie Computersysteme, in denen Konsistenz der Daten vorliegen muss; sie funktionieren durch die gekonnte und konstruktive Bearbeitung paradoxer Anforderungen. Was kompliziert klingt, ist eigentlich ganz einfach: Es gibt für Organisationen in den sich gegenseitig ausschließend erscheinenden Ansprüchen keine überdauernden richtigen Lösungen. Diese müssen vielmehr immer wieder angepasst, d. h. unter sich ändernden Kontextbedingungen möglichst intelligent jeweils neu entwickelt werden. Dabei auftretende Paradoxien sind also keine Schreckgespenster, sondern hilfreiche Bezeichnungen für ganz normale Phänomene, die bei der Bearbeitung organisationaler Spannungsfelder auftreten. Zwei solche Kernparadoxien und das beobachtbare Muster ihrer Bearbeitung wollen wir im Folgenden herausstellen.

9.6.1 Die Organisationsstruktur: Exploitation versus Exploration

Wie schaffe ich es, Stabilität, Zuverlässigkeit und Effizienz durch Routinen organisational herzustellen – ohne dabei Innovationspotenzial zu verlieren? Auf diese Frage liefert die Unterscheidung von Exploitation und Exploration eine Antwort (March 1991):

Exploitation steht für die Nutzung vorhandener Fähigkeiten für die Erhaltung des gegenwärtigen Status quo der Leistungserbringung einschließlich der Optimierung vorhandener Prozesse, Strukturen und Technologien. Die Ergebnisse sind unmittelbar oder in Form von Kennzahlen und Bilanzen ablesbar und gut planbar. Hier wird mit dem Ansatz der strikten Kopplung (der Prozesse, Führungshandlungen, Systeme, Kommunikation etc.) gearbeitet. Der Leitgedanke des »Wenn ..., dann ...« baut auf Sicherheit und Routine auf. Statt Disruption stehen Berechenbarkeit und kontinuierliche Anpassung im Vordergrund.

Man muss nicht lange überlegen, um Grenzen des Modus der Exploitation zu identifizieren. Sobald die organisatorische Umwelt sowohl in ihrer Komplexität als auch in ihrer Veränderungsmöglichkeit ernst genommen wird, sieht man: Wer in dynamischen Bedingungen nur exploitativ wirtschaftet, fährt früher oder später gegen die Wand. Innovation und schnelle Veränderung müssen in einem sich rasch ändernden Markt ebenso sichergestellt werden wie Effizienz.

Exploration muss daher Exploitation komplementieren. Hier geht es um die Suche nach neuen Möglichkeiten sowie um das Experimentieren mit alternativen Prozessen, Strukturen und Technologien. Orientierung liefert das radikale Überdenken des gegenwärtigen Status quo. Resultate sind unsicher und Effekte eher langfristig sichtbar. Hier sind die Prozessschritte eher lose gekoppelt, das Vorgehen ist eher sprunghaft, experimentierend, offen, kreativ, fehleranfällig (»fail fast«) und unberechenbar.

Um mit diesem Spannungsfeld von Exploitation und Exploration in Form einer »Ambidextrie« (Beidhändigkeit; O'Reilly III a.

Tushman 2008) umzugehen, setzte Sixt über weite Phasen auf »organisationale Trennung« (Christensen 2015). Das Ausprobieren des Neuen findet zu großen Teilen in Sixt Tech statt, wird also auf einen Teilbereich der Organisation beschränkt. Dem Neuen soll durch organisatorische und auch räumliche Trennung eine Chance gegeben werden, um neben (!) dem auf Performance getrimmten klassischen Autovermietungsgeschäft bestehen zu können. Die Prozesse rund um das klassische Autovermietungsgeschäft basieren weiterhin auf Effizienz und Planbarkeit – also auf Exploitation. Diese organisationale Trennung zieht sich konsequent auch in der Standortwahl durch:

> »Wir sind damals bewusst in die Stadt gegangen.«

Die Tendenzen zur Verantwortungsabgabe und Selbstorganisation bei Sixt Tech werden dabei in den Interviews als etwas keineswegs Neues beschrieben: Diese »Selbststeuerung in den Teams« sei nicht weiter erwähnenswert, sondern selbstverständlich. Schon bei der Einstellung der Mitarbeiter:innen werde darauf geachtet, dass Kandidat:innen zu dieser Unternehmenskultur passen.

9.6.2 Der Steuerungsprozess: top-down versus bottom-up

Wer mit Organisationen vertraut ist, weiß, dass dort mehr geschieht als den Regeln und Zwecksetzungen nach geschehen sollte. Organisationen benötigen diese informale Seite, da sie nicht nur ein lästiges Übel ist, sondern eine wichtige Funktion für ihr Überleben hat. Man spricht diesbezüglich von »brauchbarer Illegalität« (Luhmann 1999; Kühl 2020). Gleichzeitig müssen Organisationen diese Informalität in Zaum halten, um ihre Zweckerfüllung sicherzustellen.

Ein zweites Paradox ergibt sich daher aus der Gleichzeitigkeit von entscheidungsbasierten und emergenten Strukturen. Alltagsweltlich bezeichnet man diese Paradoxie mithilfe der Gegenüberstellung von top-down und bottom-up. Die Beschreibung des Transformationsprozesses hat gezeigt, dass diese Paradoxie erstaunlich gut gemanagt wurde. Unsere These ist, dass dies an der besonderen organisationalen Verfasstheit des Unternehmens liegt: Auf der einen Seite handelt es sich um eine börsennotierte SE mit entsprechenden Pflichten, Strukturen und Prozessen. Auf der anderen Seite gibt die Organisation als familiengeführtes Unternehmen ihren Mitarbeiter:innen große Freiräume zur Gestaltung:

> »Wir haben und wollen engagierte Mitarbeiter mit hoher Kenntnis ›on the job‹, die Mitsprache und Mitgestaltung wollen.«

Um dies zu erreichen, lässt Sixt informale Strukturen bewusst zu und baut auf die Bindung der Mitarbeiter:innen und auf Vertrauen.

Darüber hinaus ergibt sich aus den Interviews aber auch hinsichtlich dieser Paradoxie das Bild der Lokalisierung. Auf den Ebenen 1 und 2 wird zunächst mit OKR eher top-down gearbeitet. Gleichzeitig aber wird dieser gesetzte Rahmen auf der Ebene der Mitarbeiter:innen durch ein hohes Maß an Freiraum in der Zielerreichung ergänzt. Dass es dabei zu Konflikten in den Kommunikationswegen und Strukturen in der Mitte kommt, wird kaum verwundern:

> »Wir versuchen die Teams selbstorganisiert aufzustellen. ... Jetzt ist es aber bei uns so, dass Entscheidungen bei uns auch top-down laufen. Das müssen wir zusammenbringen.«

Ein besonders hervorstechendes Muster, das an dieser Stelle Erwähnung finden sollte, lässt sich so beschreiben: Die Teams antizipieren in einer Art geführter Selbstorganisation Entscheidungen des Vorstands durch ihre »Sixt-DNA« und setzen diese mit viel Handlungs- und Entscheidungsspielraum um. Eingriffe in diese selten explizit ausformulierten Spielräume werden im Wesentlichen als Teil der Spielregeln des Systems akzeptiert. Diese Herangehensweise wird sowohl vom Vorstand als auch im gesamten Unternehmen weitgehend als Steuerungsprinzip und Stärke benannt, wenngleich an dieser Stelle Konflikte vorprogrammiert sind:

> »Die Unternehmensleitung hat die große Fähigkeit, lose zu führen, aber – wenn nötig – in wichtige Dinge auch extrem tief reinzugehen.«

Diese Form von »straff-lockerer Führung« erhält ihre Akzeptanz auch über die Kontinuität der Besetzung des Vorstands durch Familienmitglieder über mehrere Generationen. Diese balancieren die Gefahr der Kurzfristigkeit typischer Investoreninteressen durch ein glaubwürdiges Interesse an nachhaltiger Unternehmensentwicklung aus.

9.7 Fazit und Ausblick

Der vorliegende Fall zeigt Erfolgsfaktoren und Geburtswehen, die ein Unternehmen durchmacht, das sein Geschäftsmodell von der analogen in die digitale Welt verlagert. Wir haben schon erwähnt, dass in diesem Unternehmen kaum von Agilität gesprochen wird – man muss diese nicht explizit fordern. Dies gilt zum einen, weil Teile dieser Organisations- und Steuerungslogik bereits in der »Sixt-DNA« verankert sind; dies gilt zum anderen, weil die Umstellung des Geschäftsmodells die Umstellung der Arbeitsformen geradezu erzwingt. Letztere scheint – zumindest legen die von uns geführten Interviews dies nahe – im untersuchten Unternehmen trotz aller genannten Herausforderungen und Konflikte gut zu funktionieren.

Wir haben uns in unserem Dreipersonenforschungsteam durchaus kritisch gefragt, ob wir uns bei der Gesamteinschätzung zu sehr von den weitgehend positiven Schilderungen und der Kultur haben beeinflussen lassen. Wir können dies nicht ausschließen.

Der von uns geschilderte Fall ist nicht der einer Lösung nach dem Muster »One size fits all« – das sollte sich von selbst verstehen. Was sich nicht von selbst versteht, ist das Erfolgsrezept, das diese Transformation als bisher gelungenen Balanceakt auszeichnet: die parallele Existenz hierarchischer Muster und experimenteller Selbstorganisation, die sowohl innovativ im neuen Herzstück, der Sixt Tech, als auch effektiv im Bereich Operations funktioniert. Hier ist als zentraler Faktor die stark durch die Unternehmensleitung geprägte unternehmerische Kultur (Sixt-DNA) zu sehen. Die agilen Ansätze werden dabei als eine Bereicherung und Erweiterung der bestehenden Kultur angesehen. Stark ausgeprägte Kulturen wie diese gehen allerdings immer mit dem Risiko sich schleichend entwickelnder Tabus einher. Die dabei ausgeblendeten Perspektiven können als wertvolle kritische Aspekte in relevanten Entscheidungsprozessen fehlen. Es bleibt also zu hoffen, dass diese Offenheit für die Infragestellung der eigenen Kultur erhalten werden kann.

Eine der großen Stärken dieser unternehmerischen Kultur ist die Paradoxiefähigkeit, die sich bei den Protagonisten in Form hoher individueller Ambiguitätstoleranz erkennen lässt: Mit Widersprüchlichkeiten und Mehrdeutigkeiten wird erstaunlich kompetent umgegangen. Anstatt in Entweder-oder-Kategorien zu denken, wird eher auf eine intelligente Lösung im Sinne von »Beides ist möglich« oder »Es geht auch ganz anders« gesetzt. Dies macht die Protagonist:innen zu Balancekünstler:innen, die diese individuelle Fähigkeit auch organisational in Form von Kontextbedingungen als Gestaltungsmerkmal der Paradoxiefähigkeit erkennen lassen. Hinzu kommt die Bereitschaft der Spitze, Risiko zu übernehmen und damit für die Mitarbeiter:innen auch ein Stück Sicherheit und Entlastung zu geben.

Der Fall zeigt auf, dass New-Work-Elemente gerade dann erfolgreich sein können, wenn sie nicht als normativer Selbstzweck überhöht oder als Mittel zur Außendarstellung auf der Schauseite ausgestellt werden. New Work muss sich hier nach einer Experimentierphase im täglichen Tun bewähren, es ist notwendiges Korrelat der Umstellung einer keineswegs einfachen, aber unvermeidlichen Realität des unternehmerischen Handelns: der organisationalen Umsetzung der Änderung des Geschäftsmodells.

Steckbrief

Formale Aspekte des Forschungsprozesses
Organisationstyp, -größe, -struktur Börsennotiertes, familiengeführtes Unternehmen, ca. 8500 Mitarbeiter:innen und 3,3 Mrd. Euro Umsatz (2019)
Untersuchte Einheit(en) Sixt Tech, d. h. der Kernbereich der früheren IT/Entwicklung
Branche/Branchendynamik Autovermietung auf dem Weg zum Mobilitätsdienstleister
Anzahl, Form (Interviews, andere Methoden), Zeitraum der Datenerhebung Drei Interviewrunden im IT-Bereich der Sixt SE (Sixt Tech), alle Interviews wurden als Gruppeninterviews mit jeweils drei bis sechs Personen geführt Außerdem Internetrecherchen
Ausgangslage: Art und Umfang bisheriger Erfahrungen mit NO Nach ersten Tests agiler Methoden firmenweite Etablierung in Sixt Tech nach einer SAFe-Logik, ohne dies explizit zu benennen
Qualitative und theoretische Aspekte
Anlass und Ziele von NO-Aktivitäten / »Problem- und Lösungsansatz« Entwicklung eines neuen Geschäftsmodells zum integrierten Mobilitätsdienstleister
Dominante Kernparadoxien • Exploitation vs. Exploration • top-down vs. bottom-up
Hauptinterventionsebenen Erste Testinitiativen auf der Arbeitsebene, dann Implementierung mit Ansage und Steuerung/Nachjustierung

Dominantes Muster der Paradoxiebearbeitung
• *Exploitation vs. Exploration:* Trennung (Sixt Tech – klassische Autovermietung) • *top-down vs. bottom-up:* »Sowohl-als-auch« durch Temporalisierung, räumliche Trennung und persönlichen Führungsstil von Erich Sixt
Key-Learnings, Anschlussfragen und »Lösungsprobleme«
• Die spezifische Sixt-DNA und die Kultur helfen, diesen Prozess erfolgreich zu bewältigen. • Ausgewählte NO-Instrumente kommen ins Spiel und schließen relativ leicht an etablierte Muster und Mindsets an, brauchten zunächst die Trennung, um sich ausprobieren und etablieren zu können, dann folgt harte Prüfung auf Businessrelevanz. • Umrahmt und gestützt ist der Prozess in der laufenden Generationsnachfolge, wovon der zukünftige Unternehmenserfolg stark abhängen wird.

Wie interessant!

Wie im Text beleuchtet, bekommen wir hier tiefe Einblicke in eine erfolgreiche Spielart familiengeführter Unternehmen in turbulentem Umfeld. Die Sozialdimension der Familien-DNA mit Werten wie z. B. Bindung, Vertrauen, Spielraum, Lernen und Leistung wird besonders durch die typische Idee der »Enkelfähigkeit« ergänzt, eine auf nachhaltige und langfristige Orientierung verstandene Zeitdimension. Diese (patriarchale) Rahmung bietet der aufkommenden Innovation zunächst einen sicheren Raum zum Erkunden inhaltlicher Innovationsideen. Diese nützliche Form der Führung setzt sich fort in der Implementierung – man muss noch nicht mal groß über Agilität reden.

Nur ansatzweise erwähnt, da auch nicht im Fokus des Forschungsansatzes, bleibt die voraussetzungsreiche Konstruktion der dualen Betriebssysteme Familie und Business, bei der erst durch die notwendige und disziplinierte Trennung der beiden gegensätzlichen Eigenlogiken ein erfolgreiches Muster entstehen kann. Das besondere Potenzial dieser organisationalen Sonderform ist also nur zu haben mit dem immanenten Risiko der sich negativ beeinflussenden Systemlogiken, z. B. im Falle innerfamiliärer Spannungen oder auf die Familie durchschlagender geschäftlicher Krisen. Die familieninterne Leistung dieser fortlaufenden Balancierung im Hintergrund verdient in diesem Fallbericht besondere Beachtung. Es handelt sich mittlerweile um die 3. Generation an der Spitze, und es bleibt zu wünschen, dass sich auch diese Fähigkeit über die Zeit weiterentwickelt.

Es folgt: »Das Haus der Zukunft« (Kap. 10) mit einigen Ähnlichkeiten in der patriarchal geprägten Führung, jedoch in einem deutlich unterschiedlichen Kontext.

Alternativ: Bei »Macht doch, wenn ihr wollt« (Kap. 5) zeigt sich ein vollkommen anderes Steuerungsverständnis. Den Einheiten und Mitarbeiter:innen wird Freiraum eingeräumt, der sich hauptsächlich auf das Setzen eines Gestaltungsrahmens reduziert.

TG, GPK, SG

10 Beweglichkeit in Stahl und Beton – Das Medienhaus der Zukunft

Elena Kalogeropoulos, Jens Korte, Nina Kublun, Jan Weinhold, Julia Wüster

»Wenn wir uns nicht schnell und mutig verändern, dann ist es nicht nur so ein bisschen schlecht, sondern dann gehen hier die Lichter aus.« (Int 2)

Diese Fallstudie befasst sich mit einer großen deutschen Verlagsgruppe, die in der Nachkriegszeit gegründet wurde und bis zum Ende der 1990er-Jahre die klassischen Segmente des Verlagswesens wie Tageszeitungen und Zeitschriften bediente.

Mitte der 1990er-Jahre erkennt das Unternehmen, dass das Printgeschäft nicht mehr zukunftsfähig ist. Das Verlagshaus beginnt die Möglichkeiten des Internets für erste Onlinezugänge zum eigenen Angebot zu nutzen. Die Geschäftsmodelle ändern sich jedoch noch nicht. Das Platzen der Dotcomblase Anfang der 2000er-Jahre kühlt die Euphorie für das Internet zwar zwischenzeitlich ab, es hat sich aber bis dahin gezeigt, dass Unternehmen mit der Digitalisierung klassischer Geschäftsmodelle aus dem Verlagswesen erfolgreich sein können. Der Erfolg der Konkurrenz wird zudem zur spürbaren Gefahr. Die Ernennung eines neuen Vorstandsvorsitzenden Anfang der 2000er-Jahre gibt die Richtung und das Ziel für die nächsten Jahre vor:

> »Das Business muss digital werden!« (Int 2)

Das Unternehmen steht nun vor der Frage, welche Medieninhalte (Radio, Musik, TV, Print usw.) von analogen in digitale Kanäle übertragbar sind und wo man anfangen muss, neue Formate und Geschäftsmodelle zu entwickeln.

Zum Zeitpunkt unserer Interviews 2019 begegnen wir einer Organisation, deren Wandel vom Verlagshaus zu einem Medien- und Technologieunternehmen weit fortgeschritten ist. Das Unternehmen ist ein erfolgreiches, börsennotiertes Familienunternehmen mit mehr als 16.000 Mitarbeiter:innen. Die Gesamtorganisation ist eine

Holding – ein »Geflecht« – mit mehr als 40 Tochterunternehmen und Beteiligungen, die wie Geschäftseinheiten operieren. Neben angestammten Unternehmen wie TV-Sendern und Tageszeitungen gibt es eine Reihe von Neugründungen, die ausschließlich zur digitalen Geschäftswelt gehören.

Uns interessiert an der Entwicklung des Unternehmens vor allem die Überlebensfrage: Welche Veränderungen ermöglichten der Organisation einen gelungenen Übergang von analog zu digital? Wie reagierte man auf die Digitalisierung der Medienbranche? Mit welchen Paradoxien musste man umzugehen lernen?

Unsere Fallstudie basiert auf sieben Interviews mit Führungskräften und Agile Coachs. Im Lauf der Interviews wurde uns klar, wie grundlegend der Umbau der Unternehmensstruktur war, damit man überhaupt neue Formen der Zusammenarbeit – New Organizing – einführen und ausprobieren konnte. Deswegen beschreiben wir diese Entwicklung ausführlicher. Die Strategie des Umbaus könnte man als »evolutionären« Ansatz bezeichnen. Unsere wichtige Einsicht ist, dass neue Formen des Arbeitens nicht von vornherein als wirksam und überlegen postuliert werden. Sie sind am Start der Transformation nur einige von vielen möglichen Überlebensstrategien. Man hat verstanden, dass New Organizing nicht auf Erfolg abonniert ist und Risiken mit sich bringt – aber eine Chance verdient.

10.1 Drei Wandlungsmuster

Im Prozess der Transformation des Unternehmens erkennen wir drei *Wandlungsmuster:*

- Entkopplung
- Autonomie
- Integration.

10.1.1 Entkopplung

Die Transformation des Unternehmens beginnt mit einer weitreichenden Umstrukturierung, die für größtmögliche Flexibilität auf dem Weg zum digitalen Unternehmen sorgen soll. Das zentralistisch organisierte Verlagshaus wandelt sich zu einer Holding. Diese steuert ein Portfolio aus etablierten analogen und jungen digitalen Unternehmen. Zusätzlich gliedert man die traditionellen Verlagsangebote in eigenständige Geschäftseinheiten aus. Etablierte Marken und Zeitschriften werden individuell aufgestellt, es entstehen eigenständige Business-Units:

> »Der zentralistische Gedanke, den wir früher hatten und der uns stark geprägt hat, wurde zunehmend aufgelöst.« (Int 2)

Als radikal wird der Verkauf lang angestammter Geschäftsbereiche wahrgenommen, weil er sogar Gründungsobjekte des Hauses trifft. Andererseits kauft oder beteiligt man sich an Unternehmen, deren digitale Geschäftsmodelle das traditionelle Kerngeschäft »kannibalisieren« oder »bedrohen« (Int 2). Man investiert in Start-up-Inkubatoren, die nach neuen digitalen Geschäftsmöglichkeiten suchen sollen. Aus organisationsstruktureller Perspektive sieht man, dass sich das Unternehmen von einem Monolithen zu einem Geflecht aus lose gekoppelten Geschäftseinheiten entwickelt.

10.1.2 Autonomie

Die Entkopplung in der Organisationsstruktur geht mit einem Zugeständnis an Autonomie einher: Konventionelle und neue Geschäftseinheiten können ihre eigenen Wege verfolgen. Man lässt die Koexistenz entgegengesetzter Arbeitsweisen und Kulturen zu. Das ist jedoch nur eine Vorbedingung des Wandels: Jedes einzelne Unternehmen muss lernen, sich der neuen digitalen Umgebung anzupassen.

Dadurch ergeben sich eine Reihe von Fragen: Wie versorgt man die Unternehmen mit neuen Ansätzen und Ideen für Produkte und Arbeitsweisen? Wie verteidigt man unausgereifte Lösungsversuche, die Zeit brauchen, um sich zu beweisen? Und wenn sich Ansätze als hilfreich erweisen – Wie können sie sich trotz der Entkopplung in der gesamten Organisation verbreiten?

Die Akteur:innen sind sich bewusst, dass akquirierte oder gerade gegründete Geschäftseinheiten eine andere Kultur haben werden. Um die andersartigen Kulturen nicht zu »ersticken« (Int 2), wurden die Geschäftseinheiten an »der langen Leine gehalten oder radikal abgeschirmt« (Int 2). Das ging bis zum Kontaktverbot mit traditionellen Bereichen der Holding,

> »damit die sich nicht anstecken und plötzlich so Konzern-Heinis werden« (Int 2).

Der zentrale HR-Bereich entwickelte sich zum Ideengeber für neue Arbeits- und Organisationsformen. Um Glaubwürdigkeit für einen

Neuanfang zu schaffen, besetzte man die HR-Leitungsposition mit einem Manager,

> »der noch nie Personal gemacht hat, aber dafür das Business sehr gut kennt« (Int 2).

Impulse aus der Organisation werden unterstützt. Möchte ein Geschäftsbereich eine Arbeitsweise oder Managementmethode ausprobieren, ermuntern die HR:

> »Fangt mal an und erzählt davon, wir werden euch dabei unterstützen.« (Int 2)

Man suchte aktiv außerhalb des Unternehmens nach Inspirationen. Manager wurden wiederholt für mehrere Monate ins Silicon Valley geschickt, und auf einer Lernreise ging das obere Management der Frage nach:

> »Was machen Start-ups im Silicon Valley anders, und wie können wir davon lernen und profitieren?« (Int 2)

In den Bereichen setzte man auf »sehr visionäre« Führungskräfte, die »mit einem breiten Rücken« (Int 1) die Freiräume für neue Arbeitsweisen und Kulturen beschützen. Eine besondere Rolle nehmen die Vorstände als Vorbilder ein, sie schaffen Glaubhaftigkeit für den Wandel. Die treibende Rolle des Vorstandsvorsitzenden wird mehrfach betont, dieser sei ein

> »begnadeter Storyteller, der sehr früh das Thema adressiert und auch mit einer Dringlichkeit, aber dann auch in der Lage ist, Menschen mit einer Geschichte zu begeistern« (Int 2).

Selbst die Entscheidung für Großraumbüros signalisiert das Commitment des Vorstands:

> »Das hat einen Riesenunterschied gemacht, dass die Vorstände selbst ihre Büros zusammengelegt haben; als sie dann plötzlich gesagt haben: ›Komm, wir ziehen alle zusammen auf eine Etage und machen einen großen Co-Working-Space!‹« (Int 2)

Alle diese Aktivitäten helfen, die Symbole des kulturellen »Neuen« sichtbar zu machen. Es entstehen »gallische Dörfer« (Int 5), von denen aus sich neue Kulturen verbreiten können. Dahinter steht die Erwartung, dass neue Arbeitsweisen bei Erfolg langsam durch die gesamte Organisation »hindurchdiffundieren« (Int 2). Ein Prozess, der zeitaufwendig ist und Widerstand erzeugt. Wie zu beobachten ist, kämpfen zentrale Bereiche gegen die Autonomiebestrebungen der Geschäftseinheiten an, »springen Führungskräfte durch den Hörer« (Int 2), um mitzuteilen, dass sie es sind, die »ihren Leuten sagen, was diese wann machen« (Int 2). Die Autonomie, auf die man setzt, begünstigt das Wachstum neuer Arbeitsweisen, andererseits kapseln sich manche Geschäftseinheiten leichter dagegen ab.

10.1.3 Integration

Die zugestandene Autonomie liefert zwar Impulse für neue Arbeits- und Organisationsformen. Sie ermöglicht aber genauso gut, sich gegen Veränderungen zu stellen. Der Diffusionsprozess neuer Arbeitsformen durch das gesamte Unternehmen kann also nicht ganz sich selbst überlassen werden. Daher beobachten wir eine Gegenbewegung: Die Frage kommt auf, wie stark Führung steuernd oder korrigierend eingreifen sollte, um Synergien zwischen den Geschäftseinheiten zu schaffen und den Austausch von Erfahrungen und Expertise zu verstärken. Zum Zeitpunkt der Interviews zeichnete es sich ab, dass man die Geschäftseinheiten stärker integrieren und zusammenwachsen lassen möchte. Die »Strategie der langen Leine« (Int 6) geht zu Ende, und die »komplette Abschirmung« (Int 6) wird abgebaut. Das Unternehmen hat mittlerweile eine Vorstellung davon entwickelt, welche Arbeits-, Organisations- und Kulturformen erfolgreicher sind. Jetzt wünscht man sich, deren Herausbildung gezielter steuern zu können.

Die Integrationsbestrebungen manifestieren sich vor allem durch das neue, in »Stahl und Beton gegossene« (Int 2), sehr große und zentrale Geschäftsgebäude. Geschäftseinheiten, die bislang an unterschiedlichen Orten untergebracht waren, finden sich unter einem Dach, beinahe wortwörtlich in einem Raum wieder. Der Austausch zwischen den Geschäftseinheiten soll dadurch einfacher und intensiver werden. Außerdem sollen durch die

> »radikal modernen Arbeitsräume neue Spielfelder geschaffen werden, die eine lebhafte Zusammenarbeit fördern und die Zukunft des Arbeitens in nicht vorherbestimmter Form ermöglichen sollen« (Int 2).

Es gibt den offen propagierten Wunsch, dass die Gesamtorganisation zukünftig überwiegend agil arbeiten soll. Man sieht in solchen

Organisationskulturen »die Lebensversicherung für morgen« (Int 2). Erfolge sollen nicht mehr »unter Blut, Schweiß und Tränen« (Int 2) erzielt werden, sondern durch »Empathie, Wertschätzung und Menschenorientierung« (Int 6).

Kollektivleistungen werden gefördert, indem individuelle Zielvereinbarungen und Anreizsysteme schrittweise abgeschafft werden. Übergreifende zentrale Einheiten forcieren den Austausch zwischen Organisationseinheiten. Dazu zählen Wissens- und Expertencommunities, ein gruppenweites Karriere- und Talentmanagement und die Förderung des Wechsels von Mitarbeiter:innen zwischen Geschäftseinheiten.

Die stärkere Integration bringt neben Vorteilen auch Gefahren mit sich. Nicht nur, dass

> »die jungen Digitalen schreiend davonlaufen, wenn sie mit den Verlagsheinis zusammenarbeiten sollen« (Int 2).

Es entstehen auch unüberwindbare Differenzen, wenn klassische und digitale Geschäftslogik zusammengehen müssen. Diese Mischung führt zu Befürchtungen, es verändere sich nicht genug und Mitarbeiter:innen würden das Unternehmen verlassen.

10.1.4 Kernparadoxien

Zu allen drei Wandlungsmustern gehören *Kernparadoxien,* mit denen das Unternehmen umgehen lernen muss:

- Weiterbetrieb des bisherigen Geschäftsmodells (Printmedien), das man gut kennt und versteht, oder Suche nach neuen Geschäftsmodellen, die viel Ungewissheit und Unsicherheit mit sich bringen?
- Zentrale Führung und Wegweisung, die für Zusammenhalt und Geschlossenheit sorgen, oder weitgehende Autonomie der Geschäftseinheiten, die mehr Vielfalt und Entwicklungsgeschwindigkeit ermöglicht?
- Bewahren der eigenen Arbeitskultur und Identität oder Öffnung für neue Kulturansätze?

Das Interessante am Umgang mit diesen Paradoxien ist, dass man sich nicht rational entscheidet, welche Alternative die bessere und welche die schlechtere ist, um eine von beiden weiterzuverfolgen. Die Ungewissheit ist viel zu groß. Im Gegenteil, beide Alternativen werden zugelassen, man beobachtet stattdessen die Überlebensfähigkeit im Markt. Die Paradoxien werden zwar auf der Ebene »schlecht versus besser für uns« diskutiert, aber entschieden werden sie auf der Ebene »Überleben versus Nicht-Überleben«.

10.2 Straff-lockere Führung

Die Strategie zur Transformation des Unternehmens gesteht den Geschäftseinheiten mehr Autonomie zu, damit sie ihren eigenen Weg zu neuen Geschäftsmodellen und Arbeitskulturen finden können. Das erzeugt aber andererseits die Frage, wie sehr die Holding noch steuern, vorschreiben oder eingreifen muss – wenn nicht sogar die Frage, wie sehr sie noch steuern »darf«.

Als Lösung finden wir in vielen Episoden der Transformation das Muster einer »straff-lockeren Führung«[25]. Das Management der Gesamtorganisation trifft richtungsweisende Entscheidungen für alle Geschäftseinheiten, eine Geschäftseinheit hat aber große Spielräume, um die Vorgaben dezentral umzusetzen.

Die lockere Führung beginnt mit der Holdingstruktur, die den Geschäftseinheiten unternehmerische Freiheit und Verantwortung überträgt. Es wird der Slogan vom »Haus des Unternehmertums und der United Artists« (Int 6) geschaffen. Ein »Leadership Playbook«, das zum Zeitpunkt der Interviews entsteht, beschreibt die Entscheidungsspielräume:

> »Zur Führung gehört, Mitarbeitern, Experten und ganzen Organisationen Freiräume zu bieten, also Empowerment zu ermöglichen.« (Int 6)

Man fordert von Teams und Mitarbeiter:innen, dass sie selbstständig handeln, und bietet ihnen Unterstützung an. Auch sieht man es als Vorteil, »kein Haus der strukturierten, elaborierten Auswahlprozesse« (Int 6) zu sein. Im Gegenteil, Führung und Management finden »teilweise sehr intuitiv, spontan und bauchgesteuert« (Int 6) statt.

Unsere Interviewpartner:innen merken aber auch kritisch an, dass viele Entscheidungen noch zu weit oben gefällt werden. Es gelingt noch nicht ausreichend, die Verantwortung zu delegieren.

25 Der Begriff »straff-lockere Führung« findet sich in dem Managementklassiker *Auf der Suche nach Spitzenleistungen* (Peters u. Waterman 2003).

Eine straffe, zentrale Führung wird in einigen Fällen als notwendig akzeptiert – zum Beispiel bei der Gesamtausrichtung des Gesamtunternehmens »Mit Print und Digital zur Marktführerschaft in wichtigen Geschäftsfeldern« (Int 2) oder beim Umbau in ein Portfoliounternehmen. Viele Interviewpartner:innen betonen die besondere Rolle und Person des Vorstandsvorsitzenden sowie dessen Rückendeckung durch die Eigentümer:innen bei weitreichenden strategischen Entscheidungen. Als Beispiel dafür nennen sie die Entscheidung, Unternehmen, die den Markt disruptieren, zu kaufen und zu integrieren. Eher plötzlich teilt der Vorstandsvorsitzende der überraschten Organisation mit:

> »Das ist jetzt nicht mehr Feind Nummer eins, sondern Teil der gesamten Gruppe.« (Int 2)

Die Konsequenz seiner Führung gerade entgegen den Erwartungen sieht man aber nicht, wie man vermuten könnte, als Problem, sondern ganz im Gegenteil als Erfolgsgeheimnis der gesamten Organisation.

Auch hier beobachten wir wieder ein Nebeneinander der Lösungsansätze: Man setzt nicht auf eine einzige Strategie, es ist offenbar gerade die Vielfalt der Mittel, die man zur Verfügung hat, die ein Überleben ermöglicht – zum Preis eines Konflikts, der permanent ausgetragen wird. Ein Beispiel für die kontinuierliche Bearbeitung von Paradoxien, die durch organisationale Veränderung entstehen, ist ein Bereich, in dem analoge und digitale Geschäftsmodelle zusammengelegt wurden. Die unterschiedlichen Geschäftslogiken von analog und digital führten zu Konflikten, in deren Folge das analoge und digitale Geschäft wieder getrennt wurden.

10.3 »Haus des Unternehmertums«

Wir haben die Wandlungsmuster der Transformation und ihre Konflikte bislang aus Sicht des gesamten Unternehmens beschrieben. Illustrieren lassen sich diese Muster anhand dreier Unternehmenseinheiten, wie wir es den Berichten während unseren Interviews entnehmen.

10.3.1 Geschäftseinheit 1: Software

Die erste von uns betrachtete Unit wurde als eigenständiger Dienstleister gegründet. Ihre Aufgabe besteht darin, digitale Produkte für andere Geschäftseinheiten der Holding zu entwickeln. Das Unternehmen wurde als »agile« Einheit aufgebaut und hat ca. 30 Mitarbeiter:innen, die in einer flachen Hierarchie organisiert sind. Man pflegt ein hohes Maß an Partizipation und Selbstorganisation. Interessierte Mitarbeiter:innen konnten sich zum Beispiel an der Auswahl einer neuen Geschäftsführung beteiligen.

Bewusst wird diese Organisationseinheit nicht in die bestehende IT-Einheit integriert, da sie primär die Entwicklung neuer Produkte zur Aufgabe hat. Hier manifestiert sich in der Organisationsstruktur eine Spaltung von Betreiben und Erforschen von Geschäftsmodellen – im Sinne von James G. Marchs Unterscheidung von Exploitation und Exploration (March 1991). Eine feste Kopplung zur Holding besteht dennoch. Von zwei Mitgliedern der Geschäftsführung ist eines bei der Holding angestellt, das andere bei der Business-Unit. Die Führung im Tagesgeschäft wiederum ist locker, denn das Tagesgeschäft führt der bei der Unit angestellte Geschäftsführer. Die Mitarbeiter:innen der Unit entscheiden gemeinsam über die strategische Ausrichtung, Veränderungen der Organisation und darüber, welche Projekte die Einheit annimmt und realisiert. Die Teams verantworten die Umsetzung der Projekte. Dadurch eröffnen sich Spielräume, neue Arbeits- und Organisationsformen auszuprobieren. Die finanzielle Steuerung liegt aber nicht in den Händen der Einheit. Sie verfügt zum Beispiel nicht über Budget, um Geschäftschancen zu nutzen. Dadurch wird Geld häufig zum Gegenstand der Diskussion, obwohl die Organisation keine Gewinne erzielen muss.

In Bereichen, in denen die Holding eine straffere Führung bzw. eine engere Kopplung wünscht, kommt es zu Spannungen zwischen Unit und Holding: Die Unit möchte ihr Recruiting eigenständig organisieren, während die Holding jeweils eine zentrale Talentakquisition bzw. Recruitingabteilung als effektiver ansieht.

10.3.2 Geschäftseinheit 2: News-App

Die zweite untersuchte Geschäftseinheit entstand, als man eine Produktidee ausgründete, die in der zuvor erwähnten Software-Unit entwickelt worden war. Das Produkt ist eine News-App. Die Untereinheit operiert ausschließlich digital und ist international und interdisziplinär besetzt. Ein Teil der Belegschaft, vor allem Entwickler:innen, wechselte aus der Software-Unit zum neuen Unternehmen. Weitere Mitarbeiter:innen, darunter die Geschäftsführung, kamen aus klassischen Units der Holding hinzu. Zum Zeitpunkt des Interviews hatte die Unit ca. 50 Mitarbeiter:innen.

Während sich die Software-Unit ausschließlich der Exploration widmen kann, muss die News-App-Unit zusätzlich das operative Geschäft übernehmen. Sie entwickelt die App weiter und sucht für sie nach neuen Geschäftsmöglichkeiten. Zugleich sorgt sie im Daily Business dafür, dass das etablierte Geschäftsmodell profitabel bleibt.

Die Holding führt die Unit aus deren Perspektive straff, mit einem hierarchischen Abstimmungsprozess, bei dem »mit Argusaugen auf jede Zahl, jedes Wort und jedes Komma« (Int 1) geschaut wird. Die Holding steuert die Unit durch finanzielle Kennzahlen und ist personell in der Geschäftsführung vertreten. Da die Holding von der News-App-Unit einen positiven Beitrag zum Konzernergebnis erwartet, ist es in den Anfangsjahren des Geschäftsbereichs »zu einem Auf und Ab zwischen Freiheit, Selbstbestimmung und Autonomie sowie Hierarchie und Abhängigkeit« (Int 1) gekommen. Spannungen traten auch zwischen dem klassischen Businessbereich und dem Techbereich der Unit auf.

Agile Arbeitsweisen, für die Exploration typisch, waren für einige Mitarbeiter:innen aus dem klassischen Businessbereich »am Anfang ein Brief mit sieben Siegeln« (Int 1). Sie kamen das erste Mal damit in Berührung. Allerdings gab es im Technologiebereich einen »sehr visionären« (Int 1) Chief Technology Officer, der die Autonomie in der Entwicklungsorganisation vertrat:

> »Der hatte einen sehr, sehr breiten, starken Rücken, und er hat sich immer sehr schützend vor seine Jungs gestellt und denen genau diese Freiheitsgrade gewährt.« (Int 1)

Der Widerspruch zwischen Autonomiebestreben und Kontrollbedürfnis wurde nicht gelöst. Die Konflikte wurden anstrengend,

> »weil Freigeister auf Konzernmenschen geprallt sind und es dann im C-Level immer ordentlich gekracht hat« (Int 1).

Auch wenn Konflikte für Unruhe sorgen, sehen die Interviewpartner:innen den Kontrast zu den klassischen Units der Holding, sie schätzen das selbstbestimmte Arbeiten, die maximalen Freiheitsgrade sowie die flache Hierarchie als hohes Gut:

»Der Spirit ist schon ein komplett anderer. Es gibt wesentlich weniger Meetings, und es muss nicht mehr darauf geachtet werden, dass die Empfänger in Emails in der richtigen Reihenfolge gesetzt sind.« (Int 1)

10.3.3 Geschäftseinheit 3: Preisvergleichsportal

Die dritte Geschäftseinheit ist ein Technologieunternehmen, an dem die Holding Mitte der 2000er-Jahre die Mehrheit erworben hat. Der Kern des Unternehmens mit etwa 700 Mitarbeiter:innen (2019) bildet ein Preisvergleichsportal, das von den Gründer:innen entwickelt wurde. Dieses Produkt dominiert die Unit. Das schlägt sich in der Organisationsstruktur nieder, die der Produktarchitektur folgt. Mitarbeiter:innen, die hier ein gutes Produktverständnis zeigen und die Weiterentwicklung voranbringen, haben gute Chancen auf Förderung. Die Geschäftsführung legt die inhaltliche Ausrichtung des Produkts fest und stimmt sie mit den Leitungen der Produktbereiche ab. Die Produktbereiche verantworten jedoch eigenständig die Umsetzung.

Die Bereiche genießen einen großen Spielraum, »um die Wertschöpfung zu beschleunigen und Produktveränderungen schneller auszuliefern« (Int 4). Das führt dazu, dass »jeder Bereich sein eigenes Ding macht« (Int 4) und einige Führungskräfte ratlos sind, da sie nicht wissen, »wie sich dieser massive Wust an autonomen Teams eigentlich systematisch steuern lässt« (Int 7). Die Produktbereiche wünschen sich über die Umsetzung hinaus auch bei der inhaltlichen Produktgestaltung mehr Autonomie und Entscheidungsspielräume. Der Konflikt deutet darauf hin, dass ein gemeinsames Führungsverständnis und Führungssystem noch nicht ausreichend etabliert worden sind. Zum Zeitpunkt der Interviews führte man ein zentrales Zielsteuerungssystem auf Basis von OKR (Objectives & Key Results) ein, um die inhaltliche Führungsstruktur zu lockern und den Bereichen in Hinsicht auf Produktinhalte mehr Selbstbestimmung zu ermöglichen.

Die Holding führt die Geschäftseinheit durch finanzielle Kennzahlen, sie ist auch in der Geschäftsführung personell vertreten. In der Unit sieht man das einerseits als Einengung, zum Beispiel wenn es um Investitionsentscheidungen geht. Andererseits entlastet es aber auch, wenn die Holding zum Beispiel das Risiko für große Investitionen mitträgt.

Diese Geschäftseinheit ist räumlich noch von der Holding getrennt. Sie wird jedoch mit in das neue Geschäftsgebäude ziehen. Aus der Perspektive der Holding ist das wünschenswert, weil es zu einer engeren Kopplung führt. Aus Sicht der Unit weckt diese räumliche Annäherung Sorgen über einen Identitätsverlust. Aber es gibt auch »Hoffnungen und Sehnsucht auf ein fluideres Arbeiten im modernsten Bürogebäude Europas« (Int 7).

In dieser Unit war New Organizing in Form von agilen Arbeitsweisen von Anfang an in den Teams der Produktentwicklung vorhanden. Dagegen sind Überlegungen, wie New Organizing in die Führung und Steuerung der Organisation zu übernehmen seien, noch neu.

10.4 New Organizing

New Organizing steht in allen drei Wandlungsmustern (Entkopplung, Autonomie, Integration) nicht an erster Stelle. Neue Arbeits- und Organisationsformen werden anfangs lediglich mit gekauft, zumindest akzeptiert, dann beobachtet, gefördert und geschützt. Man sucht nach digitalen Geschäftsmodellen und akquiriert dazu Vorreiter der Digitalbranche. New Organizing wird als »Beifang« mit akquiriert. Die Entwicklung digitaler Produkte bringt neue Arbeitsweisen mit sich, aber diese Arbeits- und Organisationsformen und ihre »Neuheit« sind für Investitionsentscheidungen nicht ausschlaggebend. Bei ausbleibendem Erfolg werden die Geschäftseinheiten schnell wieder abgestoßen:

> »Start-ups wurden hochgezogen und ganz schnell wieder eingestampft.« (Int 1)

Der Stellenwert des New Organizing ändert sich aber. Neue Arbeits- und Organisationsformen erscheinen nun als wirksames Mittel zum Zweck der digitalen Wertschöpfung, man akzeptiert sie. Allmählich setzt sich die Erkenntnis durch, die neuen Arbeitsformen seien notwendig, um bei der Veränderungsgeschwindigkeit des Marktes und der digitalen Geschäftsmodelle mithalten zu können. Sie machen das Unternehmen im Wettbewerb um talentierte Mitarbeiter:innen als Arbeitgeber attraktiv. Die Mitarbeiter:innen erleben die »Erlaubnis zum Ausprobieren und Scheitern« (Int 2) als befreiend. Sie fordern nun die größeren Entscheidungs- und Gestaltungsspielräume, die sie anderswo im Unternehmen erleben, für sich selbst ein. Sie erwarten von Führungskräften,

> »ihr eigenes Verhalten (zu) überdenken und anders vor(zu)leben« und »(die) Selbstständigkeit von Teams und Mitarbeitern (zu) befeuern und (zu) unterstützen« (Int 2).

Die Neugier auf neue Arbeitsweisen wächst: Man sucht aktiv nach Inspirationen und entsendet Manager:innen ins Silicon Valley, um dort Anregungen zu erfahren. Es wird mehr ausprobiert. Das zeigt sich im »Innovationsfeuerwerk in der Kantine« (Int 2) genauso wie in unkonventionellen Besetzungen von Managementpositionen. Die Mitarbeiter:innen unternehmen Ausflüge zur »besten Kaffeemaschine auf der Etage« (Int 3) oder in Arbeitsumgebungen, die wie »der Betriebskindergarten« (Int 3) aussehen.

10.5 Zusammenfassung

Die Interviews sollten uns Erkenntnisse liefern, wie das Unternehmen den Wandel in der Medienwelt überleben konnte. Der Umbau der Organisation bildet für uns den entscheidenden Faktor: Der Monolith verwandelt sich in ein lose geknüpftes Netzwerk von Unternehmen. Diese können jeweils unterschiedliche Überlebensstrategien entwickeln oder fortführen. Zu Beginn der Transformation weiß man nicht, welches Geschäft sich durchsetzen wird. Daher verfolgt man nicht einen einzigen Ansatz, sondert gliedert das Unternehmen auf und schaut, welche Geschäftsmodelle und Kulturen sich durchsetzen können. Jede Geschäftseinheit darf beweisen, dass sie überlebensfähig ist. Sie wird bei ihren Anstrengungen beobachtet, bei Erfolg unterstützt, bei Misserfolg trennt man sich ggf. von ihr. Man vermeidet den Kontakt zwischen den Geschäftseinheiten, damit sich die Ansätze nicht vermischen. So ist deutlicher zu erkennen, welche Bedingungen für Erfolg, welche für Misserfolg den Ausschlag geben. Wenn die Holding feststellt, dass ein Produkt im Portfolio fehlt, schließt sie ein Unternehmen mit diesem Produkt an. Dieses kann neben den übrigen Geschäftseinheiten ohne besonderen Aufwand eingegliedert werden.

Wie wir aber erkennen konnten, bringt die Vielfalt an Überlebensstrategien ebenso Probleme mit sich. Je mehr unterschiedliche Ansätze die Geschäftseinheiten verfolgen, umso weniger tritt das gesamte Unternehmen nach außen als Einheit mit einem Ziel auf. Außerdem entstehen Konflikte, wenn man versucht, eine erfolgreiche Arbeitsweise oder Kultur in andere Geschäftseinheiten zu übertragen; denn diese wollen nachweisen, dass sie selbst in der Lage sind, zu überleben und erfolgreich zu sein.

Die Holding hat Strategien für diese Situation entwickelt: Sie überwacht, was eine Geschäftseinheit nach außen kommuniziert, und achtet auf eine Darstellung, die mit der gemeinsamen Linie übereinstimmt. Sie richtet die Unternehmen zueinander aus, indem sie zwar Ziele und ihre Erwartung von Ergebnissen vorgibt, die Wege dahin aber offenlässt. Hier erkennen wir einen weiteren Überlebensfaktor: Während im Inneren der Organisation Vielfalt zu finden ist, sorgt die Holding nach außen für eine einheitliche Form, Ausrichtung und Bewegung.

Zuletzt erscheint uns wichtig: Für schwierige, richtungsgebende Entscheidungen gibt es in der Hinterhand die persönliche Entscheidung des Vorstandsvorsitzenden – eine Ultima Ratio, wenn ein Konsens zu lange Zeit braucht und viele Konflikte auslösen würde.

Steckbrief

Formale Aspekte des Forschungsprozesses
Organisationstyp, -größe, -struktur Börsennotiertes Familienunternehmen, ca. 16.000 Mitarbeiter:innen, Holding mit mehr als 40 Tochterunternehmen und Beteiligungen
Untersuchte Einheit(en) Holding und drei Tochterunternehmen
Branche/Branchendynamik Verlagsgruppe mit Schwerpunkt Print im Wandel zu einem digitalen Medien- und Technologieunternehmen
Anzahl, Form (Interviews, andere Methoden), Zeitraum der Datenerhebung Sieben leitfadengestützte Interviews mit Führungskräften und Agile Coachs zwischen April und September 2019 (Dauer durchschnittlich 90 Minuten), Literaturrecherche
Ausgangslage: Art und Umfang bisheriger Erfahrungen mit NO Wenig Erfahrung im Kernunternehmen, teilweise sehr viel Erfahrung in den Tochterunternehmen und Beteiligungen. Insgesamt ungleich verteilte Praxis

Qualitative und theoretische Aspekte
Anlass und Ziele von NO-Aktivitäten / »Problem- und Lösungsansatz« • *Anlass:* Massive Verluste im traditionellen Verlagsgeschäft • *Ziel:* Zukunftsfähigkeit durch digitale Technologien und Geschäftsmodelle. NO kein direktes Ziel der Veränderung, sondern »Nebeneffekt« • Wandel in drei Phasen: 1. Entkopplung; 2. Autonomie; 3. Integration
Dominante Kernparadoxien • altes Geschäftsmodell betreiben (Printmedien) vs. neue Geschäftsmodelle suchen (digitale Technologien) • zentral führen (Holding) vs. Autonomie zulassen (Netzwerk autonomer Units) • bewährte eigene Arbeitskultur vs. neue Kulturansätze von außen
Hauptinterventionsebenen • Unternehmensstruktur (Holding, Portfolio) • Organisationsformen und -kulturen (Autonomie der Organisationseinheiten) • Führungskräfte (Vorbildsuche im Silicon Valley) • neues Gebäude (Units zusammen an einem Ort)
Dominantes Muster der Paradoxiebearbeitung • *Entkopplung:* Vom Monolithen zu einem Portfolio an Unternehmen • *Autonomie:* Richtungsweisende, radikale Entscheidungen auf Holdingebene mit viel Spielraum in der Ausgestaltung auf Ebene der Units (»straff-lockere Führung«) • *Integration:* Diffusion von Lösungen zwischen Units (Führungskräfte, Ausbildung, räumliche Nähe im Geschäftsgebäude)
Key Learnings, Anschlussfragen und »Lösungsprobleme« • Zulassen vielfältiger paralleler Lösungsversuche erhöht Überlebenswahrscheinlichkeit und Fortschrittsgeschwindigkeit (lose Kopplung und straff-lockere Führung, lokaler Trial-and-Error, Zukauf und Abstoßen von Geschäftseinheiten) • Wie kann trotz Vielfalt Steuerungsfähigkeit der Holding insgesamt erhalten werden? • Wie kann trotz hoher Autonomie der Einheiten der Austausch erfolgreicher Lösungsansätze geschehen?

Wie interessant!

New Organizing ist in dieser Fallstudie nur ein kleiner Teil einer größeren Veränderung, die eingebettet ist in die »wichtigere« Frage nach dem Überleben in der digitalen Zukunft. Von Anbeginn wird erkennbar, dass die Transformation in erster Linie top-down getrieben wird.

Der Organisationstyp Holding mitsamt seiner Steuerungslogik ist hier der wichtigere Aspekt als der Fokus auf die Implementierung von neuen Organisationsformen: Fragen der Holdingsteuerung überformen New Organizing (Kap. 10.4). Die Balance zwischen dem alten, zentral geführten Geschäftsmodell und dem autonomiebedürftigen, digitalen Netzwerk eigenständiger Unternehmen weist auf die Kernparadoxien der Organisation hin. Selbst wenn den Subeinheiten hohe Autonomie bei der Selbststeuerung und Selbstführung eingeräumt wird, ist doch klar, wo im Zweifelsfall entschieden wird: und wenn es schlussendlich der (patriarchal agierende) Vorstandsvorsitzende ist, der die Linie vorgibt. Die Bearbeitung dieser Paradoxien ist mitunter oszillierend (es wird sowohl straff als auch locker geführt) oder auf Eindeutigkeit getrimmt (indem man beispielsweise dysfunktionale Organisationseinheiten eben wieder verkauft).

Das Hauptinteresse dieser Organisation scheint nicht notwendigerweise die Einführung neuerer Organisationsmethoden zu sein. New Organizing wird zum »Beiwerk«, das akzeptiert wird, so lange sich profitable Ergebnisse zeigen.

Es folgt: Ein ähnlich entschlossen auftretendes Topmanagement findet sich im nächsten Fall »Fremdbestimmte Selbststeuerung« (Kap. 11), allerdings mit einer klaren Vorstellung darüber, wie bestimmte neue Organisationsmethoden eingeführt werden.

Alternativ: »Stabilagil« (Kap. 7) zeichnet hingegen ein anderes Vorgehen in der Medienbranche nach. Es wird kein von oben angeordneter radikaler Umbau der Organisation vorgenommen, sondern die Initiativen von top-down und bottom-up werden kombiniert.

TG, GPK, SG

11 Fremdbestimmte Selbststeuerung – Mit Holakratie die Wette auf die Zukunftsfähigkeit in der Finanzwelt gewinnen

Kristina Müller, Daniel Sely, Sophie von Vogel[26]

Ein Old-Economy-Unternehmen verabschiedet sukzessive traditionelle Managementhierarchien und ersetzt sie durch Organisationsstrukturen, welche die Mitarbeiter:innen stärker beteiligen sollen – konkret durch Holakratie. Dabei stößt die Organisation erwartungsgemäß auf unerwartete Widersprüche bezüglich der Balancierung von Selbst- und Fremdsteuerung, von kurzfristiger Planung und langfristigen Einschätzungen sowie der Formalisierung von Abläufen und informellen Kommunikationserfordernissen.

Diese Widersprüche erweisen sich als paradoxe Fragestellungen, die wir im Folgenden näher untersuchen wollen. Dabei interessieren uns der Umgang mit diesen Paradoxien und die Herausforderungen und Folgeprobleme, die sich daraus ergeben.

11.1 Das beforschte Unternehmen und sein Weg zur Holakratie

Das beforschte Unternehmen ist eine Tochter (mit ca. 200 Mitarbeiter:innen) eines börsennotierten Finanztechnologiekonzerns. Wie im folgenden Schaubild (Abb. 6) erkennbar, hat agiles Arbeiten im beforschten Unternehmen eine lange Tradition.

So wurden ab 2007 in der IT agile Ansätze wie Scrum, Kanban und Lean eingeführt, die in der Folge auch bei anderen Bereichen Interesse weckten: Agile Coachs wurden vermehrt unternehmensweit tätig, und Agilität prägte die Kultur und die Haltung im Unternehmen.

26 Ein besonderer Dank gilt Vanessa Englert, die insbesondere beim Führen der Interviews und bei der Erstellung des inhaltlichen Konzepts für den Beitrag maßgeblich mitgewirkt hat.

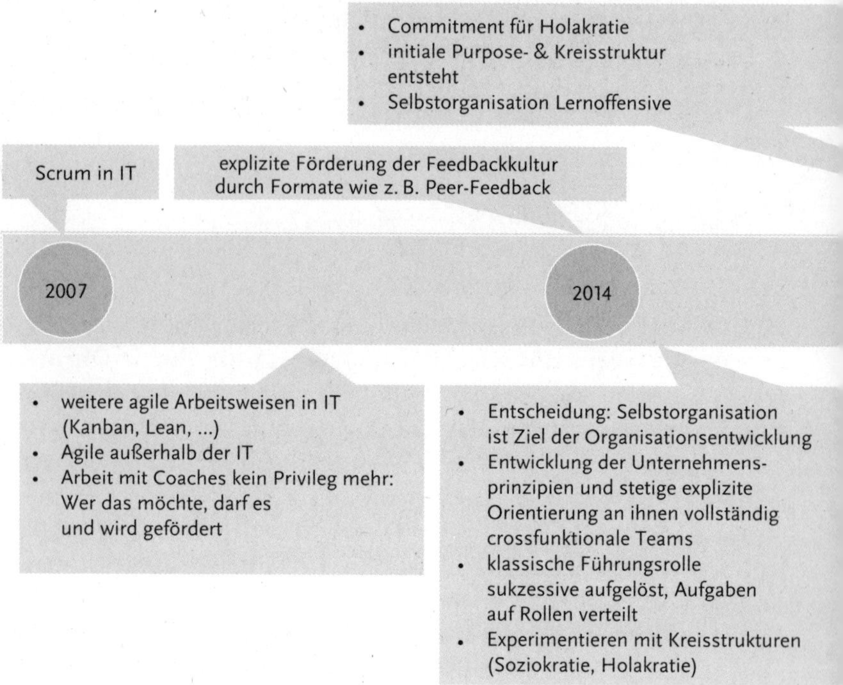

Abb. 6: Historie des beforschten Unternehmens bezüglich New Organizing

Den Grundstein für die Entwicklung hin zur gewünschten Selbstorganisation legt eine Leadershipkonferenz im Jahr 2015. In einem dialogorientierten Prozess in Form von hierarchieübergreifenden Workshops über mehrere Monate erkennt die Organisation, dass sich die Produktorganisation entlang der Organisationsstrukturen entwickelt hatte, jedoch nicht entlang ihrer Kunden bzw. der Wertschöpfungsketten. Einer der zwei CEO wird mit der Erkenntnis zitiert, »das Unternehmen (sei) ein Monolith, also eine klassische Organisation, geworden« und dies sollte vermieden werden.

2016 folgt die Erarbeitung von Unternehmensprinzipien, die für alle Töchter gleichermaßen gelten und die bis heute innerhalb jährlich stattfindender Teamworkshops reflektiert werden. Gleichermaßen wird dort erarbeitet, wie sich die Teams entlang der Prinzipien weiterentwickeln wollen. Das Unternehmen hat sich bewusst für konkrete, handlungsleitende Prinzipien entschieden, denn Werte

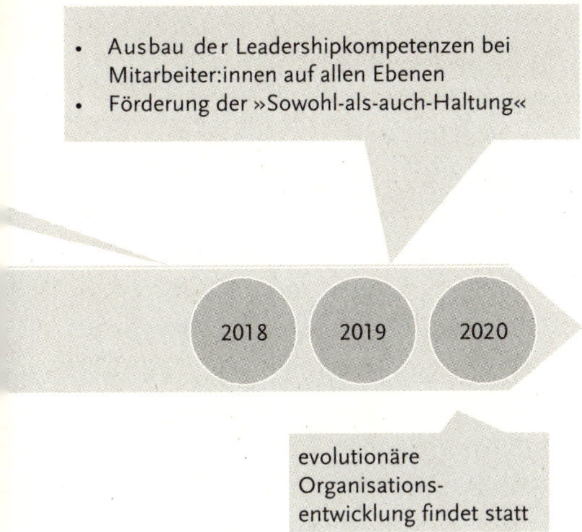

werden als zu abstrakt eingeschätzt. Die Prinzipien behandeln die Kernthemen:

- Teamzusammenarbeit
- Wertschätzung von Diversität im Team
- Abgabe der Führungsarbeit in das Team (und somit Verteilung der Führungsarbeit)
- bewusste fachliche und persönliche Weiterentwicklung Einzelner
- konsequente Organisation an der Wertschöpfung.

Ebenfalls im Jahr 2016 sind vollständig crossfunktionale Produktentwicklungsteams im Einsatz. Klassische Führungsrollen werden sukzessive aufgelöst, und es steht eher die Frage im Vordergrund, wie Führungsaufgaben auf unterschiedliche Rollen verteilt werden können (z. B. Hiring). Durch eine besondere Betonung von Selbstorganisation der Teams sollen Freiheitsgrade eingeräumt werden, um die Mitarbeiter:innen zu mehr Verantwortungsübernahme zu animieren.

In 2017 entstehen auf Initiative der Mitarbeiter:innen hin verschiedene Experimentierfelder für zwei alternative Formen der Kreisorganisation: Soziokratie und Holakratie. So führt das Unternehmen zwei Jahre lang selbst gesteuert Selbstorganisation ein. Während dieser Zeit, die in einem Interview als »idealistische Aufbruchstimmung« (Int 2) charakterisiert wird, unterstützen interne Coachs die Teams punktuell in Workshops und bei einzelnen Fragestellungen. Wie diese Coachs berichteten, sei Selbstorganisation sehr unterschiedlich verstanden worden, habe es viele Spannungen in der Teamdynamik gegeben und ein Führungsvakuum sowie ein gefühlter Stillstand geherrscht. Für die Selbstorganisation wurden klare Erwartungen sowie klare Strukturen gewünscht.

Aus diesen Gründen wird 2018 von den CEO die bewusste Entscheidung getroffen, Holakratie zukünftig unternehmensweit als Modell für Selbstorganisation einzuführen. Die »Phase zu hoher Freiheitsgrade« sei nun vorbei, denn »auch Selbstorganisation braucht Führung« (Int 5). Die Abteilung für Personal- und Organisationsentwicklung übernimmt globale Verantwortung für die Themen Organisationsentwicklung, Führung, Ausrichtung der Mitarbeiter:innen, Teamarbeit und Eigenverantwortung. Die zugehörigen Coachs (die ehemaligen Agile Coachs) unterstützen die Teams dabei aktiv in ihren unterschiedlichen autonomen Entwicklungsprozessen.

2019 wird die Verteilung der Führungsarbeit konsequent weitergetrieben, indem explizit Leadershipkompetenzen wie beispielsweise Alignment-Arbeit[27], Konfliktklärung und gemeinschaftliche Leistungsorientierung hierarchieunabhängig gefördert werden. Auch stärkt man Ambiguitätstoleranz, intern als »Sowohl-als-auch-Haltung« bezeichnet, als eine Methodenkompetenz der Mitarbeiter:innen.

Zusammenfassend kann man feststellen, dass erste Initiativen hierarchieübergreifend auf der Ebene der Mitarbeiter:innen entstehen und der CEO nach einer Phase der ungeführten Selbstorganisation innerhalb der Teams wieder eine stärkere Rolle einnimmt und bewusst einen Rahmen vorgibt. Innerhalb dieses Rahmens wird die Verantwortung wieder an die Teams zurückgegeben.

---

27 Damit ist im Sprachgebrauch dieser Organisation eine »Vorgehensweisen zur inhaltlichen Ausrichtung« gemeint: Teams und Kreise werden in der Fähigkeit gestärkt, eine gemeinsam geteilte Ziel- und Aufgabenstellung zu entwickeln.

11.2 Der tiefere Blick auf die Umsetzung von Kreisorganisation und Führung

Das beforschte Unternehmen hat sich nach vielen Erfahrungen mit agilen Arbeitsweisen entschieden, sich nach den Prinzipien der Holakratie (Robertson 2016) zu organisieren. Bei der Umsetzung hält man sich sehr eng an die Originalidee und praktiziert »holacracy by the book« (Holakratie streng nach Vorschrift):

Die Organisation ist in Kreisen (»circles«) strukturiert; innerhalb der Kreise gibt es verschiedene Rollen, in denen einige Aufgabenbereiche der Führung von Beginn an klar verteilt sind (Abb. 7). So gibt es in jedem Kreis eine Facilitator-Rolle, die den Prozess verantwortet, eine Secretary-Rolle, die auf die Zeit, Regeln und Dokumentation achtet, sowie eine Lead-Link-Rolle, die unter anderem die Ausrichtung am »Purpose« des Kreises sicherstellt.

Alle Mitarbeiter:innen können frei wählen, welche und wie viele Rollen sie einnehmen. Die Besetzung der Rollen wird entweder demokratisch innerhalb des Kreises oder im Falle der Vertrauensperson individuell von den geführten Mitarbeiter:innen gewählt. Lediglich die Lead-Link-Rolle wird vom übergeordneten Kreis bestimmt. Hier wird es als herausfordernd beschrieben, den Mitarbeiter:innen die nötigen Selbststeuerungskompetenzen zu vermitteln, damit sie sich nicht übernehmen. Zugleich empfinden die Mitarbeiter:innen diese Freiheit als Anerkennung und fühlen sich »als Mensch wahrgenommen« (Int 7) und wertgeschätzt.

Andere Aufgabenbereiche der Führung mussten erst peu à peu verteilt werden. So ist die Rolle des Vorstands innerhalb der holakratischen Aufbauorganisation nicht explizit formuliert und war entsprechend keineswegs von Anfang an klar. Wurde den Mitarbeiter:innen zunächst einige Jahre fast vollständiger Freiraum bei der Entwicklung der Organisation gegeben, so trat der Vorstand (nachdem der Ruf nach mehr Führung laut geworden war) nach zwei Jahren wieder steuernd in Erscheinung. Steuerung wird so zu einer zentralen Fragestellung der Organisation. Wie diese bearbeitet wird, soll im Folgenden beleuchtet werden.

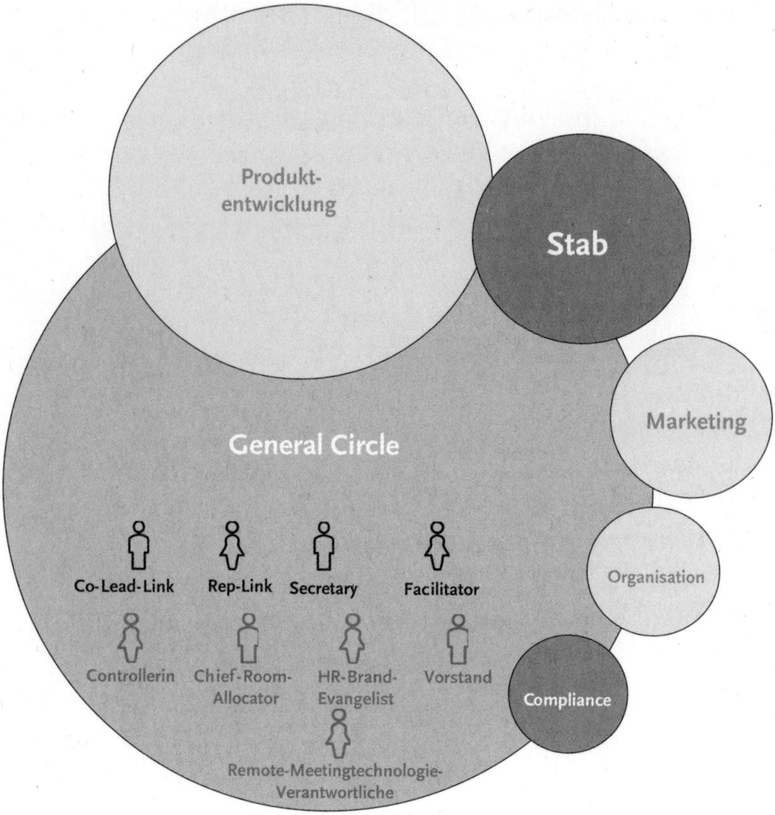

Abb. 7: Aufbau der Kreise

11.3 Paradoxie der (Selbst-)Steuerung

Mit Holakratie greift man auf ein Organisationsmodell zurück, das auf Steuerungsfähigkeit in turbulenten Umfeldern abzielt: Dynamisch gebildete Rollen und Kreise übernehmen Verantwortung und steuern operativ sowie strategisch. Zugleich wird erkennbar, dass die Frage nach mehr Steuerung besonders wichtig wird, wenn Widersprüche auftauchen.

11.3.1 Gelebte Praxis

> »Ich werde ständig gefragt: ›Könnt ihr nicht 'ne Roadmap machen?‹ ... dann sage ich aber: Wenn ich jetzt die Roadmap mache, dann werdet ihr mir doch wieder sagen: ›Sorry, das ist jetzt ja 'ne Vorgabe von außen, von oben.‹ Und ich muss ja fairerweise sagen, ich habe dazu ja gar nicht alle Informationen.« (Int 5)

Mit diesem Zitat von einem der Vorstände bekommt man einen Einblick in ein zentrales Spannungsfeld: der Forderung direkter Steuerung einerseits und die Sorge vor möglichen Eingriffen in die gelebte Selbstorganisation anderseits, eine Sorge, die uns insbesondere in Gesprächen mit Mitarbeiter:innen mit unterstützenden Rollen wie internen Coachs begegnet. Die Möglichkeiten einer zentralen Steuerung sind laut Vorstand aber begrenzt, denn dieser sieht sich in seiner Rolle schon aufgrund fehlender Information gar nicht imstande, eine übergreifende Roadmap zu formulieren.

Entsprechend der Holakratie folgt man dem Ansatz, dass Steuerung maßgeblich über dynamisch gebildete und veränderte Rollen und Kreise organisiert ist: Der übergeordnete Rahmen ist in einer »Constitution«, einer Art Verfassung, beschrieben, die uns auch als Betriebssystem vorgestellt wird. Sie regelt Entscheidungsverfahren, beschreibt Rollen und Kreise oder klärt darüber auf, wie neue Rollen eingeführt werden und was dazu konkret zu beschreiben und zu berücksichtigen ist. Ein Mitarbeiter reflektiert:

> »... kann man Menschen in Verantwortung nehmen, und wie können wir dieses Verantwortungssystem permanent anpassen? Und da würde ich sagen, nach dem, was ich erlebt habe, hilft uns das holakratische Betriebssystem ziemlich gut dabei.« (Int 4)

Das Betriebssystem Holakratie beinhaltet somit einen Rahmen, Verantwortung auf die Mitarbeiter:innen zu verteilen, sowie Möglichkeiten, den Rahmen z. B. durch Prozesse zur Anpassung, Auflösung und Gründung von Rollen und Kreisen selbst zu gestalten.

In der Constitution ist festgehalten, dass für jeden Kreis und jede Rolle ein höheres Ziel, ein »Purpose«, formuliert werden muss. Der Purpose erleichtert es den Rolleninhabern, ihre Verantwortung in konkrete Handlungen zu übersetzen, und gibt anderen Kolleg:innen die Möglichkeit, Handlungen einzufordern. Für die inhaltlich-fachliche Steuerung durch verteilte Rollen ist der Purpose somit maßgeblich:

»... das ist schon ganz klar der Purpose, den diese Kreise haben, da leite ich dann die organisatorisch notwendigen, organisatorisch wichtigen Sachen ab. Das ist das, was mich wirklich leitet, was mir da einen Rahmen gibt.« (Int 7)

Es sollte erwähnt werden, dass eine Person mehrere Rollen wahrnehmen kann, d. h. auch die zugehörigen Purposes vertritt. Purpose und Rolle sind somit wichtige Artefakte der Steuerung. Beispielsweise erklärt ein Interviewpartner:

»Und dann habe ich viele Themen, die sich rund um Menschen drehen. Also Vertragsperson, Vertrauensperson sind so Rollen, die wir haben. Im Recruiting bin ich drin. Dann Lead-Link von einem Kreis. (...) durch holakratische Meetings hat man auch andere Rollen: Secretary, Facilitator, (...).« (Int 6)

Eine pauschale Begrenzung der Rollen gibt es nicht. Alle Mitarbeiter:innen können im Rahmen der Constitution Rollen einnehmen. Ein gewisser Anteil der Rollen ist in der Holakratie ausformuliert – darüber hinaus werden sie bedarfsgerecht entworfen. Uns wird erklärt, jede Person, die eine Rolle wahrnimmt, übernehme zugleich ein Stück Verantwortung. Damit wird die fachlich-inhaltliche sowie personelle Steuerung nicht in Form von Stellen, sondern mithilfe von Rollen und Kreisen auf das komplette Kollegium verteilt und den Spielregeln des Betriebssystems entsprechend verändert. Während Mitarbeiter:innen in klassischen, pyramidalen Organisationen Fremdsteuerung nicht selten durch die Unternehmensführung erleben, könnte dieser Eindruck im Betriebssystem Holakratie durch die Steuerung des Kollegiums selbst entstehen.

Allerdings verbleibt eine nicht unbeachtliche Anforderung zur Steuerung aufgrund gesetzlicher Vorschriften beim Vorstand: Das Setzen eines übergreifenden strategischen Rahmens ist beispielsweise in der Funktion des Vorstands als Organ der Aktiengesellschaft explizit angeführt. Weitere oft implizite Aufgaben eines Vorstands sind zudem explizit gemacht worden und werden von Personen mit weiteren Rollen übernommen, die nicht Vorstand im juristischen Sinne sind. Der Vorstand formuliert seine rahmengebende Funktion wie folgt:

»Das Wichtigste, merken wir gerade, ist, dass allen bewusst wird: Für manche Sachen sind wir verantwortlich. Das ist auch nicht delegierbar, ehm, das ist vor allem immer, wenn es um Strategie geht, wenn es um die Vision geht, um die Ausrichtung der gesamten Company geht.« (Int 5)

Änderungen eines darüber liegenden Purpose dürften somit auch Änderungen an den darunterliegenden Purposes nach sich ziehen.

Neben Purpose ist das Konzept der Rollen ein Weg, das Individuum mit der Organisation zu koppeln und mit den verschiedenen Funktionen von Mitarbeiter:innen umzugehen. Zudem soll es bei der Fokussierung auf das Thema und bei der Entscheidung, wer was beisteuert, helfen. Neben der rein formalen Steuerung durch Purpose und Rollen sucht sich also auch die individuelle Selbststeuerung ihren Platz. Mitarbeiter:innen werden ermutigt, ihren ganz persönlichen Purpose zu definieren. In den Interviews wird betont, es werde Raum gegeben, um »Mensch zu sein«. Begriffe wie »Energie«, »entfalten« und »achtsam« werden genannt. Hier kann die paradoxe Anforderung interpretiert werden, sich auf der einen Seite vollkommen zu entfalten und »Mensch zu sein«; auf der anderen Seite nehmen die sehr strikt erscheinenden Rollenkonzepte und Regeln viel Raum ein, und es wird gefordert, diese Regeln unbedingt einzuhalten.

Durch die zentrale Vorgabe von Purpose, Rollen und Kreisen findet Steuerung auf struktureller Ebene statt. Dies deckt sich mit dem organisationstheoretischen Konzept der sogenannten entscheidbaren Entscheidungsprämissen (Luhmann 2000). Besondere Möglichkeiten zur Selbststeuerung finden sich innerhalb der Kreise und werden auch auf individueller Ebene angeregt.

11.3.2 Folgeprobleme und offene Fragen

Indem fachliche sowie personelle Steuerung auf das Kollegium verteilt wird, ist zumindest die Wahrscheinlichkeit gegeben, dass sie vermehrt dort stattfindet, wo neue Entwicklungen gesehen werden und wo die Expertise ist. Was aber, wenn sich bei den Mitarbeiter:innen in Teams ein Gefühl der Fremdsteuerung einstellt?

Wir erkennen Ansätze, die einen Umgang dafür bereithalten, z. B. die miteinander verknüpften Purposes in den verschiedenen Kreisen sowie die Purposes der Individuen, die regelmäßige und transparente Veränderung von Rollen und Kreisen oder die nichtdelegierbare Steuerung durch den Vorstand. Wir meinen darin sowohl eine Chance als auch ein Risiko zu erkennen:

- Eine Chance besteht insofern, als dass die Möglichkeit einer nicht funktionierenden dezentralen Steuerung jederzeit zentral überwunden werden kann.

- Risikoreich erscheint uns hingegen die Tatsache, dass jeweils Betroffene – zusätzlich zu der Möglichkeit der Fremdsteuerung Einzelner durch die Kolleg:innen – eine zentrale Fremdsteuerung der Kreise durch andere Organisationseinheiten als negativ (»Ohnmacht«) wahrnehmen.

Auf individueller Ebene ist die eigene Weiterentwicklung und die teilweise große Verantwortung, die mit der gegebenen Freiheit einhergeht, auch immer eine Herausforderung für alle Mitarbeiter:innen: den Freiraum zu nutzen und dennoch dem Unternehmensziel zu dienen; sich auf seine Rollen zu beschränken und dennoch dem Anspruch gerecht zu werden, die persönliche Weiterentwicklung voranzutreiben und mit den verschiedenen Purposes umzugehen. Auf der Ebene der Kreise dürften diese Themen im Regelfall innerhalb kollaborativer Prozesse bearbeitet werden.

Selbst- und Fremdsteuerung haben Auswirkungen auf die Planbarkeit des Handelns der Organisation. Teile werden nach wie vor von der ehemaligen Hierarchie gesteuert, andere sind sehr flexibel gestaltbar – aber immer im Rahmen der entsprechenden Prozesse. Dies soll im Folgenden vertieft werden.

11.4 Paradoxie der Planbarkeit

Das Konzept Agilität, mit dem das beforschte Unternehmen zum Zeitpunkt unserer Befragung schon umfassende Erfahrungen besitzt, stellt die Anpassungsfähigkeit und Kundenorientierung in den Vordergrund, d. h. nicht langfristige Planungshorizonte, sondern eher die kurzfristige Planung nächster Schritte. In Verbindung mit dem Verständnis, dass man die Organisation mittels Planung auf zukünftige Ereignisse vorbereiten muss, dass die Vorhersagbarkeit der Zukunft aber unmöglich ist, wird eine wesentliche Paradoxie der Organisation erkennbar, deren Bearbeitung üblicherweise der Führung zugeordnet wird (Wimmer 2009).

Der nachfolgende Abschnitt geht der gelebten Praxis dieser Organisation nach, die von ihrem Grundverständnis her auf Anpassungsfähigkeit ausgerichtet ist. Wie stellt man unter solchen Voraussetzungen sicher, dass mittel- und langfristige Ziele nicht aus dem Blick geraten? Was ersetzt möglicherweise die Funktion klassischer Planungsprozesse? Welche Bedeutung misst man dem im Zuge von

New Organizing häufig diskutierten Thema *Purpose* oder der Verwendung von OKR in Bezug auf Planbarkeit bei?

11.4.1 Gelebte Praxis

Die mittel- bis langfristige Strategiearbeit beschreibt ein Mitarbeiter folgendermaßen: Strategiearbeit ist in Zyklen organisiert, in denen grundsätzliche Annahmen und Prioritäten kollaborativ überprüft und bei neuer Erkenntnislage korrigiert werden. Im Zuge der Strategiearbeit war beispielsweise vorgesehen, dass unterschiedliche Kolleg:innen ihre ganz persönlichen Hoffnungen und Wünsche einbringen. Dabei wird ein Gesamtbild angestrebt, das aus unterschiedlichen Sichten und persönlichen Hoffnungen zusammengefügt wird und weniger einen Wettbewerb Einzelner initiiert. Diese Art der Strategiearbeit wird angestrebt, obwohl die bereits erwähnte zentrale Steuerung durch den Vorstand nach wie vor möglich ist und teilweise faktisch erfolgt.

In diesem Zusammenhang stellt Purpose nicht nur ein firmenweites Artefakt der Steuerung, sondern auch der Planung dar. Entgegen der Idee von dezentralen Kreisen mit eigener Verantwortung wird der Unternehmenspurpose durchaus in den Kreisen heruntergebrochen. Es entsteht so eine Purposehierarchie zwischen den miteinander verknüpften Kreisen. Es erscheint als herausfordernd, den Überblick zu behalten, damit sich die Purposes verschiedener Kreise nicht widersprechen und miteinander sinnvoll verbunden sind. Auch scheint die Geschäftsführung hier wieder Einfluss in Form von inhaltlichen Leitplanken zu nehmen. So entstehen z. B. Poster mit Strategieinhalten oder Präsentationen bei firmenweiten Veranstaltungen, welche von Mitarbeiter:innen unterschiedlich wahrgenommen werden: Die einen empfinden sie als fortschrittlich und fühlen sich emotional mitgenommen (Int 2), andere bezeichnen sie als »Kopfgeburten« (Int 7), weil sie inhaltlich zu abstrakt und zu weit weg zu sein scheinen.

Die unterschiedlichen Anliegen der Kreise und/oder Rollen bilden eine sogenannte *Purposehierarchie,* ohne dass ein Kreis und/oder eine Rolle einem anderen Kreis bzw. einer anderen Rolle unter- bzw. übergeordnet ist. Dabei wird uns erklärt, dass jede Rolle bzw. jeder Kreis sein Anliegen eigenverantwortlich realisiert (»Purpose in die Welt bringen«). Die Gestaltungsmöglichkeit einer Rolle und/oder eines Kreises scheint somit maßgeblich durch *Purpose* bedingt sowie begrenzt zu sein. Purpose ersetzt in diesem Sinne in Teilen die Planung und wird dabei zu einer Art allgemeines Zweckprogramm.

In einem Interview erfahren wir, dass man den Wunsch nach mehr gemeinsamer Ausrichtung und gemeinsamer Priorisierung verspürte, und letztlich entschied die Leitung gemeinsam mit den Coachs, sogenannte *Objectives & Key Results* (OKR) einzuführen, welche inhaltlich von den Teams definiert werden. Eine Hoffnung hinter dieser Einführung bestand darin, die Kreise mit den übergreifenden strategischen Zielen enger zu »koppeln«. Ein Interviewpartner erklärt uns, dass das Thema OKR seine Arbeit insofern betrifft, als dass diese Ziele eine Erwartung formulieren, dass Kolleg:innen einen gewissen Anteil ihrer Arbeitszeit diesen Zielen bzw. entsprechenden Vorhaben widmen.

> »Na, es gibt ja immer bestimmte strategische Projekte (...), und um den so 'n bisschen Struktur zu geben, hat man eben diese OKR entwickelt, dass man sagt: ›O. k., wir machen jetzt für ein Quartal ein Projekt, wo dann – sagen wir mal – die, die sich einbringen sollen, 10 % ihrer Arbeitszeit oder so darauf verwenden.‹ (...) normalerweise ist sozusagen die Berichterstattung dafür in einem Kreis aufgehängt. (...)« (Int 3)

Wir erfahren, dass man zum Zeitpunkt der Befragung bereits mehrere sogenannte *OKR-Zyklen*, sprich Fortschreibungs- und Abstimmungsintervalle der Ziele, durchlaufen hatte und reflektierte, dass sich die erhoffte »Kopplung« noch nicht einstellen wollte. Ein weiterer Interviewpartner beobachtete, dass man als Unternehmen seine *OKR* im letzten Jahr folglich nicht erreicht habe. Einerseits möchte man eine Top-down-Planung vermeiden, andererseits müssen Ziele aus unterschiedlichen »Quellen« aufeinander abgestimmt werden. Dass hier ein Spannungsfeld besteht, wird auch sichtbar, als uns von Wünschen nach einer übergreifenden Planung im Kollegium einerseits und Eingriffen in die »gelebte Selbstorganisation« andererseits berichtet wird:

> »Jetzt möchte ich ja nicht top-down eine Roadmap planen ... jetzt habe ich mehrere Teilbereiche, die ich brauche, um diese Ziele zu erreichen ... und jeder Kreis hat ja noch mal eigene Ziele, die kommen aus anderen Quellen ... und das miteinander zu vereinen, das ist tatsächlich eine große Herausforderung (...).« (Int 5)

Dieses Spannungsfeld scheint in der Organisation reflektiert zu werden, dennoch bleibt es herausfordernd, diese verschiedenen Ebenen wieder miteinander zu koppeln, was im folgenden Abschnitt beleuchtet wird.

11.4.2 Folgeprobleme und offene Fragen

Das Konzept Purpose gibt offensichtlich langfristig Orientierung hinsichtlich Steuerung und Planung und setzt auf eine ganz persönliche Verbindung der Kolleg:innen. Wie gelingt es aber, eine bestehende Orientierung wie im Rahmen des Purposes zu verändern, wenn die Verbindung im sozialen Miteinander schon lange ausgehandelt ist und Menschen emotionalisiert? Es ist denkbar, dass solche Anpassungen konfliktreich und schwergängig verlaufen, aber auch das Gegenteil ist vorstellbar. Zudem gehen die Mitarbeiter:innen zunehmend selber in die Planung, z. B. wenn es darum geht, die Organisation zu verändern. Wie reagiert die Organisation darauf, wenn dies zunimmt?

Offensichtlich verspürt die Leitung den Wunsch nach konkreten Zielen, um die strategische Entwicklung voranzubringen. Man vermeidet eine übergreifende Steuerung und hofft auf »Kopplung«, z. B. um die Dynamik in der Organisation nicht durch einen Rückschritt in eine zentral geplante Strategie zu gefährden. Wie aber sollten diese Prozesse organisiert sein, damit Teams in ihren Gestaltungsbereichen mit hoher Eigenverantwortung agieren und dabei übergreifende Ziele miteinander voranbringen?

Eine wirtschaftliche Planung fällt im Narrativ über Purpose und OKR zurück. Das ist im Kontext von Wachstum und Weiterentwicklung durchaus nachvollziehbar. Was aber tun, wenn die wirtschaftliche Lage angespannt ist und in den Vordergrund rückt? Wie ermöglichen Purpose und OKR in einer solchen Situation eine Kooperation und Kopplung? Es wird erkennbar, dass Fragen der Formalisierung in den Blickpunkt rücken.

11.5 Paradoxie der Formalisierung

Durch formale Kommunikationswege werden in der Regel Prozesse definiert, z. B. wie Entscheidungen zu treffen sind und wer dabei einbezogen werden muss. Die Formalisierung von Kommunikation in der Holakratie ist, dort wo sie stattfindet, sehr streng und engmaschig und lässt kein Abweichen vom Prozess zu. Sie findet sich in wenigen entscheidenden Meetings oder durch die klare Aufteilung von Verantwortlichkeiten und Rollen wieder. Mindestens genauso wichtig ist bei Entscheidungsprozessen innerhalb von Systemen jedoch auch die Möglichkeit der informellen Kommunikation, die z. B. in Flurgesprächen, Kaffeeküchen etc. stattfindet.

Wie geht die Organisation mit diesem Spannungsfeld von formalisierten Prozessen und dem menschlichen Bedürfnis nach informellem Austausch um? Wo suchen sich die Konflikte, d. h. die Spannungen, die nicht prozessiert werden können und in keine Rolle passen, ihren Raum?

11.5.1 Gelebte Praxis

Durch die Anwendung der Holakratieregeln ist die Organisation hochgradig durch Meetings formalisiert, um taktisch operative bzw. organisationale Themen zu bearbeiten (»Tacticals«, »Governancemeetings«). Eine starke Formalisierung ist im Governancekontext beim Prozessieren von strukturellen Entscheidungen gegeben. Diese laufen nach ganz bestimmten Regeln ab, mit denen die Facilitator:in führt und die für jeden transparent sind. Unter anderem stellt das Konsentprinzip dabei ein zentrales Entscheidungsprinzip dar:

> »... ist sie (Anm.: die Entscheidung) dann, auch wenn nicht jeder zustimmt, nach einer Woche automatisch angenommen, was ein sehr praktisches Feature ist. Um weiter in der Veränderung zu bleiben.« (Int 7)

Dabei wird nicht um jeden Preis ein expliziter Konsens angestrebt, sondern die Automatisierung von Entscheidungen steht im Vordergrund. Während der Phase des Ausprobierens haben die Teams mitunter negative Erfahrungen mit den vorgegebenen Entscheidungsprozessen gemacht. Beispielsweise wurde der Konsent, den Holakratie ausschließlich für Fragen der Governance vorsieht, in inhaltlich-taktischen Diskussionen eingesetzt. Die formal »korrekte« Anwendung der Holakratie wird als eine Voraussetzung für das Gelingen selbst beobachtet: Es wurde

> »so ein Element, was erst einmal gut klang, falsch eingesetzt und da dann auch ein bisschen verbrannte Erde hinterlassen ... die haben den integrativen Entscheidungsprozess nicht für Klarheit und Verantwortlichkeit und Rollen benutzt, sondern für inhaltliche Themen« (Int 2).

Zur Dokumentation der Entscheidungen und Strukturen wird das Tool »Holaspirit« genutzt. Beschlüsse werden festgehalten, Protokolle, Kennzahlen, Rollen und Verantwortlichkeiten dokumentiert:

> »Wir arbeiten in jedem Tactical und in jedem Governancemeeting mit Holaspirit.« (Int 2)

Tools wie dieses stellen somit eine weitere Komponente der Formalisierung dar, weil sie für eine konsequente Dokumentation sorgen wird und Regeln und Informationswege festhalten.

Die Unklarheit, die sich gerade im Umgang mit einer neuen Form des Organigramms ergeben kann, löst die Organisation so, dass sie neben Holaspirit übergangsweise das traditionelle Organigramm bestehen lässt. Auch wenn dieses als weniger relevant erlebt wird:

> »Wir sehen aber, dass das (Anm.: gemeint ist Holaspirit) mittlerweile wichtiger ist als das andere.« (Int 2)

Relevanter wird es zu wissen, wer an und zu welchem Zweck woran arbeitet und welche Rolle(n) eine Person einnimmt. In Holaspirit können alle Mitarbeiter:innen nach Durchlaufen des formalen Prozesses die formale Organisation anpassen.

Durch die neue Form des Organigramms entsteht Flexibilität in der Aufgabenverteilung, da die Mitarbeiter:innen die Rollen durchaus wechseln dürfen oder in verschiedenen Kreisen unterschiedliche Rollen einnehmen können. So sind auch Wechsel zwischen Führungs- und inhaltlichen Rollen ohne Gesichtsverlust möglich. Der Fokus liegt auf kompetenzorientiertem Einsatz und einer klaren Fokussierung auf die Themen, für die man verantwortlich ist:

> »Also zu wissen: Ist das gerade meine Aufgabe, ist es das nicht? (...) Und dann bewusst Dinge auch abzugeben oder nicht aufzunehmen.« (Int 6)

Die Kreise werden trotz ihrer Formalität als anpassungsfähiger beschrieben als die klassische Hierarchie, da man sie schnell gründen sowie Struktur und Meetings selber gestalten kann. Die Arten von Tätigkeiten (Tagesgeschäft, Projekte etc.) organisieren sich selbst ohne starre Vorgaben, d. h. sowohl in den Kreisen als auch in den Teams.

Es ist Teil der Formalisierung der Kommunikation, dass sogar aufkommende Konflikte oder Unklarheiten prozessiert werden. Es wird bewusst mit sogenannten Spannungen gearbeitet, die genutzt werden, um die Organisation weiterzuentwickeln. Dies geschieht zunächst in den Governancemeetings. Dabei ergänzt man die Holakratie mit weiteren Bausteinen, wie beispielsweise einem »Clear-the-Air-Meeting«, das diejenigen Spannungen thematisiert, die im streng durchmoderierten Governancemeeting keinen Raum finden.

Als weitere Komponente des Umgangs mit den Emotionen der Mitarbeiter:innen bedient sich die Organisation des Konzepts der *Gewaltfreien Kommunikation (GfK) nach Marshall Rosenberg* (2013). Hier lernen die Mitarbeiter:innen einen Umgang miteinander, der die Wahrnehmung der eigenen Bedürfnisse betont und das achtsame Kommunizieren fördert. Die Paradoxie liegt hier in der starken Akzentuierung konsequenter Prozesse bei gleichzeitig bestehendem Wunsch, sich seiner Bedürfnisse bewusst zu sein und die emotionale, nichtprozessuale Ebene anzusprechen, diese aber wiederum kanalisiert zu behandeln, Gefühle etc. zu »steuern« bzw. Konflikte auf formalem Weg zu klären.

Dass diese offene und zugleich formalisierte Art des Miteinanders nicht immer einfach ist, wird deutlich, als ein Interviewpartner über Herausforderungen in der Zusammenarbeit mit seinen Kolleg:innen berichtet:

> »Und das ist für mein Empfinden eine sehr anstrengende Aufgabe und, ja, das ist, würde ich sagen, auch ein Kritikpunkt, den ich an diesem System habe, dass wir noch keinen leichtgewichtigen Umgang gefunden haben, sowas rauszubringen, so eine Spannung.« (Int 7)

In den Gesprächen kommt deutlich zum Ausdruck, dass diese Form der Zusammenarbeit besondere Herausforderungen bereithält – sie verlangt »reife Persönlichkeiten«, wie uns erklärt wird:

> »... und das macht's dann in der Gruppe als Ganzes auch nicht einfach, so in der großen Breite so reife Persönlichkeiten zu versammeln, die dann alle damit umgehen können, und dann das auf den verschiedenen Ebenen oder Entwicklungsstufen, auf denen wir uns befinden, das auch noch gut zu verkraften dabei.« (Int 7)

An dieser Stelle muss erwähnt werden, dass die Kolleg:innen auf ein umfangreiches Unterstützungsangebot zurückgreifen können. Einerseits gibt es intern ein Coachingteam mit einem breiten Leistungsangebot, andererseits ermöglicht man dem Kollegium einen in unseren Augen ungewöhnlich umfangreichen Zugang zu externen Seminaren und Weiterbildungen.

11.5.2 Folgeprobleme und offene Fragen

Holakratie versteht sich als Betriebssystem einer Organisation. Diesen technokratischen Ansatz ergänzt die Organisation durch eine Vielzahl an Formaten wie OKR und agiles Arbeiten, die sich in ihrer Art und Weise als sehr strukturiert erweisen und im Grunde die Arbeit an inhaltlichen Themen in besonderer Weise formalisieren. Diese Formalisierung scheint dazu zu führen, dass bei den Mitarbeiter:innen ein noch stärkeres Bewusstsein für die zwischenmenschlichen Themen entsteht. In den streng moderierten Governance- und Tactical-Meetings sind soziale Themen gar nicht vorgesehen. Die strenge Kanalisierung von Kommunikation in ganz bestimmte Formate und mit ganz bestimmten Inhalten mag erleichternd sein. Dennoch wird durch die Formalisierung von Emotionen ein schmaler Grat beschritten. Jegliche emotionale Ebene in der Kommunikation wird zunächst ausgeklammert, und Emotionen erhalten so einen eigenen »Raum«, was die Handelnden als erleichternd und hilfreich bewerten.

Bei einer zu starken Fokussierung auf die formalen Rollen und Kommunikationswege erkennen wir Autor:innen ein potenzielles Risiko, dass Prozesse auf der sozialen Ebene im Sinne eines Disziplinierungsinstruments wirken können. Wenn man als Einzelperson seinen »Spannungen« nicht zeitnah Luft machen kann, könnte man »Ohnmacht« empfinden. In diesem Zusammenhang hat es uns rückblickend überrascht, wie wenig in unseren Interviews z. B. informelle Kommunikation beschrieben wurde – und wie wenig wir nach ihr gefragt haben. Die formalisierten Prozesse, die eigens für die Bearbeitung von Konflikten eingerichtet wurden standen ganz klar im Vordergrund. (Für die Konfliktbewältigung wäre eigentlich informelle Kommunikation besonders hilfreich.)

11.6 Fazit

Das beforschte Unternehmen hat sich – getragen von der Überzeugung, dass klassische Organisationsformen für die Dynamiken und Unplanbarkeit einer digitalen Welt als ungeeignet erscheinen – auf den Weg gemacht, alternative Formen der Zusammenarbeit zu ergründen. Zunächst einmal waren wir beeindruckt von der Selbstverständlichkeit von Veränderung. Alle Mitarbeiter:innen können die Organisation jederzeit weiterentwickeln und tun dies auch. Ebenfalls ist uns aufgefallen, dass im beforschten Unternehmen jede Einzelperson Verantwortung für das eigene Anliegen und ihre Fähigkeiten übernimmt. Darüber hinaus wird das Miteinander der Mitarbeiter:innen im Sinne des Unternehmens mithilfe von Rollen, Kreisen, OKR und Purpose geregelt. Gerade dieser Eindruck klingt nach. Denn eine solche Art der Zusammenarbeit stellt den Menschen in den Vordergrund. Das Unternehmen möchte ein Umfeld gestalten, in dem Mensch und Organisation ihre Entwicklung fortschreiben können.

Im speziellen Fall der beforschten Organisation scheint das Vorgehen mit Holakratie teilweise zu halten, was es in der Theorie verspricht: Klarheit und Transparenz der Verantwortlichkeiten in einer Organisation sowie schlanke und effektive Entscheidungsprozesse. Indem sich Mitarbeiter:innen ihrer eigenen Funktionsweise mithilfe holakratischer Prozess- und Rollenvorgaben bewusst werden, erhöhen sie die Wirksamkeit ihrer Kommunikationsprozesse, was Führungsarbeit explizit miteinschließt. Dies schließt Vorgaben z. B. durch den Vorstand nicht aus. Nicht zuletzt für den Start des Prozesses war die Erkenntnis besonders wichtig, dass Selbstorganisation *nicht* vollständig selbstorganisiert erfolgen kann.

Mit Blick auf die Führung beobachten wir eine Führungskultur, die stark auf Verbindendes setzt. Die Schwerpunktsetzung in der Führung wird ergänzt durch die Fokussierung auf einen gemeinsamen Purpose, die Etablierung einer Purposehierarchie und eine starke persönliche Zugewandtheit innerhalb der Kreise. Offen bleibt, wie die klare Definition der Rollen das Gefühl der Zusammengehörigkeit und der Verbindlichkeit beeinflusst, denn alle Mitarbeiter:innen können ihre Rollen frei wählen und wieder ablegen. Ein Interviewpartner postulierte, eine zu starke Identifikation mit den Rollen erschwere die Veränderung des Systems, und die klare Abgrenzung der Rollen betone eher die Grenzen als die Zusammengehörigkeit. Dies ist zu diskutieren.

Wir stellen weiterhin fest, dass sich nicht alle Fragen der Zusammenarbeit durch Holakratie beantworten lassen, dass sich Menschen nicht »programmieren« lassen – und Organisationen nur begrenzt. Strukturelle Entscheidungen haben Paradoxien zur Folge, die man sich automatisch einhandelt. Für diese findet die Organisation aber immer wieder pragmatische Wege der Bearbeitung. Eine reine Umsetzung »streng nach Vorschrift« kann es daher kaum geben.

Der Zweck dieses Organisationsmodells scheint sich auf viele verschiedene Ebenen zu verteilen. Immer wieder wurde die Verwirklichung des Einzelnen als Zweck dieses Organisationsmodells betont. Hier stellt sich die Frage, inwiefern die Gesamtorganisation darunter leiden kann. Dies kann durch Betonung der Maxime gelöst werden, dass der Purpose des Kreises oder der Organisation im Zweifel immer über allem steht. Sind die Potenziale der Mitarbeiter:innen also Mittel zum Zweck der Erreichung der Organisationsziele? Oder ist die Organisation Mittel zum Zweck der Erreichung von persönlichen Zielen? Beziehungsweise: Was geschieht, wenn einer der beiden Pole überhandnimmt? Entscheidend ist auch die Frage, inwiefern das Produkt und der Kunde noch im Fokus stehen, wenn sich der Schwerpunkt des Interesses in Richtung Beschäftigung mit sich selbst oder mit der Organisation verlagert. Hier wurden in manchen Interviews Bedenken geäußert. Letztendlich soll diese neue Form des Organisationsmodells gerade in stürmischen Zeiten eine gute Basis bieten, indem sie die Anpassungsfähigkeit erhöht und damit die Reaktionsfähigkeit in Krisen verbessert. Es bleibt noch zu beweisen, dass dies der Fall ist.

Steckbrief

Formale Aspekte des Forschungsprozesses
Organisationstyp, -größe, -struktur Börsennotiertes Unternehmen, Holding mit Netzwerk aus Tochterunternehmen, über 1400 Mitarbeiter:innen, ca. 270 Mio. Euro Umsatz (2018)
Untersuchte Einheit(en) Netzwerktochter mit ca. 200 Mitarbeiter:innen (2019)
Branche/Branchendynamik FinTech & Versicherung
Anzahl, Form (Interviews, andere Methoden), Zeitraum der Datenerhebung Sieben einstündige Interviews mit unterschiedlichen Interviewpartner:innen von Ende 2018 bis Ende 2019, Internetrecherchen
Ausgangslage: Art und Umfang bisheriger Erfahrungen mit NO Agiles Arbeiten hat im beforschten Unternehmen eine lange Tradition; 2015 Beginn des Prozesses hin zur Selbstorganisation, 2018 bewusste Entscheidung zur Einführung von Holakratie

Qualitative und theoretische Aspekte

Anlass und Ziele von NO-Aktivitäten / »Problem- und Lösungsansatz«
Klassische Organisationsformen erscheinen für Dynamiken und Unplanbarkeit einer digitalen Welt als ungeeignet – Holakratie lässt das Unternehmen zukunftsfähig werden/sein

Dominante Kernparadoxien
- *(Selbst-)Steuerung:* Fremdsteuerung durch übergreifendes Konzept und alte Hierarchie vs. zunehmende Selbststeuerung auf individueller & inhaltlicher Ebene
- *Planbarkeit:* Artefakte zur Planung wie OKR und Purpose vs. größtmögliche Anpassungsfähigkeit
- *Formalisierung:* Stark formalisierte Meetings vs. nicht zu formalisierende Spannungen

Hauptinterventionsebenen
- *Selbstorganisation* im Sinne der Holakratie in allen Töchtern mit individuellem Tempo entwickeln
- pragmatischer Umgang mit entstehenden Paradoxien
- Verteilung klassischer Führungsaufgaben in Rollen und Kreisen
- konsequente Ausrichtung und Organisation entlang der Wertschöpfung

Dominantes Muster der Paradoxiebearbeitung
Große Freiheitsgrade, zugleich persönliche Entfaltung und Organisationsentwicklung in vorgegebenen Prozessen

Key Learnings, Anschlussfragen und »Lösungsprobleme«
- klare und transparente Verantwortlichkeiten sowie schlanke und effektive Entscheidungsprozesse auf allen Ebenen
- verteilte Führungsarbeit macht das Thema Organisationsentwicklung (im Sinne von: die Organisation verändern und kontinuierlich verbessern) zu einer Aufgabe, die die Mitarbeiter:innen mit hoher Selbstverständlichkeit mitgestalten
- Rollen, Purpose & Spannungen spielen zentrale Rollen: Purpose gibt langfristig Orientierung und setzt auf eine ganz persönliche Verbindung der Kolleg:innen Wie gelingt es aber, eine bestehende Orientierung zu verändern, wenn die Verbindung im sozialen Miteinander lange ausgehandelt ist und emotionalisiert?
- beeindruckende Orientierung an zukünftigen Möglichkeiten Steuerungsmechanismen fokussieren die strategische Entwicklung. Aber: Trägt ein Konzept, das auf Wachstum und Weiterentwicklung (Purpose, selbst gesetzte Ziele) auch dann, wenn die wirtschaftliche Lage angespannt ist und in den Vordergrund rückt?
- Die formalisierte Arbeitsweise, inklusive des Umgangs mit Spannungen, erfordert eine hohe (Selbst-)Reflexions- und Kommunikationsfähigkeit der Personen. Viele Angebote zur Bearbeitung von Konflikten und Spannungen wurden beobachtet.

Wie interessant!

In diesem Fall von New Organizing wird auf die Besonderheit im Umgang mit pragmatischen Paradoxien hingewiesen: Will man sie angemessen bearbeiten, werden neue paradoxe Fragestellungen erkennbar. Und warum sollen neue Organisationsmethoden davon verschont bleiben?

Die Autor:innen identifizieren drei Paradoxien, die man bei der Umsetzung von New Organizing erwartet könnte: Die Paradoxie von Selbst- und Fremdsteuerung, von langfristiger Planung und kurzfristiger Umsetzung sowie von formaler und informeller Kommunikation.

Bei den ersten beiden Paradoxien (Steuerung und Planung) wird die wichtige Aufgabe von Führung erkennbar, nämlich die Setzung entsprechender Rahmenbedingungen, welche Selbststeuerung und Selbstplanung erst ermöglichen und zugleich begrenzen. Punktuell wird ein »Sowohl-als-auch« eingesetzt – und das scheint gut zu funktionieren.

Hingegen lenkt die dritte Paradoxie (formale/informelle Kommunikation) indirekt einen kritischen Blick auf das hier zum Einsatz kommende holakratische Organisationsmodell: Es wird erkennbar, dass mit diesem den Gestaltungsfragen der Organisation mit einer neuen Programmierungsvariante der alten Maschinenmetapher begegnet wird. Das implizite Versprechen lautet: Implementiert ein funktionales Betriebssystem, dann läuft alles wie gewünscht. Grenzen einer solchen primären Sachorientierung werden daran erkennbar, dass Konflikte entstehen, für deren Bearbeitung ebenfalls formalisierte Abläufe herangezogen werden. Dabei könnte so manches auf der Ebene der informellen Kommunikation bearbeitet werden. An dieser Stelle wird ein blinder Fleck dieses auf den ersten Blick interessanten Modells erkennbar: Es blendet die Sozialdimension größtenteils aus.

Es folgt: »Speed is the name of the game!« (Kap. 12), zeigt, wie holakratische Strukturen zunächst experimentell (und auf Initiative von Mitarbeiter:innen) eingeführt, dann aber (vom Management angeordnet) zugunsten der Einführung einer agilen Methode wieder radikal abgelöst werden. Trotz der klaren Managementvorgabe gelingt dennoch eine pragmatische Umsetzung.

Alternativ: Auch in der Fallstudie »Agilität ist gut« (Kap. 3) wird das Ziel verfolgt, die langfristige Zukunftssicherung zu gewährleisten.

TG, GPK, SG

12 Speed is the name of the game! – Ein Technologieunternehmen springt von einem Organisationsmodell zum nächsten

Balz Schnieper, Menno Huber, Alessandro Camisani

Während ähnlich große Unternehmen erste Gehversuche mit New Organizing machen, werden beim hier besprochenen Technologiekonzern (hier anonymisiert in TECH umbenannt) neu eingeführte Zusammenarbeitsformen schon wieder abgelöst: zurück zu bereits erfolgreich erprobten Modellen mit modernen Namen, die aus altbekannten Organisationsformen weiterentwickelt wurden, wie zum Beispiel die Matrixorganisation. Was treibt dieses hochinnovative Unternehmen in seinem disruptiven Umfeld dazu an, organisatorische Veränderungen in dieser Geschwindigkeit experimentell einzuführen und gleich wieder aufzugeben oder zu überarbeiten? Lernt TECH so unglaublich schnell, oder ist das Unternehmen unsicher, was die erfolgversprechendste Lösung ist?

12.1 Kontext der Fallstudie

12.1.1 Überblick über den Konzern

TECH ist ein Konzern mit mehreren tausend Mitarbeiter:innen, welcher seit Jahren einem stark disruptiven Marktumfeld ausgesetzt ist. Lange Zeit konnte TECH am nationalen Markt von einer starken Stellung profitieren, die von anderen Anbietern kaum antastbar war. Seit dem Ende des 20. Jahrhunderts und dem damit verbundenen rasanten Fortschritt der digitalen Technologien und der Liberalisierung der Märkte musste sich TECH mit erodierenden Margen, sinkenden Erträgen, Wegzug und Neuakquise der Kundenbasis auseinandersetzen bei gleichzeitig wachsender internationaler Konkurrenz. Die Konzernleitung fordert deshalb immer wieder und auf allen Ebenen dazu auf, die Effizienz zu erhöhen.

TECH muss zwei widersprüchlichen Anforderungen gerecht werden. Einerseits müssen ihre Dienstleistungen rund um die Uhr stabil, verlässlich und in hoher Qualität zur Verfügung stehen. Dies entspricht der Einladung, beim Bewährten zu bleiben und die eigene Expertise zu pflegen. Andererseits entwickelt sich die Technologie im Umfeld stetig weiter. Dies verlangt Entwicklungen des Unternehmens und seiner Mitarbeiter:innen, die technische Herausforderung und wirtschaftliche Chance zugleich sind.

Der verordnete Sparkurs läuft also parallel mit innovativen Experimenten am Markt, die risikobehaftet und investitionsintensiv sind. Um mit diesen Gegensätzen umzugehen, wird in den verschiedenen Geschäftsbereichen immer wieder neben den technischen auch nach anderen strukturellen und prozessualen Lösungen gesucht.

12.1.2 Herangehensweise unserer Untersuchung

Wir haben im Juni 2019 vier leitfadengestützte, qualitative Interviews mit zwei Führungspersonen und zwei Mitarbeiter:innen geführt. Darin wurden drei Abteilungen im Konzern betrachtet. Konkret handelte es sich um eine technische Abteilung (Information Technology, IT) mit ca. 360 Mitarbeiter:innen und zwei Abteilungen aus dem HR-Bereich: HR-Weiterbildung (HR-W) mit ca. 100 Mitarbeiter:innen und HR-Betreuung (HR-B) mit ca. 64 Mitarbeiter:innen.

Unser hauptsächliches Interesse galt am Anfang der HR-Abteilung, von der wir wussten, dass sie schon einige Zeit mit agilen Arbeitsformen experimentiert hatte. Uns interessierte, was daraus geworden ist und wo sie heute stehen. Bei der Auswahl der Interviewpartner:innen wurde uns vorgeschlagen, auch eine Führungskraft aus dem IT-Bereich zu interviewen, um die Transformation besser zu verstehen.

12.1.3 Vorgeschichte

Obwohl wir uns auf das Organisationsmodell zum Zeitpunkt des Interviews konzentrieren wollen, sei hier kurz die Vorgeschichte umrissen. Sie kam immer wieder zur Sprache und hat Einfluss darauf, wie die Interviewten das aktuelle Modell bewerten.

Durch den Druck zur Effizienzsteigerung wurden im HR-Bereich bereits 2015 ca. 30 % der Stellen abgebaut. Um mit weniger Personal eine optimale Leistung zu bringen, entschied sich eine Abteilung dazu, Holacracy einzuführen. Holacracy war im Konzern neu und wurde von externen Berater:innen begleitet. Einzelne Mitarbeiter:innen hatten schon vorher in kleineren Teams damit experimentiert, was einerseits die Entscheidung erleichterte und anderseits die Einführung unterstützte. Im ganzen Unternehmen wurde währenddessen mit agilen Organisationsformen experimentiert, allen voran in den IT-Teams. Die HR-Fachleute erhofften sich durch die eigene Erfahrung mit dem Neuen auch eine verbesserte Begleitung dieser Teams. Der Leiter der Abteilung meinte dazu:

> »Eine HR-Organisation muss sich echt damit auseinandersetzen, was ideale Arbeitsform bedeutet (...) mal zu challengen, mit einem Modell auszuprobieren, in welchem die klassische Führungsperson nicht vorhanden ist.« (Int 1)

Nach intensiver Auseinandersetzung mit Holacracy und der Umsetzung des Modells waren 2017 weitere Einsparungen nötig. Im Zuge der nächsten Reorganisation wurden die zwei begonnenen Holacracy-Experimente wieder beendet und gingen unter anderem in der hier beschriebenen Abteilung HR-W auf.

Die Mitarbeiter:innen reagierten auf den Stoppentscheid unterschiedlich. Von Erleichterung über distanzierte Skepsis bis hin zum Entscheid, das Unternehmen zu verlassen, war alles dabei. Es sei der Ungeduld des HR-Topmanagements geschuldet, von Holacracy wegzugehen, man wollte nicht länger auf die Lernkurve warten. Es wird auch infrage gestellt, ob Holacracy als Insel in einem Konzern überhaupt funktionieren könne, weil der Konzern Prozesse vorgibt, die nicht mit Holacracy kompatibel sind (z. B. das Lohnmodell oder der Performanceprozess). Darüber hinaus wurde die unterschiedliche Reife der beiden Holacracy-Experimente als weiterer Grund für den Stopp genannt. Dass dies nicht weiterverfolgt wurde, schrieb man aber auch dem neuen HR-W-Chef zu, der keine Holacracy-Erfahrung mitbrachte.

Unsere Untersuchung fokussierte auf die bestehende Organisation, sodass keine weitere Beschreibung des Vorgängermodells möglich ist. Abb. 8 zeigt die betrachteten Organisationen und deren Veränderungen im zeitlichen Ablauf.

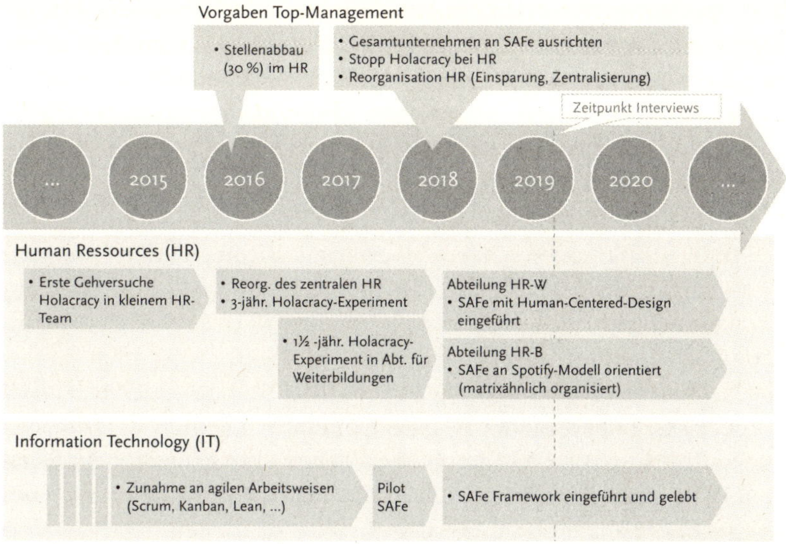

Abb. 8: Historie des New Organizing in den betrachteten Abteilungen

12.2 New Organizing – Wie die Veränderung ablief

Nach einer Phase des Experimentierens mit verschiedenen agilen Modellen entschied man 2017 auf der Ebene des Topmanagements, nun hauptsächlich dem bis dahin in der IT schon teilweise etablierten SAFe-Organisationsmodell zu folgen.

12.2.1 IT-Abteilung: Konsequente Einführung des Frameworks

Mit dem Ziel vor Augen, ein führendes Softwareentwicklungsunternehmen zu sein, wird die interviewte Softwareentwicklungsabteilung ca. eineinhalb Jahre vor dem Interview von einer klassisch-hierarchisch geführten Aufbauorganisation in ein stringentes SAFe-Organisationsmodell überführt. Der interviewte Abteilungsleiter arbeitet nach eigener Aussage exakt nach dem SAFe-Standard und hält die vorgegebenen Leitplanken als Rahmenbedingungen durch seine präsente Führung aufrecht. Vor diesem Hintergrund sind auch die zitierten Interviewauszüge in diesem Kapitel zu verstehen. Das Kapitel zeigt exemplarisch den Umbau einer IT-Abteilung aus der Führungsperspektive.

Der IT-Chef im Interview nennt es ein Mindset, das ihn dazu bringt, immer zu schauen, was auf der Welt läuft, wie andere arbeiten. Für ihn wird deutlich, dass erfolgreiche Benchmark-Unternehmen meist SAFe verwenden. Die Konkurrenz zu kopieren war ein logischer Schluss:

> »So funktioniert Softwareentwicklung. Man kopiert möglichst Frameworks und APIs, sodass man so wenig wie möglich selber schreiben muss. Und so machen wir auch die Organisationsentwicklung.« (Int 4)

Die Leistungsfähigkeit scheint der zentrale Grund für den Organisationsumbau gewesen zu sein. Dieser Aspekt wird im Gespräch betont und kommt mehrfach vor. Auch die Attraktivität als Arbeitgeber wird genannt.

Neue Organisation der IT nach SAFe

Die Einführung von SAFe ist ein klassisches Changeprojekt, das nach dem Wasserfallprinzip abgewickelt wird. Dafür arbeitet man mit einer externen, kleinen SAFe-Beratungsfirma zusammen, die zwar viel Erfahrungen mit dem Framework hat, aber nicht mit Organisationen dieser Größe. Die Expertise und der gemeinsame Lernprozess werden im Interview positiv hervorgehoben. Der eigentliche Designprozess hinter verschlossenen Türen dauerte drei bis vier Monate.

Nach der Ausbildung aller Mitarbeiter:innen geht das ganze Framework »live«. Für die Verantwortlichen ist es ein zentrales Anliegen, Unsicherheiten im System zu jeder Zeit zu vermeiden, denn Verunsicherung hätte man sich nicht leisten können. Mit dem Vorgehen sollten Kündigungen von Leistungsträger:innen auf jeden Fall vermieden werden. Für die Verantwortlichen ist dieser Change im Unterschied zu anderen Teilen des Unternehmens nicht einfach ein Experiment. Sie sind von der Lösung überzeugt und wollen diese eine und aus ihrer Sicht »einmalige« Chance zur Transformation nutzen. Der IT-Verantwortliche handelt so bestimmt, weil er davon ausgeht, dass die Mitarbeiter:innen nur eine einzige komplette Umstellung akzeptieren und nicht mehrere oder eine längere Phase der Unsicherheit.

Der Interviewte verweist mehrfach auf das SAFe-Framework, es ist ihm sehr wichtig, dass die Standards präzise eingehalten werden. Zentral ist im Framework die Ablauforganisation. Es gibt bestimmte Regeln der Zusammenarbeit. Fixe Prozesse, die immer wiederkehrend ablaufen, bestimmen den Alltag. Das tue, so der Vorgesetzte, im Softwarekontext sehr gut:

> »Das heißt, für uns ist der Ablauf wichtig und nicht der Aufbau (der Organisation).« (Int 4)

Teams im klassischen Sinne gebe es nicht mehr. Teams werden aufgabenbezogen gebildet. Wer wann für welche Aufgabe gebraucht wird, regelt die Ablauforganisation. Bis auf die obersten beiden Führungsebenen entfallen klassische hierarchische Funktionen. Dafür gibt es einerseits Gremien wie beispielsweise das Inhaltsgremium oder die Zusammenkunft mit allen »Tribe Leads«. Weitere neu geschaffene Funktionen sind Scrum Master, Product Owner, Coachs und so weiter.

Die Auswirkungen des Change sind vielfältig und werden je nach Perspektive unterschiedlich bewertet. Für den IT-Leiter überwiegen die Vorteile. Beobachtbar sei für ihn, dass mit dem Wechsel zu SAFe die Organisation sehr viel effizienter sei als früher:

> »Der Output ist größer geworden, und es gibt weniger Incidents (...) In der Softwarewelt geht alles megaschnell.« (Int 4)

Daher die minimale Hierarchie, um in Zehnwochenrhythmen sehr schnell auf die veränderten Anforderungen unter Einbezug der Fachkräfte reagieren zu können.

Führung in der IT anders gedacht

Führung wird in Teilfunktionen zerlegt, die von unterschiedlichen Rollen wahrgenommen werden. Das zeigt sich in der vordergründig sehr simplen Aufbauorganisation mit nur noch drei Hierarchiestufen: Mitarbeiter:innen, die organisatorisch in »Tribes« zusammengefasst sind und in Scrum-Teams temporär zusammenarbeiten, Tribe Leads sowie den Leiter der IT-Abteilung. *Fünf Aufgaben von Führung* werden beschrieben, die den verbleibenden klassischen Führungskräften zufallen:

1. Die erste Führungsaufgabe ist die Sicherung der Leistungsfähigkeit des Unternehmens. Die IT-Abteilung muss ihren Beitrag zum Überleben der Organisation leisten. Die Führung ist verantwortlich dafür, den notwendigen Rahmen zu gestalten, sodass die Mitarbeiter:innen ihre Leistung erbringen können.
2. Zum anderen wird Führung beschrieben als Funktion, die nach außen schauen muss und das Unternehmen mit ihren Erkenntnissen irritiert. Dies ist in unserem Beispiel mit einer radikalen Transformation in kurzer Zeit geschehen.

3. »Meine Aufgabe ist es, dass die Leute einfach (...) erfolgreich sein können in ihrem Job. Das ist meine einzige Aufgabe« (Int 4). Das bedeutet zu überlegen, wo eine Führungsperson Mitarbeiter:innen schützen und wo sie sie exponieren könne.
4. Die neue Rolle der Führung umfasse weiter, den vereinbarten Rahmen zu halten und mit einer »gewissen Härte« (Int 4) einzufordern.

   »Ein System, welches auf Selbstregulierung und Selbstautonomie setzt, funktioniert nicht, wenn du Leute hast, die nicht wollen.« (Int 4)

5. Es gelte die Selbstführung der Mitarbeiter:innen zuzulassen.

Den Inhalt betreffende Führungsentscheide werden über die Ablauforganisation des Frameworks getroffen. Als herausfordernd für die Führung wird die folgende Situation beschrieben:

> »... wenn die Leute viel mehr Selbstverantwortung haben und viel stärker gefordert sind, wollen sie aber auch besser verstehen, wo die Reise hingeht. (...) und wir sind heute viel stärker gefordert als früher, ihnen aufzuzeigen, was ist der Purpose von dem, was wir machen.« (Int 4)

Die oberste Führungsebene steht in diesem Modell unter besonderer Beobachtung der Mitarbeiter:innen. Sie muss präziser aufzeigen können, warum etwas gemacht wird, denn es gibt nun Plattformen, in denen sich mitdenkende Fachkräfte direkt äußern können. Aus Sicht der obersten IT-Führung macht die Arbeit in dieser Organisationsform

> »mehr Spaß, weil es keine Hierarchie dazwischen mehr gebe. So sei man als Vorgesetzter näher an den Mitarbeiter:innen« (Int 4).

Im Zug des Veränderungsprozesses kündigten in der IT etwa 40 % der Führungskräfte des ehemaligen mittleren Kaders. (Im Vergleich dazu sind laut Auskunft des Unternehmens heute nach ca. eineinhalb Jahren im neuen Organisationsmodell die Kündigungen unter den Wert vor dem Change gefallen.) Der Grund für die Kündigung war bei vielen die fehlende Karrieremöglichkeit in der neuen Organisationsstruktur. Klassische Führungskarrieren, die darauf bauten, dass man mit zunehmender Karrieredauer in der Organisation mehr Mitarbeiter:innen führen würde, wurden abgelöst:

> »Es gibt keinen Führungskader mehr, nur noch ein Fachkader, damit haben einige Mühe.«

> »Entweder können sie noch das Wie oder das Was oder das Wann (bestimmen). Das ist alles getrennt, und damit haben sehr viele Leute sehr viel Mühe.« (Int 4)

Karrieren sind innerhalb der definierten Rollen des Frameworks (Fachkarriere) noch möglich, und die fachliche Weiterentwicklung der Einzelnen erhält mehr Gewicht.

IT-Mitarbeiter:innen im Change

Die Mitarbeiter:innen hätten über den Changeprozess und das Framework eine gemeinsame Sprache gefunden. Gemeinsame Rituale und der gleiche Arbeitsrhythmus seien wertvoll für die Zusammenarbeit. Alle Mitarbeiter:innen kamen in den Genuss umfassender Gratisausbildungen,

> »welche fit machen für die nächsten zehn Jahre. Das ist richtig cool!« (Int 4)

Die neue Arbeitsweise führte zu einer »Transparenzsteigerung« (Int 4). Es werde deutlich sichtbar, wer was leiste. Man kann sich nicht mehr verstecken. Der »Schutz« (Int 1), den eine Teamleitung einzelnen Mitarbeiter:innen geben könne, entfalle. Zudem fehlen direkte Vorgesetzte jenen Mitarbeiter:innen, die erwarteten, dass sie von dort ihr Feedback und Wertschätzung erhalten. Diese unausgesprochene Erwartung sei weit verbreitet und sehr menschlich. Im neuen Organisationsmodell erhalten die Mitarbeiter:innen durch einen transparenten Bewertungs- und Feedbackprozess Wertschätzung oder Kritik, diese »sehr offene Diskussionskultur« (Int 4) hebt der IT-Leiter zusätzlich hervor.

Durch das gewählte Modell und die enge Zusammenarbeit mit den internen oder externen Kund:innen, laufen die Feedbacks direkt zu den Mitarbeiter:innen und nicht über eine Führungsperson. Das ist die Regulation innerhalb des Systems. Nach Einschätzung des interviewten Chefs hätten »drei Viertel aller Leute es (den Change) als extrem befreiend empfunden« (Int 4), weil sie mehr Verantwortung bekommen hätten. Allerdings verlangt das neue Modell nach Mitarbeiter:innen, die bereit sind, selbstständig und eigenverantwortlich zu arbeiten. Damit seien viele überfordert.

12.2.2 Veränderung der HR-Abteilungen

Der HR-Bereich erhielt 2017 vom Topmanagement die Vorgabe, sich zu reorganisieren und an das übrige Unternehmen anzupassen, das stark an SAFe ausgerichtet wurde. Damit erhoffte sich die Führung eine Standardisierung und bessere Verständlichkeit der Kommunikation zwischen den Organisationen:

> »... es geht dann auch darum, gut zu schauen, wie ich mit meinen Interaktionspartnern umgehe, wie ich zusammenarbeite.« (Int 1)

Zur Erarbeitung des aktuellen HR-Modells für den ganzen Bereich (HR-W, HR-B und weitere HR-Abteilungen) wählte die HR-Leitung einen partizipativen Ansatz, den ein HR-Coach und ein Scrum Master begleiteten. Mittels Workshopreihen (»Man könnte auch ›Sprint‹ sagen«; Int 1) und in den zeitlichen Ablauf der Workshopreihe eingebauten Rückmeldungen der internen Kund:innen (Vertreter:innen aus den von HR betreuten Bereichen), wurde ein MVP (Minimum Viable Product) erarbeitet und in einem Prototypingprozess weiterentwickelt. Man sieht hier auch bei der Entwicklung und im gewählten Vokabular die Ähnlichkeit zum SAFe-Framework und zu den agilen Methoden. Das so vorgeschlagene Modell wurde danach allerdings noch einmal durch die Führung angepasst und abschließend entschieden. Die betrachteten Abteilungen gingen wie folgt vor:

In der Abteilung HR-W wird weiter verändert

HR-W erhielt eine neue Führungskraft, die, angelehnt an den übergeordneten HR-Veränderungsansatz, wiederum partizipativ ein eigenes Modell zur Zusammenarbeit entwickelte. Auch hier wurden Prototypen für das Organisationsmodell von einer »Taskforce« erarbeitet und mit internen Kund:innen besprochen. HR-W bietet konzerninterne Weiterbildungsformate an und arbeitet zum Zeitpunkt des Interviews seit sechs Monaten in einer neuen Organisationsform. Diese basiert auf dem SAFe-Ansatz, der ursprünglich vor allem für »Softwarenentwicklung designt worden ist« (Int 3) und für HR-W nach Human-centered-Design-Ansätzen adaptiert wird,

> »(...) so, dass wir es so brauchen können, wie es für uns Sinn macht« (Int 2).

Die aktuelle Organisation der Teams in HR-W wird als eine Mischung aus Scrum- und Spotify-Modell beschrieben, um »SAFe als Dings zu übernehmen« (Int 2). Daneben gibt es einen internen »Shared Service HR-W«, der Leistungen für die Teams zentral übernimmt. Im neuen Setup soll Führung in »drei Gewalten« (Int 3) zwischen Product Owner, Scrum Master und Team (Selbstführung) aufgeteilt werden:

- Der *Product Owner* verantwortet das Angebotsportfolio und vertritt das Team gegenüber Stakeholdern. Er oder sie sorgt für die Priorisierung der zu bearbeitenden Aufgaben.
- Der *Scrum Master* befähigt und entwickelt das Team und räumt Hindernisse aus dem Weg, damit die Aufgaben möglichst effizient und gut erledigt werden können.
- Das *Team* plant gemeinsam, legt fest, wie viel es in Zweiwochensprints leisten kann, und bearbeitet die Aufgaben.

Hinzu kommt die Rolle des »People Managers«, der »auf dem Papier die disziplinarische Führungsaufgabe über 100 Mitarbeitende« (Int 3) innehat. Typische Themen sind Anstellungen, Lohnerhöhungen, Entwicklungsmaßnahmen etc.

HR-W war gerade mit dem neuen Modell gestartet, als die befragte Führungskraft im Interview mehrmals infrage stellte, ob dieses agilere Set-up für die zu bearbeitende Aufgaben (Weiterbildungsformate) passend sei. Im Vergleich zu Holacracy fühle sich für sie das aktuelle Vorgehen kontrollierender und mechanistischer an:

> »Die Mitarbeiter sagen ›Das hat mit diesen Sprints und der Ausrichtung auf einen Auftrag zu tun und bekommt so eine technische Abwicklung.‹ Wohingegen Holacracy (vorher) unglaublich viele Freiheiten ließ.« (Int 3)

Bei der Abteilung HR-B ist es gleich und doch anders

Die untersuchte Abteilung HR-B wurde in Squads nach »Business Lines« aufgeteilt, die sich an der Struktur der internen Kund:innen orientieren. Das Organisationsmodell orientiert sich begrifflich am Spotify-Modell, weist aber in der Praxis Unterschiede auf: In einem Squad sind 16 Personen mit verschiedenen Betreuungsaufgaben zusammengefasst. Dafür werden Rollen definiert wie HR-Business-Partner, Organisations- und Changeberater, Recruiter und Konzeptentwickler (z. B. Talentmanagement). Die jeweiligen Rollen sind zusätzlich in »Chapters« mit bis zu 30 Personen organisiert, um einen fachlichen Austausch zu ermöglichen. Daraus ergibt sich für die

Mitarbeiter:innen eine Art Matrixorganisation. Führungsfunktionen sind auf drei Personen verteilt:

- Die Squad wird von einem *Squad-Lead* geführt, der dafür sorgt, koordinierte Zusammenarbeit in der Squad zu ermöglichen (»soziale Räume zu schaffen«; Int 1). Der interviewte Squad-Lead reagierte auf das im Interview eingebrachte Wort »Koordination« nach längerer Bedenkzeit folgendermaßen:

  »... je länger ich überlege, hat es doch auch einen hohen Koordinationsanteil.« (Int 1)

- Dies bestätigt eine interviewte Führungskraft in HR-W:

  »... Portfolio betreiben in diesem Squad, ... inhaltlich aufeinander abstimmen, das heißt, das bedingt Projektmanagementskills.« (Int 3)

- Der *Businesscoach* übernimmt die disziplinarische Führung für 60 Personen und ist nicht direkt am Tagesgeschäft beteiligt. Die Einführung dieser Rolle wird mehrfach damit begründet, dass mit ihr die Strukturen im SAP-System (HR-Software) abgebildet werden, die noch für viele interne Prozesse benötigt werden, zum Beispiel für den Performance-Prozess, die Lohnprozesse etc.
- Die gemeinsamen Meetings der Squad werden von einem *HR-Coach* moderiert.

Von gemeinsamer Entscheidungsfindung als Team erfährt man in den Interviews von HR-B nichts. Da zeigt sich ein relevanter Unterschied zu HR-W.

Vergleich der Führungsfunktionen in den HR-Abteilungen

Vergleichen wir die Führungsfunktionen beider HR-Abteilungen, zeigen sich deutliche Unterschiede bei der Umsetzung der Squads:

- In HR-W wird im Team geplant, gearbeitet und entschieden. Entscheidungen, die vom Team nicht getroffen werden können, sind auf drei Rollen verteilt.
- In HR-B agieren die einzelnen Mitarbeiter:innen gegenüber Kund:innen autonom, was *in HR-B* als *»Selbstorganisation« (Int 1) beschrieben wird.* Ein Squad-Lead meint:

  »Zu 80 % sind das die Rollenträgerinnen und Rollenträger, die selber entscheiden (...) es gibt ganz wenig, was ich entscheiden kann.« (Int 1)

- In HR-B scheint Teamarbeit im engeren Sinn nicht relevant zu sein. Der Squad-Lead bei HR-B sagt zur Veränderung seiner Führungsrolle schließlich:

  »Ich bin eine ehemalige Führungskraft, bin auch jetzt eine, also, ich definiere mich noch heute als Führungskraft.« (Int 1)

Die Sicht der Mitarbeiter:innen und ein Ausblick
Zum Zeitpunkt der Interviews passten einige Aspekte aus Sicht der Mitarbeiter:innen nicht zur Organisation, zum Beispiel das Lohnsystem und das Grading der Mitarbeiter:innen. Entwicklung und Karriere verändern sich, ohne dass die Art und Weise, wie beides vom Unternehmen unterstützt wird, bisher angepasst wurde. Dabei stellt sich uns die Frage, ob diese Art der übergreifenden HR-Prozesse, die Führung unterstützen sollen, überhaupt sinnvoll ist, wenn schon in den beiden untersuchten Abteilungen Führung ganz unterschiedlich organisiert wird.

Die aktuelle Form der Organisation wird deshalb auch nicht nur positiv bewertet. Man sei noch am Verbessern, und im Moment sei es eher noch ein »Gemurkse« (Int 1), so der Squad-Leader. Dass es gut funktioniere, sei weniger der Organisation als der Fokussierung der Mitarbeiter:innen auf ein gutes Ergebnis zu verdanken. Auch in HR-W spricht der interviewte Mitarbeitende von einer »ziemlich unglücklichen Matrix« (Int 2) und kritisiert das Mechanistische des neuen Modells:

> »Es macht eigentlich keinen Sinn, weshalb wir hier zusammensitzen in einem Tactical.« (Int 2)

Insgesamt war es für uns schwer abzuschätzen, ob die Ziele der Veränderung erreicht wurden. Unsere Interviewpartner:innen berichteten von notwendiger Effizienzsteigerung. Der Personalabbau wurde durchgeführt, ob er bei gleicher Leistung gelang, bleibt offen. Alle Interviewten betonen, Anpassungen seien weiterhin noch nötig.

12.3 Paradoxien im Change – Welche Muster werden sichtbar?

Nachdem es in den vorherigen Abschnitten um die Beschreibung der Veränderung ging, schälen wir nun die bei der Auswertung erkannten Muster heraus. Der untersuchte Konzern TECH bewegt sich seit einiger Zeit in zwei grundsätzlichen Spannungsfeldern, die als Kernparadoxien beschrieben werden:

- Stabilität/hohe Qualität (Verlässlichkeit der Dienstleistungen) versus laufende (technologische) Veränderungen
- Effizienz (Kosteneinsparung) versus Innovation (Experimentieren mit neuen Produkten und Organisationsformen).

Die Bearbeitung dieser Kernparadoxien stellt den Anlass dar, mit neuen Organisationsmodellen zu experimentieren, regelmäßig aber auch mit Top-down-Entscheidungen Eindeutigkeit zu schaffen.

12.3.1 Sicherheit und Stabilität versus laufende Veränderung – Oder: Die Suche nach dem Erfolg

Den Topführungskräften scheint SAFe oder daran angelehnte Modelle mit ihrem eindeutigen Framework mehr Sicherheit und Stabilität zu versprechen als andere Modelle, nicht zuletzt weil andere Firmen mit ähnlichem Kerngeschäft darauf setzen. Gleichzeitig verlässt TECH den bekannten Pfad, nur die Aufbauorganisation zu verändern, und setzt auf ein Framework, das seinen Schwerpunkt in der Ablauforganisation hat. Aus den Vorgaben des Frameworks von SAFe wird Stabilität gewonnen. Es erlaubt iterative Anpassungen der Arbeitsinhalte und der Aufbauorganisation. Eine solche Sowohl-als-auch-Strategie ermöglicht es, die Paradoxie von Stabilität bzw. Verlässlichkeit und laufenden Veränderungen bzw. technologischer Weiterentwicklung zu bearbeiten.

Die **IT-Abteilung** folgt präzise dem SAFe-Modell. Die Führungskräfte von TECH glauben an bewährte Standards, was die Einforderung der präzisen Einhaltung des Frameworks bestätigt. Stabilität in den Prozessen scheint einer IT-Abteilung besser zu ermöglichen, mit den laufenden inhaltlichen Anpassungen gut umzugehen. Gleichzeitig haben wir aber den Eindruck, die interviewte Führungskraft überbetone die Eindeutigkeit des Frameworks, immerhin lässt auch SAFe Gestaltungsspielraum. Bei der Umsetzung der Veränderung wird auf bekannte Vorgehensmuster zurückgegriffen. Beispielsweise gibt das SAFe-Framework Rollen vor, die man top-down oder über Bewerbungsprozesse so besetzen kann, wie früher Führungsfunktionen besetzt wurden.

Blicken wir nun speziell auf **die beiden HR-Abteilungen.** HR hat ein Modell in Anlehnung an SAFe eingeführt, sich jedoch die Freiheit genommen, gewisse Aspekte aus dem Spotify-Modell zu entlehnen. Das Spotify-Modell ist eine Weiterentwicklung der klassischen Matrixorganisation und scheint die stark geforderte Kundenorientierung mit der bestehenden Funktionsorientierung besser zusammenzubringen. Für die Interviewten scheinen die menschenorientierten Faktoren (z. B. Zugehörigkeit, Wertschätzung) bei der Frage entscheidend zu sein, ob sich dieses Mixmodell bewähren wird. HR sucht deshalb noch und passt weiter an. Experimentieren und Suchen sind gleichzeitig eine Antwort auf die Kritik bei HR, das stark mechanistische SAFe-Modell sei für HR nicht anwendbar. Es ermöglicht eine Anpassung an die Konzernvorgaben, ohne vordergründig die Stabilität zu verlassen. Man hat scheinbar die gleiche oder zumindest eine ähnliche Ablauforganisation und verwendet die gleichen Begriffe. Das führt zu einer gemeinsamen Sprache und einer Vereinfachung der Schnittstellen. HR verbleibt allerdings viel stärker in der »Scheinheiligkeit« und tut so, als ob sie das Framework vollständig einsetzen würden. So gelingt es, passend zu machen, was gerade nicht passt. So eindeutig das Framework für Softwareabteilungen zu sein scheint, so deutlich wird, dass es für manche Funktionen wie HR noch der Anpassung bedarf.

12.3.2 Effizienz versus Innovation – Ein Widerspruch oder nicht?

Bei allen beobachteten Organisationsanpassungen stand Effizienzgewinn und Kosteneinsparung am Anfang. Gleichzeitig war kaum die Rede davon, Aufgaben wegzulassen. In der **IT-Abteilung** führte die Einführung von SAFe schließlich nicht nur zu mehr Output und besserer Qualität, die als Erklärungen im Vordergrund standen, sondern auch zum Abbau von Führungskräftepersonal. So wurden mithilfe des Modells ineffiziente Führungsstufen durch innovative Fachkräfte ersetzt. Aus der Sicht der oberen Führung besteht also kein Widerspruch.

In Teilen von **HR** reagierte man nach der ersten Personaleinsparung mit der Einführung des besonders innovativen Holacracy-Modells. In Innovation muss investiert werden, was nach unserer Ansicht bei gleicher Leistung im Widerspruch zum verlangten Personalabbau steht. Die damaligen Verantwortlichen sahen dies anders und wagten das Experiment. Innovative Organisationsmodelle und das Experimentieren mit diesen könnte allerdings eine Antwort auf die Effizienzsteigerung sein. Bei HR-Abteilungen, die sich mit Organisation beschäftigen, sind solche Experimente auch ein Ausdruck der eigenen Innovationskraft. Wollte man sich damit vor einem Abbau in der nächsten Sparrunde schützen?

12.4 Erkenntnisse aus diesem Fallbeispiel

12.4.1 Selbstführung versus Fremdführung

In der beschriebenen Organisation kann beides beobachtet werden: sowohl das Zulassen von Experimenten der Selbstführung und -steuerung als auch deren Einschränkung durch neue Top-down-Vorgaben. Die Leitung verantwortet die Organisationsform und schafft die Rahmenbedingungen, damit Selbstführung und -steuerung möglich sind. Sie behält sich aber vor, selbst jederzeit wieder einzugreifen. Innerhalb bestehender hierarchischer Systeme müssen selbst gesteuerte Entscheide also von der Hierarchie geduldet werden. Selbstführung bedingt eine Führung, die sich dafür entscheidet und dies längerfristig zulässt (Schumacher u. Wimmer 2019).

Bei der **IT-Abteilung** ist dies offenbar gelungen. Nach dem Entscheid des Managements wurde strikt umgestellt, und offenbar schafft es Führung nun, Raum für Selbstbestimmung zu geben. Es erstaunt deshalb auch nicht, dass die mittleren Führungsebenen hohe Abgänge zu verzeichnen hatten. Wer seinen Einfluss über die hierarchische Rolle definiert, hat im neuen Modell keinen Platz mehr.

In beiden **HR-Abteilungen** gibt es bei Einführung der neuen Organisation ein Oszillieren zwischen Selbst- und Fremdführung. Es wurden einige Personen in den Rollen besetzt, andere konnten selbst bestimmen. Im neuen Mixmodell (SAFe, Spotify) wird jetzt wieder experimentiert und verbessert. Das wirkt zwar selbstbestimmt, wurde jedoch mit SAFe als Vorgabe fremdbestimmt entschieden. Nach dem Prototyping durch ein Kernteam wurde das vorgeschlagene Modell noch einmal von der Führung angepasst.

12.4.2 »Wir führen agil« versus »Wir führen klassisch«

Die bei agilen Modellen typische Aufteilung der Führungsaufgaben auf mehrere Rollen ist auch bei TECH zu beobachten: Die Priorisierung der Arbeiten *im* System ist beim Product Owner angesiedelt (der diese gemeinsam mit dem Team durchführt). Die Arbeit *am* System (Squad) liegt beim Scrum Master. Die disziplinarische

Führung der Mitarbeiter:innen liegt beim Business Coach oder beim »People Manager« (TECH hat dafür unterschiedliche Namen).

Diese Aufteilung erhöht die Komplexität für die Rollenträger:innen, weil zusätzliche Schnittstellen entstehen. Andererseits bestünde die Chance, dass sich die verschiedenen Rollenträger:innen austauschen, um Probleme besser zu lösen. Dies wurde von den Interviewten allerdings nicht so beschrieben. Sie übernehmen im Alltag eher pragmatisch Aufgaben von anderen Rollen und lösen so entstehende Probleme. Im Interview wird von drei Gewalten gesprochen und die eher disziplinarische »klassischere« vierte Führungsrolle nicht einbezogen. Vielleicht hat diese Rolle nicht den nötigen Einfluss, um als »Gewalt« zu gelten, oder sie wurde ausgelassen, weil sie im angestrebten neuen agilen Modell in der Theorie nicht vorkommt. Das Aufteilen der Führungsaufgaben erschwere eine ganzheitliche Führung der Mitarbeiter:innen und wird in den Modellen der **HR-Abteilungen** als herausfordernd beschrieben. Das wurde aus der IT-Abteilung so nicht berichtet. Es wäre interessant, dies vertieft zu überprüfen.

12.4.3 Alte Muster, um Neues zu lernen

Wer eine Organisation transformieren will, kommt nicht umhin, die erlernten alten Muster zu nutzen, und gerät damit unweigerlich in Widersprüche, was sich bei TECH sehr schön zeigt: SAFe wird in der IT-Abteilung mit dem klassischen Wasserfallprinzip eingeführt. In der täglichen Arbeit soll gerade dieses Prinzip durch agile Formen der Prozesssteuerung ersetzt werden. Eingeführt werden sollen Formen der Selbststeuerung, und gleichzeitig findet der Transformationsprozess dazu weitgehend top-down statt. In den HR-Abteilungen wird ein anderes bewährtes Muster angewendet, bei dem eine Entwicklung zunächst bottom-up initiiert und schließlich von der Führung überarbeitet und entschieden wird. Einmal mehr wird klar: Die Herausforderung jeder Transformation ist der bewusste Umgang mit alten und neuen Mustern.

12.4.4 Selbstkompetenzen der Mitarbeiter:innen

New Organizing fordert andere Kompetenzen von Mitarbeiter:innen als klassische Organisationsformen. Diese müssen gezielt entwickelt werden, damit Frameworks wie SAFe umgesetzt werden können. Sonst steht zu befürchten, dass Mitarbeiter:innen überfordert werden und kündigen oder dass wesentliche Qualitäten eines agilen Vorgehens nicht realisiert werden können. Nicht immer wollen die Mitarbeiter:innen Formen von New Work nicht umsetzen, manche können es (noch) nicht. Fähigkeiten, wie der Umgang mit direktem Kundenfeedback, Entscheidungsfindung in selbstorganisierten Teams, Reflexion auf der Metaebene etc., können nicht vorausgesetzt, sondern müssen erlernt werden.

12.5 Gleichzeitig schnell und langsam gehen

Wir haben eine Organisation kennengelernt, die wie viele andere Konzerne regelmäßige Restrukturierungen durchführt und eine hohe Veränderungsfrequenz in Organisationsfragen hat. Geschwindigkeit zeichnet diesen Konzern aus, und was früher vor allem die Aufbauorganisation betraf, findet nun auch in der Ablauforganisation statt. Formen von New Organizing, agile Modelle und Methoden kommen und gehen. Dabei wird die Veränderung ähnlich gesteuert wie früher die Anpassung der Aufbauorganisation, durch wasserfallartige Changeanweisungen. Allen Veränderungen gemeinsam und auffallend sind die ständig wechselnden Rollen und Verantwortlichkeiten der Interviewten und deren Abteilungs- und Bereichszugehörigkeit, bis hin zu Kündigungen.

Auf der Seite der IT wird die neue Organisationsform gelobt, und man blickt zufrieden auf deren schnelle Einführung. Der Verlust von Mitarbeiter:innen und damit von Know-how hat einen Preis, den die Führung offenbar mit Blick auf die gewonnenen Stärken gerne bezahlt. Die beiden HR-Abteilungen hingegen signalisieren, dass zusätzliche und regelmäßige Klärungen und Anpassungen erforderlich sind, um das volle Potenzial der neuen Organisationsform zu nutzen.

Das Arbeiten in iterativen Schleifen ermöglicht es bei agilen Modellen, sowohl inhaltlich wie organisational eine kontinuierliche Evaluierung durchzuführen. Dabei wird das Organisationsmodell immer wieder auf den Prüfstand gestellt, um ständige Anpassungen zu ermöglichen; radikale Transformationen scheinen nicht mehr notwendig zu sein. Es wäre sicherlich interessant, heute, nach über zwei Jahren, noch einmal zu untersuchen, wie dies gelungen ist.

Agile Modelle sehen regelmäßige Reflexionen und Anpassung vor: In iterativen Schleifen werden kontinuierlich nicht nur inhaltliche, sondern auch organisationale Evaluierungen durchgeführt. Dadurch wird das Organisationsmodell regelmäßig auf den Prüfstand gestellt, und ständige Anpassungen werden vorgenommen. Auf diese Art werden radikale Transformationen seltener erforderlich.

Wer sich in einer sich schnell verändernden Umwelt bewegt, kommt nicht umhin, sich schnell anzupassen und auf Chancen wie Risiken zu reagieren. Parallel dazu sind die langsame Beobachtung der internen und externen Entwicklungen und die Möglichkeit erforderlich, auch diese Erkenntnisse in die Prozesse einfließen zu lassen. Es braucht die Fähigkeit, als Organisation gleichzeitig schnell und langsam zu gehen und dennoch einen gemeinsamen Rhythmus zu leben. Das führt zu der Frage:

Wäre es nicht besser, langsam zu gehen, wenn man's eilig hat?

Steckbrief

Formale Aspekte des Forschungsprozesses
Organisationstyp, -größe, -struktur Technologiekonzern mit mehreren tausend Mitarbeiter:innen Ein halbes Dutzend Geschäftsbereiche
Untersuchte Einheit(en) Human-Resources- und IT-Abteilung
Branche/Branchendynamik Telekommunikation und IT; sehr dynamisch, Preiskampf mit Discountanbietern, starker Technologiewettbewerb
Anzahl, Form (Interviews, andere Methoden), Zeitraum der Datenerhebung Vier qualitative, leitfadengestützte Interviews im Juni 2019: drei mit HR und eines mit IT Auswertungsrunden in Gruppen Q2/19 mittels Themen-, Fein- und Strukturanalysen
Ausgangslage: Art und Umfang bisheriger Erfahrungen mit NO Der Konzern experimentierte mit verschiedenen NO-Formen. Eine untersuchte Abteilung hatte Erfahrung mit Holacracy. Agile Methoden sind im ganzen Konzern unterschiedlich im Einsatz.

Qualitative und theoretische Aspekte
Anlass und Ziele von NO-Aktivitäten/ Problem- und Lösungsansatz Effizienzsteigerung und Personalabbau waren der Anlass dafür, die Organisation mit neuen Ansätzen neu aufzustellen. Während man firmenweit auf ein bekanntes Framework (SAFe) zurückgriff und dieses bei IT konsequent top-down einführte, wurde die Ablauforganisation bei HR an die individuellen Bedürfnisse angepasst mit Einbezug der Mitarbeiter:innen.
Dominante Kernparadoxien • Stabilität/hohe Qualität (Verlässlichkeit der Dienstleistungen) vs. laufende Veränderungen (technologisch) • Effizienz (Kosteneinsparung) vs. Innovation (Experimentieren mit neuen Produkten und Organisationsformen)
Hauptinterventionsebenen Kommunikationswege und Konditionalprogramme: Aufbau- und Ablauforganisation (agile Methoden: Holacracy-Experimente verlassen, auf SAFe setzen, Spotify-Modell integrieren) und Schaffung neuer agiler Führungsrollen
Dominantes Muster der Paradoxiebearbeitung »Folge dem agilen Modell SAFe, dann bist du erfolgreich« (IT und Konzernvorgabe: Eindeutigkeit) vs. »Wir machen auch SAFe, aber ein bisschen anders« (HR: Scheinheiligkeit)
Key Learnings, Anschlussfragen und »Lösungsprobleme« • Eine hohe Veränderungsfrequenz ist seit der Jahrtausendwende bekannt im Konzern. Mit NO finden diese nun auch in der Ablauforganisation vermehrt statt. Dabei wird die Veränderung ähnlich und auch in einem ähnlichen Tempo gesteuert wie früher die Anpassung der Aufbauorganisation. • Offen bleibt, ob die neuen Formen inkrementelle Anpassungen fördern und damit große Top-down-Anpassung seltener werden oder, auf die Ablauforganisation ausgedehnt, zusätzliche Unsicherheit generieren.

Wie interessant!

Effizienzvorgaben dominieren die Entscheidungen für New Organizing in diesem Beispiel. Eine besondere Fokussierung auf die Überlebensfrage in einem hochkompetitiven und sich rasch verändernden Umfeld forciert eine Konzentration auf die Zeitdimension: Offenbar reicht es nicht, rasch auf die Umweltanforderungen an Produkte und Services zu reagieren, man muss auch die Organisation möglichst schnell umbauen.

Besonders erkenntnisreich ist der unterschiedliche Umgang mit dem angeordneten Change:

- Die klaren Vorgaben von oben (z. B. »Wir machen jetzt SAFe.«) werden von einer Abteilung sehr stringent umgesetzt. Die IT ist klar an »konditional programmierte« Abläufe (Steuerung über Wenn-dann-Kopplungen) gewöhnt und sieht diese Logik nicht nur für Maschinen, sondern auch für Organisationen als passend an. Der Wandel folgt sehr dogmatisch diesen Vorgaben.
- Bei anderen Organisationseinheiten – beide im HR-Bereich – steht die Passung an die jeweiligen Funktionen im Vordergrund, und die Vorgaben werden entsprechend abgefedert bzw. pragmatisch angepasst.

Auch wenn diese uneinheitlich erscheinende Vorgehensweise auf den ersten Blick irritierend wirkt, so dokumentiert der Fall dennoch eine gelungene Balance zwischen Dogmatik und Pragmatik. Dennoch schimmert eine gewisse organisatorische Hyperaktivität durch. Das Tempo der Veränderungen dürfte besondere Herausforderungen an die Organisation und ihre Protagonisten stellen. Die damit verbundene Veränderungsgeschwindigkeit wirkt nicht nur auf die Forscher:innen. Mit sorgenvollem Blick von außen fragt man sich mit ihnen, ob es nicht doch sinnvoll wäre, ein wenig langsamer vorzugehen.

Es folgt: Die Fallstudie »Radikale Transformation einer Bank« (Kap. 13) zeichnet nach, wie eine von der Leitung angeordnete Umsetzung »streng nach Vorschrift« entsprechende Folgeprobleme produziert.

Alternativ: Interessant ist der Vergleich zu den österreichischen Branchenkolleg:innen in »Wiener Melange: Die Milch kriegst' nicht mehr aus dem Kaffee« (Kap. 8), die eine signifikant langsamere Gangart einnehmen und etwas subversivere Interventionen wählen.

TG, GPK, SG

13 Radikale Transformation einer Bank – Die agile Organisation als Tür zum digitalen Geschäftsmodell

Kirsten Meynerts-Stiller, Anette Bickmeyer

Bei dem untersuchten Unternehmen handelt es sich um die deutsche Tochter der ING, einer international tätigen Bankengruppe mit Hauptsitz in den Niederlanden, die in Deutschland mit rund 4000 Mitarbeiter:innen überwiegend in Frankfurt am Main sowie mit Standorten in Hannover und Nürnberg vertreten ist. Die deutsche Tochter ist damit die drittgrößte Privatbank in Deutschland. Sie ist traditionell schon immer eine Direktbank gewesen und verfügt im Gegensatz zum Mutterunternehmen nicht über ein Filialgeschäft.

Die vorliegende Untersuchung basiert auf sechs Einzelinterviews mit Mitarbeiter:innen der Bank in einer frühen Phase des Transformationsprozesses. Alle Gesprächspartner:innen waren zu diesem Zeitpunkt, im Frühjahr 2019, in die Gestaltung des Prozesses aktiv eingebunden. Berücksichtigt wurde auch ein Interview, das im Frühjahr 2020, nach dem formellen Ende des Transformationsprozesses, mit einem Beobachter zur Reflexion des Gesamtprozesses geführt wurde.

Alle Interviewten – vier Männer und drei Frauen – zeigten sich sehr offen, über ihre Erfahrung im Transformationsprozess zu berichten. Sie verstanden sich mehrheitlich als Botschafter:innen der sich erneuernden Bank und gaben die Interviews durchaus routiniert. Die Interviewten hinterließen den Eindruck, Teil der öffentlich werbenden Seite dieses Transformationsprozesses zu sein und die Bank als attraktiven Arbeitgeber präsentieren zu wollen. Dieser Aspekt ist als Prämisse und Selektionsprinzip der folgenden Aussagen zu betrachten.

Ausgangspunkt für die umfassende weltweite Organisationsanpassung war die strategische Einschätzung der Bank, in Zukunft zunehmend mit den sogenannten Big Techs im Wettbewerb zu stehen und sich dazu strukturell und organisatorisch entsprechend aufstellen zu müssen. Big Techs bezeichnet die Gruppe der größten und dominantesten Unternehmen der Informationstechnologiebranche, insbesondere Amazon, Apple, Alphabet (Google-Mutterunternehmen), Facebook und Microsoft, die zunehmend auch Finanzdienstleistungen anbieten.

Die Digitalisierung stellt die gesamte Bankenbranche vor radikale Umbrüche. Die Wahrscheinlichkeit des Eintretens disruptiver Veränderungen ist hoch, die damit verbundenen Risiken steigen erheblich. Im Kern geht es für alle Banken und Versicherungen darum, auf der Basis einer völlig veränderten, modular aufgebauten IT-Landschaft, flexibleren Schnittstellen und Kooperationen in den Leistungsprozessen in kurzer Folge Angebote und Prozesse erstellen und auf den Markt bringen zu können. Die beiden Branchen folgen zukünftig vermehrt dem Gedanken und den Mechanismen der Plattformökonomie.

Gleichzeitig sinkt durch Digitalisierung generell der Bedarf an Filialen, was für alle klassischen Geschäftsbanken mit Blick auf den Umbau der Prozesse und die Reduktion der Zahl der Mitarbeiter:innen eine enorme Herausforderung bedeutet. Die hier untersuchte Bank begreift diese große Herausforderung als Chance und hat sich daher für eine radikale Transformation der Organisation entschieden. Dies bedeutet konkret, ihr Geschäftsmodell entsprechend zu verändern und sich strategisch eindeutig aufzustellen. Einige Interviewpartner:innen äußern:

> »Das formulierte Selbstverständnis der Bank lautet: Wir sind ein digitales Unternehmen mit Banklizenz.« (Int 4)

Zielsetzung des Gesamtprozesses ist, schneller und flexibler auf die Veränderung und Beschleunigung am Markt reagieren zu können, jeweils schneller Kundenbedürfnisse zu erfassen und ihnen gerecht zu werden und darüber auch neue Kunden zu gewinnen. Um diese Ziele zu erreichen, ist es aus Sicht der Bank erforderlich, eine bessere Zusammenarbeit der Bereiche zu erreichen.

13.1 Historie

ING als europäischer Konzern ist in den letzten Jahrzehnten über Zukäufe und Beteiligungen an anderen europäischen Banken mit völlig unterschiedlichen Herkunftsgeschichten entstanden und hat viele dieser Unterschiede bestehen lassen. Daher wird mit der bereits 2017 begonnenen Transformation jetzt auch eine grundsätzliche Harmonisierung von Prozessen und Handlungsweisen aller nationalen und regionalen Organisationseinheiten angestrebt. Der lange akzeptierten wachstumsbedingten Heterogenität vielfältiger Organisationsformen und national geprägter Unternehmenskulturen wird mit der Restrukturierung das Ziel größtmöglicher Homogenität gegenübergestellt. In diesen Änderungen steckt ein mehrfacher Kulturwandel: Die IT, in der Vergangenheit eher in der Rolle, die »Banker« zu unterstützen, gewinnt im Zuge der Harmonisierung enorm an Bedeutung als Prozessgestalterin.

Agilität als Organisationsprinzip verlangt allen Beteiligten große Offenheit und die Bereitschaft ab, sich auf Veränderungen einzustellen. Die Neupositionierung der Bank auch nach außen sowie die starke Verkürzung der Reaktionszeiten bei gleichzeitiger Unklarheit bezüglich der mittelfristigen Herausforderungen und Veränderungen sollen sich nach der Strategie der Mutter in einer deutlich flexibleren, agilen internen Aufstellung spiegeln. Zusätzlich ist dies aus Sicht der Bank der einzige Weg, um auf dem leeren und umkämpften Arbeitsmarkt für IT-Expert:innen als attraktiver Arbeitgeber besonders für die sogenannte Generation Y sichtbar zu werden:

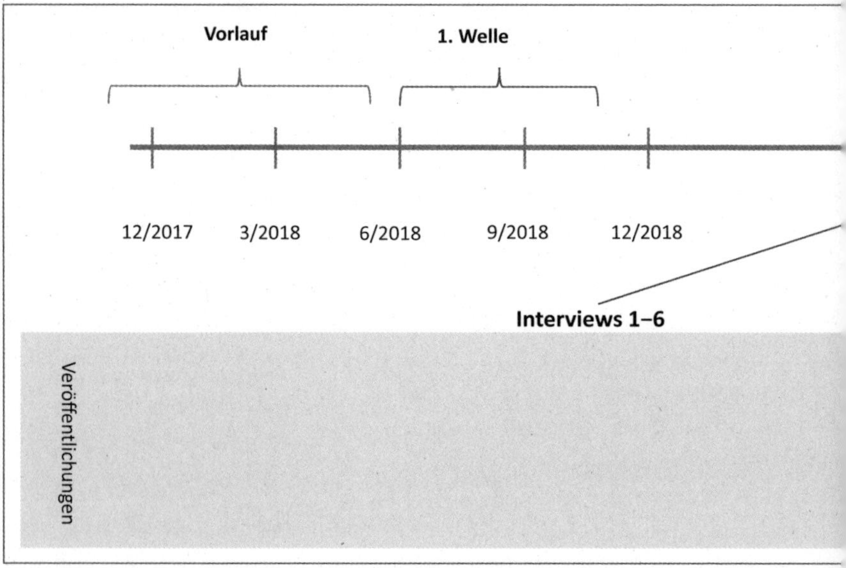

Abb. 9: Timeline zur zeitlichen Einordnung der Interviews in den Transformationsprozess (OAWOW – One Agile Way of Working)

»Ich glaube tatsächlich, wir schaffen uns einen Marktvorteil, weil die jüngeren Generationen haben einfach ein anderes Denken als die, ich sage mal 70er-, 80er-Jahre-Generation noch oder der 60er-Jahre-Generation (…) Dann hat das sowohl einen Bindungscharakter als auch einen Attraktivitätscharakter, solche Leute zu finden (…) Mit dem steigenden, ja, Bildungsgrad oder Bildungsniveau in so einer Gesellschaft steigt auch der Wunsch nach Autonomie, und ich glaube, das bildet man ganz gut mit dieser Agilität auch ab.« (Int 6)

Der Anspruch, die erste agile Bank Deutschlands zu sein, ist also Mittel zum Erreichen all dieser mehrdimensionalen strategischen Ziele.

13.2 Prozessgestaltung: In drei Wellen zur großen Transformation

Der Bankkonzern mit seinen 19 europäischen Töchtern hat diesen Prozess bereits 2015 in Holland und Belgien begonnen, weitere Länderorganisationen folgen. Die hier beforschte deutsche Tochter hat den Prozess im Herbst 2017 mit ersten Vorbereitungen eingeleitet (Abb. 9), im Sommer 2018 aktiv gestartet und geplant, ihn für das gesamte Haus bis Ende 2019 abzuschließen. Dabei gilt sowohl das in Holland

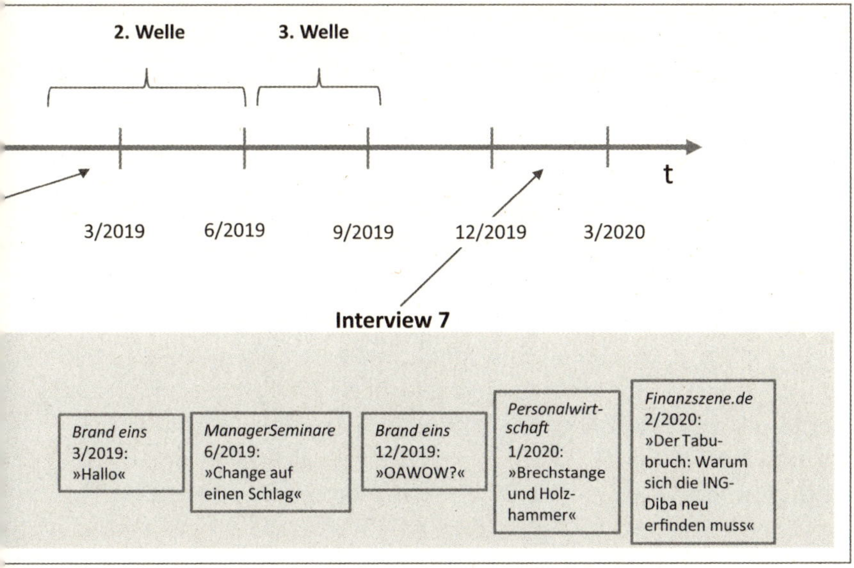

entwickelte strukturierte Vorgehen als auch die dort etablierte finale Organisationsform, als *Referenzmodell*. Diese Transformation soll zur weltweiten Standardisierung der Abläufe führen, die landesspezifisch modelliert werden können.

Das Modell der zukünftigen Organisation lehnt sich eng an die Spotify-Konzeption der agilen Organisationgestaltung an. Dieser fundamentale Wandel, der sowohl die Strukturen, Prozesse, Methodik der Zusammenarbeit sowie einen agilen Mindset der Mitarbeiter:innen zum Ziel hat, wird in *drei getakteten Wellen* eingeführt. Veränderung und Lernen sollen schrittweise, aber in klar geplanten Zeiteinheiten stattfinden. Im Zeitraum der ersten Interviews für dieses Forschungsprojekt, von März bis Ende Mai 2019, war die erste Welle annähernd abgeschlossen, und die Vorbereitungen für die Wellen zwei und drei waren weit fortgeschritten (Abb. 9).

Erste Welle

In der ersten Welle wurde ab Mitte 2018 der Delivery-Bereich transformiert, in dem die marktnahen Bereiche Entwicklung und Betrieb von Produkten, Services und Systemen zusammengefasst sind. Etwa 700 Mitarbeiter:innen waren betroffen, Go-live fand am 01.08.2018 statt. Im Oktober 2018 war der Prozess der Versetzungen und Umzüge abgeschlossen.

Das Hauptziel des gesamten Prozesses bestand darin, IT und Business noch enger zusammenzubringen. Die entstandenen Einheiten bündeln neben Entwicklung und Betrieb auch das Business (Analysten) und sind entlang eines klaren Scrum-Frameworks aufgestellt.

Die herkömmlichen Führungspositionen wurden aufgelöst und die Rollen des (temporär eingesetzten) Product Owner, des Chapter Lead und des Agile Coachs auf der Ebene der Squads eingeführt – sowie die Rolle des Tribe Lead, durch den 10–15 Squads gebündelt werden. Neben dem Tribe Lead ist nur noch der Chapter Lead eine disziplinarische Führungsrolle mit der Verantwortung für die Mitarbeiterentwicklung des jeweiligen Chapters. Alle neuen Funktionsinhaber:innen mussten sich für ihre Aufgaben erneut bewerben. Im Bereich Delivery ist das sogenannte POCLAC-Meeting zur Abstimmung zwischen *P*roduct *O*wner, *C*hapter *L*ead und *a*gilem *C*oach, bei dem alle anstehenden Fragen der Führung (Autonomie, Mastery und Purpose) erörtert werden, alle zwei Wochen fest institutionalisiert.

Zweite Welle

Die zweite Welle betrifft den Servicebereich mit ca. 2000 Beschäftigten, in dem Front- und Backoffice zusammengeführt werden sollen, um deutliche Effizienzen zu heben. Es entstehen sogenannte Customer-Loyality-Teams, in denen beispielsweise beim Thema Immobilienfinanzierung die Kolleg:innen der Telefonie und die der Sachbearbeitung für die Bonitätsprüfung zusammengefasst werden. Dies soll sicherstellen, dass kundenspezifische Anfragen stärker aus einer Hand bearbeitet werden können, Reaktionszeiten sich verkürzen und eine breitere Handlungsfähigkeit entsteht. Gebündelt werden diese Customer-Loyalty-Teams bei einem Circle Lead, darüber existiert die weitere Rolle des Super-Circle Lead.

Go-live ist am 01.07.2019. Die zweite Welle ist sowohl durch die Anzahl der Betroffenen als auch durch die unmittelbare Sichtbarkeit möglicher Ausfälle für die Kund:innen besonders sensibel. Es gilt Reputationsschäden durch den Transformationsprozess zu vermeiden. Die Teams sollen nach dem Go-live entscheiden und ausprobieren, mit welchen agilen Techniken sie arbeiten wollen. Dabei sollen auch diese Teams von Agile Coachs begleitet werden, welche sowohl mit Methoden und Tools, im Rahmen von Teamdynamiken, aber auch bei Fragen des agilen Mindsets (Int 6) unterstützen. Allerdings besteht zwischen Agile Coach und Führungskraft bei diesen Einheiten eine deutlich losere Kopplung als bei den Delivery-Einheiten.

Dritte Welle

Die dritte Welle, deren Go-live am 01.09.2019 stattfindet, umfasst den sogenannten Supportbereich mit wiederum ca. 700 Mitarbeiter:innen. Betroffen sind Bereiche wie Legal, HR, Finance, Account-Management, Facility-Management, Risk. Die neuen Einheiten heißen »Centers of Expertise« und

> »sind von den unterschiedlichen agilen Organisationstypen oder Formen eigentlich der klassischen Organisation mit einem Abteilungs- und Ressortleiter am nächsten oder zumindest vergleichbar« (Int 6).

Die Veränderungen sind in diesen Bereichen am geringsten. Insbesondere regulatorische Bereiche bleiben im Sinne der Business Continuity strukturell weitestgehend unverändert, probieren aber durchaus agile Methoden aus. Auch in der Namensgebung soll sich Veränderung ausdrücken, so wird beispielsweise die »Rechtsabteilung« nach dem Go-live als »Center of Expertise Legal« bezeichnet. Obwohl die Supporteinheiten erst in der dritten Welle Teil des Transformationsprozesses werden, haben sich einige Einheiten (z. B. HR u. a.), die unmittelbar die Transformation unterstützen, in Eigeninitiative gleich der ersten Welle angeschlossen. Mit diesem Vorgehen zeigen sie eine Vorbildfunktion, nutzen es aber auch als Experimentierfeld, um eigene Erfahrungen zu sammeln. Es bewirkt wegen der weniger tiefen Eingriffe weniger Unsicherheit in den Abläufen und Unruhe bei den Mitarbeiter:innen als die vorhergehenden Wellen.

Fazit

Die Dimension der Veränderung für die Organisationseinheiten, die sich jeweils in den drei Transformationswellen abbildet, ist in Bezug auf Agilität unterschiedlich: Der IT-Anteil des Delivery-Bereichs war schon in der Vergangenheit relativ agil aufgestellt und erhält durch diese Transformation die notwendigen Rahmenbedingungen. Für den Service-Bereich ist die Veränderung radikal und der Supportbereich bleibt in größeren Teilen unverändert. Der gesamte faktische Umbauprozess ist auf 18 Monate angelegt und klar strukturiert. Das Vorliegen eines Referenzmodells sowohl für die finale Organisationsstruktur als auch für den Transformationsprozess entspricht einem klassischen Top-down-Ansatz.

Es wird zu beobachten sein, welche Phänomene dieser Ansatz im Transformationsprozess auslöst. Allen Beteiligten ist bewusst, wie ambitioniert das Vorhaben in der geplanten Zeit ist. Stressreduzierend für alle Beteiligten wirkt sich der Umstand aus, dass sich die Bank in einer wirtschaftlich stabilen Situation befindet und keinerlei Personalabbau mit dem Prozess verbunden ist. Von den 4000 Mitarbeiter:innen der Bank hatten bis zum Ende der ersten Welle im Zusammenhang mit der agilen Transformation lediglich 35 Personen das Unternehmen verlassen (Int 2). Die Transformation der Bank erfährt Aufmerksamkeit in der Presse, und das Haus ist sehr offen und bereit, seine Erfahrungen zu teilen.

13.3 Führung und Selbstführung

Ein wesentlicher Treiber für die Transformation ist die Notwendigkeit, eine deutliche Beschleunigung der Arbeitsprozesse und, damit verbunden, der Entscheidungsprozesse zu erreichen. Dies manifestiert sich in mehrfacher Hinsicht: Hierarchieebenen werden reduziert, Führungsstrukturen und -rollen neu konfiguriert. Den Teams wird größere Autonomie zugesprochen, Entscheidungen zu treffen, und dabei wird Entscheidungsfreude auch erwartet.

13.3.1 Bewerbung und Auswahl von Führungskräften: Agiles Mindset dringend gesucht

Auf der Ebene der direkt gestaltbaren Interventionsebenen, der »entscheidbaren Entscheidungsprämissen« (Luhmann 2000), nimmt der Prozess der Bewerbung und Auswahl von Führungskräften im Rahmen der Transformation einen breiten Raum ein. Gemeinsam ist die Erwartung an alle Führungskräfte, sich zukünftig entlang agiler Prinzipien und eines agilen Mindsets aufzustellen. Dies wird zur Grundlage für ein Assessment-Center bei der Personalauswahl.

Die Erwartung an ein agiles Mindset (Hofert 2018) hat ihre Vorgeschichte. Bereits einige Jahre vor dem faktischen Transformationsprozess wurde der »Orange Code« formuliert und beurteilungsrelevant eingeführt: Die drei Prinzipien (ING-Verhaltensweisen),

- du nimmst die Dinge in die Hand und treibst sie voran
- du hilfst anderen, erfolgreich zu sein
- du bist immer einen Schritt voraus,

wurden gemeinsam mit drei »harten« Zielen im Performance-Management hinterlegt und deckten bereits in den Jahren vor dem Transformationsprozess 40 % der Leistungsbeurteilung ab; ebenso werden in der Auswahl der Bewerber:innen entsprechende Kriterien geprüft. Dennoch wird berichtet, dass einige altgediente Führungskräfte aufgrund ihrer unverzichtbaren Fachlichkeit auch zu »neuen« werden, obwohl diese aus Sicht der Belegschaft die Anforderung an ein agiles Mindset nicht erfüllen:

> »... wir glauben auch, dass wir als Mitarbeiter das hinkriegen. Die Zweifel liegen eher bei den Führungskräften. Die Mitarbeiter denken, dass die Führungskräfte das vielleicht schlechter umsetzen können als die Mitarbeiter.« (Int 9)

Diese Einschätzung hat Auswirkung auf die Wahrnehmung der Glaubwürdigkeit des Transformationsprozesses. Gerade die Anpassungs- und Leistungsfähigkeit dieser eher hierarchieorientierten Führungskräfte in der neuen Welt wird von Mitarbeitern infrage gestellt. Konkret sind die Schwerpunkte der *Anforderungen an die Führungskraft in den drei Kernbereichen* allerdings unterschiedlich:

Im Bereich *Delivery* werden die Aufgaben einer klassischen Führungskraft und damit auch der intrapersonelle Konflikt der Führungskraft, mit widersprüchlichen Anforderungen umzugehen, in die Rollen Scrum Master, Product Owner, Agile Coach und Chapter Lead aufgelöst:

> »Liefere Ergebnisse, steuere den Prozess, entwickle Mitarbeiter und Teams, sorge für die passende Qualifikation der Mitarbeitenden.« (Int 9)

Dies bedeutet aber auch, sich im Delivery-Bereich zu entscheiden, eine Rolle als Lead oder eine fachliche Rolle einzunehmen. Im Rahmen der Squads ist der Chapter Lead noch als Führungsposition gekennzeichnet, während die Rolle des Product Owner, die auf der fachlichen Ebene deutlich mehr Einfluss hat und damit dem weit verbreiteten klassischen Führungsverständnis als beste Fachkraftnäherkommt, sich nicht mehr Führungskraft nennt. In der Rolle der Chapter Lead offenbart sich der Unterschied zwischen alter und neuer Welt am eindrücklichsten. Es wird geschildert, dass es gerade diesen Kolleg:innen am schwersten fällt, ihre neue Rolle umzusetzen.

Grundsätzlich lösen die neuen Rollen, die nicht als eindeutige Führungsrollen etikettiert sind, bei den Führungskräften Ambivalenzen aus. Diese befürchten, dass sie dadurch keine eindeutige Führungskarriere mehr nachweisen können und Nachteile im Falle einer Bewerbung in Kauf nehmen müssen.

Auch in den *Servicebereichen* müssen sich alle Führungskräfte neu bewerben, da auch hier die Bereiche strukturell neu gestaltet werden. Die Anzahl der Führungskräfte wird deutlich reduziert, die Führungsspanne verbreitert und Entscheidungskompetenzen in die Teams verlagert ohne explizite Teamführung. Die anfangs geplante temporäre Rolle des »Captain of the Week« wird nicht realisiert.

In den *Supportbereichen* sollen zwar ebenfalls die Führungskräfte neu benannt werden, zum Teil werden aber auch Besetzungen ohne Neubewerbung durchgeführt. Die Aufgabenbereiche und Funktionen der Führungskräfte im Supportbereich bleiben relativ unverändert. Dieses Abweichen vom Verfahren in der letzten Welle wird von einigen Mitarbeiter:innen ebenfalls mit Unverständnis aufgenommen.

Der Reduktion von sieben auf drei Hierarchieebenen steht der groß angelegte Aufbau von Agile Coachs gegenüber. Für diese Rolle entscheidet sich eine heterogene Gruppe agil affiner Mitarbeiter:innen und Führungskräfte, sie zeigen sich zutiefst überzeugt von den Vorteilen der Agilität und hoch engagiert in der Unterstützung der Transformation und des Neuen. Im Umgang mit Agilität sind sie den meisten Führungskräften inhaltlich voraus. Mit diesem Vorsprung ist die Erwartung verknüpft, dass sie sowohl zwischen den drei POCLAC-Rollen als auch zwischen Team und Product Owner oder Chapter Lead klug navigieren. Unsere Frage nach der damit subtil verbundenen »Macht« bleibt von den Interviewpartner:innen unbeantwortet. In allen Fällen wurde den Führungskräften freie Wahl gelassen, um welche Position sie sich bewerben, verbunden mit dem Ziel, allen neue Möglichkeiten zu eröffnen, aber auch, um im Sinne des agilen Mindset Selbstverantwortung und Selbstführung zu stärken:

> »Und wenn wir sagen, dass Agilität alles mit eigener Verantwortung zu tun hat, (...) dann ist mein erster Schritt (...) dass ich die Verantwortlichkeit für meine eigene Laufbahn nehme. Das ist meine erste Verantwortlichkeit mir selbst gegenüber. Was will ich machen in dieser Organisation? Welche Ambitionen habe ich? Und wie passt das zusammen? Und es gab auch Kollegen, die gesagt haben, ›Nee, für mich passt das nicht zusammen‹, und die haben sich dann verabschiedet.« (Int 4)

13.3.2 Führung und Selbstführung: Weg von »Du musst der Beste sein« hin zum »Servant Leader«

In den Interviews wird das Thema Führung in den neuen agilen Strukturen vor dem Hintergrund der Erfahrungen in der alten Welt reflektiert: Führungskraft in der alten Welt gewesen zu sein wird als permanenter Überforderungszustand beschrieben. Es galt, Experte zu sein, Entscheidungen zu treffen und gleichfalls als Coach für das Team zur Verfügung zu stehen:

> »... na ja, dass man, wenn man Führungskraft war, man eigentlich sehr viele Gebiete, für sehr viel verantwortlich war. Nämlich für das Thema ›Wie funktioniert das Team miteinander?‹, ›Wie ist die Teamdynamik?‹ Man war aber auch gleichzeitig irgendwie der fachliche Experte. Es gab so diese Erwartung: Im Prinzip musst du der Beste sein. Du musst auch am Ende jede Entscheidung treffen, (...) und am Ende muss die Führungskraft dann irgendwie eine gute Idee haben. Und die Führungskraft bei uns war auch sehr, sage ich mal, in strategischen Themen verhaftet.« (Int 9)

Dem wird ein grundsätzlich anderes Führungsverständnis in der neuen agilen Welt gegenübergestellt – die Rolle und Haltung des »Servant Leader«. Die so bezeichnete »dienende«, »der Sache verpflichtete« Führungskraft wird als nicht weniger herausfordernde, aber attraktivere Rolle bewertet:

> »... auf der Führungsebene ist man tatsächlich an der Stelle als Servant Leader wirklich disziplinarische Führungskraft, und man ist für das Mastering seiner Leute verantwortlich und für die ganze Administration rund um ihr Arbeiten. Das heißt, man schafft ein Feld oder man schafft Rahmenbedingungen (...), ich steh dann nicht mehr im Mittelpunkt. Ich stell das nur bereit, dass die das alles gut tun können. Und das muss man als Führungskraft dann auch wollen.« (Int 9)

13.4 Der Einzelne und das Team: Nicht nur gemeinsam, sondern »high-performing«

Das Pendant zur Veränderung der Führungsrolle ist die erweiterte Entscheidungsbefugnis auf Teamebene. Für die oder den Einzelnen und für das Team ist damit die Erwartung verbunden, zugunsten der Teamleistung zu unterstützen, wie es bereits im Orange Code formuliert wurde. Neu ist, dass Entscheidungen dort getroffen werden sollen, wo die relevante fachliche Entscheidungskompetenz sitzt. Fachliche Kompetenz kann sich beziehen

- entweder auf die *operative oder methodische Fachlichkeit* (Squads bei Delivery, Customer-Loyality-Team im Servicebereich und Expertise Teams im Supportbereich)
- oder die *strategische Fachlichkeit* (Vorstand, Tribe Leads, IT Area Leads, Super-Circle Leads und Expertise Leads).

Damit sollen die Voraussetzungen geschaffen werden, leistungsstarke Teams, sog. High-performing Teams, zu etablieren, in denen die Kompetenzen aller Teammitglieder durch qualitativ hochwertige und beschleunigte Entscheidungen zum Erfolg beitragen. Diese Verschiebung setzt sehr viel Kompetenz voraus. Fachliche, methodische und infolgedessen auch soziale Spannungen werden auf die Teamebene verlagert. Das zu Beginn des Transformationsprozesses von der Bank ausgerufene übergeordnete Ziel, »High-performing Teams« zu bilden, die über ein »agiles Mindset« verfügen, wird immer wieder betont:

> »Wo in der Vergangenheit es vielleicht noch viel mehr war, dass wir einzelne sprankelnde Sterne hatten, die Kollegen waren, die außerordentliche Leistung bringen. Die haben wir immer noch. Aber was wichtig ist in der agilen Transformation, dass wir sagen: Ja es ist schön, wenn du so ein Stern bist, aber es ist auch schön, wenn du dein Wissen, was du hast, teilst mit deinen Kollegen, sodass das ganze Team ein High-performing Team werden kann.« (Int 4)

Die in dieser Forderung liegende Paradoxie wird dabei durchaus in den Blick genommen: Die Leistung der oder des Einzelnen zugunsten des Teamerfolgs wird erwartet, ihre oder seine besonderen Fähigkeiten und Stärken sollen optimal und dienend eingesetzt werden, ohne dass er oder sie sich »versteckt«. Diese Erwartung korrespondiert nicht immer mit der Tendenz zur Differenzierung einzelner Leistungsträger:innen, sich hervorzutun und als »leuchtende Sterne« Teamkolleg:innen zu überstrahlen, zu überflügeln und Wissen als Wettbewerbsvorteil zurückzuhalten.

13.4.1 Transparenz trifft auf Ambivalenz

Bei der Frage, welche beobachtbaren Veränderungen in diesem frühen Stadium der Transformation in den Teams sichtbar sind, wird immer wieder Transparenz hervorgehoben und zwar durchaus mit deutlicher Ambivalenz. Dabei zeigen sich sowohl entlastende als auch belastende Aspekte. Einerseits wird die Fülle der Aufgaben und geleisteten Arbeitspakete sichtbar:

> »Nur weil ich jetzt etwas nicht in zwei Wochen liefere, heißt es nicht, dass ich einen schlechten Job gemacht habe, sondern dafür habe ich ja zehn andere Dinge geliefert, die halt zu dem Zeitpunkt auch Priorität hatten. Und die ich committet hatte. Also, es ist ganz interessant für mich, weil, im Grunde genommen, ist das früher ja auch nicht anders gelaufen, nur da war es halt nicht so sichtbar.« (Int 1)

Zusätzlich verringert die größere Transparenz die Sorge, etwas zu übersehen oder zu vergessen:

> »Und wir machen jeden Tag unser ›Daily‹. Wir wissen, was da ist. Ich habe einen viel besseren Überblick über das, was ich heute tun muss. (…) Das gibt mir eine viel bessere Struktur (…) weil ich nur das im Kopf habe, was ich im nächsten Zweiwochensprint schaffen muss. Diese Methodik dahinter finde ich großartig (…).« (Int 9)

Auch Probleme werden schneller sichtbar und, obwohl das teilweise als »schmerzhaft« empfunden wird, ist es ein unabdingbarer Beitrag im Erkenntnis- und Lernprozess:

> »Und wir wollen, dass Probleme transparent werden. (...) in einer Organisationsform, wie sie früher war, da hatte ja, jeder konnte im Prinzip irgendwie machen, was er wollte. Aber es sind auch viele Sachen gar nicht so hochgekommen, und deswegen gab es auch keine Verbesserung und kein Lernen. (...) Deswegen kann man eigentlich wertschätzen, wenn irgendwo etwas nicht klappt, weil dann können wir uns weiter verbessern. Aber natürlich ist das schmerzhaft.« (Int 9)

Die Vorteile der geforderten umfassenden Transparenz offenbaren auch zugleich den Schmerz der druckvollen Öffentlichkeit:

> »Ich kann mehr Verantwortung übernehmen, aber die Leute haben Probleme natürlich damit, oder vereinzelt kann es eben sein, dass diese ganze Transparenz und Eigenverantwortung natürlich zu großem Druck führen.« (Int 9)

Nicht alle Mitarbeiter:innen des Unternehmens begrüßen diese Veränderung der Arbeitsweise und der Erwartungen an den Einzelnen:

> »Jetzt könnte ich natürlich die Erwartung haben, dass jeder Mitarbeiter autonom und eigeninitiativ sagt: ›Ich sehe mich in diesem Thema wieder, ich erarbeite das.‹ (...) aber ich muss fairerweise auch sagen, dass natürlich die Mitarbeiter in der Persönlichkeit auch unterschiedlich aufgestellt sind. Da möchte ich gar nicht von Generation sprechen. Der eine oder andere Mitarbeiter hat nichtsdestotrotz eher das Bedürfnis, dass man vielleicht eine Aufgabe zugeteilt bekommt.« (Int 6)

Es wird deutlich, dass hier Mitarbeiter:innen angesprochen werden, die ein hohes Autonomiebedürfnis haben. Mitarbeiter:innen mit anderen Bedürfnislagen fällt die Arbeit in der agil gestalteten Arbeitswelt schwerer:

> »Also ich glaube, man darf das Thema agiles Arbeiten auch nicht zu stark romantisieren. Insbesondere dann, wenn agiles Arbeiten oftmals mit mehr Freiheit verbunden wird, und ich finde, das ist es fairerweise nicht. Was meine ich damit? Ja, Ziel ist es, die Autonomie der einzelnen Personen zu stärken, setzt aber natürlich auch voraus, dass die Individuen ein Autonomiebedürfnis haben.« (Int 6)

Im Alltag zeigt sich immer wieder altes Denken. Die Themen befinden sich in der Transformation, aber noch nicht überall angekommen oder realisiert. Der Wegfall von Hierarchieebenen erfordert Kommunikationsfähigkeit zwischen Ebenen, die in der Vergangenheit selten aufeinandertrafen und deren gemeinsame Sprachcodierung noch nicht entwickelt ist:

> »Teammitglieder erwarten auch noch von Führungskräften, dass sie entscheiden. Product Owner oder Teammitglieder reden kaum mit dem Vorstand, auch wenn sie Experten sind.« (Int 1)

Grenzen der Veränderungsbereitschaft werden hier und da sichtbar. Manche Kolleg:innen hadern durchaus mit der so entstandenen größeren Sichtbarkeit, mit der zugesprochenen Verantwortung und erwarteten Selbststeuerung, es werden mehr Ambivalenzen sichtbar als eingangs vermutet:

> »Wenn man vorher ein Typ war, der gesagt hat: Ich mache hier das, was ich gesagt kriege, und nicht mehr und nicht weniger. Das geht jetzt nicht mehr so leicht. Man wird auf die Dauer vielleicht auch einen anderen Typ Mitarbeiter damit generieren und brauchen.« (Int 9)

13.5 »Fast forward«: Ein Blick in den Rückspiegel

Ein weiteres Interview zu Beginn des Jahres 2020 gewährt einen kurzen Einblick in die Entwicklungen dieser Phase. Alle drei Bereiche der Organisation haben den faktischen Transformationsprozess, also Änderung von Teamzusammensetzung und Führungsstruktur, Einüben von Routinen etc., durchlaufen. Es wird immer klarer, dass die Unterschiedlichkeit der Anfangsbedingungen, der Aufgabenstellungen sowie der jeweiligen Geschäftsprozesse zwischen den Organisationseinheiten, die in der jeweiligen Welle betroffen waren, sich auf das Gelingen der Transformation stärker auswirken, als im Vorfeld angenommen wurde.

13.5.1 Die agile Transformation entfaltet sich in den einzelnen Geschäftsbereichen unterschiedlich

Der IT-Bereich, war schon vor der Transformation relativ agil aufgestellt, zumindest was Tools, Prozesse und Mindset angeht. Die Transformation zieht entsprechend im Bereich *Delivery* einiges nach, wie beispielsweise die Aufteilung der Führungsaufgaben auf die unterschiedlichen Rollen und die Klärung von Schnittstellen.

In den *Servicebereichen*, die im Vorfeld weniger Erfahrung mit Agilität hatten, treffen zwei Herausforderungen verstärkend aufeinander: Im Gegensatz zum Bereich Delivery sind die Serviceeinheiten stark prozessgetrieben und systemgesteuert. Der Automatisierungsgrad ist hoch und lässt auf der IT-gestützten Ebene der Arbeitsabläufe nicht viel Veränderung zu, ohne dabei aus regulatorischer Sicht Risiken zu schaffen. Es wird beobachtet, dass einige Prozessschritte nun wieder händisch rückverändert werden müssen. Freiheitsgrade und der erwartete Raum für Selbstorganisation sind hier erheblich geringer umsetzbar als in den Delivery-Einheiten, da die Mitarbeiter:innen im ständigen Kundenkontakt sind. In diesen Bereichen, die bei »laufendem Betrieb« mit Kundenkontakt die Transformation stemmen und besonders viele prozessuale Anpassungen vornehmen müssen, tritt zeitgleich eine neue Führungscrew (Circle Leads) mit sehr unterschiedlicher Führungserfahrung und -kompetenz an.

Die mit Agilität verbundene Erwartung an die Teams, dass sie neben fachlicher Selbstorganisation auch auf organisationaler Ebene Anpassung vielfach selbst leisten, richtet sich an Mitarbeiter:innen, die in der Vergangenheit in einem auf Effizienz ausgerichtetem Bereich wenig Gestaltungsraum hatten und unerfahren darin sind, organisationalen Wandel selbst zu steuern. Die Unterstützung durch Agile Coachs erreicht die Teams nur zum Teil, bedingt durch Kapazitätsengpässe und den primären Aufmerksamkeitsfokus auf Fragen der Reorganisation.

Es wird beschrieben, dass Führungskräfte diesen Herausforderungen zum Teil mit Rosinenpickerei begegnen, das heißt, sie entscheiden eher individuell und situativ, welche Entscheidungen an die Teams delegiert werden, während bei klassischen Performancefragen Führungskräfte auch immer mal wieder in den »Ansagemodus« (Int 7) verfallen.

Außerdem ist die Führungsspanne erheblich größer geworden, individuelle Unterstützung für die Teams scheint kaum möglich. Gleichzeitig wird koordiniertes Changemanagement vermisst. Die Bewerbungsprozesse wurden zwar aufwendig geplant, scheinbar aber nicht die Anpassungen von Geschäftsprozessen und deren Auswirkungen auf IT-Systeme, was die Mitarbeiter:innen teilweise als dysfunktional erleben. Gleichzeitig wird der ambitionierte Zeithorizont des Transformationsprozesses von 18 Monaten und die damit verbundene Absicht, die Unsicherheit zeitlich zu begrenzen, hinterfragt (Int 7). Es wird vor allem kritisch reflektiert, ob man die Unruhen bei einem längeren Transformationsprozess mit transparenter

Kommunikation hätte begrenzen können. Mit mehr Erfahrungslernen aus den vorangegangenen Wellen und den daraus erwachsenden Konsequenzen hätte man die Unterschiedlichkeiten der jeweiligen Einheit in der Umsetzung angemessener berücksichtigen können.

Mit Blick auf die *Supportbereiche* beschreiben die Interviewpartner:innen deren geringere inhaltliche Veränderungsanforderungen als nachvollziehbar. Allerdings erachten sie die Tatsache, dass die Führungskräfte dieser Bereiche sich nur eingeschränkt einem Auswahlverfahren unterziehen mussten, als »Gretchenfrage« bezüglich der Glaubwürdigkeit des Prozesses.

Ganz grundsätzlich wird die Überlegung angestellt, ob das Referenzmodell aus Holland, das für die dortige Filialbank des Bankkonzerns konzipiert wurde, überhaupt auf die deutsche Tochter übertragbar und passend ist. Mit der Kritik an diesem Vorgehen geht aber auch Stolz einher, als Direktbank ohne Filialgeschäft über Jahrzehnte bereits etwas Besonderes gewesen zu sein. Dieses Alleinstellungsmerkmal einer identitätsstiftenden Selbstwahrnehmung löst sich im Zuge der Transformation und der damit verbundenen weltweiten Harmonisierung von Prozessen für die deutsche Tochter weiter auf (Int 7). Diese Entwicklung beklagen vermehrt länger im Unternehmen Beschäftigte, während Mitarbeiter:innen mit kürzerer Zugehörigkeit eher mit pragmatischem Blick auf die Veränderungen blicken:

> »Das ist doch bei jeder Bank so.« (Int 7)

13.6 Agile Transformation einer Bank: Auf der Reise und vermutlich nie am Ziel

Es ist zu spüren, dass die Organisation sich auf einem längeren Weg befindet und dies auch so benennt: »Wir nennen das eine Reise« (Int 4). Alles, was noch nicht rund läuft, wird eher im Sinne von »Wir können das *noch* nicht« aufgefasst denn als Ärgernis. Das Bankhaus ist sich bewusst, dass die relevanten Lernphasen, die den Transformationsprozess stabilisieren und die Veränderung verstetigen, erst noch bewältigt werden müssen. Die Transformation der Bank ist als besonders tiefgreifendes Veränderungsvorhaben zu bezeichnen, das in diesem Umfang von keiner anderen Bank in Deutschland bisher unternommen wurde. Insofern stellt sie einen interessanten Feldversuch dar, dem man zu diesem frühen Stadium weder durch Applaus noch durch kritisches Bewerten gerecht wird. Vielmehr ist es interessant zu verfolgen, wie die Bank die anstehenden Herausforderungen und »Lösungsprobleme« bewältigen und welche Anpassungen sie im Laufe des weiteren Prozesses vornehmen wird.

Zu folgenden Phänomenen lassen sich interessante Hypothesen bilden:

Die Einführung von Agilität oder der Transformationsprozess hin zu einer agilen Organisation wurde mit einem klaren Zielbild, einem definierten Zeitfenster und entlang eines bestehenden Frameworks aus Holland durchgeführt, was Sicherheit und Orientierung für die Prozessgestaltung bietet. Insoweit folgt der Einführungsprozess eher einem klassischen Wasserfallprojekt, bei dem gleichzeitig – ähnlich einer Sprintlogik – auch Anpassungen und Justierungen an die konkreten Bedingungen in Deutschland vorgenommen werden.

Spannend bleibt die Frage, ob ein Transformationsprozess in noch stärkerer Sprintsystematik mit mehr Räumen für Reflexion und Ausprobieren unter Einbeziehung der gesamten Organisation einen Unterschied gemacht hätte auf der Suche nach dem optimalen Maß an Flexibilität und Struktur in solchen Prozessen. Die Organisation antwortet mit Mehrdeutigkeit, indem sie die Unterschiedlichkeit der Organisationseinheiten in den drei Umsetzungswellen teilweise berücksichtigt. Und auch der formulierte Grundsatz des Transformationsprozesses, demzufolge sich »alle Führungskräfte neu bewerben müssen« wird aufgeweicht, ohne dass dies als Teil eines explizit agilen Einführungsprozesses gekennzeichnet wird.

Überträgt man die Idee der Kundenzentrierung (»customer centricity«; Fader 2021), eine Grundprämisse der Agilität (vgl. auch das Agile Manifest von 2001), auf die Mitarbeiter:innen, stellt sich die Frage, inwieweit sie sich im Transformationsprozess wiederfindet. Die Strategie, Mitarbeiter:innen und Organisationseinheiten als Kund:innen eines primär top-down geführten Organisationsprojekts zu definieren hätte in einem rein agilen Framework möglicherweise zu mehr Retrospektiven in der Organisation und einer entsprechend variablen Anpassung der weiteren Prozessschritte geführt. Die Kernfrage agiler Transformationsprozesse, wie viel Steuerung und wie viel Selbstorganisation eine gelungene Transformation benötigt, stellt sich auch in diesem Fall, ohne dass sie abschließend zu beantworten ist. Hier wird die Paradoxie zwischen den beiden Anforderungen *Stabilität/Orientierung erzeugen durch Klarheit in der Planung und im Vorgehen* und *Nutzenzentrierung/Qualitätssicherung durch die*

Variable Zeit für entsprechendes Nachjustieren sichtbar, die in solchen Prozessen immer wieder und im Einzelfall zu beantworten ist.

Die Interviewten berichten mit nachvollziehbarem Stolz, den gesamten Prozess im Wesentlichen mit »Bordmitteln« gestaltet zu haben. Expertise, Wissen und Verantwortung bleiben innerhalb der Organisation – Externe werden nur sehr vereinzelt und dann eher als »kurzfristige Ressourcenausweitung« genutzt und nicht als Moderator:innen, Ratgeber:innen oder Expert:innen. Bis auf vereinzelte Unterstützung und Ausbildung der Agile Coachs durch externe Trainer:innen wurde keine Form von Beratung beauftragt. Das heißt aber auch: Beratung konnte nur in geringem Maße zur Außenbeobachtung und Spiegelung zwecks Reflexion von blinden Flecken, Widersprüchen und Interessensgegensätzen genutzt werden.

Naturgemäß bildet eine begrenzte Anzahl von Interviews nur einen kleinen Ausschnitt der Unternehmenswirklichkeit ab. Diese Einblicke sind vom jeweiligen Stand der Transformation und den persönlichen Sichtweisen geprägt. Dennoch scheinen in diesem Kaleidoskop die große Herausforderung und Komplexität einer agilen Transformation exemplarisch abgebildet zu sein. Wir danken den Interviewpartner:innen für ihre offenen, umfassenden und inspirierenden Auskünfte.

Steckbrief

Formale Aspekte des Forschungsprozesses
Organisationstyp, -größe, -struktur Deutsche Tochter eines im Ausland ansässigen Konzerns mit rund 4000 Mitarbeiter:innen an drei deutschen Standorten
Untersuchte Einheit(en) Komplettes deutsches Unternehmen im Betrachtungszeitraum 2019 bis 2020
Branche/Branchendynamik Finanzdienstleistungen/Bank
Anzahl, Form (Interviews, andere Methoden), Zeitraum der Datenerhebung Sechs teilstrukturierte qualitative Interviews zu Beginn des Prozesses im März 2019 mit Mitarbeiter:innen, die aktiv in die Prozessgestaltung eingebunden waren. Ein weiteres Interview nach Abschluss der formalen Prozesslaufzeit im Februar 2020

Ausgangslage: Art und Umfang bisheriger Erfahrungen mit NO Eine Blaupause für Strukturen der Organisation und die Prozessgestaltung der kompletten Transformation nach Erprobung 2015 in zwei ausländischen Landesgesellschaften. Start der Transformation der deutschen Tochter 2018, Zielerreichung/Abschluss in 18 Monaten geplant
Qualitative und theoretische Aspekte
Anlass und Ziele von NO-Aktivitäten / »Problem- und Lösungsansatz« Die Herausforderungen der Digitalisierung im Bankenbereich führen zu verschärftem Wettbewerb bei innovativen Produkten, Fokus auf Kundennutzen (Einfachheit in der Anwendung, mobile Anwendungen) und neuen Wettbewerbern. NO (Agilität) soll die Antwortfähigkeit im Bereich von Innovation, Kundenanfragen, Produktgenerierung und -auslieferung beschleunigen. Dies wird verbunden mit dem Ziel einer grundsätzlichen Harmonisierung von Prozessen und Handlungsweisen aller nationalen und regionalen Organisationseinheiten, um schneller und flexibler auf Anforderungen der Kund:innen und des Marktes reagieren zu können.
Dominante Kernparadoxien • Stabilität vs. Dynamisierung der Organisation • Eindeutigkeit/Standardisierung vs. Differenzierung des Organisationsmodells
Hauptinterventionsebenen Radikale Transformation des gesamten deutschen Tochterunternehmens in drei Wellen: Umstellung von Prozessen und Verfahren in einem fixierten Zeitraum (agile Methoden, veränderte Führungsstrukturen, Ausbau und Anpassung der IT-Architektur, Harmonisierung von Schnittstellen, Vorstände führen die Transformation an)
Dominantes Muster der Paradoxiebearbeitung Eindeutigkeit: Agilität wird radikal im gesamten Unternehmen eingeführt
Key Learnings, Anschlussfragen und »Lösungsprobleme« Führung und Selbstorganisation in der agilen Organisation evozieren große Erwartungen und stellen Mitarbeiter:innen wie Führungskräfte zugleich vor massive Herausforderungen. Im Verlauf des Transformationsprozesses ist erkennbar, dass die relativ großen Unterschiede der Ausgangsbedingungen und Geschäftsprozesse zwischen den Organisationseinheiten größere und stärker konfliktbehaftete Auswirkungen auf die Transformation haben als zu Beginn angenommen. Der agilen Bearbeitung dieser Phänomene wurde während der Transformation wenig Raum gegeben. Stattdessen wird im Prozess auf Eindeutigkeit gesetzt und damit eine gewisse Starre in Kauf genommen, die im Widerspruch zum geforderten agilen Mindset erlebt wird.

Wie interessant!

Dieser Bericht steht prominent für das Veränderungsmuster »New Organizing ist unsere Rettung« in Kombination mit dem Vorgehen nach dem Muster »Macht es genau so«. Die Studie macht sehr deutlich: Die radikale Transformation im Sinne des Umbaus einer Organisation in allen relevanten Merkmalen in Zeiten (noch) guter Geschäftsergebnisse ist an sich ein unwahrscheinliches und voraussetzungsreiches Vorhaben. Der Ansatz erfordert großes Vertrauen der gesamten Belegschaft in das von der Spitze vorgegebene Narrativ an bedrohlichen Szenarien, die als gesetzt geltende Lösung und den Weg der Implementierung.

Typisch für diesen Veränderungsansatz ist, dass die Frage in den Vordergrund rückt, wie im konkreten Fall mit der Sozialdimension verfahren wird angesichts der proklamierten und werbenden Verheißungen im Sinne von Befreiung, Initiative, Eigenverantwortung und deren Enttäuschungspotenzial wie Zweifel, Überforderung, Frustration bei den zu erwartenden »Passungsproblemen« der Blaupause. Immerhin ist diese Blaupause in einem anderen Land, einem anderen Kontext und zu einem anderen Zeitpunkt entstanden.

Wenig wird berichtet über die Qualität und Intensität der kontinuierlichen Reflexion und Kommunikation der Initiator:innen über Sinn und Nutzen des Konzepts im Zuge der Erfahrungen bei der Übertragung im konkreten Umfeld.

Einige Interviewpartner berichten von diesen Phänomenen: Das Konzept wird infrage gestellt, Inkonsequenz in der Umsetzung von Selektionsprinzipien wird kritisiert, neue Rollen werden als Enttäuschung erlebt, Fluktuation nimmt zu – das alles kann man als typische Nebenwirkungen dieser Spielart von Transformation verstehen. Das Management ist nun gefordert, diese Themen konstruktiv aufzunehmen und in einem überschaubaren Rahmen zu halten. Die Spitze steht unter besonderer Beobachtung, inwieweit sie selbst von der erwünschten Zukunft her führen und Transparenz, Lernbereitschaft und Fehlerkultur unter Beweis stellen kann.

Mit dieser Fallstudie ist die Reise durch 13 Fälle eigentlich beendet, aber nur fast, denn es folgt das Essay »Dark side of the moon« (Kap. 14) über Unternehmen, die in der Expedition dieses Buches nicht vorgekommen sind, die es aber wert gewesen wären, dass wir sie näher anschauen.

TG, GPK, SG

14 Dark side of the moon – Über Unternehmen, die hier nicht porträtiert werden. (K)eine Fallstudie

Antje Weidling

Für Unternehmen, die in der Öffentlichkeit stehen, ist es keine Selbstverständlichkeit, sich an einer Studie zu beteiligen, die die eigene Praxis erforscht und beleuchtet. So ist es erfreulich, dass es den Forschungsteams gelungen ist, recht schnell und einfach viele Zusagen für unser Projekt zu erhalten. In der Matrix zur Übersicht unserer Fallstudien (Abb. 2) ist jedoch ein Feld unbesetzt geblieben: Unten rechts in der Darstellung stünden Unternehmen, deren Schritte in Richtung New Work nicht an die Existenzfrage gekoppelt sind und eher zurückhaltend und bottom-up vorangetrieben werden. Es gibt dafür Beispiele, und es hätte sie auch in diesem Band geben können. Doch sie sind unsichtbar geblieben, weil sie von Vornherein nicht an der Studie teilnahmen oder weil die Fallstudien nicht freigegeben wurden. Dieses Phänomen soll nachfolgend essayistisch betrachtet werden, denn es sagt etwas aus über den Umgang mit Trends, die Bewertung von Innovation und zeigt ein unentdecktes Veränderungspotenzial, das in vielen Unternehmen steckt.

14.1 Vom Hinsehen, um sich zu zeigen

Unsere Sehgewohnheiten beim Blick auf Organisationen sind von Erfolgsgeschichten geprägt. Diese zeigen meist nur eine »Schauseite« (vgl. Kap. 1) und weniger das dazugehörende Suchen und Scheitern, die Grenzen und Widersprüche oder die zu zahlenden Preise. Doch wenn es um Organisationsentwicklung geht, liefert die Betrachtung von Vorder- und Hinterbühne und deren Verhältnis zueinander wichtige Erkenntnisse.

Verantwortungsträger:innen, die angefragt werden, an einer Studie wie dieser teilzunehmen, werden überlegen, ob sich dabei nicht auch etwas zeigen könnte, das man nicht zeigen, nicht wissen oder auch gar nicht so konkret sehen möchte (Kühl 2021, vgl. hierzu auch den Abschnitt »Theorie trifft Empirie« am Ende von *Teil I*). Gibt man damit nicht die Kontrolle über seine Schauseite, aber auch den Umgang mit seiner Hinterbühne aus der Hand?

Ein weiterer Aspekt kommt hinzu. Der Fokus der vorliegenden Studie liegt auf der Praxis eines Managementtrends. Damit ist bei der Betrachtung ein Maßstab im Raum, der nicht neutral ist. Trends stehen für das Neue, sind das, wohin aktuell die Entwicklung hinzugehen scheint. Einem Trend als Unternehmen zu folgen ist auf den ersten Blick eine wunderbare Möglichkeit, Komplexität zu reduzieren und mit allgemeinem Rückenwind eine Orientierung für anstehende Schritte zu haben.

Warum soll ein Unternehmen nun einen Blick von außen zulassen, dessen Ergebnisse zwar durch Anonymität geschützt sind, aber nicht dem Bild entsprechen könnte, das es von sich zeigen möchte? – Ein Nutzen könnte darin liegen, Erkenntnisse zu gewinnen oder vielleicht eine neue Perspektive, aus denen sich lernen lässt. Nur wenn Argumente auch wider einen Trend erlaubt sind, ist die Entscheidung dafür eine wirkliche Entscheidung für die Umsetzung des Trends. Anpassung in eine scheinbar zwangsläufige Richtung muss nicht richtig sein (Simon 1997, S. 154 f.). Sich beobachten zu lassen löst in Unternehmen z. T. mehr Dynamiken aus, als man auf den ersten Blick erwartet. Ein Fremdbild droht zu entstehen, das in Differenz zum Selbstbild steht, zugleich besteht gerade hierin die Chance zu lernen.

Glaubt man an den Wert der »Hinterbühne«, an das, was oft nicht gezeigt wird, lohnt es, auf jene Phänomene zu schauen, die in Unternehmen sichtbar werden, welche im unbesetzt gebliebenen Feld (Abb. 2, rechts unten) stehen würden. Auch wenn sie in der Umsetzung des Trends nicht zu den öffentlich gefeierten Vorreitern zählen und keine beeindruckenden Geschichten dazu zu erzählen haben, zeigen sie überraschend lehrreiche Verhaltensweisen im Umgang mit ihm. Diese werden im Folgenden idealtypisch verdichtet.

14.2 Die erfolgreichen Unsichtbaren

Begegnet sind uns hierarchisch geprägte Unternehmen, die im Markt und mit ihren Zahlen sehr gut dastehen und mit eingespielten Prozessen und Strukturen kontinuierlich wachsen. Dieser Typ Unternehmen erlebt von außen keinen deutlichen Veränderungsdruck. Wenn zudem Image oder Portfolio nicht auf Veränderungsfähigkeit ausgerichtet sind, sondern vielleicht gerade für Verlässlichkeit stehen, entfällt auch der Anpassungsdruck, einer der Ersten zu sein, wenn es um neueste Trends geht. Ein solches Unternehmen hat mit einer gewissen Zwangsläufigkeit einen Typus von Mitarbeiter:innen, der eher routiniert auf Bewahren denn auf Neuerungen drängt. Wenn dann noch Shareholder nicht Veränderung fordern, sondern eher die Sicherung des Bestehenden erwarten, ist ein »Nichtlernen« naheliegend.

Es gibt gute Gründe, das Vorhandene fortzuführen und ein Verhalten zu zeigen, das herkömmlich mit Beharrungsvermögen gleichgesetzt wird. – Dauert der Erfolg als erfreulich stressarmer Zustand länger an, kann sich das Phänomen einer »gelernten Sorglosigkeit« gegenüber Veränderungsschritten etablieren. Dann werden Veränderungen im besten Fall als möglich, jedoch nicht als notwendig für das Überleben des Unternehmens angesehen. Das Lernen kann dabei verlernt werden.

Damit wären wir beim zweiten Aspekt unserer Darstellung, den unscheinbaren Bottom-up-Veränderungen, die nicht von der Führungsspitze aktiv angestoßen werden. Interessanterweise waren im oben beschriebenen Unternehmenstypus Veränderungsimpulse in Richtung New Organizing zu beobachten, auch wenn sie keine großen Dimensionen annahmen. Der Samen von New Organizing keimt offensichtlich auch in hierarchischen Unternehmen, die seit Jahrzehnten erfolgreich sind und keine zwingende Notwendigkeit zur Veränderung haben. Obwohl der Trend in der Zeit unserer Untersuchung virulent war, gab es keine strategische Entscheidung von oben in diese Richtung, wie es in anderen Fällen dieser Studie der Fall war. Dennoch – oder vielleicht gerade deshalb – wurden Formen von New Organizing an verschiedenen Stellen im Unternehmen aus eigenem Impuls eingebracht und angewandt. Kamen diese Impulsgeber aus operativen Bereichen, versuchten sie mittels New Organizing neue Wege der Lösungsfindung zu beschreiten, die konkrete, sichtbare Vorteile brachten. Kamen sie aus Zentralbereichen, die qua ihrer Funktion der Veränderung verschrieben sind, bestand ihre Motivation darin, Veränderung generell ins Unternehmen zu bringen. Waren die Akteur:innen Führungskräfte, nutzten sie ihren Spielraum, die neuen Methoden und Arbeitsformen in ihrem Team für eigene Projekte anzuwenden.

Allen war gemeinsam, dass sie keinen Auftrag von oben dazu hatten. Die Verantwortung dafür wurde ihnen nicht übertragen, sondern von ihnen selbst übernommen. Daher war ihr Agieren mit New Organizing ein individuelles Risiko. Der Raum, in dem sie sich bewegten, lag unklar begrenzt zwischen Legalität und Illegalität. Es gab ein grundsätzliches Dulden, aber keine offizielle hierarchische Legitimation. Deshalb war kein wirkliches Voranschreiten zu beobachten, sondern eher ein vorsichtig-mutiges Vortasten, wie weit man gehen könne. Es herrschte die Auffassung, nur deutliches Sichtbarwerden könne einen Unterschied machen, das heißt, den Nutzen dieser Methoden belegen. Zugleich wurde genau das als die größte Gefahr wahrgenommen, nämlich damit die Grenze des Geduldeten zu überschreiten und so selbst das bislang Mögliche zu verspielen.

Die Akteur:innen mit Stabsfunktion, machten die Erfahrung, Neuerungen nicht in die vorhandene Struktur implementieren zu können. Wollten sie sie am Leben erhalten, mussten sie es selbst tun. Es blieb an ihrer Person oder ihrer Rolle hängen.

Die Akteur:innen im operativen Bereich erlebten, dass jedes Problem, das ihre Projekte betraf, ungeprüft der Methode angelastet wurde. Waren sie erfolgreich, machten sie also Dinge möglich, die auf herkömmlichem Weg nicht machbar waren, war auch das ein Risiko: Mit ihrem anders Arbeiten stellten sie teilweise die Notwendigkeit bestehender Strukturen und geltender Maximen infrage. Im Falle ihres Erfolgs waren sie damit nicht nur anders, sondern auch »gefährlich« für das Bestehende. Kurz: Sowohl Erfolg wie Misserfolg bei der Anwendung von New Organizing waren heikel.

Zudem bewegten sich alle in zwei sich widersprechenden Handlungslogiken:

- New-Organizing-Projekte standen für die Einbeziehung des Teams in Entscheidung und Verantwortung, viel Kommunikation, prozesshaftes Arbeiten in iterativer Reflexion, Lernen aus Fehlern.
- Im gängigen hierarchischen System waren Top-down-Entscheidungen, Verantwortung bei der Führung, Führungskraft als beste Fachkraft, klare Prozesse und Strukturen, exaktes Ausführen von Anweisungen, Fehlervermeidung prägend.

An der Schnittstelle der beiden Systeme brauchte es ständig eine Übersetzungsleistung von der einen zur anderen Kultur. Diese Aufgabe mussten die New-Organizing-Akteur:innen auf der individuellen Ebene mit Geduld und Fingerspitzengefühl bewältigen.

In Summe: New-Organizing-Aktivitäten traten eher als Insellösung auf, getragen von Individuen. Für ihr Agieren gab es weder einen Auftrag von oben, es winkte keine Belohnung, noch folgte es einem externen Druck. Stattdessen stellte es sich als anstrengender Balanceakt auf unsichererem Grund dar, mit deutlicher Bremswirkung durch das Agieren mit verschiedenen, teils gegenläufigen Logiken und mit begrenztem Aktionsradius ohne klare Grenzen. Dennoch waren Begeisterung und eine beharrliche Eigenenergie zu spüren, auch wenn teilweise Frustration angesichts des hohen Reibungswiderstands und unklarer Rückendeckung durchschimmerte. Solche Energien, die Veränderungen bewirken und voranbringen, sind ein kostbares Gut. Woher kamen sie?

14.3 Energiequellen für Veränderung

Da waren zum einen schlicht die Freude an der Veränderung und eine Begeisterung für die zugrunde liegenden Ideen, die ihrem Tun einen neuen Sinn gaben. Dahinter stand eine Geisteshaltung mit einer Mischung aus »Wir sind die Guten« und »Wir sind die Vorreiter«.

Teilweise gab es auch die Lust, das Unmögliche möglich zu machen. Als vergleichsweise machtlose, aber kleine, bewegliche Einheit gegenüber der großen, stabilen Organisation das Bestehende mit Geschick dennoch zu bewegen, das war der Reiz. Dies fand Niederschlag in Selbstbezeichnungen wie »Don Quijote« und »Glutnester« für die Form und die Felder ihrer Aktivitäten. Da war keine Boykotthaltung zu erkennen, sondern der Wille zum positiven subversiven Voranbringen. Karriereaussichten spielten keine Rolle, im Gegenteil, sie schienen sich sogar eher zu verschlechtern als zu verbessern. Um die Sache ging es und um das Ergebnis.

Ein weiterer Quell war die Überzeugung vom Nutzen dieses Arbeitens, die bei den aktiven New-Organizing-Akteur:innen mit konkreten Erfahrungen und Erfolgsbeispielen unterfüttert wurde. Ein weiterer Energiezufluss war die Begeisterung im tatsächlichen Erleben einer neuen Art des Arbeitens: im Miteinander, in direkter menschlicher Auseinandersetzung, im Prozess, im offenen und intensiven Austausch mit den Kund:innen, die nicht erst am Ende mit einer Lösung bedacht werden, sondern kontinuierlich an deren Entstehung und Testung teilhaben. Dabei wurde auch die Anwendung konkreter Methoden, die als Werkzeug und Struktur zur Verfügung stehen, positiv erlebt. Alles das entsprang dem schlichten Tun und wurde durch entsprechende Geschichten illustriert. Hervorgehoben wurde der große Unterschied, den es mache, wenn alle Beteiligten an der Verantwortung teilhaben und eigenverantwortlich arbeiten. Eine größere Wachheit, eine von allen geteilte Aufmerksamkeit für Gelingendes wie nicht Gelingendes wurde beschrieben.

Bei näherem Hinschauen gab es auch individuell empfundenen Leidensdruck. Dieser äußerte sich als Wunsch, es anders zu machen als bisher, andere Lösungen zu finden, anders zusammenzuarbeiten, als es in der bestehenden Kultur und mit ihren Prozessen und Strukturen möglich ist. Deren Lücken wurden genutzt, und dort keimte New Organizing.

Welche Überlegungen lassen sich aus diesen Beobachtungen ableiten? Was ließe sich daraus für die Praxis lernen? – Veränderung, so positiv sie oftmals bewertet wird, bedeutet immer Anstrengung unter Inkaufnahme von Unsicherheit, Destabilisierung, Störung der bisherigen Prozesse bis hin zu Widerstand. Veränderung fordert ihren Preis und kann auch Fehler und Scheitern bedeuten (Simon 1997, S. 133).

Oft wird Wandel nur angestoßen, wenn die Notwendigkeit erkannt wird, ein hoher Leidensdruck besteht oder die sichtbare Chance, dass es etwas zu gewinnen oder etwas Negatives abzuwenden gibt. Je mehr ein Unternehmen zudem über längere Zeit als Primus positioniert ist, ergibt sich ein weiteres Problem: Das Neue muss mindestens so gut wie das Bisherige sein und am besten daran anschließen, wie es Clayton Christensen mit seinem bekannten *Innovator's Dilemma* (Christensen 2015) aufgezeigt hat.

Die hier geschilderten, »wildwüchsig« erscheinenden New-Organizing-Impulse von bottom-up haben eine Reihe von Wirkungen, die in eine andere Richtung gehen als das Bisherige. Es stellt sich durchaus die Frage, was sie in den erfolgreichen Unternehmen ermöglichen könnten, wenn sie durch die Führung legitimiert und damit auf die Vorderbühne der Organisation geholt würden.

Vier Anwendungsfelder des innovativen Potenzials von New-Organizing-Initiativen für Unternehmen, die ihnen bislang nur mit Zurückhaltung begegnet sind, lassen sich ausmachen:

- als Indikator für Entwicklungsbedarf und -optionen des Unternehmens
- als Testlabor und Generator neuer Lösungen
- als Klimafaktor der Unternehmenskultur
- als Basis für organische Changeprozesse und Lernfähigkeit.

Indikator für Entwicklungsbedarf und -optionen des Unternehmens

In klassisch-hierarchischen Unternehmen wird Entwicklung traditionell von der Führungsspitze gesteuert. Deren strategischer Blick auf die sich verändernden Umwelten sollte im Resultat Impulse für sinnvolle Anpassungsschritte liefern. Aber auch Anstöße von bottom-up können von strategischer Wirkung sein, wenn sie als relevante Information aufgenommen und legitimiert werden. Deren Energie und Ausrichtung könnten in kluge Unternehmensentscheidungen einfließen. Werden also Signale von oben und von unten genutzt, braucht es nicht erst den Leidensdruck des Gesamtunternehmens als Handlungsimpuls für Veränderung. Damit geschieht Entwicklung auch in Zeiten des Erfolgs, nicht aus der Not, sondern aus der Möglichkeit heraus.

Testlabor und Generator neuer Lösungen

Dort, wo New-Organizing-Aktivitäten evolutionär entstehen, ist ihre Anwendbarkeit in der Praxis direkt prüfbar. Sie können aus der Organisation heraus Entwicklungslabore für Neues sein.

In Organisationen mit sehr strikten Prozessen und gelebter Nullfehlerkultur ist die Erprobung neuer Vorgehensweisen schwierig, denn sie geht mit Anfängerfehlern und einem möglichen Scheitern einher. Wo New Organizing aufkeimt, geschieht dies nicht ohne Grund, es gibt einen Veränderungsbedarf, der auf herkömmliche Weise nicht zu beantworten ist. Was dort als Impuls entsteht, kann die Vorlage für neue, dann wieder stabil betriebene Prozesse sein – bis die nächste Veränderung ansteht. Damit wären die Initiativen bewegliche Generatoren für ein sich durch sie dauerhaft stabilisierendes System, das flexibel auf Veränderungen reagieren kann. Werden New-Organizing-Projekte als offiziell getragener Experimentierraum mit dieser Funktionalität legitimiert, sind sie zugleich vom Bestehenden klar abgegrenzt. Das würde Klarheit für beide Seiten bedeuten: NO-Projekte als ergänzendes Element und kein bedrohliches Gegenmodell für die bislang bestehenden Strukturen.

Klimafaktor der Unternehmenskultur

Die Rückendeckung der Unternehmensführung für New-Organizing-Impulse, die von unten aus der Organisation kommen, könnte eine Bedeutung erhalten, die über diese einzelnen Projekte weit hinausgeht. Es wäre ein Signal für gelebte Souveränität im Umgang mit Neuem aus den eigenen Reihen. Die wache Aufmerksamkeit, die Eigenverantwortung und das Mitdenken der Mitarbeiter:innen könnten dann im Unternehmen den Stellenwert und die Wirksamkeit entwickeln, die sie ansonsten eingebremst nur innerhalb eines New-Organizing-Teams entfalten können. – New Organizing wird von einem Typus von Mitarbeiter:innen mit Begeisterung angenommen, der Freude an Veränderung und dem kollaborativen Arbeiten mitbringt. In einem klassisch-hierarchischen Unternehmen wird dieser Typ nur einen Teil der Belegschaft ausmachen. Zugleich ist New Organizing nicht in allen Bereichen sinnvoll. Verlässliches, störungsfreies Ausführen von Prozessen wird es immer auch brauchen. Alle diese Unterschiede lassen sich mit unterschiedlichen Methoden kultivieren. Stünde also bereichsübergreifendes, iteratives Arbeiten den festen Strukturen und Prozessen einer Hierarchie formal und offen zur Seite, würde New Organizing Teil der Struktur, die nun die vorhandenen Unterschiede zweier Arbeitsformen abbildet, und damit auch Faktor ihrer Kultur.

Basis für organische Changeprozesse und Lernfähigkeit

Kleine Entwicklungsprojekte, die dort starten, wo sie auch umgesetzt werden, könnten ein Kontrapunkt zu zentralen Changeprojekten sein, die groß starten und klein versanden. Wichtiger als die Größe von Veränderungen ist deren Wirkung. Dazu gehört auch, dass sie an vorhandene Energien in der Organisation andocken oder solche freisetzen. New Organizing kann gerade starren hierarchischen Organisationen Zugang zu eigenen Bewegungsimpulsen verschaffen. Das Initiieren und Erleben von Veränderungsprozessen mit einem greifbaren, erfolgreichen Endergebnis bindet die Veränderungsfreudigen als Ideen- und Impulsgeber an das Unternehmen. Es könnte eine heilsame Kur gegen Veränderungsmüdigkeit und -unlust sein, die spätestens nach wiederholten, groß angelegten, nie zu Ende gebrachten Changeprojekten aufkommt. – Lernen kann so gelernt und kultiviert werden.

Statt den Trend New Organizing zu verdammen oder als Wundermittel zu feiern, kann er operativ erprobt werden und auf diese Weise neue Möglichkeiten liefern, die das Bestehende selektiv klug ergänzen. Ein solches evolutionäres Vorgehen könnte ein Erfolgskonzept sein, dem Neuen auch in erfolgreichen, sicherheitsorientierten oder auf Bewahren gepolten Strukturen frühzeitig, wohldimensioniert und wirksam Zugang zu verschaffen.

Es könnte sich lohnen, dem kleinen New-Organizing-Wildwuchs Aufmerksamkeit zu schenken.

... war doch wirklich interessant!

Im Zuge einer Reise begleiten uns Momente der Überraschung und Verwunderung, die zusammen mit Neugierde und Aufmerksamkeit unsere ständigen Reisebegleiter sind. Reisende erleben sich regelmäßig beim Innehalten und staunenden Ausrufen: »Wie interessant!«. So auch hier. Man ertappt sich dabei, die Beobachtungen mit den eigenen Erfahrungen in Bezug zu setzen, sie zu vergleichen, mitunter auch zu bewerten, und merkt bei der Vielzahl an Eindrücken erst rückblickend, was im Erkenntnisprozess entstanden ist.

Zu Beginn der Reise wurde die Frage gestellt: »Wie vollzieht sich die Einführung neuer Ansätze in der Praxis?« – Über alle Fallstudien hinweg (Abb. 10) kann man sehen: Die Welt des Organisierens ist in Bewegung geraten. New-Organizing-Ansätze haben Verantwortliche für Führungs- und Organisationsfragen aufgerüttelt. Mitsamt den Forschungsteams waren wir Projektleiter neugierig, wie in den Unternehmen neue Impulse mit den Strategien zur Überlebenssicherung verknüpft werden.

Gezeigt hat sich eine große Bandbreite an Verknüpfungen und Lösungswegen: Sie reicht von einer engen Ankopplung an Business-Herausforderungen (»New Organizing als Rettung«) bis hin zu Einzelinitiativen, die neugierig ausprobiert werden, ohne dass ein messbares Ergebnis erwartet wurde (»Macht nur, solange es nicht stört«). Und wir waren neugierig zu erfahren, wie Implementierung gedacht wird: eher als ein Gewährenlassen der Mitarbeiterinitiative (»Wir machen auch ohne euch! – U-Boot«) bis hin zu top-down geführten Transformationsprozessen.

Zusätzlich zu den Fallstudien und unseren »Zwischentexten« wollen wir hier einige Erkenntnisse zusammenfassen, die uns bei der Lektüre immer wieder begegnet sind.

Alles Graswurzel?

Vielfach wird die Einführung neuer Organisationsmethoden mit einer »Bottom-up-Bewegung« verknüpft (Kluge u. Kluge 2020). So auch auf unserer Reise: Interessierte und engagierte Mitarbeiter:innen, meist unzufrieden mit der herkömmlichen Art und Weise der Steuerung von Arbeitsprozessen oder einfach nur neugierig, versuchen proaktiv Änderungen herbeizuführen. Hierin steckt ein großes Potenzial, das erkannt werden sollte (Kap. 14 »Dark side of the moon«) bzw. oft erkannt wird, denn es bleibt nicht bei reinen Graswurzelbewegungen. Zumeist übernimmt das Management die Ideen und führt diese mit unterschiedlichem Grad an Einflussnahme und Steuerung weiter (z. B. Kap. 1 »Gleichzeitig agil und hierarchisch«, Kap. 4 »Neue Mobilität trifft auf alte Autorität«). Oder die Initiativen werden vom Management mit Hinweis auf die Einhaltung der rechtlichen Rahmenbedingungen wohlwollend unterstützt (Kap. 5 »Macht doch, wenn ihr wollt«). In der Mehrzahl der Fälle wird eine aktive Mitwirkung bzw. Initiative durch mittlere Führungsebenen erkennbar (Kap. 6 »Unaufgeregte Lockerungsübungen«, Kap. 7 »Stabilagil«). Ein Grundprinzip scheint zu wie folgt zu lauten: Eine Bewegung, die von der Führung nicht aufgenommen wird, hat keine lange Lebensdauer.

Experimentelles Vorgehen reduziert Unsicherheit

Es lohnt auch ein Blick auf die Umsetzungsstrategie: Veränderungsvorhaben werden sicherheitshalber als »Experimente« zeitlich limitiert (Abschn. 8.1 »Das Jahr des Experimentierens«) oder auf bestimmte Einheiten (»Inseln«) beschränkt. Die experimentierfreudige und reflektierte Einführung neuer Praktiken generiert klare Vorteile: Man ist in der Lage, inkrementell (schrittweise und in kleinen Einheiten) vorzugehen und die Änderungen im überschaubaren Rahmen (d. h. auf der Ebene von Abteilungen) zu vollziehen. Somit gelingt es, die Auswirkungen der Umsetzung gut zu überblicken, die Tiefe und Breite weiterer Implementierungsschritte situativ und bedarfsorientiert festzulegen und die damit verbundene Unsicherheit zu reduzieren. Regelmäßige interne Reflexionen helfen nicht nur, die gemeinsame Lernkultur zu fördern, sondern ermöglichen darüber hinaus, erforderliche Adaptionen rasch umzusetzen (Kap. 7 »Stabilagil«). Auf vielfältige Arten und Weise wird ein pragmatisches Vorgehen erkennbar, das an die Notwendigkeiten der jeweiligen Situation angepasst wird. Somit wird ein evolutionärer »Prozess des Organisierens« (Weick 1995) ermöglicht, der sich über viele Berichte hinweg als gutes Beispiel für die Einführung von New Organizing erweist.

Allerdings ist damit ein Preis verbunden. Zum einen müssen die Schnittstellen zu (noch) nicht veränderten Organisationseinheiten adäquat angepasst werden, zum anderen wird erkennbar, dass wichtige organisationsweite Entscheidungen wie die Neuformulierung von Karrierewegen oder die Veränderung von Entlohnungsmodellen erforderlich wären. Beide Strukturänderungen liegen jedoch oft außerhalb des Einflussbereichs der Initiativen.

Das Management macht sich bemerkbar

Seltener, aber dann umso klarer tritt das Topmanagement auf den Plan, erklärt die Experimentierphase für beendet und ruft eine Veränderungsinitiative aus (Kap. 11 »Fremdbestimmte Selbststeuerung«, Kap. 12 »Speed is the name of the game!«). Es werden klare Vorgaben hinsichtlich der anzuwendenden Organisationsform (»streng nach Vorschrift«, Kap. 13 »Radikale Transformation einer Bank«) gemacht, entsprechende Entscheidungen bezüglich Strukturen und Prozessen getroffen und ein Changeprozess durchgeführt. Auf diese Art wird ein episodisches Vorgehen im Sinn von geplanten Changeprojekten mit klaren Erwartungen bis hin zu dogmatisch wirkenden Methoden erkennbar (Weick a. Quinn 1999). So begegnen den Reisenden interessante Anachronismen: Die Einführung neuer, agiler Arbeitsformen wird im Stil einer Wasserfallmethode ausgerollt.

Arbeit in Teams

Ein immer wieder auftauchendes, zentrales Element von New Organizing ist die die Arbeit in Teams. Sind diese in der Lage, ihre internen Strukturen und Prozesse selbst zu bestimmen (man könnte dies als »sich selbst organisierend« bezeichnen), dann wird pragmatische Umsetzung erkennbar. Agile Methoden werden kopiert und adaptiert, manchmal noch zurückhaltend, in anderen Fällen sehr aktiv bearbeitet und auch sprachlich neu gefasst. Aufgrund der Wahrnehmung höherer Selbstwirksamkeit werden vielfach recht schnell und deutlich Verbesserungen bezüglich Qualität, Kosten, Zeit und Flexibilität beschrieben.

Werden neue Formen des Organisierens jedoch vom Management vorgegeben, arbeiten Teams pflichtbewusst mit. Wir erkennen, dass in der Semantik von Freiwilligkeit die Entscheidungsfreiheit eng begrenzt bleibt. Früher oder später wird erwartet, dass die Mitarbeiter:innen auch wollen, was sie sollen (z. B. Kap. 8 »Wiener Melange: Die Milch kriegst' nicht mehr aus dem Kaffee«). Dieses Doublebindmuster eines gleichzeitigen »Wollens/Müssens« hat Licht und Schatten:

- Die getroffene Entscheidung in Richtung der vorgegebenen Transformation wird nicht offen infrage gestellt und lang anhaltende, manchmal auch lähmende Diskussionen über Risiken, Nachteile und Befürchtungen werden unterbunden.
- Zugleich besteht die Gefahr, dass der offene Austausch, z. B. über Implementierungsprobleme und Konzeptlücken, oder wegen latenter Unzufriedenheit, die mitunter in der Kündigung wertvoller Kompetenzträger:innen resultiert, nicht geführt wird.

Räumliche Maßnahmen

Dass die Gestaltung von Räumlichkeiten eine wesentliche Rolle bei der Förderung von Kooperation spielt, hat bereits Stark (2009) ausgearbeitet. Dieser Zusammenhang begegnet uns auch in einigen der hier angeführten Fallstudien. Örtliche bzw. räumliche Maßnahmen werden als wichtige Unterstützung für Teamarbeit bzw. verstärkte Zusammenarbeit erkennbar:

- Entweder werden die Büros innenarchitektonisch entsprechend umgebaut, um die Wahrscheinlichkeit des raschen Austauschs zu erhöhen (Kap. 5 »Macht doch, wenn ihr wollt«, Kap. 6 »Unaufgeregte Lockerungsübungen« sowie Kap. 8 »Wiener Melange: Die Milch kriegst' nicht mehr aus dem Kaffee«)
- oder man arbeitet an einem gemeinsamen Ort, der durchaus geografisch weiter entfernt von der Zentrale platziert wird (gut zu erkennen beispielsweise beim Prinzip der »Co-Location« in Kap. 2 »Mit dem Rücken zur Wand«, aber auch in Kap. 4 »Neue Mobilität trifft auf alte Autorität« und Kap. 10 »Das Haus der Zukunft«).

Räumlichen Maßnahmen benannter Art ermöglichen eine höhere Bindung zwischen den Mitarbeiter:innen und stärken deren Identifikation mit dem Team und dessen Zwecken. Vertrauensvolle, niederschwellige, offene und mitunter auch kreative Kommunikationsprozesse fördern nicht nur eine hohe Motivation, sondern auch rasche und zufriedenstellende Lösungen. Jedoch führen die solcherart entwickelten festeren Kopplungen der Mitglieder an ihr Team in einigen Fällen auch dazu, dass die Organisation und deren Ziele aus dem Blickfeld geraten. Die Organisation muss sich regelmäßig in Erinnerung rufen. Dies geschieht entweder durch die Entsendung von Führungskräften oder durch klare strategische Entscheidungen (Kap. 2 »Mit dem Rücken zur Wand«, Kap. 12 »Speed is the name of the game!«).

Und was ist mit Beratung?

Fasst man die Erkenntnisse der vorliegenden Studien zusammen, zeigt sich, dass auf *externe* Beratungsleistung im Sinn von Prozesssteuerung und Reflexion vorwiegend verzichtet wird. Wenn überhaupt, bringt Beratung erforderliches Wissen im Rahmen von Schulungen ein, oder sie begleitet Teams in Gestalt von Agile Coachs. Weit mehr wird auf interne Unterstützung durch »agile Kompetenzzentren«, »Transition Teams« oder erfahrene Kolleg:innen gesetzt (Kap. 7 »Stabilagil«, Kap. 8 »Wiener Melange: Die Milch kriegst' nicht mehr aus dem Kaffee«, Kap. 5 »Macht doch, wenn ihr wollt«).

Es wird erkennbar: Die Motivation und die Kompetenzen der Teams, sich selbst zu organisieren, zu führen und zu steuern, zeigt sich auch in der Inanspruchnahme von Beratung. Teams wollen in ihren Aktivitäten unabhängig und autonom

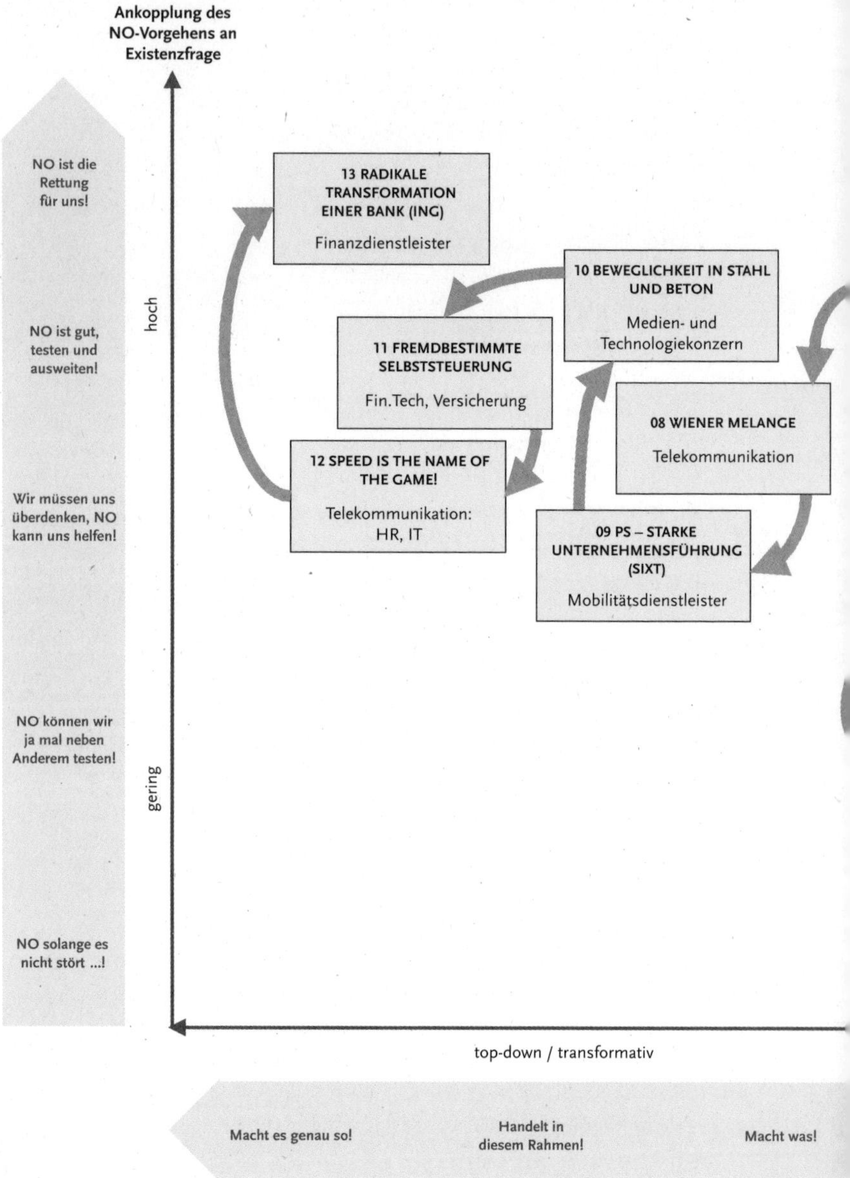

Abb. 10: Reiseroute

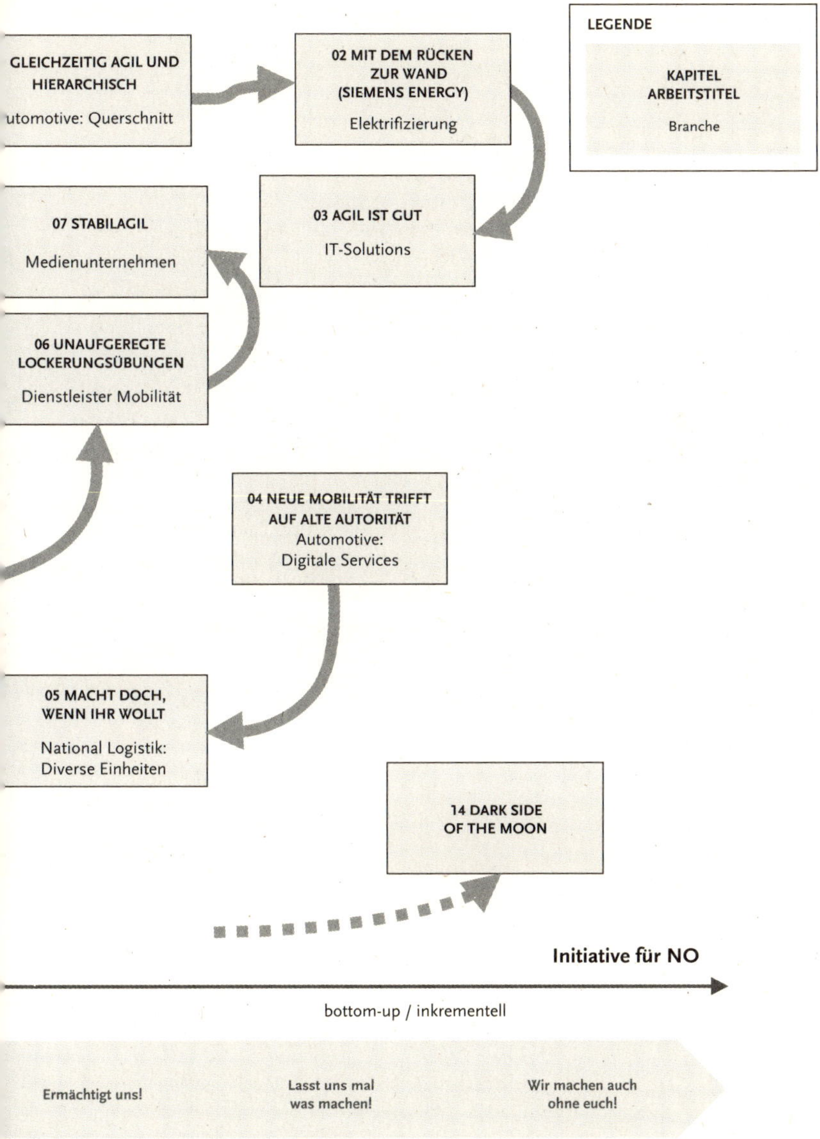
LEGENDE
KAPITEL
ARBEITSTITEL
Branche
GLEICHZEITIG AGIL UND
HIERARCHISCH
utomotive: Querschnitt
02 MIT DEM RÜCKEN
ZUR WAND
(SIEMENS ENERGY)
Elektrifizierung
07 STABILAGIL
Medienunternehmen
03 AGIL IST GUT
IT-Solutions
06 UNAUFGEREGTE
LOCKERUNGSÜBUNGEN
Dienstleister Mobilität
04 NEUE MOBILITÄT TRIFFT
AUF ALTE AUTORITÄT
Automotive:
Digitale Services
05 MACHT DOCH,
WENN IHR WOLLT
National Logistik:
Diverse Einheiten
14 DARK SIDE
OF THE MOON
Initiative für NO
bottom-up / inkrementell
Ermächtigt uns!
Lasst uns mal
was machen!
Wir machen auch
ohne euch!

agieren. Sie suchen weder etablierte Führung, noch über fachliche Fragen hinausgehende Beratung von außen. Zugegeben, der Fokus unserer Fragestellung lag nicht ausschließlich auf Beratung. Dennoch überrascht es, dass kaum Berichte über externe Begleitung in Veränderungsprozessen dokumentiert wurden.

Und schließlich: Die Kontexte

Sucht man in den dargestellten Fällen nach den Gründen für New Organizing, so zeigt sich folgendes Bild: In den meisten Fällen werden neue Organisationsformen zum Zweck der unmittelbaren oder zumindest langfristigen Überlebenssicherung herangezogen (Kap. 13 »Radikale Transformation einer Bank«). Man will agiler werden, um als zukunftsfähig zu erscheinen (Kap. 3 »Agilität ist gut«), oder die Einführung von Agilität wird mitunter als Vehikel zur Einführung der Digitalisierung betrachtet (exemplarisch: Kap. 4 »Neue Mobilität trifft auf alte Autorität«). Zudem darf nicht unterschätzt werden, welchen Unterschied der Einsatz neuerer Organisationsformen und -methoden auf dem Arbeitsmarkt macht: New Organizing soll die Arbeitgeberattraktivität erhöhen (Kap. 8 »Wiener Melange: Die Milch kriegst' nicht mehr aus dem Kaffee«, Kap. 9 »PS-starke Unternehmensführung«, Kap. 12 »Speed is the name of the game!«).

So viel zum Festhalten der Eindrücke in einem ersten Resümee, bewusst noch nah an den Fällen, bevor wir Projektleiter zum Abschluss in *Teil III* ein Gesamtfazit ziehen. In *Teil II* geht es zunächst weiter mit einem Bericht, in dem die Autor:innen Spiegelphänomene zwischen New Organizing und dem Verlauf des Forschungsprozesses ausgemacht haben.

TG, GPK, SG

15 Wer hat hier eigentlich wen organisiert? – Spiegelphänomene in der Forschung

Claudia Salowski, Peter Feneberg, Martin Sonnert

Forschungsvorhaben werden, je nach Kontext, in dem sie angesiedelt sind, unterschiedlich organisiert. Wenn man selbst ein solches erstmalig starten will, kann man darauf schauen, wie im Wissenschaftsbetrieb Forschungsprozesse organisiert werden, etwa drittmittelgeförderte Projekte oder Promotionsvorhaben. Wenn jedoch eine Gruppe Berater:innen und Führungskräften bei einem gemeinsamen Forschungsvorhaben vor allem eint, dass sie Alumni derselben Organisation sind, weil sie die gleiche oder zumindest eine ähnliche Ausbildung durchlaufen haben, ergibt sich daraus zunächst nur eine grobe Vorgabe und Rahmensetzung dazu, wie dieses Vorhaben gelingen kann. Ab dem Sommer 2018 traten mehr als 40 Personen an, um herauszufinden, wie Organisationen sich zu neuen Organisationsformen, im Forschungsprojekt mit New Organizing bezeichnet, verhalten.

Die Autor:innen dieses Beitrags sind Teil des Projekts und haben zusätzlich eine weitere Beobachtungsebene eingezogen: Wir haben uns angeschaut, wie sich die Organisation des Forschungsprojekts bis hin zum Buchprojekt im Verlauf der rund zwei Jahre vollzogen hat. Wir zeigen, dass Phänomene, die beim Organisieren dieses Projekts aufgetreten sind, strukturelle Ähnlichkeiten aufweisen mit Phänomenen, die in den zu New Organizing beforschten Organisationen zutage traten bzw. die immer auftreten, sobald man unbekanntes Terrain betritt.[28]

28 Wir haben die Initiative zu diesem Beitrag ergriffen und sofort die Zustimmung und sehr positive Reaktion des Leitungsteams auf unsere Idee erhalten. Es ist uns bewusst, dass diese Aufgabe uns in eine Doppelrolle bringt: Einerseits sind wir Mitglieder jeweils eines Forschungsteams und haben alle hier beschriebenen Phänomene zunächst aus eben dieser Perspektive beobachtet und erlebt; andererseits haben wir mit dieser zusätzlichen Beobachterposition einen anderen Blick auf die Phänomene eingenommen, teils zeitlich parallel, teils retrospektiv. Dies erfordert eine möglichst große Distanz zur ersten Perspektive, um nicht unbemerkt »Reste« dieser Beobachterposition in den Bericht einfließen zu lassen. Wir haben diesen Aspekt immer mitbedacht und auch offen diskutiert. Doch wer kann schon sicherstellen, dass er oder sie in allen Aspekten den inneren Beobachter auf Neutralität oder zumindest auf Mehrdeutigkeit einstimmen kann?

15.1 Blickwinkel »Führung«: Leitung und Forschungsteams

Der Aufruf zur Teilnahme am Forschungsprojekt New Organizing wurde auf der Alumnijahrestagung von Simon Weber Friends (SWF) im Jahr 2018 gestartet. Und schon als erste Interessensbekundungen eintrafen, wurde ein Phänomen zwischen Leitung und Forschungsteams erkennbar, das sich so auch in unterschiedlicher Stärke in den beforschten Unternehmen zeigen sollte. Welche konkreten Vorgaben können gemacht werden, wenn man sich selbst im unsicheren Raum bewegt? Wie kann ein gemeinsam erarbeitetes Ergebnis gelingen, von dem man nur grob weiß, wie es aussehen soll? Wie muss das Zusammenwirken unterschiedlicher Interessen organisiert sein, um alle Mitwirkenden über einen Zeitraum von über zwei Jahren bei der Stange zu halten?

Erste Skizzen und Präsentationen zur Fragestellung, Theorie und Methodik wurden im Leitungskreis entworfen und versendet, erste Treffen von Forschungsteams organisiert, erste Gespräche mit Unternehmen geführt (vgl. *Teil I*). Doch trotz dieser Form der Kontextsteuerung kamen immer wieder Fragen auf wie: Was wollen wir erzählen? Welche Erkenntnisse wollen wir gewinnen? Wie sollen wir unseren Forschungsprozess organisieren? – Deutlich wurde, dass die Komplexität des Anliegens, der Organisation sich selbst organisierender Forschungsteams und der Zusammenarbeit der Teams mit den von ihnen beforschten Unternehmen, besondere Anforderungen an die Beteiligten stellte, von denen die allermeisten Freiberufler:innen im Dauerstress sind und nur begrenzte Zeit für das Projekt hatten.

Im weiteren Verlauf des Projekts entwickelte die Projektleitung ein »call for paper«, in dem sie einzelne Blickwinkel auf den Forschungsgegenstand New Organizing und weitere theoretische Prämissen zu diesen Blickwinkeln beschrieben. Weiter präzisiert wurde auch die Forschungsfrage: Wie vollzieht sich die Implementierung neuer Organisationsansätze in der Praxis? Diese Kernfrage galt es vor allem unter Aspekten »der praktisch-empirischen Management- und Beratungsforschung« anzugehen. Hier zeigt sich eine weitere strukturelle Herausforderung des Forschungsprojekts: Alle Fragen waren bekannt, gleichzeitig ergaben sich aus den Interviews und der Bearbeitung der so gewonnen Ergebnisse neue Perspektiven und weitere Fragen – alles Merkmale einer iterativen Vorgehensweise.

Es zeigten sich auch hier Parallelen der Organisation und Führung unseres Forschungsprojekts zu den Organisationsentwicklungsansätzen in den beforschten Unternehmen. Komplexität und Dynamik sind themen- und organisationsspezifisch oft zu groß, um jede Eventualität von Vorkommnissen, die auf den ersten Blick das Ergebnis gefährden, durch konkrete Vorgaben der Führung zu minimieren.

Man könnte sich nun fragen, ob es besser gewesen wäre, wenn die Leiter im Vorhinein definiert hätten, wie die Ergebnisse auszusehen haben. Allerdings erscheint dieses Vorgehen für ein Forschungsprojekt, das ja gerade herausfinden sollte, was New Organizing ist, wie es abläuft und was man daraus lernen kann, begrenzt durchführbar, zumal die iterative Vorgehensweise ja genau diesen Prozess offenlässt.

Nur so kann es gelingen, möglichst alle Facetten in einem New-Organizing-Projekt zu erfassen. Hier zeigt sich eine Zirkularität, die all jenen bewusst ist, die sich in komplexen und dynamischen Prozessen bewegen. Ich kann in Anlehnung an Weick kaum wissen, was herauskommen soll, wenn ich nicht weiß, was sich in der Organisation zeigt (Weick 1995).

Ein klassisches Dilemma, nicht nur von Erkenntnisprozessen, sondern auch von Führung in Organisationen. Alle wollen Klarheit zu Ziel und Vorgehen. Doch wir agieren in Organisationen, die als lebende Systeme in Austauschprozessen mit ihrer Umwelt stehen, daher immer wieder vom eingeschlagenen Weg abweichen, sich damit neue Ziele setzen und ein alternatives Vorgehen dazu erfordern.

> »Uns als Leitern war klar: Unsere Beiträge müssen funktionieren. Nicht alle sind gleichermaßen ersetzbar, aber wenigstens sollten alle an einem Strang ziehen. Wie viel trage ich selbst bei, und wo ziehe ich mich wieder zurück? Das waren unsere Kernfragen. Wir mussten einerseits als Leiter ›input for paper‹ geben, verstanden uns aber auch, wie die Forscher:innen, als Lernende.« (Int 3)

In dem Ansinnen, den Erkenntnisprozess möglichst lange offen zu halten, wurden Blickrichtungen, spezielle Aspekte und Hypothesen zum Forschungsgegenstand in verschiedenen Iterationen entlang des Prozesses immer wieder aufgestellt, überprüft und verworfen. Das ist weder für Forschungsvorhaben noch für Beratungsprojekte besonders ungewöhnlich. Dennoch wirkte sich dieses Offenlassen des Prozesses merklich auf die Stimmung der Beteiligten aus. Das war oft auch in den beforschten Unternehmen in vergleichbaren Phasen der Fall. Die in der Beratungspraxis praktizierte und positiv bewertete Methode der Iteration ist eine, die im Alltag eines kollektiven Erkenntnisprozesses mit vielen Teams nicht so leicht zu praktizieren ist …

Dieses Offenlassen geschah jedoch nicht ohne Grundlage oder die Rahmensetzung in Form einer Forschungsskizze oder diverser Arbeitstreffen. Aber wie so oft in den beforschten Unternehmen kann man sich fragen, wie zugehört, wie nachgefragt, wie versucht wird zu verstehen. Und seitens der Führung, wie argumentiert, wie vermittelt, wie klargestellt wird.

Auch in unserem Prozess des Organisierens wurde nicht immer klar kommuniziert, was zu einigen Irritationen aufseiten von Teams und Leitung führte: Denn wenn die Leiter den offenen Erkenntnisprozess adressierten und fragten, »Was habt ihr denn herausgefunden?«, entgegneten die Teams ganz ergebnisfokussiert die Frage: »Was wollt ihr denn wissen?« Dies ließ sich auch andersherum beobachten.

> »Wir schauen meist auf Autoritätspersonen im Sinne von ›Jetzt entscheidet ihr doch bitte, weil wir das nicht entscheiden können (oder meist nicht wollen)‹, und dann kommt natürlich der Push-back: ›Nein, das muss die Gruppe schon selbst entscheiden!‹« (Int 3)

So wurde im Summer Camp 2019 in Wien die Idee weiterentwickelt, sich auf Paradoxien in den beforschten Organisationen zu konzentrieren und den Versuch zu unternehmen, entlang der Frage, wo es Ähnlichkeiten und Unterschiede zwischen den einzelnen Fallstudien gab, Cluster zu finden. Auch ein Vorgehensvorschlag zur Verschriftlichung der Ergebnisse wurde gemeinschaftlich erarbeitet.

Hiervon waren die meisten Beteiligten angetan. Bodenbilder wurden gelegt und getestet, inwieweit die Idee trägt, die Ergebnisse jeder Studie im Sinne der Paradoxiebearbeitung auszuwerten. Einige Monate später, beim nächsten Treffen der Forschungsgruppen in Berlin, zeigte sich, dass die Teams den vorgegebenen Theorierahmen unterschiedlich stark berücksichtigt hatten.

Auch in der finalen Phase des Forschungsprojekts hatten Leiter und Forschungsteams mit den iterativen Bearbeitungsschleifen der Fallstudientexte umzugehen. Die Gesamtzahl der Zeichen pro Beitrag, sicherlich als Richtwert zu verstehen, war grundsätzlich bereits im »call for paper« hinterlegt, gleichzeitig aber immer wieder Gegenstand von Verhandlungen. Jedes Team entschied schließlich selbst, was es als sinnvoll und zielführend erachtete. So verselbstständigten sich die Teams mehr und mehr. Auch hier ein Spiegelphänomen zwischen Forschungsorganisation und beforschten Unternehmen.

Aufgrund des unterschiedlichen Verständnisses der Ergebniserwartung und der Selbststeuerung der Teams wurden erste Hinweise zur Orientierung nicht bewusst wahrgenommen, im Verlauf des Arbeitens missinterpretiert und als Nicht-Führung verstanden, Nachsteuern mit dem Fokus auf Sicherung des Gesamtergebnisses wurde als Eingriff in die Freiheit aufgefasst. So wurden zum Teil inhaltlich, formal und sprachlich unterschiedliche Texte abgeliefert. Hier zeigt sich eine zentrale Paradoxie: Die Teams fokussieren mehr auf sich selbst. Manche Teams schreiben mehr, manche weniger, und manche haben das Gesamtergebnis weniger im Blick. Dieser Blick aufs Ganze, das Zusammenhalten aller Fäden und Sicherstellen eines konsistenten Ergebnisses ist indes primäre Aufgabe der Leiter.

Getreu dem oben genannten Motto »Was habt ihr denn herausgefunden? – Was wollt ihr denn wissen?« war das Hin und Her zwischen Schreibprozess, Korrektur, Feedbackgespräch und Überarbeitung für alle Beteiligten immer wieder herausfordernd. Denn zunächst mussten die Beobachtungen und Erkenntnisse der einzelnen Forschungsteams im Herausgeberteam intern ausgetauscht und in eine gemeinsame Sicht gebracht werden. Auch für die Leiter gilt in Anlehnung an Weick: Wie können sie wissen, welche finalen Vorgaben sie machen müssen, wenn sie nicht wissen, wie die Fallstudien formuliert sind und in der Gesamtheit wirken.

Dieser Prozess wiederholte sich am Schluss nochmals: Ab Dezember 2020 wurden alle entstandenen Texte von allen Herausgebern abermals gegengelesen, wodurch sich wiederum neue Blicke, Aspekte, Fragen und in der Konsequenz auch Rückmeldungen zur Überarbeitung an die Forschungsteams ergaben. Dies führte mancherorts zu Ablehnungsreaktionen: »Hättet Ihr das nicht schon früher sagen können? Wir dachten eigentlich, wir seien fertig.« Aber Erkenntnis läuft iterativ …

So durfte vor allem das Spannungsfeld zwischen den Wünschen, »mit der Arbeit endlich fertig werden zu wollen« und »positives Feedback zum eigenen Beitrag zu bekommen«, einerseits und der Steigerung der Qualität des Gesamtergebnisses sowie dem Erfüllen der Erfordernisse des Verlages andererseits nur schwer auszuhalten gewesen sein. Notwendig ist es aber allemal und auch ein Spiegelphänomen zu vielen hier beforschten Unternehmen, in denen Teams ihre Themen nach vorne bringen, sich dadurch selbst bestätigen und darüber manchmal den Gesamtkontext aus den Augen verlieren. Nicht umsonst scheint die Reflexionsfähigkeit von Führungskräften, Teams und Mitarbeiter:innen die zentrale Kompetenz zur erfolgreichen Bewältigung hoher Komplexität und steigender Dynamik zu sein.

Wenn wir ein wenig herauszoomen, zeigen sich beim Blick auf die Führungsdimension Spiegelungen zu dem, was Mitarbeiter:innen in Organisationen am Beginn und im weiteren Verlauf von Projekten (insbesondere Transformations- oder Reorganisationsprojekten) erleben: Im Spannungsfeld zwischen »grüne Wiese, alles kann neu entstehen!« und »Wenn keiner sagt, wo es langgehen soll, kommt auch alles und nichts heraus!« tänzelt man umeinander und verlangt wechselseitig eine klare und konsequente Setzung sowie die Freiheit der individuellen Ausgestaltung. Das zeigte sich auch in der Organisation unseres Forschungsprozesses an Aspekten wie der Festlegung der Kernforschungsfrage, der Anzahl an Zeichen der Fallstudien oder Terminen und deren inhaltliche (Um-)Widmung.

Führungskräfte in Organisationen – beispielsweise in einigen von den in diesem Buch beschriebenen – stehen zu Beginn eines Vorhabens oft vor der Herausforderung, dass von ihnen eine Klarheit erwartet wird, die sie noch nicht haben, in der sog. VUCA-Welt noch gar nicht haben können. Sie bewegen sich quasi in einem permanenten Nebelviereck, in dem das Problem nicht ganz klar, das Ziel nicht eindeutig fixiert, der Weg zur Lösung unbekannt und die Neben-, Rück- und Fernwirkungen ihrer Entscheidungen nicht absehbar sind (Rieckmann 2007). Gerade im Bereich New Organizing, vor allem wenn wir auf Agilität blicken, sind Flexibilität und das Reagieren auf zu Beginn noch unbekannte mögliche Veränderungen entlang des Weges inhärent. Auch das Leitungsteam, dessen Mitglieder zwar in unterschiedlichen Kontexten schon eine Vielzahl an großen Beratungsprojekten, Herausgeberbänden sowie Forschungsvorhaben gestemmt hatte, steht jedoch zu Beginn eines solchen Vorhabens vor der Herausforderung, dass überhaupt noch nicht klar ist, was denn am Ende herauskommen könnte.

Und so lässt sich hier in Anlehnung an Karl Weick festhalten, dass der Forschungsprozess die Forschenden und auch die Leiter sehr viel stärker organisiert hat als es umgekehrt der Fall ist.

15.2 Blickwinkel »Forschungsteams«

Ein Forschungsteam, dessen Mitglieder als gemeinsamen Nenner über Basiswissen zur Systemtheorie verfügen und sich ansonsten unterscheiden, ist im Zuge der Organisation des gemeinsamen Forschungsprozesses mit dem Spannungsfeld konfrontiert, diese Diversität nicht nur auszuhalten, sondern aktiv zu nutzen. Unsere Forschungsteams waren in vielerlei Hinsicht divers: Manche Mitglieder sind als externe Berater:innen aktiv, andere sind Teil von Großunternehmen, wieder andere im Wissenschaftsbetrieb tätig. Manche haben langjährige Erfahrung mit dem Schreiben, teilweise mit dem Verfassen wissenschaftlicher Texte, andere bisher keine. Manche hatten die Gelegenheit, im Verlauf des Projekts viel Zeit in dieses Vorhaben zu investieren, anderen war dies nur begrenzt möglich. Nun lagen zu Beginn des Forschungsvorhabens – eher im metaphorischen Sinne – eine ganze Reihe von Unternehmensnamen als potenzielle Forschungsgegenstände in der Mitte des Tisches, und um sie herum bildeten sich nach und nach die Forschungsteams. Ein klassischer Fall von Selbstorganisation.

Im Zentrum eines Teams stand zunächst oft die Person, die den Kontakt zur beforschten Organisation herstellte und im Verlauf des Projekts hielt oder irgendwann abgab. Darum scharten sich andere, die das Unternehmen interessant fanden oder die Personen kennen, die sich diesem Team bereits angeschlossen hatten. Wieder andere kamen erst im späteren Verlauf des Projekts hinzu oder verließen es wieder. Keines dieser Teams bildete sich nach einer vorgegebenen Struktur, es gab keine dezidierte Regelung zur Führung oder zu der Frage, wie Entscheidungen getroffen werden können, der Aggregatzustand des Teams war von fest durchaus entfernt.

So galt es zu Beginn des Forschungsvorhabens, sich erst einmal zu finden und miteinander auszuhandeln, wie man vorgehen wollte. Konkrete Hinweise oder Angebote zum Team-Set-up gab es, sie wurden jedoch in unterschiedlicher Tiefe genutzt, teilweise auch gar nicht – möglicherweise, weil entsprechende Fachexpertise zu Moderation oder Projektmanagement zwar in allen Teams ohnehin vorhanden waren, der Fokus jedoch auf der Forschung und nicht der Selbststeuerung und Selbstreflexion des eigenen Forschungsteams lag. Im Summer Camp in Wien 2019 wurde zudem ein Slot im Zeitplan eingeplant, in dem jedes Team sich mit dem bisherigen Arbeits-, Kommunikations- und Entscheidungsprozess, kurz: mit der Selbstbeobachtung, auseinandersetzen konnte. Dies geschah allerdings nur sehr vereinzelt. Die meisten Teams fokussierten auf die zu bearbeitenden Inhalte und waren froh über die Möglichkeit, von der Erfahrung der Leiter zu profitieren und in unterschiedlichen Sessions weiteres Handwerkszeug zu bekommen, beispielsweise zur tieferen Strukturanalyse der bereits geführten Interviews.

> »So ist dadurch aber auch nie etwas ›heruntergefallen‹. Nicht jeder hat sich gleich für alles verantwortlich gefühlt. Es gibt eben Felder, in denen eine Person schneller punktet als eine andere und dann einfach das Heft in die Hand nimmt.« (Int 1)

Spannend hätte sein können, den Blick zu diesem oder zu anderen Zeitpunkten bewusst und aktiv auf die Dimension Individuum und Team in den einzelnen Forschungsteams zu richten. Denn hier liegt eines der Konfliktpotenziale, die sich nicht nur im Verlauf des Forschungsprojekts, sondern auch in den beforschten Unternehmen entfalteten. Wenn zu Beginn von Vorhaben mit ungewissem Ausgang noch nicht klar und absehbar ist, was die gemeinsame Reise alles erfordern wird und welchen Unwägbarkeiten man begegnen könnte, lässt sich auch nur schwer eine Aussage, ein klares »Commitment« dazu einholen, was die Akteur:innen jeweils einzubringen bereit sind. Dieser Aspekt war seitens der Leiter als Aspekt der Selbstorganisation der Teams konzipiert und wurde lediglich bei aktiver »Eskalation« ins Leitungsteam aufgenommen und zum Gegenstand der gemeinsamen Bearbeitung.

Insbesondere in der Phase des gemeinsamen Schreibens traten weitere Dynamiken zutage, denn Schreiben ist ein kreativer Prozess, bei dem es keine eindeutigen Kriterien für Richtig oder Falsch gibt und sich unterschiedliche Stile zeigen. Die für dieses Problem gefundenen Lösungen waren von Team zu Team sehr unterschiedlich: Bei manchen wurde recht unprätentiös danach gefragt, wer am meisten Erfahrung mit dem Schreiben hat, und nachdem alle gemeinsam inhaltlich Erkenntnisse zusammengetragen hatten, oblag das Schreiben als solches dieser einen Person. Ein Team gar holte sich in der

Schreibphase noch Verstärkung von außen, da man feststellte, dass im Team nicht genügend Erfahrung und Kompetenz vorhanden war, um das in angemessener Zeit selbst zu stemmen. Die meisten Teams entschieden sich für einen gemeinsamen und iterativen Schreibprozess. Auch dieser wurde in unterschiedlicher Art und Weise ausgestaltet, mal synchron in Schreibwerkstätten, mal asynchron beispielsweise durch die Aufteilung von unterschiedlichen Themenbereichen, deren Verschriftlichung dann am Ende zusammengeführt wurde.

> »Das Gelingen ist ein Wechselspiel aus der persönlichen Motivation, dem Zusammenwachsen innerhalb der Teams und den Formaten (...), wo sich alle immer wieder treffen. Auch Technik spielt eine Rolle – ohne Basecamp (internetbasierte Austausch- und Kommunikationsplattform, Anm. d. Verf.) wäre das alles nicht möglich.« (Int 4)

Die Teams fanden auf diese Weise Wege, mit den genannten Asymmetrien umzugehen: Manche blendeten sie zunächst möglichst aus, um dann festzustellen, dass sie sich nach hinreichender Zeit doch deutlich bemerkbar machten. Andere nutzten genau diese Unterschiedlichkeit, um die Aufgaben gemäß der jeweiligen Kompetenzen und Erfahrungshintergründe zu verteilen, beispielsweise, wie oben angeführt, beim Schreibprozess. Wieder andere brauchten erst die Auseinandersetzung mit latenten bis offenen Konflikten, die während des Prozesses sichtbar wurden. In mehr als einem Team gab es Veränderungen der Besetzung, teilweise moderierend unterstützt durch die Leiter. Dazu meinte ein Mitglied des Forschungsteams:

> »Wenn nicht durch Rollen Unterschiede festgelegt werden, dann diffundieren die so frei im Raum. Dann treten die menschlichen Unterschiede viel mehr zutage. Plötzlich ist Macht im Raum, die nicht durch die Rolle definiert wird, sondern einfach aufgenommen wird. Um das wieder aufzunehmen, müsste die ganze Gruppe dahinterstehen.« (Int 5)

Diesen Effekt kennen wir auch, aber nicht nur aus den Ergebnissen unserer Forschung. Teamprozesse und die mit ihnen einhergehende notwendige Klärung von Aufgaben, Verantwortlichkeit und Führung werden von den Teammitgliedern negiert; vielleicht aus Selbstüberschätzung heraus, da hier doch allesamt Profis am Werk sind oder weil die Klärung der Rollen in Teams viel Konfliktpotenzial enthält und sehr anstrengend sein kann. Für viele Organisationsmitglieder fühlt sich beispielsweise die Einführung neuer Organisationsformen wie eine hierarchische Revolution an, in deren Verlauf unklar ist, wer denn nun eigentlich was entscheidet. Entscheidungsprozesse unter Gleichberechtigten sind vor allem deutlich zeitaufwendiger, als wenn ein Akteur sagt, wo es langgehen soll. Man kann dagegen wettern, man kann darauf schimpfen, man kann der Person Unwissen und Inkompetenz unterstellen. Entscheidungsprozesse unter Gleichberechtigten, nicht Gleichen, sind eine Herausforderung, da primäre Rollen- und Statusunterschiede stärker hervortreten. Und so mag es kaum verwundern, dass wir in so vielen beforschten Organisationen – wie auch im Forschungsprojekt selbst – »So-tun-als-ob« als vordringlichen Bewältigungsmechanismus vorgefunden haben.

15.3 Blickwinkel »zwischen den Teams«

Crossfunktionale Zusammenarbeit ist ein in Organisationen häufig kommuniziertes Anliegen, oft jedoch nur ein hehrer Wunsch. Einem Team inhärent ist die Ausrichtung auf seinen Auftrag und Kontext, und damit haben Teams meist schon genug zu tun. Selbst in Matrixstrukturen, die per definitionem von dem Gedanken getrieben sind, »über Kreuz« zu kommunizieren und damit mehr Wirkung zu erzielen, gelingt dies häufig nicht. Divergente Ziele können dazu führen, dass das Team sich selbst im Weg steht und die gewünschte Wirkung ausbleibt.

Wenn es um Gemeinsamkeiten der Ergebnisse der Forschungsteams und Unterschiede zwischen diesen ging, war im Forschungsprojekt Irritation zu spüren, worauf man sich denn nun am besten zuerst konzentrieren sollte. Auch hier stand vor allem in der Phase der Gedankenverfestigung und Texterstellung der Fokus auf die eigenen Ergebnisse im Vordergrund. Die Leiter hatten die Teams mehrfach dazu aufgerufen, sich miteinander zu vernetzen, die Ergebnisse zu teilen und so herauszufinden, ob und inwiefern sich übergreifende Muster beobachten ließen. Dies erfolgte jedoch zunächst nur sehr vereinzelt – ein weiteres Phänomen, das uns aus Matrix- oder Projektorganisationen bekannt ist: Das bewusste Organisieren der Vernetzung ist nicht im Fokus der Aufmerksamkeit. So blieb die Vernetzungsarbeit hauptsächlich den Leitern überlassen.

Der Faktor Zeit scheint auch, aber nicht nur innerhalb dieses Blickwinkels relevant zu sein. Im Verlauf der Arbeit am Forschungsgegenstand scheint eine Gleichzeitigkeit nur sehr bedingt möglich gewesen zu sein. Eher fand das Verarbeiten der Beobachtungen sequenziell statt: zunächst die Vorbereitung, dann die Durchführung der Interviews und schließlich ihre Auswertung. Hier zeigte sich immer wieder ein Wechsel der Perspektive und des »Zoomfaktors« zwischen dem verengten Blick auf die Erkenntnisse aus jedem einzelnen Interview sowie dem breiteren Blick auf Gemeinsamkeiten und Unterschiede der Beobachtungen und entsprechende Auswirkungen auf das Gesamtprojekt und die im Prozess gewonnenen Erkenntnisse. Interessanterweise war eine gesteigerte »Flughöhe« mit organisationsübergreifender Beobachtungsperspektive vor allem zu Beginn und gegen Ende des Forschungsprozesses möglich – als das reine Schreiben noch nicht oder nicht mehr im Vordergrund stand. Ebenso konnten beschriebene Phänomene erst miteinander verglichen und eingeordnet werden, nachdem man sich auf eine Einordnung in der Einzelbetrachtung festgelegt und damit die Komplexität des Gesamtbildes handhabbar gemacht hatte.

Als es schließlich um die Zusammenstellung der unterschiedlichen Fallstudien und sonstigen Bestandteile des geplanten Buches ging, übernahmen die Leiter wieder stärker die Führung. Die Teams hatten geliefert, nun galt es, den übergreifenden Blick in Form einer Schlussredaktion zu entwickeln, der bis dahin nur in Ansätzen möglich gewesen war. Führung ging nun stärker in eine normative Funktion: Feedback, kritisches Hinterfragen, Formfragen, aber auch inhaltliche Impulse prägten das Führungsverhalten.

In der Finalisierungsphase des Manuskripts zogen sich die Herausgeber zurück, lasen alle Studien nochmals gegen und quer und erstellten eine Systematik sowie eine grafische Darstellung, die es den Leser:innen deutlich erleichtern soll, zu navigieren und sich zurechtzufinden. Fast unbemerkt von den Teams kam gegen Ende mit dem Verlag eine weitere relevante Umwelt ins Spiel, was auch die Rolle der Leiter nochmals veränderte. Denn nun waren sie in den Gesprächen mit dem Verlag in der Position, das Gesamtkonzept des Buchprojekts darzulegen. Wo sie selbst noch offene Fragen bemerkten, galt es, den Blick wieder nach innen ins Forschungsteam, auf die einzelnen Teams und auch zwischen diese zu richten und Eindeutigkeit zu schaffen. Mehrdeutigkeit lässt sich wohl nur schwer zu Papier bringen.

15.4 Blickwinkel »Prozess des Organisierens«

Mit der Fokussierung auf den Prozess des Organisierens kommen interessante Strukturelemente wie Strategie, Führungs- und Entscheidungsprozesse, Aufbau- und Ablauforganisation in den Blick. Zu Beginn als Netzwerk verstanden, wurde die Form der Zusammenarbeit über die Zeit immer organisationsförmiger/strukturförmiger: Entscheidungsprozesse haben sich verfestigt, Spielregeln der Zusammenarbeit ausgeprägt, neben der individuellen Motivation und Eigenverantwortung stellten sich Erwartungen an Verbindlichkeit und Zeitstrukturen – all dies formell wie informell ausgeprägt.

An dieser Stelle soll es um die Frage gehen, wie stark sich das Projekt selbst zum Thema gemacht hat. Die Beobachtung: Der Aufmerksamkeitsfokus von Führung lag auf der Bewältigung des Forschungsprozesses. Die Organisation erwuchs evolutionär aus diesem inhaltlichen Fokus, aber ihre explizite Ausgestaltung/Weiterentwicklung fand kaum oder gar nicht statt. Fragen nach Stärken und Schwächen der eigenen Organisation, nach den Erwartungen an Führung und angemessenen Strukturen wurden von ihren Mitgliedern nicht gemeinschaftlich bearbeitet, die eigene Verfasstheit wurde nicht gezielt in den Blick genommen. Es lassen sich keine Settings mit allen Akteur:innen beschreiben, in denen gezielt am Prozess der Selbstorganisation gearbeitet wurde. In den Pausengesprächen, in den Teams, in der bilateralen Kommunikation fand ein zum Teil sehr reger Austausch darüber statt, was man verbessern könnte. All die Vorschläge blieben im informellen Raum der Organisation, die Kommunikation in den gemeinsamen Runden blieb davon unberührt.

Die Mitglieder, sei es auf der Ebene der Leiter oder auf der der Teams, kompensierten in hohem Maße die Defizite der Formalorganisation. Über die Idee stark verbunden, gemeinsam zu forschen und dabei zu lernen (die Anwendung der Systemtheorie in der Praxis und damit die Weiterentwicklung der eigenen Profession als zentraler Kitt für die Mitgliedschaft in der Organisation, so unsere Hypothese), war die Kompensationsbereitschaft aller Akteur:innen groß. Allen Beteiligten wurden viel Geduld und Ausdauer abverlangt.

Rückblickend kann man sich fragen: Welche Ideen, sich anders zu organisieren, hätten entstehen können? Inwieweit hätte es der Organisation geholfen, Rollenkonflikte, widersprüchliche Anforderungen und Spannungen transparent und kollektiv zu bearbeiten?

Welchen anderen Umgang mit der Komplexität hätte sie gefunden? Wie viel Organisation und Führung braucht Selbstorganisation? Gemeinsam mit allen Akteur:innen der Forschungsgruppe auszugestalten, was das Spezifische dieser Art des Organisierens ist, wer oder was die Treiber der Komplexität sind und welche Rahmensetzungen oder Strukturen es braucht, hätte wichtige Impulse in Richtung Effektivität und Effizienz gegeben.

All das haben wir in unseren beforschten Unternehmen häufig vorgefunden: New Organizing wird eingeführt, ohne explizit organisationale Rahmenbedingungen zu klären. Das kollektive Lernen wird nur selten thematisiert, findet kaum statt. Stark intrinsisch motivierte Mitarbeiter:innen gehen mit viel Elan und Experimentierfreude ans Werk, mit großem individuellem Kraftaufwand werden Schwächen ausgeglichen. Oder anders ausgedrückt: Führung und Organisation berauben sich einer Lernchance. Gerade weil viele Initiativen und Einzelakteur:innen in Organisationen sich eher netzwerkförmig organisieren, erweist es sich hier als besonders brisant, eine Beobachtung zweiter Ordnung als verbindliche Routine der Selbstbeobachtung einzuführen.

15.5 Blickwinkel »Komplexitätsbewältigung und ihr Nutzen«

Wenn wir auf Organisationen blicken, interessiert uns das Dauerhafte, die immer wiederkehrenden Muster. Zum Beispiel: Wie gelingt die Kopplung der Akteur:innen? Konkret bezogen auf unser Forschungsprojekt: Wie ist es über die Zeit gelungen, das Netzwerk zu stabilisieren bei gleichzeitiger loser Kopplung der Akteur:innen – jede hätte zu jeder Zeit aussteigen können. Oder: Wie schafft es ein Unternehmen, einen bestimmten Zustand dauerhaft zu stabilisieren? Was von außen rigide und starr erscheint, ist ein hoch dynamischer Prozess im Inneren. Was von außen irrational und manchmal sonderbar wirkt, stiftet in der Eigenlogik von Systemen einen Nutzen. Kurzum: Sinn für Organisationen ergibt das, was anschlussfähig in der Kommunikation ist.

Welchen Nutzen hat also das Hin- und Herpendeln zwischen Fremdsteuerung und Selbststeuerung, zwischen Rahmensetzungen durch Führung und dem ständigen Hinterfragen des Rahmens, zwischen Phasen der Klarheit und Phasen der Verwirrung und des Hinterfragens? Im Folgenden werden diesbezüglich ein paar Aspekte bzw. Hypothesen formuliert:

- Komplexität wird dauerhaft hochgehalten durch die Mehrdeutigkeit des Forschungsgegenstands – wie viel Komplexität ist sinnvoll, wie viel Vereinfachung ist nötig? Oder um es mit Dirk Baecker zu sagen (Baecker 1999, S. 28):

  »Wir haben es also mit einer Paradoxie zu tun: Jede Vereinfachung steigert Komplexität, und zwar eine Komplexität, die nicht irgendwo anfällt, sondern genau da, wo vereinfacht wurde. Die Komplexität steigt schon deswegen, weil es Möglichkeiten der Vereinfachung gibt, die es immer noch erlauben, mit ihr umzugehen. Das Einfache ist nicht der Gegenbegriff zum Komplexen, sondern ein Moment der zur Steigerung der Komplexität beitragenden Komplexitätsbewältigung.«

- Der Faktor Zeit wird selbst zu einem Mechanismus der Paradoxie- und Komplexitätsbewältigung. Es gilt deshalb, nicht dogmatisch an definierten Meilensteinen festzuhalten – das vorliegende Buch hätte eigentlich schon viel früher erscheinen sollen –, sondern iterativ vorzugehen mit immer aktualisierten Terminsetzungen. Aus Sicht von Führung ist dies ein angemessener Umgang mit Komplexität, das Oszillieren zwischen Öffnen und Schließen als Instrument der Qualitätssteigerung. Der Preis: Den Teams wird Ausdauer und Geduld abverlangt, der Erscheinungstermin verzögert sich.
- Die Bindung der Akteur:innen wird durch das angemessene Maß an Freiheit und Selbstbestimmung erzeugt. Gleichzeitig lernen alle Akteur:innen dauerhaft (auch dies bewirkt Bindung), ein Lernen, das dem Grundgedanken eines Alumninetzwerks Rechnung trägt – die Weiterentwicklung der eigenen Professionsrolle als Kernmotivation für die Teilhabe am Netzwerk.
- Aufgrund der kollektiven Suchbewegung wird das Thema »Forschen im unsicheren Raum« zum Leitmotiv der Gruppe. Durch die Art der Kommunikation hat sich eine angemessene Form der Unsicherheitsbewältigung herausgeschält.
- Zu guter Letzt: Kommunikation wird als zentraler Erfolgsfaktor erlebt. Damit rückt die Frage stärker in den Blick, auf welche Art und Weise New Organizing in den Unternehmen kommu-

nikativ bearbeitet wird. Sichtbar ist geworden: Die Implementierung von New Organizing ist ein Veränderungsprozess bzw. ein kollektiver Lernprozess, der auf den unterschiedlichen Ebenen von Führung und Organisation ausgestaltet werden muss.

15.6 Fazit

Wir sind selbst zum Prototyp für New Organizing geworden. All das, was wir in den beforschten Unternehmen beobachten, haben wir auch bei uns beobachtet:

- unterschiedliche Formen von Führung, mal förderlich, mal hinderlich
- unterschiedliche Formen von Teamdynamiken, mal konstruktiv, mal destruktiv bewältigt
- die Ausdifferenzierung der Rollen, mal explizit ausgehandelt, mal reingedriftet in irgendeine Form
- intrinsisch motivierte Akteur:innen, die auf diese Weise im Spiel bleiben und bereitwillig die Defizite der Formalorganisation kompensieren.

Der Nutzen von all dem? Durch die Selbsterfahrung gelingt ein differenzierterer Blick auf die beobachtbaren Phänomene wie auf die Unterscheidungen, die wir treffen. Welche Phänomene in den beforschten Unternehmen nehmen wir in den Blick, welche nicht?

In der Nachbetrachtung wundern wir Autor:innen dieses Beitrags uns, freuen uns aber vor allem, dass das Forschungsvorhaben, diese »Organisation auf Zeit«, es geschafft hat, am vorläufigen Endpunkt des Weges anzukommen. Sichtbar ist dies nun durch das vorliegende Buch, das Sie in Ihren Händen halten. Wir staunen, dass viele der Phänomene, die wir entlang des Weges beobachten konnten und in diesem Beitrag beschrieben haben, sehr ähnlich sind zu denen, die in »Organisationen auf Dauer«, solchen also, die kein definiertes Ende haben, ebenfalls auftreten.

Als ganz zentral erscheint uns dabei das Phänomen des Ringens um Sicherheit und Eindeutigkeit, insbesondere verbunden mit der Zuschreibung zu Führung, die doch wissen müsse, wo es langgeht. Führungskräfte in Organisationen sind, nicht nur wenn es um Veränderungs- und Transformationsprojekte geht, mit der Erwartung konfrontiert, mehr zu wissen, mehr zu ahnen als die von ihnen Geführten, und auf dieser Grundlage den richtigen oder besten Weg vorzuschlagen. Woher die Führungskraft diesen Weg insbesondere dann kennen soll, wenn keiner in der Organisation zuvor etwas Vergleichbares gemacht hat (oder man sich über die Vergleichbarkeit als solche trefflich streiten kann), ist natürlich fraglich, wird aber selten bewusst reflektiert. Niklas Luhmann schrieb dazu in den 1970er-Jahren (Luhmann 1999, S. 72):

> »Vertrauen ist die Erwartung einer künftigen Befriedigung, die zum Motiv für eigenes, sich festlegendes Verhalten wird.«

In diesem Sinne wird das Verhalten von Akteur:innen in Organisationen durch deren (gegenseitige) Erwartung gesteuert, die wiederum eher mit der Rolle verknüpft ist, die einer Akteur:in zugeschrieben wird, als mit der Rolleninhaber:in selbst. So erklärt sich, dass die Erwartungen an die Leiter und Herausgeber im Sinne ihrer Führungsrolle im Forschungsprojekt sehr stark vom Wunsch nach Sicherheit und Eindeutigkeit geprägt waren, wenngleich das Verständnis für Unsicherheit und iterative Vorgehensweise stets Teil der Kommunikation war.

Am Ende steht eine Gruppe von Forscher:innen, die ein Buch geschrieben haben, das so und doch ganz anders geworden ist als erwartet. Wenngleich sich die Zusammensetzung mancher Forschungsteams über die Zeit veränderte, hat ein Großteil der Projektbeteiligten die Reise vom Anfang bis zum Ende miterlebt und mitgemacht, viel gelernt und ein Buch verfasst, von dem nun möglichst viele profitieren können.

Interviewte Person(en)/Zeitpunkt	**Kürzel**
Treffen der Forscher:innen in Berlin, Dezember 2019	Int 1
Schriftliche Befragung der Forscher:innen	Int 2
Interview mit dem Leitungsteam	Int 3
Reflexionsgespräch mit dem Leitungsteam	Int 4
Vertiefendes Interview mit einem der Forschungsteams	Int 5

Tab. 3: Übersicht der Interviews für diesen Beitrag

III Zum Ende der Reise

Ein zweiter Blick auf New Organizing

Torsten Groth, Gerhard P. Krejci, Stefan Günther

Forschungen sind gute Gelegenheiten zum Lernen, und zwar nicht nur für die Unternehmen, die am Projekt teilgenommen haben oder die Forscher:innen selbst. Über alle Studien hinweg zeigen sich Probleme und Lösungen der Implementierung von New-Organizing-Praktiken, die weit über den jeweiligen Fall hinausweisen: Wie können andere Unternehmen profitieren, was sagen die Ergebnisse über den Einsatz aktueller Organisationsansätze aus, und was lässt sich hieraus gar für den zukünftigen Umgang mit Trendansätzen ableiten?[29] In diesen drei Hinsichten lohnt sich ein abschließender »zweiter Blick«.

Die Fallstudien sind in einer Zeit entstanden, in der Ansätze wie Agilität etc. zum überwiegenden Teil als Allheilmittel für die Zukunft von Unternehmen propagiert wurden. Diese Bewertung kann und soll in mehrerlei Hinsicht relativiert werden. Für uns zeigen sich in den vier Bereichen Organisation, Führung, Teams/Projekte und Beratung (vgl. Kap. 1) jeweils überlebenskritische Aspekte, die nicht angemessen in die Aufmerksamkeit der Entscheider:innen kamen. Dabei gilt, dass die Nicht-Angemessenheit mehr auf die verwendeten Ansätze verweist denn auf die Verwendung der Ansätze in den beforschten Unternehmen. Hierbei sind vier Aspekte besonders hervorzuheben:

- Organisationstrivialisierung
- Führungsvergessenheit
- Teamentkopplung
- Beratungsvergessenheit.

Organisationstrivialisierung

In vielen Fallstudien treten existenzielle Organisationsdynamiken hervor. Gemeint sind zum Beispiel Konzernstrategien zur Bewältigung digitaler Umbrüche, Fragen des Verhältnisses von Holdings zu Unternehmenseinheiten oder der jeweiligen Bereiche und Einheiten

29 Entstanden ist diese Zusammenfassung der Erkenntnisse auch im Zuge mehrerer Auswertungsmeetings, an denen viele der Forscher:innen aktiv mitgewirkt haben.

zueinander etc. Neue, agile Organisationsansätze können gerade mit ihrem Fokus auf Flexibilisierung und Kundeninteressen Beiträge und Impulse zum Wandel liefern. Sie werden jedoch in starkem Maße eingebettet in strategische Überlebensfragen sowie in vorhandene Organisationsroutinen. In der Form der pragmatischen Einpassung und Anpassung zeigt sich erst der »eigentliche« Beitrag zur Wirkung – und nicht in der Bewertung der Methode an sich.

Dies relativiert auch all jene Diskussionen, in denen gefordert wird, eine neue Organisationsform solle die bestehende Form im Sinne eines kompletten Betriebssystemwechsels ersetzen. Wer so denkt, trivialisiert den Umstand, dass es sich bei Unternehmen um gewachsene soziale Gebilde handelt, die sich nicht maschinengleich umbauen lassen. Empirisch zeigt sich die Robustheit der Großorganisationen mit ihren Konzernsteuerungslogiken. Dieser Umstand mag z. B. beim Festhalten am Bewährten Anlass zur Kritik geben, er sichert zugleich das Überleben dieser Organisationen. Es kommt immer zu einer Koexistenz von Neuem und Bewährtem. Jede Fallstudie kann als Versuch oder als Form der Balancierung unterschiedlicher Organisationslogiken gelesen werden. In einigen Fällen kommt es zu einem produktiven Miteinander, häufiger zeigen sich Konfliktlinien in der Gestaltung von Wandelprozessen.

Wird diese Wandelproblematik negiert, indem z. B. das Neue als Rettung und das Bisherige als überkommen bewertet wird, findet keine angemessene Form der Auseinandersetzung statt. Neue Ansätze können dann ihr Potenzial nicht organisationsweit entfalten, sie bleiben, wie oft gesehen, Insellösungen.

Führungsvergessenheit

Folgt man den Überlegungen von Wimmer, so sind Führung und Organisation als »zwei Seiten ein und derselben Medaille« (Wimmer 2009) zu verstehen. Insofern mag es wenig verwundern, dass bei einer zugespitzt diagnostizierten Organisationstrivialisierung auch eine Führungsvergessenheit festgestellt werden kann – beide Phänomene hängen eng zusammen.

Werden Organisationen in ihrer Gestalt nicht angemessen erfasst, stellt sich die Frage nach dem Preis dieser Trivialisierung. Wie sich in vielen Fallstudien gezeigt hat, haben Führungskräfte in der Koexistenz zweier Logiken den Preis zu zahlen (vor allem, wenn es keine Richtungsvorgaben durch das Topmanagement gibt). Sie agieren in einer Welt zwischen Neu und Alt, zwischen Initiativen von unten oder von oben (vgl. Abb. 2) oder zwischen hochmotivierten Protagonisten von New Work und Repräsentanten einer gewachsenen Organisation. Die Führungskräfte bleiben »zur Hälfte« in der alten, hierarchischen Verantwortung und müssen in der neuen Welt sogleich erleben, dass mit der Implementierung von New Organizing ihre hierarchische Macht erodiert. Sie agieren in einer Welt des »Noch nicht/Nicht mehr« (Ortmann 2015).

Da in vielen neueren Organisationsansätzen auf Selbstorganisation gesetzt wird, werden relevante Führungsfunktionen »vergessen«, Hierarchie und Positionsmacht oftmals sogar tabuisiert. Auch zukünftig ist die Frage zu stellen: Wie gelingt es, Führung und Führungskräfte derart zu positionieren, sodass die Balance zwischen »Innen/Außen«, »Oben/Unten« oder auch »Innovation/Routine« aktiv gestaltet werden kann?

Teamentkopplung

Es ist beeindruckend zu sehen, wie viele Initiativen auf Team- und Projektebene in den Großorganisationen gestartet wurden oder schon seit vielen Jahren mit neuen Organisationsformen ernsthaft experimentieren. Netzwerke, Teams und Projekte sind soziale Orte, in denen Einzelne ihr Engagement mit der Aktivierung informeller Kommunikation einbringen können. Sie sind vom Typus und von der Größenordnung Systeme, die im Vergleich zu Organisationen zugänglicher sind für Dynamik, Flexibilität und Innovation. Hier besteht der größte »natürliche Fit« vieler New-Organizing-Ansätze, die aus der Projektarbeit stammen.

In den Fallstudien zeigt sich jedoch auch die Schattenseite dieses Fokus. Viele Initiativen und Netzwerke starten hochmotiviert, erzielen durch flexiblere, interdisziplinäre Formen der Zusammenarbeit und den Abbau von Hierarchieebenen nachweislich bessere Ergebnisse, organisationsweit wirksam werden sie oftmals dennoch nicht.

Werden in neuen Organisationsansätzen Teams oder Teamarbeit als Gegenmodell zur Organisation gedacht, geraten gerade in größeren Unternehmen existenziell wichtige Fragen der Kopplung von Organisations- und Teamlogiken aus dem Blick.

Die drei ausgeführten Themenkomplexe Organisationstrivialisierung, Führungsvergessenheit und Teamentkopplung erzeugen trotz vieler Erfolge ein Bild der Zerrissenheit. New-Organizing-Aktivitäten fordern Organisation und Führung heraus und sorgen nicht selten für Spaltungen. Phänomene dieser Art sind als Folge der Einführung von Neuem keineswegs überraschend. Man könnte fast sagen, es sind ganz klassische Problemstellungen, die sich schon früher bei tiefgreifendem Organisationswandel gezeigt haben. Dadurch, dass viele New-Organizing-Ansätze im Kern als Gegenmodelle zu den lange Zeit bewährten und praktizierten Organisations- und Führungsformen erdacht wurden, bleiben Verknüpfungsfragen unbeantwortet, mit denen alle Akteur:innen in den untersuchten Unternehmen zu tun hatten. Typischerweise würde in Fällen wie diesen, in denen Unternehmen mit ihrer Selbstanpassung überfordert sind, Beratung als Möglichkeit zur Selbstbeobachtung und Bearbeitung der entstehenden Spannungsfelder hinzugezogen werden. Aber auch hier zeigt sich eine interessante »Abwesenheit«.

Beratungsvergessenheit

Ausschweifend wurde im vorliegenden Buch von Experimenten erzählt, vom Ausprobieren, von Lernreisen und der Lust und Motivation, »sich selbst auf den Weg gemacht zu haben«. Im New Organizing deutet sich ein Wandel im Umgang mit den klassischen Wandelbegleitern an. Denn die großen Unternehmensberatungen waren und sind nicht die großen Treiber:innen der Bewegung gewesen.

Der Erfolg der Agilisierungsansätze lässt sich eher damit begründen, dass einerseits das Topmanagement ein Versprechen erhält, das Unternehmen schneller an sich verändernde Umwelten anpassen zu können, und andererseits Mitarbeiter:innen auf die Idee kommen, in größerer Selbstbestimmung arbeiten und entscheiden zu wollen. Und wer nach Selbstbestimmung strebt, »nimmt die Sache selbst in die Hand«. Deshalb wurden bei der Umsetzung die internen Beratungsfunktionen recht wenig genutzt, so unser Eindruck.

Interne Beratungsfunktionen waren eher in einer dienenden Funktion tätig, in der Vermittlung von Agile Coachs oder in der Moderation von Konflikten, als dass sie die intern fragmentierten Umbauprozesse koordiniert und gelenkt haben. Um die eigene Relevanz als Expert:innen für das Neue glaubwürdig unter Beweis stellen zu können, unterzogen sich interne HR- und Beratungseinheiten ebenfalls radikalen Transformationen. Dazu musste viel Energie auf Binnenfragen gerichtet werden, was den Fokus zunächst eher vom Kunden ablenkte.

Mit Blick auf Organisationstrivialisierung, Führungstabuisierung und Teamentkopplungen ist jedoch ein Fragezeichen zu setzen, wenn »Selbstberatung« in den Untereinheiten als ein Zukunftsmodell gesehen wird. Es braucht auch zukünftig Orte und Formen, in denen Unternehmen zu gesamthaften Beobachter:innen zweiter Ordnung ihres eigenen Veränderungsprozesses werden. Hier zeichnen sich wichtige Unterstützungsbedarfe ab (für die sich Beratung besonders aktiv in Erinnerung bringen muss).

Von Impulsen zu »epistemologischen Irrtümern«

Womöglich hängen die vier ausgemachten Problembereiche Organisation, Führung, Teams/Projekte und Beratung enger zusammen, als man vermutet. Im Zuge der Agilisierungstrends und der New-Work-Diskussionen haben sich nicht nur neue Methoden und Ansätze (mit ihren Stärken und Schwächen) durchgesetzt, es hat auch eine Semantik Einzug gehalten, die stark auf Selbstorganisation, Demokratisierung, Gleichheit und Sinnerfüllung abzielt. All diese Ziele sind an sich begrüßenswert und erklären die große Attraktivität von Bottom-up-Prozessen, die sich in vielen der Fallstudien gezeigt hat. Sie bilden jedoch nur einen Teil dessen ab, was eine Organisation zur Sicherung ihrer Überlebensfähigkeit benötigt.

Nehmen wir – nur exemplarisch für viele weitere Ansätze – eine Zusammenfassung aus dem kleinen Büchlein *Corporate Rebels: Make work more fun* (Minnaar a. de Morree 2019). Beide Autoren haben weltweit Interviews mit Managementdenker:innen geführt und Vorzeigeunternehmen für neues Arbeiten besucht. Ihres Erachtens lassen sich zukünftig die folgenden acht Entwicklungen ausmachen (ebd., S. 216 f.; Übers. d. Verf.):

»... weg von Profitorientierung hin zu Sinn und Werten
... weg von hierarchischen Pyramiden hin zu Netzwerken und Teams
... weg von direktiver Führung hin zu unterstützender Führung
... weg von vorausschauender Planung hin zu experimentellem Anpassen
... weg von Regeln und Kontrolle hin zu Freiheit und Vertrauen
... weg von zentraler Macht hin zu verteilter Autorität
... weg von Geheimhaltung hin zu radikaler Transparenz
... weg von Stellenbeschreibungen hin zum Entwickeln von Talenten.«

Wie sich in den Fallstudien dieses Buches vielfach gezeigt hat, wird mit der einseitigen Betonung von Sinn, Netzwerk, Experimenten, Transparenz etc. etwas propagiert, das mit dem langfristigen Überleben von Organisationen kaum vereinbar erscheint. Unabhängig von spezifischen Organisationskontexten wird eine Entwicklungsrichtung vorgegeben.

Spätestens jetzt ist es an der Zeit, über »epistemologische Irrtümer« (Bateson 1982, S. 162) zu reden. Solche Irrtümer liegen immer dann vor, wenn Akteur:innen Ideen verfolgen, wie sie ihr Leben gestalten möchten, dabei jedoch Konzepte wählen, die nicht zum Überlebenskontext passt. Klassisch ist das Beispiel eines magersüchtigen Mädchens, das ihren Körper zu kontrollieren versucht, in dem sie die Nahrungszufuhr minimiert (Simon 2013, S. 172 ff.). Diese Kontrolle wird fatalerweise als Gewinn erlebt, der anfänglich mit dem vielleicht noch hinnehmbaren Preis des Verlusts an Körpergewicht bezahlt wird, langfristig jedoch mit dem Tod.

In der Unternehmenswelt lassen sich ähnliche Beispiele finden (Groth 2017, S. 23): Unternehmen richten sich primär an den Interessen ihrer Shareholder aus und riskieren mit radikalen Kostenreduzierungen die Innovationskraft, mit längerfristig negativen Auswirkungen auf Kundenzufriedenheit und Wettbewerbsfähigkeit. Ein ähnlicher Erkenntnisfehler liegt vor, wenn in New-Organizing-Prozessen streng nach den Empfehlungen von Trendkonzepten gehandelt wird. Epistemologische Irrtümer begehen solche Führungskräfte und Berater:innen, die davon ausgehen, dass die Prinzipien eines modischen Ansatzes »automatisch« die Erfolgsbedingungen für das Führen eines Unternehmens sind.

Ähnliches lässt sich angesichts der vielfältigen Irritationen von Führungskräften über die Bewertung von Hierarchie sagen. Wer z. B. infolge einer Präferenz für Selbstorganisation alle Formen von Hierarchie ablehnt und Gleichheit unter den Beteiligten einfordert, begeht ebenfalls einen epistemologischen Irrtum. Passender wäre es, zwischen der Organisationsform Hierarchie und dem Prinzip der Asymmetrie zu unterscheiden. Wer so verfährt, wird beispielsweise klassische hierarchische Organisationsformen abschaffen und gleichzeitig dafür sorgen, dass andere Formen der Asymmetrisierung an deren Stelle treten.

Selbstorganisation benötigt organisationale Rahmensetzungen: Demokratisierung in Organisationen benötigt differenzierte Partizipationsverfahren, Prozesse, Strukturen und geeignete Mitglieder – und gerät bei strategischen Entscheidungen an ihre Grenzen. Gleichheit benötigt Ungleichheit, um symmetrische Eskalationen oder Stillstand zu verhindern. Individuelle Sinnerfüllung benötigt die Bereitschaft, den Überlebenssinn der Organisation über das eigene Sinnkonstrukt zu stellen etc.

Mit dem Verweis auf epistemologische Irrtümer sprechen wir uns keineswegs gegen den Anregungscharakter und die Qualität vieler einzelner Ideen aus, die derzeit in der Diskussion sind. Wir warnen jedoch vor einer unkritischen vollumfänglichen Übernahme von Ansätzen, die verneinen, dass das Überleben von Unternehmen vom Zusammenbringen widerstreitender Logiken abhängt. Damit wären wir bei einem zukunftsfähigen Beratungs- und Führungsansatz, der Funktionsprinzipien von Organisation und Führung ernst nimmt und dabei vor allem Paradoxien integriert.

Paradoxiemanagement als Kern eines zukunftsfähigen Umgangs mit Beratungs- und Führungsansätzen

Verknüpft man die Erkenntnisse aus den Fallstudien mit den obigen Ausführungen zur Semantik von Trendansätzen, dann schält sich für uns ein Denkansatz heraus, der viele der beobachteten Phänomene miteinander verknüpft. Es handelt sich um das Management von Paradoxien. Ein Hinweis vorab: Man braucht keine Paradoxietheorie, um Unternehmen erfolgreich in dynamischen und komplexen Umweltlagen führen zu können. Allerdings sprechen viele Phänomene in den Unternehmen dafür, das Potenzial dieser Theoriefigur zu nutzen, ganz zu schweigen von der einseitigen Form, in der trendige Konzepte häufig formuliert sind.

Generell gilt: Als paradox werden Situationen beschrieben, in denen Unentscheidbarkeit herrscht. Paradoxien treten pragmatisch auf, wenn zwei Handlungsanforderungen gleichzeitig gelten, die sich widersprechen (Watzlawick, Beavin u. Jackson 1990, S. 178 ff.). Wer kennt nicht die Situation beim Fotografieren, in der man aufgefordert wird, spontan und locker sein zu müssen, sodass ein gutes Bild entsteht? Man sieht sich zwei Forderungen ausgesetzt, die sich gegenseitig ausschließen: Tue etwas genau jetzt, im richtigen Moment, im Angesicht einer Kamera, und sorge zugleich dafür, dass dies natürlich rüberkommt …

Was schon beim Fotografieren viele als unmöglich oder als stressig erleben und deshalb gerne vermeiden, kennzeichnet mit einer systemischen Sicht den Alltag in Unternehmen. Organisationen als soziale Systeme sind geradezu »um die Bearbeitung pragmatischer Paradoxien herum gebaut« (Luhmann 2000; Simon 2013). In praktisch allen Organisationsfragen trifft man auf Paradoxien:

- in Fragen der *Entscheidungsfindung,* wenn immerfort zwischen wählbaren Alternativen richtig zu entscheiden ist, sich die Richtigkeit aber erst im Nachhinein herausstellt
- in der *Gestaltung der Organisationsform,* in der die widerstreitenden Prinzipien Zentralisierung und Dezentralisierung oder auch Steuerung und Autonomie wirken
- in der *Unternehmensentwicklung,* in der die gegensätzlichen Ziele Exploitation und Exploration oder auch Qualität und Kosten bedient werden wollen
- in der *Führungsrolle,* in der Unternehmensziele einerseits mit den Mitarbeiterinteressen und andererseits mit den Kundenwünschen zu balancieren sind
- in *Veränderungsprozessen,* in denen Stabilität mit Wandel zu vereinen sind
- nicht zuletzt konkret *im New Organizing,* bei dem bewährte und neue Formen und Prinzipien des Organisierens zu koppeln sind.

Mit einer Paradoxiesicht – so alt dieses Konzept, das schon die Griechen kannten,[30] auch sein mag – lassen sich wiederkehrende und existenzielle Kernfragen neu und anders erklären und schließlich auch anders bearbeiten. Der vielleicht größte Unterschied zum klassisch-rationalen Denken liegt in der allumfassenden Prämisse, dass es sich nicht lohnt, mit Mitteln der Logik nach Gründen zu suchen, die eine oder die andere Option vorzuziehen. Denn in paradoxen Situationen kann »richtig« zugleich »falsch« und »falsch« zugleich »richtig« sein. Dies mag zunächst irritieren, vor allem da dies dem üblichen ökonomisch-rationalen Streben nach der einzig richtigen Lösung fundamental widerspricht. Stärker noch, es entzieht diesem Streben den Boden. Entscheidend ist, was an die Stelle dieses Strebens tritt.

30 Paradoxie setzt sich zusammen aus gr.: *pará* für »an … vorbei«, »entgegen« und gr.: *dóxa* für »Meinung«, »Glaube«, »Erwartung«.

Hierzu *fünf Empfehlungen:*

- Entdecke Paradoxien!
- Vermeide Eindeutigkeit!
- Erkenne die eigenen Muster!
- Führe Beobachtung zweiter Ordnung ein!
- Agiere postmodisch!

Entdecke Paradoxien!

Ein paradoxiefreundliches Denken über Management- und Organisationsansätze startet mit der Anerkennung der Paradoxie. Wer erkennt, dass ein nicht lösbarer Widerspruch – im Sinne einer Richtig-oder-falsch-Logik – vorherrscht, lebt in einer neuen Welt, in einer neuen Normalität. Es findet eine Moduswechsel statt. Konflikte zwischen Organisationsansätzen können (auch) als erwartbar und (auch) als angemessen bewertet werden. Wie Simon argumentiert, sind Paradoxiefreiheit und Leben langfristig nicht vereinbar (Simon 2013). Im Umkehrschluss kann formuliert werden: Ansätze zur Überlebenssicherung eines Unternehmens und das Paradoxiedenken sind miteinander vereinbar.[31]

Vermeide Eindeutigkeit!

Mit der Anerkennung der Paradoxie wird zunächst einmal unterbunden, was zur gängigen Praxis im Management und in der Ratgeberliteratur gehört. Oft werden ambivalenzfreie Botschaften ausgegeben mit dem Ziel, für Eindeutigkeit und Klarheit zu sorgen und Irritationen von der Belegschaft fernzuhalten. Wie sich jedoch gezeigt hat, schafft ein solches Vorgehen *Lösungsprobleme:* Ein neuer Ansatz wird als Lösung aktueller Problemlagen verkauft und kommt innerhalb der Organisation unweigerlich in Konflikt mit der bisherigen Praxis. Absehbar ist, dass in dieser Folge Vertreter:innen beider Seiten sich als Gegner:innen eher feindlich gegenüberstehen werden. Ein in solchen Fällen oftmals praktiziertes Einführen »gewaltfreier Kommunikationsformen« behebt vielleicht Symptome, es geht jedoch darum, den unauflösbaren strukturellen Konflikt in produktive Bahnen zu lenken.

31 Wer sich nicht nur für die Kurzform des Agilen Manifests begeistert, sondern sich auch mit dessen Hintergrundgeschichte befasst, wird darin die Formulierung finden (Highsmith 2001): »We want to restore a balance.« Das heißt, schon die Autoren des Manifests verweisen in ihrer denkwürdigen Schrift explizit auf die notwendige Verschiebung der Schwerpunkte innerhalb des Gegensatzpaares der Projektarbeit (mehr der einen Seite) der Softwareentwicklung. – Wir danken Timm Richter für diesen Hinweis.

Erkenne die eigenen Muster!

Vielfältige konflikthafte Dynamiken bei der Einführung neuer Organisationsformen lassen sich als (den Beteiligten nicht bewusste) musterhafte Formen der Bewältigung paradoxer Anforderungen reframen. Hierzu hilft ein Sechspunkteschema, das schon im einführenden Kapitel von *Teil I* (vgl. Abschnitt »›Neues‹ trifft auf ›Bekanntes‹ – Leitideen zur Auswertung« unter »Schritt 5«, siehe auch Simon 2007) benannt ist:

- *Aktive Negierung:* Es wird so getan, als ob Neues und Bestehendes problemlos zusammenpassen ... – Wer so verfährt, will womöglich die Handlungsfähigkeit nicht gefährden und setzt auf Pragmatismus im Alltag, zugleich wird die notwendig konflikthafte Diskussion und Auseinandersetzung über »gangbare« Verknüpfungen von neuen und bisherigen Organisationsformen unterbunden.
- *Produktion von Eindeutigkeit:* Es findet eine klare Positionierung für eine (als einzig richtig und positiv bewertete) Seite statt ... – Wer so verfährt, gibt eine klare Richtung vor, zugleich wird Widerstand erzeugt.
- *Differenzierungen einführen / Spaltungen:* In den Unternehmen gibt es Einheiten oder Bereiche, die weiter wie bisher arbeiten, und es gibt andere, ggf. auch nur kleinere Inseln, in denen Neues erprobt wird ... – Wer so verfährt, schafft Räume, in denen sich Neues entwickeln kann und sichert auch den Bestand des Bestehenden. Zugleich werden Grenzen zwischen dem Bewährten und dem Neuen geschaffen, die verhindern, dass eine organisationsweite Veränderung wirksam wird.
- *Oszillieren im Zeitverlauf:* In den Unternehmen wird im Wechsel mal die neue, mal die bestehende Organisationsform als handlungsleitend benannt ... – Wer so verfährt, sorgt im Zeitverlauf dafür, dass beide Seiten bedient werden. Zugleich sorgt der Wechsel (besonders bei Führungskräften) für Unsicherheit, wann welcher Logik zu folgen ist.
- *Scheinheiliges Agieren:* Es wird nach außen so getan, als ob man sich den neuen Organisationsformen verschreibt, nach innen jedoch wird weiter agiert wie bisher ... – Wer so verfährt, sorgt dafür, dass nach außen ein Bild entsteht, das externe Erwartungen von Stakeholdern bedient. Nach innen sorgt ein solches

Vorgehen für Frustrationen, dass das Neue nur eine Fassade bildet, hinter der sich ansonsten wenig ändert.
- *Produktion von Uneindeutigkeit:* Es kommt zu Situationen, in denen die Beteiligten nicht wissen, nach welchen Kriterien sie handeln sollen ... – Wer so verfährt, hofft, durch Nichtfestlegung Konflikte vermeiden zu können, verhindert jedoch auch, dass Orientierung über die Lösung von Alltagsproblemen hinaus gegeben wird.

(Konflikt-)Dynamiken dieser Art sind erwartbare Lösungsversuche, die sich auf der Ebene der Organisation (aber auch in Teams) musterhaft verfestigen können. Ein theoriegeleiteter Blick auf die unterschiedlichen Formen, wie neue und alte Organisationsansätze miteinander verknüpft werden, bietet eine fruchtbare Basis für eine Neubewertung der Praxis.

Führe Beobachtung zweiter Ordnung ein!

Wer ein Paradoxiekonzept anwendet, agiert schon als Beobachter zweiter Ordnung. Er oder sie beobachtet, wie anderen Beobachter:innen innerhalb einer Organisation – dies können Einzelpersonen, aber auch Teams, Projekte oder auch ganze Geschäftsbereiche sein – sich selbst und andere beobachten. Deutlich wird dem Beobachter, dass alle nur jeweils Teilrationalitäten bedienen und entsprechende eigene Sichten auf neue Organisationsformen entwickeln. Im Rahmen dieses Forschungsprojekts hat sich gezeigt, wie stark die Sichten auseinandergingen, wie sich in der Folge Teams von »ihrer« Organisation entkoppelten und wie auch die Führung von den Dynamiken erfasst wurde.

Was den Unternehmen dieser Studie oftmals fehlte und woran zukünftig mehr zu denken ist, sind Orte, Formen und Gelegenheiten, an, in und bei denen der Einsatz neuer Organisationsansätze und deren praktische Auswirkungen reflektiert werden. Praktisch bietet es sich an, alle Organisationsfragen, wie auf einer in der Mitte gelagerten, beweglichen Platte, als Balancierung ambivalenter Prinzipien zu betrachten. Beobachtungs-, Reflexions- und Bewertungsprozesse dieser Art benötigen zumeist Begleitung. Statt zum Verkäufer neuer Konzepte zu werden (und damit nur eine Seite der Paradoxie zu besetzen), könnte es für Beratung eine weit nachhaltigere Aufgabe sein, dafür zu sorgen, die entkoppelten Sichten zusammenzubringen.

Agiere postmodisch!

Es wäre ein Leichtes, New Work, Agilität & Co. als Moden abzuwerten und auch bei folgenden Managementtrends so zu verfahren. Unsere Studie zeigt jedoch, welche immense Impulswirkung von den Ansätzen ausgegangen ist – von der experimentellen Neugestaltung bis hin zum radikalen Infragestellen gewohnter organisationaler Praktiken. Und zugleich sind Organisationen gut beraten, neuen Moden nicht nachzulaufen. Insofern steckt auch im Umgang mit neuen Organisationsansätzen eine Paradoxie: Nutze die Ansätze, aber folgen ihnen nicht!

Postmodisch zu agieren heißt, einerseits aus dem Muster auszusteigen, immer dem neuesten Trend als nächsten Heilsbringer zu folgen. Andererseits heißt es, den Anregungscharakter von Trendansätzen zu nutzen, um hypothesengeleitet deren Wirksamkeit mit der Wirksamkeit bisheriger Vorgehensweisen vergleichen zu können. Angesichts der Überzeugungskraft, mit der sicher auch die zukünftig neuesten Ansätze auftreten werden, sind Organisationen gut beraten, ihr Immunsystem zu stärken. Das Paradoxiekonzept erscheint uns einer der wirksamsten Impfstoffe zu sein.

Bei diesen kursorischen Überlegungen wollen wir es belassen.

> »Die Prämisse von Organisation ist das Unbekanntsein der Zukunft, und der Erfolg von Organisationen liegt in der Behandlung dieser Ungewissheit: ihrer Steigerung, ihrer Spezifikation und der Reduktion ihrer Kosten« (Luhmann 2000, S. 10).

In allen 13 Fallstudien hat sich gezeigt, wie größere Organisationen mit Ansätzen zum New Organizing ringen – zwischen Dogmatik und Pragmatik. Gepaart mit dem Paradoxiedenken zeigen sich hierin Facetten eines zukunftsfähigen, postmodischen Umgangs mit Wandel.

Glossar

In diesem Glossar werden hauptsächlich Begriffe erklärt, die in den Fallstudien verwendet werden. Für weitergehende Recherchen empfehlen wir z. B. https://newworkglossar.de.

agil, Agilität: Steht gemeinhin für die Gewandtheit, Wendigkeit oder allgemein auch Anpassungsfähigkeit von Organisationen und Personen in Strukturen und Prozessen.
Im Organisationszusammenhang wurde der Begriff insbesondere durch das »Manifest für Agile Software-Entwicklung« populär (https://agilemanifesto.org/iso/de/manifesto.html). Seither wird er zunehmend ausgeweitet und u. a. im Sinne von Schnelligkeit, Anpassungsfähigkeit, Flexibilität, Dynamik, Vernetzung und Selbstorganisation verwendet. Zudem werden damit sowohl Methoden (z. B. Scrum) und Prozesse (Projektmanagement) als auch Einstellungen und Verhaltensweisen (»mindset«) sowie Organisationsmodelle (z. B. Holakratie, Spotify-Modell) bezeichnet. Nicht mit der aktuellen Verwendung des Begriffs zu verwechseln ist der Ansatz Talcott Parsons (Parsons 1951): Dieser verwendet das Akronym AGIL für die Beschreibung der Grundfunktionen eines Systems im Zusammenhang mit seiner Selbsterhaltung:
A »adaptation« (Anpassung)
G »goal attainment« (Zielverfolgung)
I »integration« (Eingliederung, Zusammenhalt, Einschluss)
L »latency« (Aufrechterhaltung).

Ambidextrie (lat.): Steht für Beidhändigkeit bzw. die gleichwertige Nutzung beider Hände bzw. Kompetenzen. Nach O'Reilly III und Tushman (2008) ist sie die Fähigkeit eines Unternehmens, gleichzeitig zu forschen (Exploration) und zu optimieren (Exploitation), um langfristig anpassungsfähig sein zu können. Diese beiden Fähigkeiten oder Muster können organisational auf unterschiedliche Art und Weise gestaltet werden, z. B. zeitlich nacheinander, kontextuell innerhalb einer gleich bleibenden Struktur oder strukturell getrennt durch unterschiedliche parallele Organisationsformen.

API (Application Programming Interface): Eine Programmierschnittstelle, häufig nur kurz API genannt, ist ein Programmteil, der von einem Softwaresystem anderen Programmen zur Anbindung an das System zur Verfügung gestellt wird.

Backlog: Engl. für »Arbeitsrückstand« bzw. »Auftragsbestand«. Dynamische Liste von durchzuführenden Arbeitsaufträgen in Form von Anforderungen, User Storys oder Funktionsbeschreibungen (https://www.projektmagazin.de/glossarterm/backlog).

Design Thinking (DT): Ansatz zur Problemlösung und Ideengenerierung, der auf drei gleichwertigen Grundprinzipien – Team, Raum, Prozess – beruht. Das Verfahren hat seinen Ursprung in der Arbeit von Designer:innen und orientiert sich an den grundlegenden sechs Schritten Verstehen, Beobachten, Standpunkt definieren, Ideen finden, Prototypen entwickeln und Testen. Eine eindeutige Definition des Begriffs existiert nicht, der Ansatz ist interdisziplinär, viele Unternehmen und Institute entwickeln eigene Definitionen. Im Zusammenhang mit der Einführung des Begriffs im organisationalen Kontext werden verschiedene Autoren wie Terry Winograd, Larry Leifer und David Kelly, der Gründer der Design- und Innovationsagentur IDEO, genannt (https://de.wikipedia.org/wiki/Design_Thinking).

DevOps: Kunstwort aus Development und Operations. Steht für eine verbesserte Zusammenarbeit und stärkere Integration von Entwicklung (Development) und Betrieb (Operations), wodurch eine raschere Softwareentwicklung und eine höhere Qualität der ausgelieferten Software erreicht werden soll.

DoD (Definition of Done): Checkliste von Aktivitäten, die für jede User Story erstellt wird. Zur weiteren Erläuterung der Begrifflichkeiten siehe auch https://agilescrumgroup.de/user-story/.

Holakratie (auch Holokratie; altgr. *holos* für »ganz, vollständig«, *kratia* für »Herrschaft«): Brian Robertson (2016) brachte »holacracy« als Begriff für sein an das Konzept der Soziokratie angelehntes Organisationsmodell ein. Wiederkehrende Gestaltungsprinzipien sind z. B. überlappende Kreise der organisationalen Einheiten, die Trennung der Meetings zur Bearbeitung von Fragen des Tagesgeschäfts und der Steuerung, die Bedeutung von Rollen und die Verfahren der Entscheidungsfindung. In der Praxis finden sich unzählige Abwandlungen und pragmatische Anpassungen des ursprünglichen Konzepts. Ein offen lizensiertes Regelwerk (»Holakratieverfassung«) wird kontinuierlich weiterentwickelt (https://www.holacracy.org/constitution).

Impediment: Bei Scrum gebräuchlicher Anglizismus, der die Hindernisse und Störungen bezeichnet, die im Arbeitsprozess auftreten können und durch den Scrum Master beseitigt werden sollen.

Jira: Webanwendung zur Fehlerverwaltung, Problembehandlung und zum operativen Projektmanagement. Jira wurde zunächst in der Softwareentwicklung eingesetzt, findet inzwischen aber auch in nichttechnischen Bereichen vieler Unternehmen Anwendung (https://www.atlassian.com/de/software/jira).

Kanban Board: Begriff ursprünglich aus dem Qualitätsmanagement in der Produktion. Mit dem Kanban Board werden die im Zuge der Arbeit erforderlichen Tätigkeiten auf einer Tafel festgehalten. Diese weist mehrere Spalten auf, die den jeweiligen Status der Aktivität repräsentieren (z. B. »Was zu tun ist«, »Was gerade getan wird« »Was erledigt ist«). Je nach Verwendung können mehrere Spalten mit unterschiedlichen Statuszuständen definiert werden. Die Tätigkeiten werden dem jeweils aktuellen Status zugeordnet und dort für alle Beteiligten sichtbar dargestellt.

Lego Serious Play: Vom dänischen Spielzeughersteller LEGO entwickelte Methode zur Symbolisierung und Abstrahierung von komplexen Problemstellungen und deren Lösungsansätzen im Businesskontext. Den Kern der Methode stellt das moderierte Arbeiten mit Metaphern zu konkreten Problemstellungen dar, die in Iterationen in Teams als 3D-Modell gebaut und anschließend in Maßnahmen umgesetzt werden (https://www.lego.com/de-de/seriousplay).

MVP (Minimum Viable Product): Bezeichnet jene Eigenschaften eines Produkts oder einer Dienstleistung, die mit minimalem Aufwand Kundenwünsche oder Markterfordernisse erfüllen. Im Produktentwicklungsprozess bezeichnet ein MVP die erste minimal funktionsfähige Version eines Produkts, die dazu dient, möglichst schnell aus dem Feedback der Nutzer:innen zu lernen und diese Erkenntnisse unmittelbar für ein hochwertiges Endprodukt einzusetzen.

OKR (Objectives & Key Results): Erstmals von Andy Grove, dem ehemaligen CEO von Intel, in den 1970er-Jahren eingeführte Methode und Rahmenwerk zur Zielsetzung und Messung von Ergebniskennzahlen. Später wurde die Methode durch Google bekannt, bei der Zieldefinitionen auf allen Ebenen (von Unternehmensvisionen bis zu Einzelzielen der Individuen) in kleineren zeitlichen Einheiten überprüft und angepasst werden. OKR versteht sich als Weiterentwicklung früherer Ansätze wie MBO (Management by Objectives), BSC (Balanced Scorecard) oder KPI (Key Performance Indicators).

Product Owner (PO): Rollenbezeichnung aus dem agilen Projektmanagement, insbesondere aus Scrum. Auch diese Rolle wird unterschiedlich definiert. Sie definiert die Verantwortung für das Produkt bzw. die Dienstleistung, die im Zuge eines Scrum-Vorgehens bearbeitet wird. Die Aufgaben des Product Owner bestehen u. a. in der Vertretung der Kundeninteressen, der Wertmaximierung des Entwicklungsteams, dem Management des Product Backlog, der Überwachung bzw. Verantwortung der Fortschritte.

(Rapid) Prototyping: Ursprünglich im Kontext von Softwareentwicklung entstandenes Verfahren zum Austesten von angestrebten Ergebnissen mittels wenig aufwendiger, günstiger, noch »roher« Testversionen. Prototyping wird inzwischen in vielfältigen Entwicklungsprozessen mit dem Ziel eingesetzt, Ideen zu visualisieren, Aspekte einer Lösung zu erkunden oder ein vorläufiges Ergebnis in kurzen Iterationen mit dem Kunden zu testen, wobei die anfänglich grobe Genauigkeit zunehmend verfeinert wird.

SAFe (Scaled Agile Framework for Enterprises): Modell zur organisationsweiten Koordination von Scrum-Teams. Auf diese Art wird die Idee der agilen Teamarbeit auf Organisationen umgelegt – bzw. »hochskaliert«, so der übliche Terminus (https://www.scaledagileframework.com).

Safe enough to try: »Is it safe enough to try?« ist eine Testfrage, um im Entwicklungsprozess eines Produkts oder einer Dienstleistung zu prüfen, ob eine Umsetzung erfolgen kann, ohne unnötigen oder zu großen Schaden zu verursachen (https://newworkglossar.de/wann-ist-etwas-safe-enough-to-try).

Scope: Engl. für »Umfang, Geltungsbereich, Anwendungsbereich«. Der Begriff wird vorwiegend in der Projektarbeit verwendet, um ein Vorhaben einzugrenzen (»Was bearbeiten wir – und was nicht?«).

Scrum: Methode des agilen Projektmanagements; der Begriff kommt aus dem Teamsport Rugby, bei dem die Spieler eng in einem Gedränge zusammenkommen und versuchen, in Ballbesitz zu gelangen, und wird als Analogie für eine enge Zusammenarbeit der Teammitglieder verwendet. Scrum hat sich vor allem als Methode der Softwareentwicklung bewährt und erfreut sich über diesen Kontext hinaus hoher Popularität bei den Anwender:innen agiler Methoden (https://www.scrumguides.org/docs/scrumguide/v2020/2020-Scrum-Guide-US.pdf#zoom=100).

Scrum Master: Rolle aus dem agilen Projektmanagement, bei dem explizit auf die Rolle der Projektleitung verzichtet und dem oder der Rolleninhaberin eine moderierende Funktion zugeordnet wird. Aufgaben des Scrum Master sind Ausbilden, Coachen, das Aus-dem-Weg-Räumen von Hindernissen, Unterstützen und Moderieren.

Spotify-Modell (zusammengesetzt aus engl. *to spot* für »entdecken« und *to identify* für »identifizieren«): Organisationsmodell, das vom schwedischen Start-up Spotify Technology S. A. 2006 entwickelt und inzwischen mehrfach adaptiert wurde. Die Bausteine einer mit agilen Methoden gestalteten Matrixorganisation sind Squads, Tribes, Chapters und Guilds, die im Sinne überlappender Kreise gestaltet sind, um Vernetzung und Flexibilität sicherzustellen (https://agilescrumgroup.de/spotify-modell).

Sprint: Zeitlich festgelegter Arbeitsabschnitt im agilen Projektmanagement, bei dem ein Team einen Teilschritt eines Entwicklungsprozesses von der Planung bis zur Retrospektive bzw. zum Review ohne Störung von außen bearbeitet. Sprints werden nicht verlängert und haben im Idealfall eine zeitlich gleiche Taktung.

User Story: Beschreibung der Eigenschaft, die aus Sicht der Kund:innen als Produkt oder Dienstleistung entwickelt werden soll. (https://agilescrumgroup.de/user-story/).

Wasserfall: Projektmanagementansatz, der anhand eines klar definierten Ablaufs ein Projekt in Phasen bearbeitet, die nach der Entscheidung nicht mehr rückgängig gemacht werden können. Der Begriff symbolisiert die als Kaskade angeordneten Projektphasen und wird in Abgrenzung vom agilen Ansatz verwendet. In der Praxis kommen auch hybride Formen zum Einsatz.

Literatur

Baecker, D. (1999): Organisation als System. Frankfurt am Main (Suhrkamp).
Baecker, D. (2012): Postheroische Führung. In: S. Grote (Hrsg.): Die Zukunft der Führung. Berlin und Heidelberg (Springer), S. 475–490.
Bateson, G. (1982): Geist und Natur. Eine notwendige Einheit. Frankfurt am Main (Suhrkamp).
Bateson, G. (1985): Ökologie des Geistes. Berlin (Suhrkamp), S. 99–113.
Bateson, G., D. D. Jackson, J. Haley u. J. Weakland (1956): Toward a theory of schizophrenia. *Behavioral Science* 1 (4): 251–254.
Brunsson, N. (1985): The irrational organization. Irrationality as a basis for organizational action and change. Chichester (Wiley).
Christensen, C. M. (2015): The innovator's dilemma. Warum etablierte Unternehmen den Wettbewerb um bahnbrechende Innovationen verlieren. München (Vahlen), 2. Aufl. [orig.: (1997): The innovator's dilemma. When new technologies cause great firms to fail. Boston, MA (Harvard Business Review Press)].
Ebers, M. (1987): Organisationskultur und Führung. In: A. Kieser, G. Reber u. R. Wunderer (Hrsg.): Handwörterbuch der Führung (HWFü). Stuttgart (Poeschel), S. 1619–1630.
Fader, P. (2021): Customer centricity, Philadelphia (Wharton), 2nd ed.
Fink, F. u. M. Moeller (2018): Purpose driven organisations. Sinn – Selbstorganisation – Agilität. Stuttgart (Schäffer-Poeschel).
Froschauer, U. u. M. Lueger (2003): Das qualitative Interview. Zur Analyse sozialer Systeme, Wien (UTB).
Geertz, C. (1987): Dichte Beschreibung. Beiträge zum Verstehen kultureller Systeme. Frankfurt am Main (Suhrkamp).
Glaser, B. G. a. A. L. Strauss (1967): The discovery of grounded theory. Strategies for qualitative research. Routledge (New York).
Groth, T. (2017): Lerne Gegensätze zu lieben. *Wirtschaft + Weiterbildung* 5: 22–26.
Groth, T. (2019): 66 Gebote systemischen Denkens und Handelns in Management und Beratung. Heidelberg (Carl-Auer), 3. Aufl.
Groth, T., S. Günther u. G. P. Krejci (2017): Seminarunterlagen Aufbaukurs Systemische Organisationsberatung. Dimensionen der Führung zur Überlebenssicherung – Aufgabenfelder 1. und 2. Ordnung.
Hamel, G. u. M. Zanini (2018): Das Ende der Bürokratie. *Harvard Business Manager* Nov/Dez: 51–59.
Heider, F. (1926): Ding und Medium. *Symposium* 1: 109–157.
Heintel, P. u. E. E. Krainz (2011): Projektmanagement. Hierarchiekrise, Systemabwehr, Komplexitätsbewältigung. Wiesbaden (Gabler), 5. Aufl.

Highsmith, J. (2001): History: The agile manifesto. Verfügbar unter: https://agilemanifesto.org/history.html [Zugriff: 11.06.2021].

Hilse, H. u. I. Susemihl (2018): Erfolgreiche Kooperationen. Von Corporates und Start-ups. *OrganisationsEntwicklung* 37 (1): 18–24.

Hofert, S. (2018): Das agile Mindset. Wiesbaden (Springer-Gabler).

Kieser, A. (1996): Moden & Mythen des Organisierens. *Die Betriebswirtschaft* 56 (1): 21–39.

Kluge, S. u. A. Kluge (2020): Graswurzelinitiativen in Unternehmen. Ohne Auftrag – mit Erfolg! Wie Veränderungen aus der Mitte des Unternehmens entstehen – und wie sie erfolgreich sein können. München (Vahlen).

Krejci, G. P. u. T. Groth (2020): Teaminteraktionen als Ressource der Organisation. Ein doppelt paradoxes Unterfangen. In: O. Geramanis u. S. Hutmacher (Hrsg.): Der Mensch in der Selbstorganisation. Wiesbaden (Springer Fachmedien). S. 55–69.

Kühl, S. (2011): Organisationen. Eine sehr kurze Einführung. Wiesbaden (VS Verlag).

Kühl, S. (2015): Sisyphos im Management. Die vergebliche Suche nach der optimalen Organisationsstruktur. Frankfurt und New York (Campus).

Kühl, S. (2020): Brauchbare Illegalität. Vom Nutzen des Regelbruchs in Organisationen. Frankfurt und New York (Campus).

Kühl, S. (2021): Die Schauseite von Veränderungsprojekten. *OrganisationsEntwicklung* 40 (1): 6–11.

Laloux, F. (2015): Reinventing Organizations. Ein Leitfaden zur Gestaltung sinnstiftender Formen der Zusammenarbeit. München (Vahlen).

Laux, I. a. J. Kranz (2019): Coexisting plan-driven and agile methods – How tensions emerge and are resolved. Proceedings of the 40th International Conference on Information Systems, Munich, Germany, Dec. 15–18, 2019.

Luhmann, N. (1984): Soziale Systeme. Frankfurt am Main (Suhrkamp).

Luhmann, N. (1997): Die Gesellschaft der Gesellschaft (2 Bände). Frankfurt am Main (Suhrkamp).

Luhmann, N. (1999): Funktion und Folgen formaler Organisation. Berlin (Duncker & Humblot), 5. Aufl.

Luhmann, N. (2000): Organisation und Entscheidung. Opladen und Wiesbaden (Westdeutscher Verlag).

March, J. G. (1991): Exploration and exploitation in organizational learning. *Organization Science* 2 (1): 71–87.

Maturana, H. u. F. Varela (1984): Der Baum der Erkenntnis. Bern und München (Goldmann).

Mayring, P. (2015): Qualitative Inhaltsanalyse: Grundlagen und Techniken. Weinheim und Basel (Beltz), 12. Aufl.

McGregor, D. (1960): The human side of enterprise. New York (McGraw-Hill).

Minnaar, J. a. P. de Morree (2019): Corporate rebels. Make work more fun. London (Eigenverlag).

Mintzberg, H. (2009): Managing. San Francisco (Berrett-Koehler).

Nassehi, A. u. I. Saake (2002): Kontingenz: Methodisch verhindert oder beobachtet? *Zeitschrift für Soziologie* 31 (1): 66–86.

Nicolai, A. T. (2000): Die Strategie-Industrie. Systemtheoretische Analysen des Zusammenspiels von Wissenschaft, Praxis und Unternehmensberatung. Wiesbaden (Gabler).

O'Reilly III, C. A. a. M. L. Tushman (2008): Ambidexterity as a dynamic capability: Resolving the innovator's dilemma. *Research in Organizational Behavior* 28: 185–206.

Ortmann, G. (2015): Noch nicht/Nicht mehr: Wir Virtuosen des versäumten Augenblicks. Weilerswist (Velbrück).

Parsons, T. (1951): The social system. London (Routledge).

Peters, T. J. u. R. H. Watermann jun. (2003): Auf der Suche nach Spitzenleistungen. Was man von den bestgeführten US-Unternehmen lernen kann. Landsberg am Lech (Moderne Industrie).

Powell, W.W. (1990): Neither market nor hierarchy: Network forms of organisation. *Research in Organization Behavior* 12: 295–336.

Rieckmann, H. (2007): Managen und Führen am Rande des 3. Jahrtausends. Frankfurt am Main (Peter Lang), 4. Aufl.

Robertson, B. J. (2016): Holacracy – Ein revolutionäres Management System für eine volatile Welt. München (Vahlen).

Rosenberg, M. B. (2013): Gewaltfreie Kommunikation. Eine Sprache des Lebens. Paderborn (Junfermann).

Rubin, K. S. (2015): Essential scrum. A practical guide to the most popular agile Process. Ann Arbor, MI (Addison-Wesley), 6th ed.

Schumacher, T. u. R. Wimmer (2019): Der Trend zur hierarchiearmen Organisation. Zur Selbstorganisationsdebatte in einem radikal veränderten Umfeld. *OrganisationsEntwicklung* 38 (2): 12–18.

Seibel, W., K. Klamann u. H. Treis (2017): Verwaltungsdesaster. Von der Loveparade bis zu den NSU-Ermittlungen. Frankfurt am Main (Campus).

Simon, F. B. (1997): Die Kunst, nicht zu lernen. Heidelberg (Carl-Auer).

Simon, F. B. (2007): Paradoxiemanagement oder: Genie und Wahnsinn der Organisation. *Revue für Postheroisches Management* 1 (07): 68–75.

Simon, F. B. (2013): Wenn rechts links ist und links rechts. Paradoxiemanagement in Familie, Wirtschaft und Politik. Heidelberg (Carl-Auer).

Simon, F. B. (2018): Formen. Zur Kopplung von Organismus, Psyche und sozialen Systemen. Heidelberg (Carl-Auer).

Stark, D. (2009): The sense of dissonance. Accounts of worth in economic life. Princeton und Oxford (Princeton University Press).

Watzlawick, P., J. H. Beavin u. D. D. Jackson (1990): Menschliche Kommunikation. Formen, Störungen, Paradoxien. Bern (Huber), 8. Aufl.

Weick, K. E. (1976): Educational organizations as loosely coupled systems. *Administrative Science Quarterly* 21: 1–19.

Weick, K. E. (1995): Der Prozeß des Organisierens. Frankfurt am Main (Suhrkamp).

Weick, K. E. a. R. Quinn (1999): Organizational change and development. *Annual Review of Psychology* 50: 361–386.

Wimmer, R. (2007): Die bewusste Steigerung der eigenen Lernfähigkeit als Unternehmen. In: N. Tomaschek (Hrsg.): Die bewusste Organisation. Steigerung der Leistungsfähigkeit, Lebendigkeit und Innovationskraft von Unternehmen. Heidelberg (Carl-Auer).

Wimmer, R. (2009): Führung und Organisation – zwei Seiten ein und derselben Medaille. *Revue für postheroisches Management* 4: 22–33.

Wimmer, R. (2012): Organisation und Beratung. Systemtheoretische Perspektiven für die Praxis. Heidelberg (Carl-Auer), 2. Aufl.

Wötzel, D. (2017): Wirksame Umsetzung strategischer Entscheidungen. Dissertation Universität Würzburg.

Zimmermann, W. (2012): Unternehmer sind Verrückte. Wiesbaden (Springer Gabler).

Über die Autor:innen

Bickmeyer, Anette, Dr. phil.; Ideenentwicklerin und Konzeptionistin, Coach.

Kontakt: *ab@bickmeyer-concepts.de*

Camisani, Alessandro, Dipl.-Betriebs- und Produktionsingenieur ETH; Leiter Personal- und Organisationsentwicklung bei der Flughafen Zürich AG mit Schwerpunkten Change, Führung, Projektmanagement und Lean Management.

Kontakt: *alessandro@camisani.ch*

Clement, Ute, Dipl.-Psych.; Systemische Organisationsberaterin für internationale Changeprojekte und Post-Merger-Integrationen, ehemalige Leiterin Führungskräfteentwicklung bei der Daimler AG, Geschäftsführerin von Ute Clement Consulting GmbH. Netzwerkpartnerin bei Simon Weber Friends.

Kontakt: *clement@uteclementconsulting.de*

Feneberg, Peter, Berater und Coach, selbstständiger Berater und Mitglied der Inhouse Consulting der Audi AG; Beratungsschwerpunkt: Verzahnung von Strategie, Organisation und Führung im Kontext tiefgreifender Veränderungsprozesse. Netzwerkpartner bei Simon Weber Friends.

Kontakt: *peter.feneberg@posteo.de*

Gebauer, Annette, Dr.; Systemische Organisationsberaterin; Inhaberin der Beratungsfirma Interventions for Corporate Learning (ICL); Unterstützung internationaler Unternehmen in Veränderungsprozessen zur nachhaltigen Kulturentwicklung sowie zur Steigerung der organisationalen Lern- und Leistungsfähigkeit, Agilität und Resilienz. Netzwerkpartnerin bei Simon Weber Friends.

Kontakt: *gebauer@icl.berlin; https://icl.berlin/de/*

Hanke, Susanne, Dr. rer. pol., Dipl.-Kffr.; Tätigkeit bei zwei deutschen Großbanken und der Treuhandanstalt; Coaching und systemische Beratung im interkulturellen Bereich; Begleitung von Markteinführungen mit Fokus auf transnationale Kooperationen im Ostseeraum.

Kontakt: *sh-consulting@posteo.de*

Hinterberger, Rene, DI; Leiter der Hardware Entwicklung Region Europa 1 VNI CE Continental AG sowie Leiter der Forschungs- und Entwicklungsabteilung der Continental Automotive Austria GmbH in Wien.
Kontakt: *hinterberger.r@gmail.com*

Höher, Robin, Dipl.-Ing.; Manager Marketing Strategy und Business Development bei Siemens Energy; 2019–2020 Delegierter beim Weltenergierat – Deutschland e. V.; Systemischer Organisationsberater und Certified Professional Co-Active Coach.
Kontakt: *robin.hoeher@siemens-energy.com,*
https://www.robin-hoeher.com/

Huber, Menno; Organisationsberater und Coach bso; selbstständiger Berater und Partner der Concentria GmbH; Schwerpunkte: Organisationsdesign, Management und Transformationsprozesse; Referent und Autor.
Kontakt: *huber@mennohuber.ch*

Ingerfeld, Andreas; Mitbegründer und Geschäftsführer der covolution GmbH; Schwerpunkte: evolutionäre Strategie, Transformation und Kommunikation; begleitet seit mehr als 12 Jahren als Berater komplexe Veränderungen; davor 15 Jahre Bereichsleiter und Sprecher internationaler Konzerne.
Kontakt: *andreas.ingerfeld@covolution.eu*

Jager, Josef, Mag., MsC; Senior Process Consultant in einem österreichischen Telekommunikationsunternehmen.
Kontakt: *josef.jager@outlook.com*

Kalogeropoulos, Elena A., MAS; Juristin, systemische Politik- und Organisationsberaterin in den Bereichen Strategie und Innovation. Thematische Schwerpunkte: Digitalisierung, Organisationsentwicklung und Vielfalt an den Schnittstellen von Zivilgesellschaft, Staat, Wirtschaft und Wissenschaft.
Kontakt: *info@elenakal.com*

Korte, Jens, Dipl.-Ing.; Organisationsberater, Trainer und Agile Coach. Geschäftsführer der mind to matter GmbH. Schwerpunkte: Beratung und Begleitung von Organisationen bei der Einführung agiler Arbeitsweisen und Organisationsformen; Netzwerkpartner bei Simon Weber Friends.
Kontakt: *jens.korte@mind-to-matter.com*

Krisor, Susanna Maria, Dr.; Dipl.-Psych.; Leitung der Zentralen Personalentwicklung der Deutschen Rentenversicherung Knappschaft-Bahn-See; Coach; Trainerin und Systemische Organisationsberaterin mit den Schwerpunkten Leadership, Engagement, Gesundheit sowie Vereinbarkeit von Familie und Beruf.
Kontakt: *susanna.krisor@tu-dortmund.de; http://krisor.de/*

Kublun, Nina; Beraterin für digitale Projekte; Weiterbildung in systemischer Organisationsberatung; seit mehr als 20 Jahren selbstständig in der Beratung, Konzeption und Projektleitung digitaler Projekte für Unternehmen unterschiedlichster Branchen.
Kontakt: *nina.kublun@synefo.de,*
https://www.linkedin.com/in/nina-kublun-28031159/

Menchau, Michael; Agile Coach bei Accenture | SolutionsIQ; freiberuflicher Coach für die individuelle Lösungsbegleitung; unterstützt Menschen und Organisationen bei der Gestaltung neuer Arbeitsbedingungen für mehr Potenzialentfaltung.
Kontakt: *Creativesupporters@menchau.de*

Meynerts-Stiller, Kirsten; seit 25 Jahren Systemische Beraterin für Transformationsprozesse und Führungsentwicklung; Gründerin und Managing Partner frankfurter gruppe Unternehmensentwicklung; Arbeitsschwerpunkt und Veröffentlichungen im Bereich Post-Merger-Integration.
Kontakt: *kms@frankfurter-gruppe.de*

Müller, Kristina, Wirtschaftspsychologin (B. Sc.); Beraterin für agile Transformation, Leadership Coach, Gründerin; Schwerpunkte: wirtschaftspsychologisch fundierte und systemisch geprägte Befähigung von Unternehmen für zukunftsfähiges Business, Ausbildung und Coaching von disziplinarischen und lateralen Führungskräften.
Kontakt: *kristina@99facets.de*

Odenthal, Cornelia, Dr.; Organisationsberaterin; über 25 Jahre Berufserfahrung in einem internationalen Konzern mit den Schwerpunkten Strategie- und Organisationsentwicklung, Changemanagement und Kommunikation.
Kontakt: *cornelia.odenthal@gmx.net*

Rachlitz, Kurt; Doktorand am ISF München und Changemanagement-Berater bei CNX Consulting Partners; Schwerpunkte: Zusammenarbeit auf digitalen Innovationsplattformen und neue Arbeitsformen.
Kontakt: *kurt.rachlitz@cnx-consulting.de,*
kurt.rachlitz@isf-muenchen.de

Richter, Timm, Dipl.-Math. und MBA (MIT Sloan School of Management); geschäftsführender Gesellschafter der NEO Culture GmbH; ehemaliger Vorstand der XING SE; Autor des Buches »Jeder kann führen«. Mitglied im Kernteam von Simon Weber Friends.

Kontakt: *timm.richter@neoculture.org*

Salowski, Claudia; Systemische Organisationsberaterin, Coach und Autorin; 1996–2010 in Fach- und Führungspositionen in Communications und Human Resources, seit 2010 freiberufliche Beraterin, Coach und Autorin, Veröffentlichungen u. a. zu kreativen Methoden im Businesscoaching; Netzwerkpartnerin bei Simon Weber Friends.

Kontakt: *salowski@beratungwirkt.de*

Scheer, Aaron, B. Sc.; Systemischer Organisationsberater bei Heitger Consulting by KPMG; Gruppendynamik-Trainer unter Supervision (ÖGGO).

Kontakt: *aaron.j.scheer@gmail.com, www.heitgerconsulting.com*

Schein, Gerlinde, Mag.; Unternehmensberaterin für Organisations- und Personalentwicklung, Coach; Schwerpunkte: Führung, Kooperation, partizipative Entscheidungsprozesse; Psychotherapeutin in Ausbildung unter Supervision (Hypnosepsychotherapie).

Kontakt: *info@gerlindeschein.at*

Schielein, Eva Maria; Systemische Organisationsberaterin, Coach und Trainerin; begleitet mit dem Format Positive Transformation Organisationen, Teams und Einzelpersonen bei Veränderungen im Kontext der Digitalisierung; Netzwerkpartnerin bei Simon Weber Friends.

Kontakt: *eva.schielein@aestimat.de*

Schnieper, Balz, lic. oec. HSG / M. A.; selbstständiger Organisationsberater mit den Schwerpunkten Organisationsdesign und Transformation, Service- und Prozessdesign; Business Coach.

Kontakt: *balz@organisationsdesigner.ch*

Schnoor, Antje, Dr.; Wissenschaftsmanagerin in der Strategiegruppe der Deutschen Forschungsgemeinschaft (DFG); Systemische Organisationsberaterin; Schwerpunkte: Kommunikation, Kultur, Führung und Diversität.

Kontakt: *antjeschnoor@gmx.de*

Sely, Daniel, M. A.; Senior Expert Strategie- und Organisationsentwicklung; Corporate Development der DB Systel GmbH; Schwerpunkte: dynamische, kollaborative Strategieentwicklung sowie Gestaltung zukunftsfähiger Strukturen zur Zusammenarbeit, Steuerung und Ausrichtung.

Kontakt: *Daniel.Sely20@gmail.com*

Sonnert, Martin, Geschäftsführer Transformation & OPEX bei Schwarz Produktion GmbH & Co.vKG; über 15 Jahre Erfahrung als Unternehmensberater mit den Schwerpunkten Transformation, Leadership und Nachfolge-/Talentmanagement; über 12 Jahre Erfahrung in diversen Executive-Positionen internationaler Konzerne.

Kontakt: *m.sonnert@projekte-pro.com,*
www.schwarz-produktion.com

Stark, Manuela, Dipl.-Inform.; Organisationsberaterin, Agile Coach, Netzwerkpartnerin bei LEA GmbH; Beratung von Transformationsprozessen, kollaborative Strategieentwicklung in Netzwerken, langjährige Erfahrung im IT-Projektmanagement unterschiedlicher Branchen.

Kontakt: *manuela.stark@starkinnovision.com*

Stuer, Andre, Dipl.-Inform.; Managing Partner hs:results. Unternehmensberatung mit den Schwerpunkten Transformation und Leadership.

Kontakt: *andrestuer@hs-results.com*

Till, Kerstin, Dipl.-Psych.; Psychologin in einer Klinik für Psychiatrie und Psychosomatik; Systemische Beraterin und Coach; Approbationsausbildung zur Psychotherapeutin im Vertiefungsgebiet Systemische Therapie.

Kontakt: *syspsych@googlemail.com*

Vogel, Barbara, M. A.; Beraterin und Coach; Gründerin der Firma Glen Goldberg als Netzwerk & kreativer Hub; Beratungsschwerpunkte: Führung, Innovation, (agile) Strategieentwicklung und wirksames Bearbeiten von Spannungen. Netzwerkpartnerin bei Simon Weber Friends.

Kontakt: *www.glengoldberg.de*

von Vogel, Sophie, M. A.; Teamleitung Strategie- und Organisationsentwicklung bei idealo internet GmbH; freiberufliche Tätigkeit als Systemische Beraterin für (agile) Organisationsentwicklung, Leadership und Zusammenarbeitsmodelle sowie als Coach für Führungskräfte.

Kontakt: *sophievonvogel@gmail.com*

Walser, Nadja, Mag.; selbstständige Organisationsberaterin, Trainerin und Coach; Senior-Beraterin bei WAYSbetter, Netzwerkpartnerin bei Simon Weber Friends.

Kontakt: *nadja.walser@projekte-und-trainings.at*

Weber, Simon, Psychologe (M. Sc.); Organisationsberater für Strategieentwicklung und Reorganisation bei Metaplan; vorher Change-Berater bei Ute Clement Consulting; Doktorand und Lehrbeauftragter am Lehrstuhl für Organisations- und Verwaltungssoziologie an der Universität Potsdam; Netzwerkpartner bei Simon Weber Friends.

Kontakt: *SimonWeber@metaplan.com*

Weidling, Antje, Dipl.-Ök.; Systemische Organisationsberaterin, Coach und Supervisorin (DGSv); seit 2008 Unternehmerin; Sparringspartnerin für Konfliktklärung und Entwicklungsbegleitung von Führungskräften und Teams; (Blockaden-)Lösung mit Introvision; 12 Jahre Fach- und Führungserfahrung in der Wirtschaft.

Kontakt: *info@antje-weidling.de*

Weinhold, Jan, Prof. Dr., Dipl.-Psych.; Professor für Beratungspsychologie und Coaching an der Deutschen Hochschule für Gesundheit und Sport, Berlin; wissenschaftliche und praktische Schwerpunkte: systemische Beratung, Life Coaching, Gesundheitspsychologie, Ritual Studies.

Kontakt: *jan.weinhold@icloud.com*

Wolfig, Roland, Dr.; selbstständiger Organisationsberater, Trainer und Coach; Netzwerkpartner bei LEA GmbH; Netzwerkpartner bei Projektrealisierer.de.

Kontakt: *roland@beya.io*

Wüster, Julia, M. Sc. in International Business; HR Professional in verschiedenen internationalen Konzernen; Systemische Organisationsberaterin mit den Schwerpunkten Leadership, Teamentwicklung und Personal Development.

Kontakt: *jwuester@gmx.de*

Zimmermann, Wolfgang, Leadership-Experte und Autor für Führung im Umbruch, Tätigkeiten als Manager, Founder und Sparringspartner sowie Speaker für Unternehmertum, Innovation und Organisation.

Kontakt: *info@wolfgang-zimmermann.com*

Über die Herausgeber

Torsten Groth, Dipl.-Soz.-Wiss.; selbstständiger Organisationsberater, Referent und Trainer zu Anwendungsfragen der Systemtheorie in Management und Beratung; Mitglied im Kernteam von Simon Weber Friends, u. a. Initiator und Gastgeber des »Club-Systemtheorie«. Arbeitsschwerpunkte: Strategie und Führung von Familienunternehmen und Unternehmerfamilien.

Kontakt: *groth@simon-weber.de*

© Irene Schaur

Gerhard P. Krejci, Dr.; Systemischer Organisationberater, Trainer und Coach, Lehrberater, Lehrtrainer für Gruppendynamik (ÖGGO); Mitglied im Kernteam von Simon Weber Friends. Arbeitsschwerpunkte: Führung, Teamarbeit, Projektmanagement, interkulturelle Kompetenzen, Konzeption und Begleitung von Changevorhaben.

Kontakt: *krejci@simon-weber.de*

© Michael Hudler

Stefan Günther, Dipl.-Psych.; Systemischer Organisationsberater, Referent, Moderator, Trainer, Coach; Mitglied im Kernteam von Simon Weber Friends. Arbeitsschwerpunkte: Begleitung von Strategie- und Veränderungsprozessen, Führungsentwicklung, Lernarchitekturen, Qualifizierung, Coaching von Leitungsteams und Führungskräften.

Kontakt: *guenther@simon-weber.de*